KB059426

우리 아이
초등 교육
대백과

초등 입학 전부터 초등 6년까지
교육 로드맵을 완성하라!

우리 아이
초등 교육
대백과

남정희 지음

상상아카데미

우리 아이 초등 교육 대백과 미리 읽어 보았어요!

강용철_경희여자중학교 교사, 경희대학교 겸임교수, EBS 강사, MBC '공부가 머니' 중학교 패널
여기, 초등학교에 대한 친절하고 명료한 안내서이자 초등학생을 이해하는 백과사전을 소개한다. 빠르게 변화하는 교육 정보에 휘둘리지 않고, 내 아이의 초등생활을 위한 '탄탄한 생각과 철학'을 갖는 데 도움을 주는 알곡과 같은 책이다. 이를 통해 내 아이를 바라보는 '따뜻한 시선'을 품고, 아이의 미래를 응원하는 '희망의 메시지'를 가져보길 바란다.

강정희_초등학교 교사 / 초등 2, 4학년 학부모
유아기부터 초등까지 부모가 궁금해하는 자녀교육의 모든 것을 담은 백과사전이다. 인터넷의 수많은 정보 속에서 '진짜' 정보를 찾는 것은 어려운 일이다. 이 책은 20년 경력의 전문가가 아이의 발달 단계에 따라 정확하게 짚어주어 신뢰가 간다. 이 책만 있으면 아이를 키우면서 맞닥뜨리는 학업과 정서, 생활 전반에 걸친 막연한 불안감을 해소할 수 있을 것 같다.

권영식_세종과학예술영재학교 교사
급격하게 변화하는 시대에 부모들은 어떻게 해야 아이들을 올바로 키울지 고민이 많다. 이 책을 통해 초등학생들의 급격한 성장 과정을 이해하고 진로 계획에 맞추어 교육 로드맵을 세울 수 있길 바란다. 오늘부터 이 책이 부모님들의 교육 동반자가 되어 줄 것이다.

김지수_조선일보 디지털 편집국 문화전문기자, 〈자기 인생의 철학자들〉 작가
이토록 친절하고, 이토록 사려 깊고, 이토록 방대하다니! 이 책은 초등 학습부터 문제행동까지, 학부모의 불안을 확실히 잡아줄 현장 가이드북으로 유용하다. 육아지 전문 기자로, 자녀교육 전문 기고가로 탄탄한 이력을 쌓은 저자의 전문성과 내공이 빛을 발한다. 찬찬히 읽어보고, 시시때때로 찾아보면, 우리 집 초등생 두 아이의 6년도 걱정 없겠다.

유지현_6세, 초등 2학년 학부모
궁금했던 부분들을 쏙쏙 짚어 풀어 주는 고마운 책이다. 특히 지금 내 아이에 대해 고민하던 내용을 읽을 때에는 공감이 되면서도 한편으로 반성하는 계기도 되었다. 아이와 함께할 앞으로의 긴 여정에 좋은 길벗을 찾은 느낌이다.

※ 가나다 순입니다.

이미영_온빛초등학교 교사

초등학교 입학을 앞둔 아이와 학부모들은 설레기도 하지만, 불안한 마음도 크다. 초등 생활 동안 아이들은 많은 변화를 겪게 되고, 부모님들을 적잖이 당황하게 만들기도 한다. 이 책을 통해 아이들의 성장 과정을 이해하고 필요한 부분들을 채워줄 수 있을 것이다.

이지연_EBS 강사, 광신중학교 교사 / 7세 학부모

이만큼은 하고 초등학교를 보내야 한다는 수많은 '카더라' 정보 속에 '우리 아이만 준비되지 않은 것은 아닐까?' 하는 막연한 두려움과 스트레스가 있었다. 이 책은 이런 부모들에게 객관적이고 정확한 정보를 제공함으로써 자신감 있는 학부모의 길로 나아갈 수 있게 도와준다. 마치 초등 교육에 대한 의사 선생님의 친절한 처방을 받은 느낌이다.

이호분_소아청소년정신과 전문의, 연세누리정신과의원 원장

우리 아이들은 부모의 욕심 때문에 초등학교 때부터 과도한 학습에 내몰리고 있다. 이와 함께 아이의 마음도 조금씩 시들어간다. 이 책은 초등 시기 아이의 학습과 정서를 모두 균형 있게 짚어주고 있다. 학교 공부와 사교육을 비롯하여 도덕성과 자아존중감, 건강한 생활습관을 위한 맞춤 정보를 만날 수 있다.

한고은_약사 / 5세 학부모

아기 때는 혼자서는 아무것도 못해서 내 몸을 고되게 하더니, 좀 커서 살만하다 싶으니 언제 어느 만큼 무엇을 어떻게 가르쳐야 할지 이런저런 걱정으로 머리를 아프게 한다. 이 책은 아이의 성장 시기에 맞춰 내가 무엇을 고민하고 아이에게 무엇을 해주어야 할지 객관적으로 볼 수 있게 해준다. 우리 아이를 위해 부모가 꼭 읽어야 할 필독서이다.

황윤정_전 〈맘앤앙팡〉 편집장, 독서전문가, 이은콘텐츠 대표

'내 아이만 느린 건 아닐까?', '어떻게 해야 아이가 친구도 잘 사귀고, 구김 없이 학교생활을 잘할 수 있을까?' 초등 시기는 아이의 인성이 형성되는 때이다. 초등생 자녀를 둔 부모들은 늘 정확한 가이드에 목말라 있다. 이 책의 꼼꼼함과 세심함이 부모들의 불안을 잠재워줄 것이라 단언한다.

난생처음 학부모 노릇,
걱정되고 불안하다고요?

아이를 낳고 키워 보기 전까지 우리는 육아, 자녀 교육에 대해 잘 알지 못합니다. 자녀 교육이란, 내 아이가 어른이 되어 한 가정을 이룰 때쯤, 그제야 터득하는 연륜의 지혜일지 모릅니다. 지금은 각종 매스 미디어와 온라인 커뮤니티가 쏟아내는 정보 홍수 속에서, '진짜'를 가려내려 애쓰고, 아등바등 쫓아가는 것만으로도 숨이 찹니다. 불안감은 여전히 마음 한편에 자리잡고 있습니다. 내가 잘하고 있는 것일까, 우리 아이 괜찮을까.

대다수 부모는 우리 아이가 성공과 행복을 모두 누리길 바랍니다. 신체 건강하고, 성품 바르며, 사회성 좋고, 공부도 잘하며, 알아주는 대학에 진학하여, 좋은 직장 얻고, 경제적으로 안정된, 행복한 삶을 누렸으면 합니다. 그러면 어떻게 키우고 가르쳐야 할까요. 소문난 맛집을 찾듯 영재 교육법에 귀 기울이고, 명문대 진학 노하우를 배우며, 유명 컨설팅 업체를 찾아다닙니다. 인기 있다는 사교육이라면 너도나도 따라 합니다. 이 모든 노력으로 아이 건강, 인성, 학습, 진로 등이 부모 원하는 대로 된다면 얼마나 좋을까요.

안타깝게도 남들의 성공 비법이 내 아이에게 잘 맞을 거라 장담할 수는 없습니다. 밖에서 뛰어노는 것이 좋은 아이가 있고, 차분히 책을 읽는 것이 즐거운 아이가 있습니다. 친구와 웃고 떠드는 것이 휴식인 아이가 있고, 멍하니 딴 생각하며 한숨 돌리는 아이도 있지요. 아이는 성격도, 기질도, 취향도, 적성도 모두 다릅니다. 방법을 알아도 시행착오를 겪는 이유는 내 아이에게 맞는 방법이 따로 있으며, 자녀 교육의 기본 역시 놓쳐선 안 되기 때문입니다.

초등학교에 다니는 6년 동안은 아이의 성장 발달이 다이내믹하게 변화하는 때입니다. 2차 성장 급진기와 사춘기를 겪으며 소아기에서 청소년기 진입을 마치는 시기가 초등기입니다. 전적으로 부모를 의존하던 아이는 자신만의 세상을 만듭니다. 부모의 말에 토를 달기도 하고 지시를 거부하며 심지어 반항을 하기도 합니다. 몸이 자라는 만큼 두뇌 및 정서 변화에서도 진통을 겪습니다.

지식 습득은 말해 무엇하겠습니까. 학교와 사교육을 통해 습득하는 정보도 상당하지만, 각종 매스미디어, 인터넷, 스마트 기기의 발달로 부모가 가르쳐 주지 않아도 아이 스스로 원하는 것을 배울 수 있습니다. 어떤 것은 부모보다 많이 알고 때론 부모를 가르칠 수 있는 수준에도 이릅니다.

내 아이를 위한 방법은 따로 있기 때문에 부모는 자녀 교육에 대해 끊임없이 탐구하고 배워야 합니다. 특히 아이 성장에 따른 발달 과제와 교육법을 미리 파악해 둠으로써, 내 아이를 이해하는 눈을 넓히고, 기질이나 성격, 취향, 적성, 발달 속도에 따른 시기별 과제를 놓치지 않아야 합니다. 문제 행동으로 아이가 자신의 위기 상황을 경고할 때 부모가 빨리 알아채고 대처해야 합니다. 아이의 정서 발달을 돕는 양육, 인성을 가다듬는 훈육, 재능 발굴과 학습 능력 증진을 위한 교육은 때를 놓치면 훗날 먼 길을 돌아야 할 수 있습니다.

큰아이가 초등 입학을 코앞에 두고 있거나 현재 초등학교에 다니고 있다면 부모 역시 학부모 노릇이 처음일 것입니다. 여전히 어렵고 모르기 때문에 불안합니다. 이렇게 하면 되는 것인지, 내가 잘못된 길을 가고 있는 건 아닌지, 아이가 힘들어하는 건 아닌지, 오히려 아이의 재능을 썩히고 있는 건 아닌지 등 모든 것이 염려됩니다. 남들은 잘 알고 잘하는 것 같은데 나만 모르고 부족한 학부모 같다는 생각도 합니다. 아닙니다. 남들도 나처럼 생각합니다.

불안감은 방법을, 해답을 잘 모를 때 생겨납니다. 어떻게 해야 할지 몰라 불안하고 갈팡질팡하던 순간, 다행히 누군가 방법을 일러주고 앞으로 일어날 상황까지 예측해 준다면 어떨까요. 따라 하기가 수월해지고 나아가야 할 방향이 조금 선명해 보입니다. 물론 몇 번의 시행착오를 겪을 수는 있습니다. 누군가의 노하우를 내 것으로 만들려면 꾸준한 연습과 훈련이 있어야 하니까요.

〈우리 아이 초등교육 대백과〉는 학부모가 처음인 엄마 아빠가 자녀 교육의 시행착오를 줄였으면 하는 바람으로 기획되었습니다. 건강, 영양, 생활, 정서(문제 행동), 학습, 진학 등 자녀의 연령별 발달 단계와 시기별 성장 과제, 학년별 핵심 교육, 고민 해결 노하우를 소개함으로써 학부모의 불안감을 달래고 자녀 교육의 밑그림을 그리는 데 도움이 되도록 노력하였습니다.

'자존감 높은 아이가 공부도 잘한다'가 기본 명제입니다

이 책은 '행복한 아이로 키우는 법'과 '공부 잘하는 아이로 키우는 법'은 다르지 않다는 점에서 출발하였습니다. 정서적으로 안정되어 있어 어느 환경, 누구와도 즐겁게 생활하며 자신의 할 일을 성실하게 해내는 아이가 자아 존중감이 높고 행복하며, 이것이 학습 태도나 공부 습관을 좌우하는 중요한 요소라고 설명합니다. 그렇기 때문에 부모는 민주적이면서도 일관성 있는 양육 원칙을 지향해야 합니다. 학령기 동안 아이의 생활 습관, 공부 태도, 진로 찾기, 진학 계획 등을 이끌어 갈 때 부모 욕심으로 그릇된 선택을 하지 않도록 올바른 자녀 교육 원칙을 제시합니다.

첫 공교육, 초등학교 적응과 순조로운 학업 생활을 돕습니다

초등학교는 본격적인 공교육, 즉 학업의 출발선입니다. 아이가 첫 학교에 대해 어떤 인상을 갖고 어떤 학교생활을 하는지에 따라 이후 12년 동안의 학업이 결정됩니다. 이 책에서는 초등학교 입학 준비는 물론, 아이의 학교생활 적응과 기초 학습을 돕는 방법, 초등 생활에 필요한 공부 습관, 방과 후 활동, 사교육, 바른 습관, 건강 관리, 문제 행동 해결 등 자녀 양육 기술을 구체적으로 알려 줍니다.

적성과 재능 발견의 노하우, 진로 결정의 타이밍을 짚어봅니다

무한 경쟁의 시대. 남보다 더 일찍 시작하여 더 많은 것을 가르치는 것이 성공의 요인이라고들 합니다. 하지만 남보다 일찍, 더 많이 가르쳤더라도 누군가는 성공하고 누군가는 실패합니다. 단지 실패한 부모는 말이 없을 뿐입니다. 이 책에서 말하는 '타이밍'이란 아이가 원할 때, 준비가 되었을 때, 신호를 보낼 때입니다. 이때가 가르칠 타이밍이며 내 아이를 위한 적기 교육이 필요한 시점입니다. 자녀 교육의 골든 타임을 놓치지 않도록 부모가 아이의 가장 좋은 관찰자, 발견자가 되는 법을 일러드립니다. 초등 6년 동안 내 아이의 적성과 발달 속도에 맞추어 진로를 결정하고 진학 계획을 세울 수 있도록 도와줍니다.

자녀 교육으로 인한 고민, 궁금증에 대한 해법을 제공합니다

아이는 부모의 예상대로 자라지 않습니다. 자녀 양육은 차를 타고 아우토반을 달리는 것이 아니라 짐 보따리를 이고 산을 오르는 것과 같습니다. 나뭇가지나 돌부리에 걸려 넘어지기도 하고, 길을 잃고 숲속을 헤매기도 합니다. 아이의 대표적인 이상 행동이나 문제 행동을 짚어봄으로써 같은 문제로 고민하는 부모에게 바람직한 대처법과 훈육 요령을 소개합니다. 그 밖의 다양한 고민에 대해서도 해결의 실마리가 되는 올바른 가이드라인을 제공합니다.

사회적 이슈도 고려, 현실적인 자녀 교육 방법을 제시합니다

2015년에 발표된 개정 교육 과정을 기본으로 사립 유치원 개혁, 혁신학교, 영재학교, 자사고 폐지, 학교 폭력, 아동 대상 범죄, 인기 직업인 크리에이터(유튜버), 과학탐구대회 폐지 등 다양한 사회적 이슈에 대해 부모가 알아야 할 것은 무엇이며 어떻게 대처하면 좋을지, 현실적인 자녀 교육 노하우를 다룹니다. 아이의 진로 선택이나 진학 계획을 세울 때 무엇을 고려하면 좋을지, 아이의 교육 플랜을 세우는 데 참고가 될 수 있는 정보를 녹여냈습니다.

욕심을 부려 한껏 상을 차렸으나 손님 입맛에 맞을지 안절부절하는 요리사의 심정입니다. 이 한 권의 책이 학부모 역할에 최선을 다하려는 엄마 아빠에게 세심한 조언자가 되기를 바랍니다. 우리 아이들이 즐겁고 행복하게 공부하는 데 작은 보탬이 되었으면 합니다.

감사합니다.

2020년 1월
남정희 씀

미리 읽어 보았어요 4

프롤로그 6

1부 초등 입학 전

진짜 교육은 지금부터!

교육 기관 – 어 우리 아이 '예비 학교' 어린이집 Vs. 유치원 28

어린이집과 유치원의 교육 과정 29

유아 보육 시설, 어린이집의 종류 31

유아 교육 기관, 유치원의 종류 34

내 아이를 위한 정부 지원금 및 혜택 36

어린이집 Vs. 유치원, 최선의 선택 41

우리 동네 유아 교육 기관 정보 48

그 밖의 주요 유아 교육 기관 50

기초 학습 – 02 언어와 수 개념부터 차근차근 시작하기 64

인지 능력이 언어 발달의 핵심 65

한글, 가르치기 좋은 타이밍 67

한글 공부, 놀이로 시작하기 69

수학, 개념 이해와 숫자 세기부터 71

영어와 친해질 수 있는 환경이 중요 75

사고력과 창의력을 키우는 열쇠 78

기초 학습 능력 높이는 좋은 습관 81

기초 학습을 돕는 교구와 교재 활용법 84

정서 발달 _ 03 세상으로 나설 '마음의 준비' 98

안정적인 '애착'이 용기와 자신감을 준다 99

이 시기 정서 발달과 사회성의 기초 102

정서, 사회성 발달 돕는 양육 원칙과 생활 놀이 105

정서 발달의 변수, 타고난 기질 108

생활 습관 _ 04 바른 생활 습관이 곧 건강의 시작! 120

규칙적인 수면 습관이 첫 번째 조건 121

한자리에서, 스스로, 골고루 먹기 124

손 씻기, 양치질 등 위생 습관 기르기 127

혼자 옷 벗기, 옷 입기, 정리하기 129

단체 생활 증후군, 면역력으로 극복하기 131

2부 초등 1~2학년

학교생활 순조롭게 적응하기

교육 기관 _ 01 초등학교도 선택할 수 있다! 150

초등학교 종류와 입학 일정 151

공립 초등학교와 혁신학교 입학하기 154

국립 · 사립 초등학교 입학하기 156

공교육 대신 대안학교 알아보기 158

외국인학교와 국제학교 알아보기 161

초등학교 입학 D-60 최종 점검 163

기초 학습 _ 02 학교생활 즐기며 학습 능력 키우기 178

학사 일정 및 학교 일과 파악하기 179

한글 교육 68시간으로 강화된 1학년 181

기초 학습 능력은 읽기와 쓰기가 좌우 184

그림일기로 시작하는 글쓰기 훈련 186

독서 습관이 공부 습관으로 진화한다 188

수학도 언어 능력이 핵심이다 192

사교육 _ 03 효율적인 사교육 활용법 204

아이의 방과 후, 안전한 '돌봄'부터 해결 205

방과후학교, 저렴한 비용으로 다양한 체험 209

사설 학원은 교과목보다 예체능 중심으로 **210**

학원, '보충 학습'과 '돌봄'의 역할 **213**

감성 발달을 돕는 음악·미술 학원 **216**

건강한 정신과 육체를 위한 스포츠 교육 **219**

동네 영어 학원과 전문 어학원의 차이 **222**

수학 학원에 보내기 전 생각해 볼 것 **225**

정서 발달 _ 04 학교 친구와 사이좋게 지내기 **238**

불안감을 다독여야 학교가 즐겁다 **239**

아이 성격을 이해하고 존중하라 **242**

공감 능력이 대인 관계의 출발이다 **245**

아이의 공감 능력을 높이는 양육 원칙 **247**

건강 관리 _ 05 몸도 마음도 안전하게 돌보기 **258**

수면 부족에 시달리는 아이들 **259**

등하굣길 안전 지도는 필수 **261**

아이에게 ADHD 징후가 보인다면 **264**

소아 비만을 조심해야 하는 이유 **267**

3부 초등 3~4학년

공부 습관의 기초 세우기

교과 학습 _ 01 늘어나는 과목, 학습 능력 높이기 286

6교시까지 수업하고 9과목으로 증가 287

영어에 대한 흥미를 지속시켜야 한다 290

수학, 선행보다 교과 과정에 충실하자 294

다양한 체험 활동이 필요한 사회, 과학 297

사교육 _ 02 학교 공부와 진로 사이에서 균형 잡기 308

학원, 학습지로 성적을 관리한다? 309

교과목 학원, 선행 학습의 유혹을 이겨라 312

예체능 학원, 취미와 전공의 갈림길 316

부모표 학습, 아직은 할 만하다 319

공부 습관 _ 03 스스로 공부! 자기 주도 학습 능력 키우기 330

하루 일과표대로 실천하는 아이 331

독서와 일기, 공부 습관을 기르는 연습 333

'매일', '조금씩' 시작해야 습관이 된다 337

성취감, 칭찬이 공부를 즐겁게 한다 340

정서 발달 _ 04 도덕성과 자존감 발달이 중요한 시기   350

초등 3~4학년, 도덕성의 전환기   351

도덕성 높은 아이가 공부도 잘한다   354

도덕성은 연습과 훈련이 필요하다   356

도덕성의 결말은 자아 존중감이다   360

건강 관리 _ 05 성장과 학습을 방해하는 건강 문제들   374

여자아이는 남자아이보다 성장 속도가 빠르다   375

성교육, 초경 교육이 필요한 시기   377

비염, 2차 성징이 오기 전에 치료한다   381

학습 스트레스 신호를 눈여겨봐라   384

4부 초등 5~6학년

적성에 따라 진로 계획하기

교과 학습 _ 01 과목별 특성 이해하고 접근하기 400

SW 교육을 포함, '실과'가 추가된다 401

수학, 개념 이해와 연산 능력이 중요하다 402

사회와 과학, 잡식형 독서로 해결한다 405

영어와 국어는 비슷한 비중으로 공부한다 407

공부 습관 _ 02 엉덩이 힘의 힘! 공부 지구력 키우기 422

혼자 공부하는 시간부터 확보하라 423

자신만의 공부 스타일 완성하기 426

공부 효과 높이는 필기의 기술 428

지구력을 키우려면 완급을 조절해야 한다 431

사교육 _ 03 진로 계획에 맞춰 교육 로드맵 세우기 440

부모 세대와 다른 꿈을 찾는 아이들 441

부모는 아이의 첫 진로 상담자이다 444

진로 교육 및 체험, 어떻게 할까 447

진로 계획에 맞추어 사교육 조율하기 450

정서 발달 _ 04 사춘기의 불안한 정서, 지혜롭게 극복하기   460

아직 공사 중인 전두엽과 완공된 변연계   461

사춘기 행동, 호르몬도 거들고 있다   465

사춘기 딸, 대화의 기술이 필요하다   468

사춘기 아들, 신체 활동을 늘려라   471

건강 습관 _ 05 평생 가는 바른 습관 완성하기   484

초등 고학년, 돌봄 사각지대 해결하기   485

용돈으로 건강한 소비 습관 만들기   488

지금의 청결, 위생 습관이 평생 간다   490

사춘기 여드름, 심해지기 전에 치료하기   493

부록   502

1. 한눈에 보는 우리 아이 성장도표   504

2. 한눈에 보는 우리 아이 복지정보   506

3. 한눈에 보는 우리 아이 의료상식   516

참고문헌   518

1부 초등 입학 전 _ 진짜 교육은 지금부터!

교육 기관

Q1 낯가림이 심하고 소심한데 어린이집에서 유치원으로 옮겨도 될까요?   54

Q2 맞벌이 부부여서 하원 후 돌봄이 불안해요. 어린이집에 그대로 다니게 하는
것이 나을까요?   56

Q3 유치원에 다니는 우리 아이, 방과 후 돌봄은 어떻게 해결하나요?   58

Q4 영어 유치원은 일반 유치원과 어떤 차이가 있길래 인기가 많나요?   60

Q5 아이에게 영재성이 있는지 객관적 평가가 궁금해요. 어떤 검사가 필요한가요?   62

기초 학습

Q1 10분도 채 앉아 있지 못하는 아이, 어떻게 기초 학습 능력을 키울 수 있나요?   86

Q2 좀처럼 글자에 관심을 보이지 않는데 어떻게 가르쳐야 할까요?   88

Q3 지적 호기심이 많고 의욕적인 아이, 어떻게 대응해야 할까요?   90

Q4 또래 여자아이에 비해 너무 뒤처지는데 그대로 두어도 괜찮을까요?   92

Q5 스마트폰, 태블릿 피시 등을 얼마만큼 허용해야 괜찮을까요?   94

Q6 어설프게 가르치느니 차라리 안 가르치는 게 나을까요?   96

정서 발달

Q1 아침마다 어린이집에 안 가려고 난리예요. 이 전쟁, 어떻게 끝내죠?   110

Q2 혼자 떨어져 노는 아이, 어떻게 해야 다른 친구들과 잘 어울릴 수 있을까요?   112

Q3 소심한 데다 낯을 너무 가려요. 어떻게 사회성을 키워야 할까요?   114

Q4 낯선 사람을 쉽게 따르는 아이, 위험한 꼬임에 빠질까 걱정이에요.   116

Q5 친구들에게 공격적인 행동을 하는데 어떻게 고쳐야 할까요?   118

생활 습관

Q1 아무것도 혼자 하지 못하는데 학교생활에 잘 적응할 수 있을까요?   136

Q2 유치원에서 소변 실수가 잦은 아이, 어떻게 해야 하나요?   138

Q3 늘 스마트폰만 찾는 우리 아이, 중독일까 걱정돼요.   140

Q4 밤에 안 자려고 버티는 아이, 어떻게 재워야 할까요?   142

Q5 초등 입학 서류에 예방 접종 확인서가 있다는데 더 챙길 것은 없나요?   144

2부 초등 1~2학년 — 학교생활 순조롭게 적응하기

교육 기관

Q1 사립 초등학교에서 공립 초등학교로 전학을 가려면 어떤 절차가 필요한가요? **168**

Q2 12월 출생이어서 학교 입학을 1년 유예하고 싶은데 어떻게 해야 하나요? **170**

Q3 좋은 대학에 보내려면 초등학교도 사립에 보내야 할까요? **172**

Q4 혁신학교에 대해 이런저런 말들이 많은데 어떤 장단점이 있는지 궁금해요. **174**

Q5 국내의 국제학교에 입학할 때 준비해야 할 것과 주의점이 궁금해요. **176**

기초 학습

Q1 2학년인데 아직 한글 못 뗀 아이, 혹시 학습 부진아일까요? **196**

Q2 남자아이보다 똘똘한 여자아이, 타고난 두뇌 차이인가요? **198**

Q3 서술형 수학 문제가 어렵다고 하던데 미리 대비해야 할까요? **200**

Q4 시험 없는 초등 1~2학년, 우리 아이의 학력 수준을 알고 싶어요. **202**

사교육

Q1 초등 독서 논술 학원에서는 무엇을 배우나요? 집에서도 따라 할 수 있나요? **228**

Q2 비용이 많이 드는 학원 대신 온라인으로 공부할 수 있을까요? **230**

Q3 한자 급수 따기가 유행인데 한자 교육이 아이에게 도움이 될까요? **232**

Q4 요즘 '1인 1악기'가 대세인데 악기도 꼭 배워야 할까요? **234**

Q5 요즘 유행하고 있는 MSC 검사에 대해 알려 주세요. **236**

정서 발달

Q1 학교 다니며 거짓말과 욕설이 늘었어요. 어떻게 대처해야 하나요? **250**

Q2 우리 아이가 친구 물건을 몰래 가져가거나 자꾸 짝꿍을 괴롭힌대요. **252**

Q3 아이가 친구와 싸웠을 때 부모가 어느 정도 개입해도 될까요? **254**

Q4 아이가 내성적이라 그런지 친구 없이 혼자 다녀요. **256**

건강 관리

Q1 영구치 날 때가 되었는데 치아 관리를 어떻게 해야 할까요? **272**

Q2 아이가 학교에서 자꾸 다쳐서 오는데 어떻게 대처해야 할까요? 또 보상을 받을 수 있나요? **274**

Q3 칠판 글씨 안 보인다는 아이, 안과 Vs. 안경원 어디가 좋을까요? **276**

Q4 유행성 독감 외에 출석으로 인정받는 결석 사유에는 어떤 것이 있나요? **278**

Q5 아이가 밥을 너무 늦게 먹어요. 단체 생활에서도 괜찮을까요? **280**

3부 초등 3~4학년 — 공부 습관의 기초 세우기

교과 학습

Q1 3학년부터 본격적인 학력 평가가 이루어진다는데 어떻게 대비해야 할까요? **300**

Q2 아이가 수업 내용을 못 따라가는 것 같은데 어떻게 하면 좋을까요? **302**

Q3 수학 연산 문제도 어려워하면 나중에 '수포자'가 되지 않을까요? **304**

Q4 '생존 수영'은 어떤 과목이고 무엇을 배우나요? 선행 학습도 필요한가요? **306**

사교육

Q1 영재학교, 영재교육원, 영재학급은 어떤 차이가 있나요? **322**

Q2 3~4학년 아이들이 코딩 학원에 다니는데 이것도 선행이 필요한가요? **324**

Q3 해외 영어 캠프, 언제 가는 것이 좋을까요? 효과는 있을까요? **326**

Q4 교내 외에 외부 경시대회에는 어떤 것들이 있고, 어떻게 참가하나요? **328**

공부 습관

Q1 공부는 곧잘 하는데 시험에서 꼭 한두 문제씩 실수를 해요. **344**

Q2 예습과 복습 중 어떤 공부가 아이 성적 향상에 도움이 될까요? **346**

Q3 학원에 다니지 않고 참고서나 문제집만으로 공부해도 괜찮을까요? **348**

정서 발달

Q1 '착한 아이'라는 평판이 아이를 옭아매기도 한다는데 이럴 땐 어떻게 해야
하나요? **364**

Q2 공부 잘하는 우리 아이, 왜 회장 선거에서는 매번 떨어질까요? **366**

Q3 자꾸 다른 사람을 공격하는 것도 도덕성과 관련이 있나요? **368**

Q4 외동아이라 이기적인 편이에요. 어떻게 도덕성을 키워야 할까요? **370**

Q5 아이와 꾸준히 봉사 활동을 하고 싶은데 어떻게 하면 될까요? **372**

건강 관리

Q1 갈수록 게임 시간이 늘어나는데 게임 중독을 미리 예방할 수는 없나요? **388**

Q2 몰래 자위행위 하는 아들, 모른 척하는 것이 좋을까요? **390**

Q3 아이들 사이에서 유행하는 슬라임, 유해성 논란 괜찮을까요? **392**

Q4 학습 스트레스가 틱 장애 같은 증세를 불러오기도 하나요? **394**

4부 초등 5~6학년 — 적성에 따라 진로 계획하기

교과 학습

Q1 교과서 위주로 공부하고 싶은데 좋은 방법이 있을까요? · 412

Q2 학교에서 내주는 탐구·조사 활동 과제는 어떻게 도와줘야 하나요? · 414

Q3 도서 편식하는 아이, 어떻게 다른 분야의 책을 읽게 할까요? · 416

Q4 토플, 텝스 등 영어 공인 시험을 치르며 경험을 쌓게 하는 게 좋을까요? · 418

Q5 과학자를 꿈꾸는 아이, 좀 더 다양한 경험을 쌓아 주고 싶어요. · 420

공부 습관

Q1 공부할 때 딴짓하는 아이, 어떻게 공부 습관을 들여야 할까요? · 434

Q2 아이가 못하는 과목, 어떻게 해야 공부 의욕을 북돋울 수 있나요? · 436

Q3 너무 바쁜 초등생의 하루, 개인 공부 시간은 어떻게 마련하나요? · 438

사교육

Q1 아이가 원하는 진로를 그대로 지지해 주어야 할까요? · 454

Q2 자기 진로에 대해 진지하게 고민하게 하려면 어떻게 해야 할까요? · 456

Q3 장래희망이 없는 아이, 그냥 지켜봐도 괜찮을까요? · 458

정서 발달

Q1 지나치게 반항적인 아이, 사춘기란 이유로 그냥 넘어가야 할까요? · 476

Q2 이성에 대한 호감과 성 충동 차이를 어떻게 알려 줘야 할까요? · 478

Q3 게임만큼 심각한 스마트폰 중독, 우리 아이도 해당될까요? · 480

Q4 학교 폭력이나 왕따, 어떻게 대처하는 것이 좋을까요? · 482

건강 습관

Q1 만 12세에 자궁경부암 예방 접종을 하라고 하는데, 꼭 해야 하나요?
부작용은 없나요? · 496

Q2 사춘기 딸이 다이어트 하겠다고 고집을 부려요. 어떻게 해야 할까요? · 498

Q3 여기저기 아프다는 아이, 혹시 스트레스 때문일까요? · 500

1부

초등 입학 전

진짜 교육은
지금부터!

초등학교 입학까지 채 1년이 남지 않았습니다.

"너, 내년에 학교 가려면 한글 공부해야 해!"
"아직까지 밥을 흘리고 먹으면 학교 가서 어쩌려고!"
"학교에 가면 세수와 양치질은 너 혼자서 해야 한다?"

아이를 다그치는 건 언제나 마음만 앞선 부모들입니다.
이런 다그침은 아이에게 학교에 대한 두려움을 심어 줄 수 있습니다.
조급함은 잠시 접어 두고,
현재 아이가 다니고 있는 유아 교육 기관과 1년 뒤 학교생활에
도움이 될 기초 학습 능력부터 점검해 보세요.
초등학교에 들어가기 전에 준비해야 할 것들이 드러나게 됩니다.
부모가 움직이는 건 그 다음부터입니다.

초등 생활을 위한 만반의 준비
진짜 교육은 지금부터입니다.

이 시기 핵심 교육 포인트

교육 기관　　어린이집 Vs. 유치원, 아이에 맞추어 선택해요

만 5세가 되면 어린이집에 다니던 많은 아이들이 유치원으로 옮겨 간다. '예비 학교'로 유치원이 적합할지, 어린이집에 남는 것이 좋을지는 양육 형태에 따라, 아이 정서 상태에 따라 달라진다.

기초 학습　　한글, 70 %만 완성해도 충분해요

2015년 개정 교육 과정에 따라 초등 저학년의 한글 교육이 강화되었다. 한글을 꼭 떼고 가야 한다는 부담을 덜고 70 %만 완성해도 괜찮다는 마음을 갖는다.

정서 발달　　분리 불안이 없는지 세심히 살펴요

주양육자인 부모와 떨어지는 것을 불안해할 수 있다. 어린이집, 유치원에서 매우 소심하거나, 조용하거나, 주눅 들어 있는 것 같다면 예의주시하고 부모와 떨어지는 연습을 시작한다.

바른 습관으로 건강한 학교생활을 준비해요

신변 처리, 스스로 할 수 있도록 연습해요

아직까지 손 씻기나 양치질이 어렵고, 화장실 뒤처리에 실수를 한다면 스스로 하는 연습을 시작한다. 곤란한 상황이 일어났을 때 대처 방법도 일러준다.

단체 생활로 인한 감염성 질환에 대비해요

개인 위생 수칙을 잘 모른다면 단체 생활 중 감기, 장염, 눈병, 인플루엔자, 수족구, 수두, 홍역 등 각종 전염성 질환에 노출될 수 있다. 바른 습관을 익히며 면역력 증진에 힘쓴다.

01

우리 아이 '예비 학교'
어린이집 Vs. 유치원

☑ "아무래도 유치원이 교육에 좀 더 신경을 쓰지 않을까요?"

☑ "만 5세까지는 정부에서 지원금이 나온다는데 얼마나 나오나요?"

☑ "유치원은 오후 2시면 집에 오고, 방학도 있다는데 맞벌이 부부
　에게도 괜찮을까요?"

☑ "이제 막 어린이집에 잘 적응해서 다니고 있는데 유치원으로 옮
　겨도 괜찮을까요?"

☑ "영어 유치원, 꼭 다녀야 하나요?"

어린이집과 유치원의 교육 과정

아이가 어린이집에 잘 다니고 있더라도 유아 교육 기관에 대해 점검해야 할 순간이 찾아온다. 보통 초등학교 입학을 1, 2년 앞두면 보육 중심인 어린이집에서 교육이 강화된 유치원으로 옮기는 것이 낫지 않을까 고민하게 된다.

물론 유치원으로 꼭 옮겨야 하는 것도 아니며, 유치원이 어린이집보다 좋다고 단언할 수도 없다. 아무 생각 없다가도, 친한 부모가 하자는 대로, 아이의 단짝친구 따라서, 그냥 남들이 그렇게 하니까 옮기는 경우도 많다.

만 5세는 초등학교 입학을 준비하는 시기이다. 학교생활에 순조롭게 적응하고 학업을 잘 이어갈 수 있도록 예행 연습을 해야 한다. 이 시기 자녀 교육을 위해 부모가 알아야 할 것은 무엇인지, 어떤 선택이 필요한지, 그 선택이 우리 아이에게 도움이 될지, 내 아이만을 위한 또 다른 대안은 없는지 등 자세히 들여다보자.

먼저 어린이집과 유치원에 다니는 만 3~5세의 유아들은 어떤 교육 과정을 따를까?

어린이집과 유치원이 서로 다른 기관이어서 교육 과정도 서로 다르다고 생각할 수 있지만 2013년부터 어린이집과 유치원에 다니는 만 3~5세 유아들은 표준 교육·보육 과정인 '누리과정'을 공통으로 따른다.

초기의 누리과정은 모든 유아에게 공평한 교육·보육의 기회를 제공하고자 2012년 3월부터 만 5세 대상으로 적용되었으나, 2013년 3월부터 만 3~4세까지 대상이 확대되어 현재 만 3~5세의 유아에게 시행되고 있다.

누리과정의 교육 내용은 '어린이집 표준 보육 과정'과 '유치원 교육 과정'을 통합 및 보완한 것으로, 신체운동·건강 / 의사소통 / 사회관계 / 예술경험 / 자연탐구의 5개 영역으로 구성되어 있다.

누리과정의 영역별 목표와 내용

영역	목표	내용
신체운동 · 건강	실내외에서 신체 활동을 즐기고, 건강하고 안전한 생활을 한다.	• 신체 활동 즐기기 • 건강하게 생활하기 • 안전하게 생활하기
의사소통	일상생활에 필요한 의사소통 능력과 상상력을 기른다.	• 듣기와 말하기 • 읽기와 쓰기에 관심 가지기 • 책과 이야기 즐기기
사회관계	자신을 존중하고 더불어 생활하는 태도를 가진다.	• 나를 알고 존중하기 • 더불어 생활하기 • 사회에 관심 가지기
예술경험	아름다움과 예술에 관심을 가지고 창의적 표현을 즐긴다.	• 아름다움 찾아보기 • 예술적 표현하기 • 예술 감상하기
자연탐구	탐구하는 과정을 즐기고, 자연과 더불어 살아가는 태도를 가진다.	• 탐구과정 즐기기 • 생활 속에서 탐구하기 • 자연과 더불어 살기

※ '2019 개정 누리과정'에 따라 2020년 3월부터 적용, 교육부(2019)

유아 보육 시설, 어린이집의 종류

어린이집은 보건복지부 보육정책국의 지도와 감독하에 일부 재정적 지원을 받는다. 유아 교육의 한 형태이긴 하지만 교육 기관이라기보다는 보호·돌봄의 기능을 주목적으로 하는 보육 시설에 가깝다고 볼 수 있다.

어린이집은 0세부터 초등학교 입학 전 만 6세까지의 영유아를 대상으로 하며, 2020년 3월부터 1일 7시간의 기본 보육과 추가 3시간 30분의 연장 보육으로 운영된다. 퇴근 시간에 맞춰 하원 시간을 연장할 수 있으며, 하루 10시간 이상 온종일 돌봄이 가능하다.

어린이집의 종류로는 국공립 어린이집, 법인 어린이집, 민간 어린이집, 직장 어린이집, 가정 어린이집(놀이방), 부모협동 어린이집(공동육아 어린이집) 등이 있다.

❀ **국공립 어린이집** 국가와 지방자치단체가 설치 및 운영(위탁 운영 포함)하는 시설로, 영유아 11인 이상을 보육할 수 있다. 보통 국립·시립·구립 어린이집으로 불리며 저소득층 밀집 지역, 농어촌 등의 취약 지역 우선으로 설치하여 운영하고 있다.

국공립 어린이집은 국가 지원 예산으로 운영하므로, 교육비가 거의 무료에 가깝고, 다양한 기자재를 갖추고 있어 양질의 교육이 가능하다. 또한 교사에 대한 처우가 좋아 교사 경력이 긴 편이며, 교사의 안정된 근무 환경은 아이들에 대한 책임보육으로 이어져 보육의 질을 높이고 있다. 그러나 입소 경쟁률이 높고, 장거리 통학의 어려움이 있으며, 사립 유치원에 비하여 특별 활동 프로그램이 다양하지 않다.

❋ **법인 어린이집** '사회복지사업법'에 의한 사회복지 법인이 설립 및 운영하는 시설로, 영유아 21인 이상을 보육할 수 있다. 법인 어린이집의 상당수는 교회 등의 종교 단체에서 운영하고 있다.

보육비, 교육과 식단, 기자재, 운영 등은 국공립 어린이집과 비슷한 수준이지만 어린이집의 수가 적어 접근성이 부족하고, 종교에 대한 부담이 있을 수 있다.

❋ **민간 어린이집** 비영리 법인, 비영리 단체 또는 개인이 설립 및 운영하는 어린이집으로, 영유아 21인 이상을 보육할 수 있다. 설립 및 운영자의 특성상 국공립 어린이집보다 보육료가 비싸다.

어린이집의 수가 많아서 접근성이 편하고, 다양한 특별 활동 프로그램을 지원한다. 실외 놀이터 등이 있어서 활동적인 아이에게도 좋고 대부분 통원 차량을 운행하고 있어 편리하다. 하지만 추가 보육료에 대한 부담이 있고, 종일반 운영이 어려운 곳도 많다. 국공립과 비교하여 교사의 근무 환경이 안정적이지 못하거나 운영이 투명하지 않은 것 등에 대한 걱정도 있다.

❋ **직장 어린이집** 사업주가 사업장의 근로자를 위하여 단독 또는 공동으로 사업장 내 혹은 사업장 인근에 설립 및 운영하며, 영유아 5인 이상을 보육할 수 있다. 지역 주민이나 관련 사업장의 자녀가 이용할 수 있으며, 보육 정원의 1/3 이상이 근로자의 자녀여야 한다.

직영 및 위탁 운영이 가능하고 사업장의 특성을 반영하여 운영할 수 있다. 직영 운영의 경우 사업주의 직접 관리를 통해 지속적인 관심을 유지할 수 있으나 전문적인 지식이나 경험이 부족하여 효율적이지 못할 수 있다.

위탁 운영의 경우에는 전문적인 운영을 통해 어린이집의 질을 높일

수 있지만 부실 또는 부적합한 위탁 운영으로 사업장에 피해가 갈 수
있다.

❉ **가정 어린이집** 개인이 가정 또는 그에 준하는 곳에 설치 및 운영하며,
영유아 5인 이상, 20인 이하를 돌보는 소규모 보육 시설이다. 아파트나
빌라의 1층에서 흔히 볼 수 있으며, '놀이방'으로 불리는 경우가 많다.
일반 가정집의 구조와 비슷하여 아이들이 쉽게 적응할 수 있으나 원
장의 개인 사유로 폐업이 발생할 수도 있다.

❉ **부모협동 어린이집** 15인 이상의 학부모가 출자금을 내고 조합을 결
성하여 설치 및 운영하는 시설로, 영유아 11인 이상을 보육할 수 있
다. 부모들이 어린이집을 운영하고 교사가 보육을 담당한다. '공동육
아 어린이집'으로도 불리며 자연·생태 친화적 교육을 목적으로 하는
곳이 많다.
자연·생태 친화적 교육을 통해 실내 생활 위주인 도시 환경의 불균형
을 보완할 수 있고 아이들의 균형 잡힌 성장에 도움을 준다. 하지만 공
동 육아이므로 부모들이 많은 시간을 투자해야 하며 비용도 많이 든다.

　어린이집의 가장 큰 특징은 보육 시설이라는 것이지만 '보육'에는
양호와 보호, 보건 위생, 건강 증진을 통한 신체 발달 기능 외에 교
육 기능도 포함되어 있다. 따라서 영유아 발달 단계에 맞는 놀이 활
동과 생활 지도로 올바른 생활 습관, 규칙과 질서 등도 습득하도록
도와준다.
　2012년 이후 만 3~5세 누리과정의 시행과 함께 교육 과정이 더
욱 강화되었으며, 2015년 9월 영유아보육법에 따라 영유아의 안

전과 어린이집의 보안을 위해 모든 어린이집에 폐쇄회로 텔레비전
(CCTV) 설치를 의무화하고 있다.

유아 교육 기관, 유치원의 종류

우리나라의 유아교육법에서 정의하고 있는 '유아'는 만 3세(우리
나라 나이로 다섯 살)부터 초등학교 입학 이전의 어린이를 말한다.
유아 교육 기관인 유치원은 만 3세부터 입학할 수 있으며 초등학교
입학 이전의 유아를 대상으로 한다. 교육법에 따라 설치 및 운영되
는 교육부 관할의 유아 교육 기관은 국립 유치원, 공립(병설) 유치
원, 사립 유치원으로 구분된다.

교육부 관할이라는 것은 교육부에서 제정한 3~5세 누리과정에
맞추어 교육을 시행하고 교육부 장관이 정한 기준에 따라 생활기록
부를 작성하여 관리해야 함을 의미한다. 교육부 장관은 유치원의
운영실태 등에 대한 평가를 실시할 수 있으며, 유치원 교사의 정원
과 배치 기준, 강사의 종류, 자격 기준 등은 대통령령으로 정한다.

❁ **국립 유치원** 국가가 설립 및 운영 또는 국립 대학교에서 부설로 운영
하는 유치원을 말한다.
양질의 교육, 균형 잡힌 식단, 낮은 비용 등의 장점이 있지만 전국에
단 3곳(한국교원대학교 부설 유치원, 강릉 원주대학교 부설 유치원,
공주대학교 사범대학 부설 유치원)밖에 없다.

✿ **공립 유치원** 지방자치단체가 설립 및 운영하는 유치원을 말한다. 설립 주체에 따라 시립 유치원과 도립 유치원으로 나눌 수 있고, 시설 형태와 원장에 따라 단설 유치원과 병설 유치원으로 나눌 수 있다.

– **단설 유치원**: 단독 건물을 갖추고 있는 유치원으로 학교 건물을 사용하지 않으며, 유치원의 원장은 유아교육을 전공하여야 한다. 대부분 큰 규모의 유치원이 많고 시설이 좋은 데다 교육비가 적게 들어 부모들의 선호도가 높다.

– **병설 유치원**: 초등학교 건물을 사용하는 유치원으로 초등학교 교장이 유치원의 원장을 겸한다. 아이가 초등학교에 입학할 때 쉽게 적응할 수 있다는 장점이 있지만 초등학생과 건물을 같이 사용할 뿐만 아니라 초등학교와 같은 일정으로 운영되어 아이들이 따라가기에 어려움이 있을 수 있다.

✿ **사립 유치원** 시도 교육감의 인가를 받은 법인 단체나 개인이 설립 및 운영하는 유치원이다. 대학교의 재단이나 종교 단체에서 운영하는 곳이 많다.
다양한 프로그램과 특별 활동이 가능하고, 방학 기간이 짧고, 차량 운행으로 등·하원 등이 편리하다는 장점이 있다. 그러나 정부의 유아학비 지원금 외 부모 부담금이 많이 들어간다는 단점이 있다.

국공립 유치원의 경우 사립과 비교하면 비용이 저렴하고 시설 운영이나 교사의 자질 면에서 신뢰할 수 있다는 장점이 있다. 하지만 하계 1개월, 동계 2개월로 방학이 다소 긴 편이고 커리큘럼에 있어서는 사립 유치원보다 융통성이 떨어진다는 단점이 있다. 이 때문에 교육의 다양성을 추구하는 경우라면 오히려 사립 유치원을 선호할 수 있다.

사립 유치원은 '방과후과정'을 개설하거나 커리큘럼을 다양화하는 등 '고객'인 학부모의 요구를 반영하여 운영하는 장점이 있는 반면, 국공립보다 비용이 다소 많이 든다는 단점이 있다. 2020년 3월부터는 재정의 투명화를 위해 모든 사립 유치원에서 국가 관리 회계 시스템인 '에듀파인'을 의무적으로 사용하도록 하고 있다.

내 아이를 위한 정부 지원금 및 혜택

만 0~5세의 자녀를 둔 부모라면 정부에서 다양한 지원금을 받을 수 있다. 어린이집(만 0~5세)을 이용한다면 '보육료'를 지원받을 수 있고, 유치원(만 3~5세)을 이용한다면 '유아학비'를 지원받을 수 있다. 그리고 가정에서 양육한다면 '양육수당'을 받을 수 있다. 단, 양육수당을 지원받기 위해서는 어린이집이나 유치원에 다니지 않고 종일제 '아이돌봄서비스'를 지원받지 않아야 한다. 이러한 지원금은 서로 중복하여 지원받을 수 없고 양육 상황에 맞게 서비스 변경을 신청하여 지원받아야 한다.

✿ **어린이집 보육료 지원금** '보육료'는 부모의 소득 수준과 상관없이 0세부터 만 5세까지 어린이집을 이용하는 모든 영유아에게 지급된다. 여기서 부모 보육료는 어린이집에 다니는 모든 영유아에게 바우처로 지

원하는 보육료를 의미한다. 즉, 부모가 지원금을 직접 받는 것이 아니라 부모가 아이행복카드로 결제하면 정부에서 어린이집으로 바로 입금되는 방식이다. 유아학비나 양육수당과 중복하여 받을 수 없다.

보육료는 종일반과 맞춤반으로 구분하여 지원하는데 연령별로 차등 지급되며, 만 3~5세 아이는 구분 없이 월 220,000원으로 정해져 있다. 주민등록 등록지 읍/면/동 주민센터에서 지원 신청 가능하며, 복지로 사이트를 통한 온라인 신청도 가능하다.

아이가 만 3~5세가 되면 정부 지원금은 자동으로 종일형으로 변경되므로 이전에 아이의 보육 시간이 맞춤반이었다면 어린이집에 별도의 보육 시간 변경 요청이 필요하다.

지자체에 보육료 지원을 신청한 날부터 지원되며, 단 양육수당에서 보육료로 변경 신청한 경우에는 15일 이전에 신청하면 신청일부터 해당 월 보육료를 지원, 16일 이후에는 익월 1일부터 지원받을 수 있다. 또한 유치원과 어린이집 등에서 누리과정을 제공받는 유아에 대한 무상 보육 기간은 3년을 초과할 수 없게 되어 있다.

Tip 아이행복카드

만 0세부터 5세까지 취학 전 유아를 대상으로 정부에서 제공하는 보육료와 유아학비를 지원받을 수 있는 카드이다. 어린이집, 유치원 어디에서나 사용할 수 있으며 다양한 카드사에서 선택하여 신청할 수 있다.
발급 방법은 온라인에서는 복지로(www.bokjiro.go.kr)에서 지원금을 신청한 뒤, 복지로, 임신육아종합포털 아이사랑(www.childcare.go.kr), 카드사 홈페이지에서 발급받을 수 있다. 오프라인에서는 읍/면/동 주민센터에서 지원금을 신청한 뒤, 주민센터나 은행에서 발급받을 수 있다.

❈ **유치원 유아학비 지원금** 2019년 2월부터 확대 시행되는 '유아학비 지원사업'은 '유치원'에 다니는 초등학교 취학 직전 3년(만 3~5세) 유아

들을 대상으로 한다. 지원금에는 입학금, 수업료, 급식비 및 그 밖의 유아 교육에 필요한 비용이 포함되며, 방과후과정 지원 금액도 별도로 책정되어 있다. 한편 어린이집을 이용하여 보육료를 지원받고 있거나 양육수당을 지원받고 있는 유아는 해당되지 않는다. 또 유치원을 이용하는 시간에 아이돌봄서비스를 중복으로 지원할 수 없다.

교육 과정 지원금

지원 금액	국·공립 유치원	사립 유치원
	60,000원	220,000원
지원 내용	– 지원 단가 범위 내에서 입학금, 급식비 및 그 밖의 유아 교육에 필요한 비용을 지급한다. – 특성화 프로그램은 방과후과정에서만 운영하며, 유아학비(기본 교육 과정비)에서는 특성화 활동비를 지급하지 않는다.	

방과후과정 지원금

지원 금액	국·공립 유치원	사립 유치원
	50,000원	70,000원
지원 내용	지원 단가 범위 내에서 인건비, 교재/교구비 및 방과후과정 운영에 필요한 비용을 지급한다.	

Tip 유치원에 처음 입학하는 경우 보육료 지원 방법

가정 보육을 하다가 유치원에 입학하는 경우 양육수당에서 유아학비 지원으로 반드시 변경해야 교육비를 지원받을 수 있다. 거주지 읍/면/동 주민센터나 복지로(www.bokjiro.go.kr)에서 변경 신청이 가능하다. 변경 신고일이 15일 이내인 경우는 신청일로부터 유아학비 지원(해당월 양육수당 미지원)을 받을 수 있지만, 변경 신고일이 16일 이후인 경우 양육수당은 해당월에 지원, 유아학비는 익월 1일부터 지원된다. 간혹 변경 신고를 늦게 해서 첫 달 보육료를 부모가 전액 부담하는 경우도 발생할 수 있으니 주의한다.

❀ **양육수당 지원금** 양육수당은 어린이집이나 유치원을 이용하지 않는 아동의 부모의 양육 비용을 경감시키기 위해 지원하는 정부 지원금이다.

신청일 기준으로 만 86개월 미만의 취학 전 아동에게 지급되며 보육료, 유아학비, 종일제 아이돌봄서비스를 지원받고 있는 아동에게는 지급되지 않는다. 자녀의 보육 상황(가정 양육 – 어린이집 – 유치원)에 따라 서비스 변경 신청이 필요하다.

구분	양육수당(농어촌 및 장애아동 양육수당 포함)
48개월 이상 ~ 86개월 미만	월 100,000원

❀ **아동수당** 2018년 9월부터 시행되고 있는 아동수당은 국내에 거주하는 만 7세 미만(0~83개월)의 아동이면 누구나 소득에 관계없이 최대 84개월 동안 받을 수 있다. 특히 아동수당은 보육료, 유아학비, 양육수당 등의 지급 여부와 상관없이 받을 수 있다. 보호자 등의 신청이 반드시 필요하며, '행복 출산 One-Stop 서비스'를 통해 출생 신고 시 한 번에 신청 가능하다. 2020년 1월부터는 아동 양육에 따른 경제적 부담을 줄이고, 아동의 건강한 성장 환경을 조성하기 위해 아동수당 지급 예산을 확대 시행하고 있다.

A년 B월에 지원받을 수 있는 아동수당은
(A–6)년 (B+1)월 출생 아동에 한한다.

만약 현재 연월이 2020년 2월이라면, 2013년 3월 출생 아동까지 아동수당을 지원받을 수 있다.

지원 대상	만 7세 미만(0~83개월) 모든 아동
지원 금액	아동 1인당 매월 10만 원
지원 방식	매월 25일 현금 지급 원칙(조례로 정하는 경우 고향사랑 상품권 지급 가능)
신청 방법	방문 또는 온라인 신청
사업 안내	아동수당 홈페이지(ihappy.or.kr) 아동수당 자세히 알아보기

Tip 정부 지원금

1. 신청 방법

보육료, 유아학비, 양육수당, 아동수당 등의 정부 지원금을 신청하려면 주소지 관할 읍/면/동 주민센터에 방문·신청하거나 복지로(www.bokjiro.go.kr)에서 신청할 수 있다. 아이행복카드를 발급받아 보육료나 유아학비를 결제하면 해당 어린이집이나 유치원으로 보육료 또는 유아학비가 입금된다.

① 복지로 사이트에 접속하여 [온라인 신청]을 선택한다.

② 문의처는 다음과 같다.
　　보육료 · 양육수당: 보건복지 상담 센터(129)
　　유아학비: 고객지원센터(1544-0079, 안내 멘트에서 ⑤번 후 ①번)
　　아이돌봄서비스: 아이돌봄 서비스 센터(1577-2514)

2. 지원 제외 대상
- 대한민국 국적을 가지고 있지 않은 유아(난민은 예외적으로 인정)
- 주민등록법 제6조 제1항 제3호에 따라 주민번호를 발급 받거나, 제19조 제4항에 따라 재외국민으로 등록 · 관리되는 자
- 어린이집을 이용하여 보육료를 지원받고 있는 유아
- 양육수당을 지원받고 있는 유아
- 유치원 이용 시간에 아이돌봄서비스 등과 중복 지원 불가

✽ **가족돌봄휴가 지원** 2020년 1월 1일부터 가족돌봄휴가를 신설하여 운영하고 있다. 근로자는 가족의 질병, 사고, 노령 또는 자녀의 양육을 목적으로 가족돌봄휴가를 청구할 수 있으며, 하루 단위로 연간 최대 10일을 사용할 수 있다. 가족돌봄휴가를 사용하고자 하는 근로자는 사용하려는 날, 돌봄 대상 가족의 성명, 생년월일, 신청 연월일, 신청인 등을 적은 문서를 사업주에게 제출하면 된다. 또 가족돌봄휴직을 최대 90일 신청할 수 있는데 가족돌봄휴가와 합하여 연간 90일을 초과할 수 없다. 한편, 2020년 1월부터는 근로자가 가족돌봄, 본인 건강, 은퇴 준비, 학업을 위해 1년간 근로시간 단축을 신청할 수 있는 제도도 신설되었다.

지원 목적	맞벌이 노동자의 양육 부담 경감을 위해
지원 내용	연간 최대 10일의 가족돌봄휴가(무급) – 가족의 질병, 사고, 노령 또는 자녀의 양육을 목적으로 청구 – 가족돌봄휴직 기간(연간 90일)을 포함하여 최대 연간 90일 범위 내에서 사용) – 하루 단위로 사용 가능
지원 범위	돌봄 대상 가족의 범위를 조부모와 손자녀까지로 확대

어린이집 Vs. 유치원, 최선의 선택

어린이집과 유치원은 언뜻 비슷해 보이지만 대상 연령뿐만 아니라 운영 목적부터 수업 일수까지 차이가 있다.

어린이집과 유치원을 구분하는 가장 큰 차이점은 바로 대상 연령이다. 어린이집은 만 0~5세를 대상으로 운영하여 영아부터 다니는 반면, 유치원은 만 3~5세 유아부터 등록할 수 있다. 영아는 신생아부터 생후 2년까지로 보호자의 세심한 보살핌이 필요하고, 만 3세 이후부터는 신체 능력과 언어 능력이 어느 정도 발달하여 교사의 지도에 따라 교육이 충분히 가능하다. 따라서 어린이집은 아이를 돌보는 '보육'에, 유치원은 '교육'에 좀 더 초점이 맞춰져 있다고 볼 수 있다. 하지만 비중만 다를 뿐 어린이집과 유치원 모두 아이들의 교육과 보육을 함께 책임지고 있다.

또한 2012년부터 어린이집과 유치원에 다니는 만 3~5세 아이들은 모두 동일한 교육을 받도록 누리과정을 시행하고 있다. 어린이집과 유치원마다 교재는 자유롭게 사용하지만 3월에는 '봄', 4월에는 '나와 친구들' 등 똑같은 주제를 가지고 배우게 된다.

내 아이에게 맞는 최선의 선택을 할 수 있도록, 유치원과 어린이집의 몇 가지 중요한 차이점을 중심으로 살펴보자.

✿ **운영 시간이 다르다** 유치원은 법적 운영 일수인 180일만 채우면 나머지는 원장의 재량대로 운영할 수 있다. 원장이 유치원의 방학 일수를 조절하거나 샌드위치 연휴에 추가 휴무일을 정한다. 반면에 어린이집은 일요일과 공휴일을 제외하고 연중무휴로 운영하는데, 이것은 아이들을 돌보는 사회복지사업의 성격이 강하기 때문이다.

운영 시간에도 차이가 있다. 유치원은 오전 9시부터 오후 2시까지 하루 5시간 수업하는 반일제가 기본인 반면, 어린이집은 오전 9시부터 오후 4시까지의 기본 보육반과 저녁 7시 30분까지 연장 보육반으로 운영한다(월~금 기준, 영유아 및 보호자에게 불편을 주지 않는 범위에서 운영 시간 조정 가능).

또한 어린이집에 따라 최대 밤 10시까지 야간 보육반을 운영하는 곳도 있고 24시간 보육 서비스를 제공하는 어린이집도 있다. 최근에는 맞벌이 가정이 늘면서 유치원도 대부분 종일제(8시간 이상)를 운영하고 있으며, 밤 10시까지 이루어지는 온종일 돌봄을 제공하는 유치원도 있다.

정부에서도 학부모의 의견을 최대한 수용하여 저녁 7시 30분 이후까지 연장 운영하는 것을 적극 권장하고 있으며, 방과후과정을 지원받기 위한 조건도 교육 과정 시간을 포함하여 8시간 이상 운영을 원칙으로 하고 있다.

추가 서비스는 '유치원 알리미' 사이트에서 조회할 수 있다. 어린이집이나 유치원에 따라 운영 시간이 다를 수 있으므로 직접 연락하여 정확한 운영 시간과 제공 서비스를 확인한다.

단, 유치원은 어린이집에 비해 기본 수업 시간이 짧기 때문에 반일제 수업 이후 진행하는 방과후 수업 비용이 추가로 들어간다. 보통 시간 연장을 하면 5만 원 정도의 추가 비용이 들고, 일반 방과후 수업 대신 외부 강사가 오는 특별 활동 수업을 신청하면 과목당 주 2회 수업 기준 6~10만 원이 추가된다.

❋ **소속 정부 기관이 다르다** 어린이집과 유치원은 운영 목적에 따라 각각 '보건복지부', '교육부' 소속으로 해당 기관의 재정적인 지원을 받는다. 또한 어린이집은 보건복지부와 각 지방자치단체에서, 유치원은 교육부와 각 교육청에서 관리 및 감독한다는 점도 다르다. 정책 정보를 확인하거나 민원을 제기할 때 주관 부서가 어디인지 알아두는 것이 도움이 된다.

✿ 교사 자격이 다르다 유치원 교사는 교육부 장관이 수여하는 '유치원 정교사 자격증'을 취득해야 하며, 어린이집 교사는 보건복지부 장관이 수여하는 '보육 교사 자격증'을 취득해야 한다.

유치원 정교사 자격증을 취득하려면 대학에서 반드시 유아교육과를 전공하고 관련 학점을 이수해야 하며, 봉사 시간을 채우고 어린이집과 유치원 모두에서 실습을 하여야 자격증을 받게 된다. 국공립 유치원 교사는 여기에 추가로 임용고시를 통과하여야 한다.

보육교사 자격증은 보육교사교육원, 평생교육원, 사이버대학 등 보건복지부가 지정한 교육 시설에서 수업을 받고 어린이집 실습을 나가면 주어진다. 한편, 대학에서 보건복지부가 지정한 학점을 이수하면 보육교사 자격증을 받을 수 있기 때문에 대부분 유치원 교사들은 유치원 정교사 자격증과 보육교사 자격증을 모두 가지고 있다.

✿ 시설 규모가 다르다 유치원은 만 3~5세 아이들을 대상으로 운영하므로 어린이집보다 시설 규모가 크고, 체육 활동을 하는 강당이나 수영장을 갖춘 곳도 많다. 하지만 최근에는 어린이집도 규모가 크고 연령별로 수업 교실을 나누어 운영하는 곳이 많아지는 추세이다.

유치원과 어린이집 모두 시설에 대한 '평가인증 통합지표'가 있는데 어린이집은 아이들이 어리기 때문에 '건강 · 안전' 항목 기준이 좀 더 세밀하여 시설 내에 뾰족한 모서리가 없어야 하고, 바닥은 물기 없이 깨끗해야 하는 등 안전을 최우선으로 한다.

✿ 유아학비나 보육료에 차이가 있다 국공립 어린이집은 국가 지원 예산이 시설과 보육의 질을 높이는 데 쓰이기 때문에 학부모 부담금이 일반 어린이집에 비해서도 낮아 부모들의 만족도가 높다. 이 때문에 인기 있는 국공립 어린이집의 경우 자녀가 출생하자마자 대기자 명단에

올려놓는 등 입학 경쟁률이 치열하다. 사립 유치원은 교사 인건비 등 국가로부터 지원받는 혜택이 적기 때문에, 국공립 유치원은 물론 대다수의 어린이집에 비해 학비가 비싼 편이다. 그래서 정부가 지원하는 지원금을 초과하는 부모 부담금이 있을 수 있으며, 유치원에 따라 식비나 특별 활동비, 방과후과정 참가비 등을 별도로 지급해야 할 수도 있다.

2000년대까지만 해도 어린이집의 보육료와 유치원의 유아학비 차이가 2~3배가량 되어서 부모로서는 유치원을 선택하는 것이 다소 부담스러웠다. 그래서 어린이집에 다니다가 초등학교 입학을 1년 앞두고 '학교생활 적응'을 위해 유치원으로 옮기는 경우가 많았다. 하지만 맞벌이 가정은 오후 2시에 하원하는 유치원보다는 퇴근 무렵까지 자녀의 보육을 담당하는 어린이집에 의존하는 경우가 많았다. 교육보다 보육을 선택할 수밖에 없었기 때문이다.

최근에는 저출산 대책 마련 및 유아교육의 공공성 확대를 위해 정부에서 보육료, 유아학비, 양육수당 등을 지원하기 때문에 경제적 부담은 많이 덜어진 편이다. 또 방과후과정으로 특별 활동 프로그램이 보편화되어 어린이집은 교육이, 유치원은 보육이 강화되는 방향으로 발전하였다. 이와 같이 어린이집과 유치원의 차이가 점점 줄어들고 있는 상황에도 불구하고 유치원은 초등학교 입학하기 전 '예비 학교'라는 인식이 강해서 학부모들 사이에서는 여전히 유치원을 선호하는 경향이 높은 편이다.

어린이집 Vs. 유치원 비교

구분	어린이집	유치원
소속	보건복지부	교육부
관련법	영유아보육법	유아교육법
대상	만 0∼5세	만 3∼5세
교육 과정	표준보육과정(만 0∼2세) 누리과정(만 3∼5세)	누리과정(만 3∼5세)
운영 시간	기본 보육: 09:00∼16:00 연장 보육: 16:00∼19:30	교육 과정: 09:00∼14:00 방과후과정: 14시 이후
	시간 연장 보육: 19:30∼24:00 토요일: 07:30∼15:30(일요일 및 공휴일 휴원) 야간 보육: 19:30∼익일 07:30 24시간 보육: 07:30∼익일 07:30 시간제 보육: 비고정적, 비정기 적으로 수사 이용 휴일 보육(공휴일 보육 서비스)	아침 돌봄: 06:30∼09:00 저녁 돌봄: 18:00∼22:00 온종일 돌봄: 06:30∼22:00
학부모 부담 비용	국공립 5만 원 선 사립·민간 10∼15만 원 선 ※(특별 활동 비용 제외)	국공립 10만 원 선 사립 25만 원 선
교사 요건	보육교사 2급부터 가능	유치원 정교사 2급부터 가능
교실 인원	교사 1명당 20명 (만 5세 기준)	교사 1명당 15∼30명 (만 5세 기준)
입소 방법	입소 대기 등록(연중 상시) – 아이사랑 사이트 (www.childcare.go.kr) – 직접 어린이집 방문	입학 일정에 맞춰서 등록 또는 공개 추첨 – 처음학교로 사이트 (www.go-firstschool.go.kr) – 직접 유치원 방문

※ 운영 시간은 각 기관에 따라 다를 수 있다.

교육이 강화된 어린이집 그리고 보육이 강화된 유치원. 그 차이가 크지 않더라도 초등학교 입학을 앞두고 유치원으로 옮기고 싶다면 다음 사항을 점검해 본다.

'예비 학교'로 어느 기관이 적합할지는 양육 형태와 아이의 정서 발달을 모두 고려해야 한다.

Check List

교육 기관을 옮길 때 점검 사항

	그렇지 않다	보통이다	그렇다
1. 집이나 직장에서 가까운가?	(□	□	□)
2. 원장의 보·교육 이념이 부모의 이념과 맞는가?	(□	□	□)
3. 교사의 근무 여건이 안정적인가? (근속 연수, 학급당 정원)	(□	□	□)
4. 교사와 아이들의 표정이 밝은가?	(□	□	□)
5. 보육 환경이 우수한가?	(□	□	□)
6. 교육 프로그램이 아이의 발달에 적합한가?	(□	□	□)
7. 추가 비용이 적절한가?	(□	□	□)
8. 급·간식이 양호한가?(믿을 만한 식재료, 질과 양)	(□	□	□)
9. 외부 및 주변 환경이 안전한가?	(□	□	□)
10. 내부는 청결한가?	(□	□	□)
11. 등·하원 시간과 방학 등 학사일정이 적절한가?	(□	□	□)
12. 아이의 반응은 어떠한가?	(□	□	□)
13. 기타 (평가인증 점수, 선배 부모들의 조언, 주변의 평판)	(□	□	□)

우리 동네 유아 교육 기관 정보

우리 집 주변에 어떤 유치원이 있는지 알고 싶다면 어린이집·유치원 통합정보공시 사이트(www.childinfo.go.kr)를 이용한다. 지역별 유치원은 물론 어린이집 정보까지 총망라되어 있다. 어린이집과 유치원 이름, 각 기관의 설립 유형(국공립, 사립 등), 위치 및 연락처 정보를 비롯하여 영유아 학급 수, 교직원 현황, 기본 운영 시간, 누리과정 운영 시간, 돌봄 및 시간 연장 가능 여부, 연령별 학부모 부담금(교육·보육비) 등을 검색 및 확인할 수 있다.

유치원 입학 신청은 매해 11월에 오픈하는 처음학교로 사이트(www.go-firstschool.go.kr)를 이용하면 더 간편하다. 이 사이트는 유치원 입학을 원하는 보호자가 시간과 장소 제한 없이 온라인으로 유치원에 정보를 검색하고 모집 기간에 맞추어 입학 신청을 할 수 있는 입학 지원 시스템이다.

이 외에 별도 모집을 하는 유치원도 있다. 이때는 해당 유치원에 직접 문의한다. 온라인 접수는 3곳까지 가능하고 방문 접수로 추가 1곳이 가능하다.

Tip 기타 유아 교육 기관 정보 사이트

① 중앙육아종합지원센터(central.childcare.go.kr)에서는 보육 정책 및 어린이집
지원 사업, 가정 양육을 지원하는 프로그램을 찾아볼 수 있다.

② 유아학비 지원 시스템 e-유치원(www.childschool.go.kr)에서는 유아학비 지원
안내, 유아학비(지원금) 및 학부모 부담금 결제 시스템, 유치원 찾기 등의 서
비스가 운영되고 있다.

③ 우리 동네 유치원 정보 조회 유치원 알리미(e-childschoolinfo.moe.go.kr)에서
유치원 정보 공시, 관련 법령 등을 찾아볼 수 있다.

그 밖의 주요 유아 교육 기관

어린이집과 유치원 외의 유아 교육 기관에는 영어 유치원을 비롯하여 유아 체능단, 놀이학교 등이 있다. 유아 체능단은 수영, 태권도, 무용 등의 특별 활동이 많이 활성화되어 있고, 놀이학교는 특정 유아교육학자의 교육 프로그램을 적용하거나 다른 기관에서 접할 수 없는 체험 학습 위주의 프로그램으로 아이들을 교육한다.

✿ **영어 유치원(어학원의 유치부)** 자녀의 영어 경쟁력을 키워 주기 위해 유치원을 포기하고 어학원을 선택하는 경우도 있다. 유아교육법상 유치원이 아니면 유치원 또는 이와 유사한 명칭을 사용하지 못하도록 한 규정에 따라 영어 유치원이라고 표기하지 못한다. 이에 따라 우리가 흔히 영어 유치원이라고 알고 있는 교육 기관은 유치원이 아닌 학원에 해당한다. 따라서 정부 지원금을 받을 수 없는 데다 교육비가 월 100만 원 이상으로 매우 높다. 또한 누리과정을 운영하지 않고 놀이시설에 대한 지침도 따로 없다.

따라서 어학원을 함께 운영하는 유치원을 찾는 부모가 많은데, 정규 유치원 교육과 누리과정 지원, 그리고 영어 특화 교육까지 가능하다는 입소문에 인기가 높다. 일반 유치원에 다니면서 유치부 영어 학원의 애프터 스쿨에 보내는 식으로 운영된다.

아이가 영어에 관심이 있고 학습을 잘 따라갈 수 있다고 판단되는 경우, 또한 조기 영어 교육에 대한 확고한 믿음이 있고, 졸업 후에도 지속적으로 영어 교육에 대한 투자를 지원해 줄 수 있는 부모에게 추천한다.

Tip 내 주변의 영어 유치원과 비용 알아보기

영어 유치원은 원칙적으로 어학원이므로 각 시도 교육청 홈페이지의 학원 정보에서 학원에 대한 기본 정보를 비롯하여 학원비 등을 열람할 수 있다.

① 나이스 대국민서비스(www.neis.go.kr)에서 [학원 민원 서비스]를 클릭한 뒤, 해당 교육청을 선택한다.

② 학원 민원 서비스에서 [학원·교습소 정보]를 선택한 뒤, 다음과 같이 정보를 입력한다.

· 2666개의 검색결과를 찾았습니다.

※ 조회 시 파란색으로 표시된 부분을 클릭하시면 세부 정보를 확인하실 수 있습니다.

순번	학원명	설립자강사	교습과정	교습과목	정원	교습기간	총교습시간(분)	교습비등(C=A+B)	교습비(A)	기타경비(B)
								교습비 세부내역		
								기타경비 세부내역		
								모의고사비	재료비	급식비
								기숙사비	피복비	차량비
	어학원	32	실용외국어(유아/초·중·고)	유아영어L	12	1개월 0일	1500	360,000	360,000	0
								0	0	0
								0	0	0
	어학원	32	실용외국어(유아/초·중·고)	유아영어M	12	1개월 0일	1500	364,000	364,000	0
								0	0	0
								0	0	0
	어학원	32	실용외국어(유아/초·중·고)	유아영어N	12	1개월 0일	6200	1,430,000	1,430,000	0
								0	0	0
								0	0	0
	어학원	32	실용외국어(유아/초·중·고)	유아영어O	12	1개월 0일	6200	1,365,000	1,365,000	0
								0	0	0
								0	0	0
	어학원	32	실용외국어(유아/초·중·고)	초등영어E	12	1개월 0일	1380	370,000	370,000	0
								0	0	0
								0	0	0

※ 검색 결과 중 '총교습 시간(분)'이 5,000~7,000분인 학원이 일반적으로 영어 유치원의 과정을 따른다.

✤ **놀이학교** 학습보다는 자율적이고 창의적인 놀이 환경이 갖추어진 놀이학교를 선호하는 부모들도 있다.

놀이를 바탕으로 프로그램을 구성하여 미술, 음악, 체육, 언어 등을 통합적으로 교육하며, 아이들의 오감을 자극하고 풍부한 감성을 키워 준다는 점에서 아이들이 적극적으로 즐겁게 참여할 수 있다. 또한 아이의 발달 정도나 성격에 따라 각각 적용하는 프로그램이 다르기 때문에 맞춤 교육이 가능하다는 장점이 있다. 시설이나 교구가 잘 갖추어져 있고 교사 1명당 10명 내외로 일반적인 유치원에 비해 적은 인원이 수업을 받는다는 것도 장점이다. 반면에 이에 따른 교육비의 차이가 크며, 월 80~100만 원 정도로 높은 편이다. 또한 자유놀이 시간이 없고, 영어, 수학, 미술, 가베 등의 수업으로 운영되어 누리과정이나 인성 교육 부분을 충실하게 운영하는지 살펴보아야 한다.

요즘에는 기존의 놀이 감성 위주의 교육에 유치원 정규 교육 과정 및 초등학교 대비 학습을 접목시켜 운영하는 곳도 늘어나고 있다. 몬테소리, 레지오에밀리아, 발도르프 같은 교육 방식을 이름으로 내세우거나 위즈아일랜드, 하바, 베베궁, 와이즈만 등 브랜드화하여 프랜차이즈 식으로 운영하기도 한다.

✤ **유아 체능단** 아이의 재능을 조기에 발굴하고 싶은 경우, 또는 아이가 매우 활동적이어서 다양한 신체 활동을 원하는 경우 선택할 수 있다. 수영, 태권도, 발레, 피아노, 미술 등과 같은 예체능 중심의 교육 과정이기 때문에 유치원과 비교하면 교육 과정이 부족할 수 있다. 단체 활동이 많아서 규범이나 질서를 익히는 데는 좋지만 아이가 낯가림이 심하고 소심하다면 적응하는 데 어려움이 있을 수 있다.

혁신 유치원 초등학교 준비 위주의 유아 교육에서 벗어나 정부가 '행복한 유아'를 목표로 도입한 새로운 형태의 유치원이다. 생활 속에서 존중과 배려를 실천함으로써 유아들의 인성 교육에 주안점을 둔다. 교사들은 전문적인 학습 공동체 활동을 통해 교육 과정과 수업을 연구, 유아들과 즐겁게 소통할 수 있는 사례를 만들고 있다. 2017년 기준 전국 33개에서 2022년 130개로 늘릴 예정이다.

방과 후 놀이유치원 유아의 발달과 흥미를 고려, 놀이와 쉼을 중심으로 운영되는 유치원이다. 유아의 행복감 증진을 최우선 가치로 설정하고 있다. 기존 유치원의 방과후과정이 사교육 수요에 기반을 둔 특성화 프로그램이라고 여겨, 이를 지양하는 한편 심신의 고른 발달을 꾀하는 수준 높은 놀이를 제공한다.

Q1 낯가림이 심하고 소심한데 어린이집에서 유치원으로 옮겨도 될까요?

물론 가능합니다. 어쩌면 낯가림이 심하고 소심한 것은 부모가 예전부터 갖고 있던 편견일 수도 있습니다. 아이가 그동안 어린이집에서 생활하는 데 별 무리가 없었고, 단짝 친구가 한두 명이라도 있었다면 사회성에 크게 문제가 없다고 봐야 합니다. 단지 아이의 기질이나 성격상 탐색 기간이 길어 낯선 환경에 익숙해지고 사람들과 친해지는 데 시간이 필요할 뿐입니다. 유치원에서 새로운 친구들과 친해지는 것을 도우려면 다음의 방법들을 시도해 보세요.

우선 아이에게 학교생활 적응을 위해 유치원에 다니게 될 것을 미리 알려 줍니다. 만 4~5세만 되어도 아이에게는 자기주장과 호불호가 생깁니다. 따라서 아이에게 솔직히 말하고 동의를 구하는 것이 가장 좋습니다.

"우리 ○○, 여덟 살 되면 학교에 입학하지? 학교가 어떤 곳인지 미리 연습하기 위해 앞으로는 유치원에 다니게 될 거야. 새로운 선생님이랑 친구들도 만나고 신기한 것들도 많이 배울 수 있어."

유치원을 선택할 때 미리 아이와 함께 방문하여 아이가 생활할 유치원의 이곳저곳을 둘러보며 즐겁고 유익한 곳임을 알려 주는 것도 좋은 방법입니다. 더 넓고 쾌적한 환경과 아이가 호기심을 품을 만한 신기하고 재미있는 것들이 많다면 아이의 관심을 끌 수 있습니다. 후보로 점찍어 둔 유치원 2~3곳을 함께 다니며 아이가 선택하도록 유도하는 것도 효과적입니다. 여기에 아이의 단짝 친구도 같은 유치원으로 옮길 수 있다면 금상첨화겠죠.

여건이 된다면 유치원 입학 후에 처음 한 달 동안은 오후 2시 하원 시간에 맞추어 아이를 데려오는 것이 좋습니다. 입학하자마자 방과후과정까지 참여하게 하면 아이가 힘들 수 있기 때문입니다. 처음에는 예행 연습처럼 오후 2시까지 유치원 생활을 하면서 아이가 유치원에 익숙해지게 하고, 이후 방과후과정이나 특별 활동을 한두 가지 신청하여 참여하도록 합니다.

아이가 유치원에 다니면서 정서적으로 불안해하거나 침울해하는 등의 모습을 보이진 않는지 잘 관찰하는 것도 중요합니다. 아이가 아침마다 등원을 거부하는 경우, 교사에게 아이의 이상 행동에 대한 이야기를 들은 경우, 아이가 말이 없고 힘들어하는 것이 확연한 경우 등에는 유치원 퇴소 절차를 밟고 다시 어린이집으로 돌아가도 됩니다. 이때 유아학비는 다시 보육료로 전환하여 신청해야 합니다.

Q2

맞벌이 부부여서 하원 후 돌봄이 불안해요. 어린이집에 그대로 다니게 하는 것이 나을까요?

맞벌이 가정인데 하원 후의 돌봄 대책이 어렵고 불안하다면 어린이집에 그대로 다니게 하는 것이 좋습니다. 주소지 인근에 마음에 드는 유치원이 없어도 마찬가지입니다.

아이가 어린이집에 계속 다니게 될 때 부모는 어린이집이 보육 중심이기 때문에 한글이나 영어, 수학 등과 같은 교육 면에서 뒤처지지 않을까 걱정을 많이 합니다. 다행히 어린이집 일반 교육 과정은 만 3~5세 누리과정으로 유치원과 같습니다. 특별 활동, 특성화 프로그램으로 운영되는 별도 교육 과정에 차이가 있지만, 이 역시 크게 염려할 정도는 아닙니다.

어린이집마다 방법에 차이가 있겠지만 각 가정에 특별 활동 선호도를 조사하여 적정 인원수가 채워지면, 외부 강사를 초빙하여 영어, 음악, 체육 활동, 미술놀이 등 다양한 체험 프로그램을 운영하기도 합니다. 이 경우 학부모 부담금이 생길 수 있습니다.

만약 어린이집의 특별 활동, 특성화 프로그램으로 부족하다면 아이를 반일제로 등록하고, 비용이 더 들더라도 오후에 예체능 학원이나 영어 학원 등에 다니게 하는 것도 방법입니다. 이때 아이를 타 교육 기관으로 데려다주고 집으로 데려올 베이비시터나 도우미가 필요할 수 있습니다.

맞벌이 가정이라면 어린이집에서 아이가 안정적으로 돌봄을 받으며 특별 활동이나 특성화 프로그램에 참여하는 것이 효율적인 방법입니다.

Q3 유치원에 다니는 우리 아이, 방과 후 돌봄은 어떻게 해결하나요?

유아교육법에 따라 '유치원 방과후과정'은 정규 과정(누리과정) 이후에 교육 과정과 연계하여 유아 교육을 확장, 심화하는 과정입니다. 휴식, 건강, 안전, 영양, 바깥놀이 등을 포함한 돌봄 위주의 활동이 중심이지요. 교육 과정 시간을 포함하여 1일 총 8시간 운영하고, 보호자의 요청이나 동의하에 1시간 이내에서 조정할 수 있습니다.

유치원에 따라 차이가 있는데 병설 유치원의 경우 방과후과정과 돌봄까지 신청하면 저녁 7~8시까지 유치원에 머물 수 있습니다. 맞벌이 가정이라면 입학하게 될 유치원에 최장 몇 시까지 아이를 돌봐줄 수 있는지 미리 확인하는 것이 필수입니다.

유치원 방과후과정에 참여하지 않고 유아 대상 영어 학원이나 예체능 학원에 다녀도 무방합니다. 하지만 아이 혼자서 이 학원, 저 학원 찾아다니는 것은 아직 무리가 있습니다. 이 경우 조부모, 베이비시터, 아이돌보미, 이웃 지인 등 유치원 하원과 학원 이동을 도와줄 수 있는 사람이 꼭 필요합니다.

유치원을 이용하는 시간 외에 아이돌봄서비스를 신청할 수도 있습니다. 아이돌봄서비스는 여성가족부에서 지원하는 사업으로 만 12세 이하 아동을 둔 맞벌이 가정 등에 아이돌보미가 직접 방문하여 아이를 안전하게 돌봐 주는 서비스입니다.

2020년 1월부터는 아이돌봄서비스 이용을 희망하는 부모가 보다 편리하게 신청하고 대기할 수 있도록 전용 애플리케이션 서비스를 운용하고 있습니다. 서비스 신청 및 확인, 취소, 변경이 가능하며, 대기 관리 시스템을 통해 실시간 대기 순번, 예상 대기 시간을 확인할 수 있습니다. 승인이 완료되면 연 720시간(하루 평균 2시간) 이내에서 아이돌봄서비스를 신청할 수 있습니다.

아이돌보미는 놀이 활동, 준비된 식사 및 간식 먹이기, 보육 시설(초등학교) 등·하원(교) 동행 등을 도와줍니다. 연 720시간을 모두 사용하면 전액 자비 부담으로 서비스를 추가 이용할 수 있습니다. 단, 지역별 돌보미 현황에 따라 원하는 시간대에 서비스 연계가 어려울 수도 있으므로 아이돌봄서비스를 처음 이용하는 가정은 신청서 작성 전에 지역별 서비스 제공 기관에 배정 가능 여부를 문의하는 것이 좋습니다.

Q4 영어 유치원은 일반 유치원과 어떤 차이가 있길래 인기가 많나요?

부모들 사이에서 '영유'로 축약되는 영어 유치원은 만 3세, 우리나라 나이로 다섯 살이면 입학할 수 있습니다. 그런데 이때 나이보다 중요한 것은 아이의 언어 능력입니다.

영어 유치원에서는 원어민 교사와 함께 영어 위주의 생활과 놀이 수업을 하기 때문에 우리말이 미숙한 상태에서 영어를 접하면 아이가 다소 혼란을 느낄 수 있습니다. 이 때문에 의사표현이 원만한 만 4세(여섯 살)부터 다니길 권하는 영어 유치원도 많습니다.

영어 유치원의 장점은 어릴 때부터 영어 환경에 자주 노출됨으로써 아이가 영어를 친근하게 받아들이고 원어민과의 소통도 자연스럽게 배운다는 것입니다. 영어 발음을 유연하게 하는 데에도 도움이 됩니다. 또 주입식 교육이 아닌 놀이 수업 위주로 진행되어 아이들이 부담없이 영어를 배울 수 있습니다.

하지만 유아 교육 기관이 아니라 유아 영어 학원에 속하기 때문에 교육비를 지원받기 어려워서 일반 유치원보다 비용이 많이 듭니다. 영어 외의 유아 교육 과정이 다소 체계적이지 못하다는 단점도 있습니다. 방과후과정이나 추가 돌봄이 없어 오후 2~3시면 하원해야 한다는 것도 맞벌이 부부에게는 부담일 수 있습니다. 영어 유치원에만 다니다가 초등학교에 입학하게 되면 상대적으로 국어 실력이 취약하지 않을까 우려되는 부분도 있습니다.

영어 유치원을 보내고 싶다면 맞벌이 가정에서는 하원 이후의 돌봄 대책 역시 마련해야 합니다. 최근에는 영어 유치원에서 온종일 돌봄을 시행하는 경우도 있어 오히려 문제가 되기도 합니다. 또 부족한 국어 능력을 키우기 위해 아이에게 그림책을 많이 읽어 주고 함께 대화하는 시간을 갖는 것도 필요합니다. 또 인기 있는 영어 유치원이라면 1년 가까이 대기할 수도 있으므로 아이를 보내고 싶은 영어 유치원을 알아본 후 입학 상담을 미리 해두는 것이 좋습니다.

참고로 영어 조기교육을 반대하는 전문가들은 유아 때 만 2년간 배운 영어 실력은 초등 1~2학년 때 6개월이면 따라잡을 수 있다고 말합니다. 굳이 어려서부터 가르칠 필요 없이 가장 효율적으로 습득할 수 있는 결정적 시기에 체계적인 커리큘럼에 따라 배우는 것이 가장 효과적이라는 의견도 있습니다.

이런저런 이유에도 영어 유치원을 선택하였다면 아이가 즐겁게 '영유' 생활을 하고 있는지 잘 살피도록 합니다.

어느 날 갑자기 아이가 거리를 오가다 간판을 읽었을 때, TV 화면에 스쳐 지나가는 자막을 읽었을 때 부모는 정말 영재 검사라도 받아야 하는 것은 아닌지 고민하게 됩니다. 부모 눈에만 똑똑한 것인지 객관적으로 영재성이 있는지 검사를 받아 보고 싶은 마음이 드는 것은 당연합니다. 아이가 커서 어떤 인물이 될지도 너무 궁금합니다.

취학 전 일반 아이의 지능, 심리, 기질, 성격, 적성 등을 알아보려면 소아청소년정신과의원, 심리상담센터, 아동발달센터 등에서 검사를 받을 수 있습니다. 재능이나 영재성 등에 초점을 맞추려면 영재학술원이나 영재원 등에서 별도 마련된 검사를 받을 수 있습니다. 일반 기관에서는 주로 '웩슬러 검사'나 '풀배터리 검사'를 하게 되는데, 웩슬러 검사는 지능 검사이고, 풀배터리 검사는 심리 검사와 웩슬러 검사의 기능을 합친 종합 심리 검사라고 보면 됩니다.

웩슬러 지능 검사는 언어성 소검사와 동작성 소검사로 나뉘며 언어성 IQ, 동작성 IQ, 전체 IQ 점수로 결과를 산출합니다. 웩슬러 지능 검사는 일반적인 지적 능력을 측정하는 것에도 쓰이지만, 특수교육이 요구되는 아동의 판별 및 진단에도 쓰입니다. 검사 비용은

30만 원대입니다. 만약 병·의원에서 검사를 받게 되면 의료 기록이 남을 수 있습니다.

풀배터리 검사에서는 부모의 양육 태도(PAT) 역시 판단의 근거이기 때문에 아이의 성향에 대해 좀 더 자세히 알 수 있고, 취학 전 부모의 양육 태도를 점검해 보는 데에도 도움이 됩니다. 웩슬러 지능 검사 외에 KFD(동적 가족화), SCT(문장 완성 검사), MMPI(다면적 인성 검사), TAT(주제 통각 검사), BGT(벤더 게스탈트 검사) 등 여러 세부 평가를 통해 아이의 사고방식, 지각 방식, 정보 처리 방식 등 다양한 정보를 얻을 수 있습니다. 검사에만 3시간가량 소요되며 비용은 30만 원대에서 70만 원대에 이릅니다.

어렸을 때의 지능, 적성 검사는 아이의 기질이나 성향에 따라 부모의 양육 태도에 변화를 주어 긍정적인 측면을 부각시킬 수 있고, 부정적인 측면을 가라앉힐 수도 있습니다. 그러나 아직 미취학 아동인 만큼 외부 환경에 따라 성장하면서 얼마든지 성격이나 성향, 소질 등이 바뀔 수 있다는 것을 고려해야 합니다. 따라서 검사 결과를 전적으로 의존하여 아이를 계획대로 몰아가기보다는 아이의 현재 상황을 고려하여 적절히 개입하는 것이 좋습니다. 타고난 지능보다는 개인의 호기심과 욕구, 꾸준한 노력이 중요하기 때문입니다.

기초 학습

02

언어와 수 개념부터
차근차근 시작하기

☑ "한글은 다 떼고 입학해야 하지 않나요?"

☑ "한글을 직접 가르치는데 자꾸 화만 내게 됩니다."

☑ "수 세기를 잘하면 덧셈, 뺄셈까지 가르쳐도 될까요?"

☑ "사고력 수학도 미리 대비해야 하나요?"

☑ "아이가 공부하려고 책상 앞에 앉아도 10분을 넘기지 못해요."

인지 능력이 언어 발달의 핵심

만 3~4세 때에는 아이가 유아 교육 기관에 즐겁게만 다녀도 더 바랄 것이 없다. 그러다가 초등학교 입학을 1년 앞두게 되면 부랴부랴 귀를 쫑긋 세우고 무엇 하나 더 가르칠 것이 없는지 탐색한다. 혹시 학교에 다니면서 아이가 학업에 뒤처지지 않을까 하는 걱정 때문이다.

이 시기 기초 학습은 아이의 인지 능력이 그것을 이해하고 받아들일 수 있는가에 달려 있다. 의욕이 앞선 부모가 아이에게 이것저것 많은 정보를 주입하고 싶어도 아이의 인지 능력이 그 정보를 수용할 만큼 성숙하지 않다면 부모의 노력은 헛수고에 불과하다.

무엇보다 유아기의 인지 능력과 교육은 아이의 언어 능력을 토대로 한다는 점에서 '인지 능력'과 '언어 발달'은 떼려야 뗄 수 없는 관계이다. 즉, 아이의 언어 능력은 환경의 영향을 많이 받을 뿐 아니라 획득한 언어 능력을 바탕으로 새로운 어휘, 정보, 지식 등을 확장해 나간다. 언어란 유아들이 의사소통, 사고, 학습을 하게 하는 중요한 수단이다. 이런 면에서 환경적으로 아이의 인지 능력을 발달시키는 방법이 아이의 언어 능력을 키우는 방법이고, 기초 학습 능력을 다지는 방법이 된다.

태어나 만 3세까지는 놀랄 만큼 언어 능력이 발달하는 시기이다. 언어 능력은 수용 언어(이해하는 수준)와 표현 언어(의사소통에 사용하는 수준)로 나눌 수 있는데, 만 2세까지는 수용 언어가 표현 언어보다 훨씬 앞서 있었다면 만 2~3세에는 표현 언어가 폭발적으로 증가하는 시기이다. 이른바 말귀를 알아듣던 아이가 말문이 터지기 시작하면서 하루가 다르게 새로운 단어들을 말하게 된다. 이때 말하기 능력도 함께 늘어난다.

만 2세까지는 대개 명사(단어)로 의사를 표현하다가 만 2~3세 사이에는 문장으로 말하게 된다. 이 시기에 수용 언어는 500~900개 수준이고, 표현 언어는 200~300개 정도가 된다. 1부터 10까지 숫자를 세기도 한다. "엄마, 물!", "아빠 코 자?", "엄마, 빨리!" 등 두세 마디로 된 문장 표현이 가능하다.

만 3세가 지나면 의사소통의 준비를 마쳤다고 볼 수 있다. 개인차가 있겠지만 만 3세가 지나면 셀 수 없이 많은 단어를 이해(수용)하며 거의 1천여 개의 단어를 말(표현)할 수 있다. 또 자신이 아는 단어 4~5개를 조합하여 문장으로 의사표현이 가능하다. "밖에, 놀이터 가고 싶어.", "우유 더 주세요. 빨리." 등과 같다. 가끔 시제나 조사 등을 틀리긴 해도 어른과 소통하기에 문제가 없다.

하루가 다르게 어휘량이 증가한다는 것은 인지 능력 또한 발달하고 있음을 의미한다. 자동차를 모르는 아이가 단순히 낱말카드로 자동차라는 단어를 배우는 것보다 자동차를 직접 보고, 타고, 듣고, 그려 보는 것이 자동차라는 단어를 더 쉽고 빨리 익힐 수 있기 때문이다. 직·간접적인 경험을 통해 여러 가지 정보를 인지하고 기억한 아이가 언어 능력 또한 발달한다.

만 3~4세 아이의 언어 발달 수준과 지도 방법

수용 언어 **(이해하는 언어)**	• 상당수의 단어를 이해한다. • 원인과 결과를 이해한다. • 위치 단어를 이해한다. – 저기, 사이, 안, 위 등 • 시간 단어를 이해한다. – 지금, 곧, 나중에 등
표현 언어 **(말하는 언어)**	• 발음을 명확하게 한다. • 과거형, 부정형, 의문형 등의 다양한 문법을 사용한다. • 가끔 단어의 순서나 문법의 사용에 오류가 있다. • 단어의 의미를 표현할 수 있다. • 약 1,000개의 단어를 표현한다.
지도 방법	• 아이가 무엇을 했는지, 무엇을 좋아하는지 자주 대화한다. • 위치나 시간에 관련된 대화를 한다. • 주변이나 매체를 통해 접하는 사물이나 소리에 대해 이야기한다.

한글, 가르치기 좋은 타이밍

'한글은 미리 떼야 할 텐데……'

초등학교 입학을 앞두고 부모들이 고민하는 것 중 큰 부분을 차지하는 것이 '한글'이다. 기초 학습이 전혀 안 되어 있다면 학교 수업에 뒤처지지 않을까 염려되기 때문이다.

아이의 순조로운 학교생활 적응을 위해, 한글이나 수에 관심을 보이는 아이의 욕구 충족을 위해 기초 학습 능력을 키워 주는 것도 좋다. 단, 과도한 선행 학습이 되지 않도록 아이의 두뇌 발달에 맞는 적절한 시기와 아이가 즐겁게 참여할 수 있는 놀이 방식을 택하도록 한다.

한글의 시작 시기를 논할 때 첫 번째 조건은 아이가 글자에 관심을 보이는 시점이다. 즉, 아이가 그림책을 보다가 "엄마, 이게 무슨 글자예요?", "손수건이라는 글자예요?", "새싹반 ○○는 혼자 책을 읽어요. 나도 그렇게 되고 싶어요.", "제 이름은 어떻게 써요?"라고 적극적으로 글자에 관심을 드러내는 시점이다.

그렇다고 당장 학습지를 신청한다거나 본격적으로 한글 공부를 시작할 필요는 없다. 아이의 궁금증을 그때마다 해결해 주면서 좀 더 예열 기간을 거칠 필요가 있다. 아이의 언어 능력이 더 원활해지고 질문을 즉각적으로 해결하는 것이 어려워지면 "우리 ○○가 글자가 더 알고 싶구나. 같이 재미있는 글자 놀이를 해 볼까?"라는 식으로 접근한다.

두 번째 조건은 만 5세, 즉 초등학교를 1년 정도 앞둔 시점이다. 이 시기에는 아이의 인지 발달, 언어 능력, 집중력, 기억력, 협응력(눈과 손), 운필력 등이 글자 배우기에 적합할 만큼 성장한다. 만 3~4세만 되어도 아이가 이해할 수 있는 수용 언어는 헤아릴 수 없이 많다. 또 사용할 수 있는 표현 언어도 1,000여 개에 달한다.

그림책을 즐겨 읽는 아이라면, 부모가 읽어 주는 속도에 따라 눈으로 글줄을 따라가면서 한글을 터득할 수 있게 한다. 아이가 스스로 습득하지 못하더라도 부모가 생활 속에서 쉽게 구할 수 있는 학습 도구로 가르치면 3~6개월 정도에 웬만한 글자 읽기는 가능하다. 일선 초등학교에서는 1~2학년 동안 국어, 수학 등의 기초 학력에 집중하는 만큼, 한글을 완벽하게 떼고 가야 한다는 부담은 버려도 된다.

한글 공부, 놀이로 시작하기

아이의 첫 선생님으로 가장 적합한 사람은 부모이다. 아이가 신뢰하고 친밀감을 느끼는 사람이 가르쳐 주는 것이 중요하다. 또한 학습이 아닌 놀이 방식의 접근이 훨씬 용이하며 부모도 이런 점을 살려 주입식, 암기식 학습보다 사고력과 창의력을 기를 수 있는 놀이 학습으로 시작하는 것이 좋다.

우선 한글을 처음 가르칠 때 부모는 어떤 방식으로 가르치는 것이 효율적일지 고민하게 된다. 어떤 방법이 아이한테 더 쉬울지, 다시 말해 어떤 방법이 습득에 유리한지는 아이한테 달려 있다. 아이가 좋아하는 방식대로 알려 주면 된다.

✿ **통문자로 가르치기** 낱말카드, 상표, 간판, 포장지 등을 활용하여 사물 이름과 글자를 1:1 대응시켜 통문자로 알려 주는 방법이다. 구두 사진과 '구두'라는 글자를 반복해서 보여 주면 아이는 이미지와 글자 모양을 머릿속에 저장하게 된다. 시간이 지나 많은 단어를 익히다 보

면 어느 순간 아이는 '구름'의 '구'와 '구두'의 '구'가 같은 글자임을 알게 된다.

많은 단어로 반복 연습을 해야 하므로 글자를 완전히 깨치기까지 시간이 오래 걸릴 수 있다. 아이가 표현 언어를 많이 알고 있다면 한글 습득에 도움이 된다.

✿ **낱소리로 가르치기** 한글을 습득하는 원론적인 방법은 'ㄱ(기역)'에 'ㅏ(아)'를 더하면 '가'가 된다는 식의 낱소리 조합을 알려 주는 방법이다. 한글은 한자와 달리 '표음 문자'이기 때문에 소리와 소리가 더해져 하나의 글자를 이루는 규칙성을 갖고 있다.

따라서 이 규칙성을 이해할 정도의 사고력이 발달한 아이라면 흥미를 갖고 쉽게 한글을 배울 수 있다. 원리를 터득하게 되면 한글을 빨리 읽을 수 있지만, 통문자 방식과 마찬가지로 아이 개인의 표현 언어 능력에 따라 결과가 달라질 수 있다.

낱말카드, 그림책, 상표, 간판, 잡지, 카탈로그, 유아용 학습 커뮤니티, 한글 앱, 학습지 등 다양한 도구를 이용하여 아이와 '한글 놀이'를 시작한다. 개인차가 있지만 한 가지 일에 집중할 수 있는 시간은 만 3~4세는 10~15분, 만 5세 이상은 15~30분 정도이다. 처음 한글 놀이를 시작할 때는 10~15분 정도면 적당하다. '놀이'이기 때문에 아이가 잘하지 못하거나 실수하더라도 혼내거나 심각한 표정을 지어서는 안 된다.

'왜', '웬' 같은 이중 모음이나 '읽다', '밖', '앉다'처럼 겹받침이 오는 글자를 어려워한다면 건너뛰어도 된다. 이 시기에는 아이가 한글이나 읽기에 흥미를 갖게 하는 것이 더 큰 목적이므로 맞춤법은 크게 개의치 않도록 한다. 이 부분은 더 많은 단어를 접하고 읽기 연습을 하다 보면 자연스럽게 습득하는 데다, 학교 입학 후 충분히 보충할 수 있다.

글자 쓰기는 본격적으로 하지 않아도 되지만 운필력을 길러 줄 필요는 있다. 평소 색연필이나 크레파스를 이용하여 선 긋기, 도형 그리기, 색칠하기 등을 하며 손의 힘, 눈과 손의 협응력을 길러 준다.

수학, 개념 이해와 숫자 세기부터

수학의 첫발은 수 개념과 수 세기이다. 수 개념과 숫자를 알아야 훗날 연산을 이어갈 수 있다. 이 시기 수 개념과 수 세기는 아이의 언어 능력과 함께 발달하게 된다.

아이와 놀이를 하며 '많다/적다', '크다/작다', '높다/낮다' 등 수의 비교 개념을 일러준다. 사탕 개수를 세면서 많은 쪽과 적은 쪽을 가려내고, 케이크 조각을 보며 큰 것과 작은 것을 자연스럽게 구분하여 터득하게 하는 식이다.

만 3세 이후에는 어휘량이 폭발적으로 증가하는 동시에 1부터 10까지 숫자 세기가 가능하다. 여기서 알아야 할 것은 아이가 암기한 것을 단순히 기계적으로 이어서 말하는 것인지 아니면 숫자가 하나의 글자이며 순서대로 나열되어 있고 작은 것에서 큰 것으로 확장되어 가는 개념인지를 잘 이해하고 있느냐이다. 이 시기 수학의 시작은 수 개념을 이해하는 것부터 이루어져야 한다.

언어 자극에 도움되는 양육 환경이 아이의 수학 능력을 키우는데에도 효과적인데, 예를 들면 블록을 쌓으면서 "하나, 둘, 셋, …", 딸기를 아이 입안에 넣어 주며 "한 개, 두 개, 세 개, …", 달력을 짚어보며 "1, 2, 3, 4, 5, …" 등 아이와 보내는 일상생활에서 숫자를 충분히 언급하는 식이다. 이럴 때 부모는 기수와 서수 등 다양한 방식으로 숫자를 표현한다.

이와 같이 초등 입학 전까지는 기본적인 수 개념의 이해와 다양한 수 세기 방법을 연습하는 것으로도 충분하다. 일상생활에서 시도할 수 있는 다양한 '수학 놀이'로 수 개념을 터득하면, 입학 후 '사고력 수학', '서술형 수학'에 도움이 된다.

❋ **많다/적다** 사탕이나 쿠키, 작은 과일(딸기, 방울토마토 등)을 먹을 때 그릇에 개수를 달리하여 담은 다음 "우리 ○○가 더 많은 것 먹을래?"라고 하며 더 많은 쪽을 골라 보게 하자. 그리고 각 그릇의 개수를 같이 세어 보자. 아이와 지나가는 버스를 보며 "사람이 많이 탔네.", "사람이 적게 탔네." 등의 표현을 해 본다.

❋ **크다/작다** 피자, 케이크 등의 조각을 나누며 큰 쪽과 작은 쪽을 구분해 본다. 아이와 세탁물을 정리하면서 어른의 큰 셔츠와 아이의 작은 셔츠를 비교해 본다. "큰 것은 아빠 것, 작은 것은 우리 ○○ 것!" 하면서 놀이로 개념을 알게 한다.

❀ **높다/낮다** 똑같은 유리컵 두 잔에 우유나 주스 등을 담고 높낮이를 비교해 본다. "어느 컵의 우유가 더 높을까?"라고 질문한다. 아이가 쉽게 높은 쪽을 가리키면 이어서 "어느 컵의 우유가 더 많을까?"라고 물어본다. 아이는 자연스럽게 높은 쪽이 더 많은 쪽이라고 인식하게 된다. 아이가 수 개념에 익숙해지면 컵을 달리하여 높은 쪽과 낮은 쪽을 골라 보게 한다. 그리고 이번에도 높은 쪽의 양이 더 많은지 확인해 본다.

❀ **같다/다르다** 개수만 같고 종류가 다른 작은 물건을 그릇에 담고 아이에게 '같다', '다르다'의 개념을 일러준다. 사과 2개와 귤 2개 / 사탕 5개와 방울토마토 5개가 왜 같은지 하나씩 숫자를 세어 본다. 사과 2개와 사탕 5개가 왜 다른지 하나씩 숫자를 세어 본다. 또 2개끼리, 5개끼리 있는 것들로 구분해 본다.

수 개념은 길을 걸어가면서, 차를 타고 가면서, 간식을 먹으면서, 목욕하면서 등 여러 상황에서 자연스럽게 터득할 수 있다. 아이가 수 개념을 이해하였다고 생각되면 수 세기 역시 놀이처럼 시작해 본다.

초등학교 입학 전까지는 1부터 10까지 세는 것으로 충분한데, 아이가 더 세고 싶어하면 개의치 말고 숫자를 확장해 나간다. 부모가 직접 숫자 세기 카드를 만들어 사용해도 좋다.

❀ **명명수로 세기** 1(일), 2(이), 3(삼), 4(사), 5(오), … 등 말 그대로 숫자의 이름과 같다. 아파트 동 호수나 버스 노선 번호를 말할 때도 명명수로 읽게 된다. 숫자 카드를 보면서, 도서전집 번호를 보면서 아이와 함께 읽어 본다.

❉ **기수로 세기** 하나, 둘, 셋, 넷, 다섯, … 또는 한 개, 두 개, 세 개, 네 개, 다섯 개, … 등으로 대체할 수 있는 묶음의 합을 이르는 집합 수이다. 그릇에 담긴 사탕, 상자에 담긴 크레파스, 필통에 담긴 연필 등의 개수를 함께 세어 본다.

❉ **서수로 세기** 첫째(첫 번째), 둘째(두 번째), 셋째(세 번째), 넷째(네 번째), 다섯째(다섯 번째), … 등 차례나 순번을 셀 때 쓰이는 순서수이다. 마트에서 계산 순서를 기다리거나 나란히 열 지어 있는 화분 등을 보면서 아이와 순서를 매겨 본다.

수 개념과 수 세기에는 어떤 특별한 학습 도구가 필요하지 않다. 집 안에 있는 살림 도구, 아이 눈앞에 있는 사물들, 외출하였을 때 눈에 보이는 모든 것들로 충분하다. 이때 아이가 수 세기를 잘하면 연산도 가르치고 싶은 것이 부모 마음이다. +, - 같은 연산 기호를 사용하여 본격적으로 시작하는 것은 아이에게 부담이 될 수 있다. 간단한 덧셈이나 뺄셈 역시 아이와 사탕이나 젤리 등을 먹으며 알려 준다. "아까 젤리 3개 먹었는데 지금 2개 더 먹으면 총 몇 개를 먹게 되지?"와 같은 질문을 던져 아이가 수학적 사고를 할 수 있도록 이끌어 준다. 이 시기 수학 능력은 아이의 사고력과 언어 능력을 전제하는 만큼 양육 환경 안에서 풍성한 언어 자극과 함께 진행되어야 한다.

영어와 친해질 수 있는 환경이 중요

영어는 초등학교 3학년부터 학교에서 정규 교과목으로 배울 수 있다. 하지만 현실은 이보다 훨씬 빠르다. 2011년에 육아정책연구소에서 '유아기 영어 교육 실태 조사'를 진행한 결과, 응답자의 92.7 % 가 만 3~5세에 영어 교육을 처음 시작하였다고 발표한 바 있다. 당시 영어 교육 시작 평균 연령은 만 3.7세였다.

유아기 영어 교육 찬성론자들은 '언어 습득 장치'의 작용이 아직 원활한 시기이므로 외국어를 모국어처럼 받아들일 수 있으며 외국어나 외국인에 대한 편견 또는 거부감을 줄일 수 있고, 특히 발음 및 유창성에 도움이 된다는 것 등을 그 이유로 꼽는다.

반면 반대론자들은 취학 전 몇 년간 영어를 배웠다고 하더라도 초등학교 저학년 때 6개월이면 따라잡을 수 있는 수준에 불과하며, 모국어와의 혼동을 줄 수 있는 데다가 지나친 조기 교육은 아이에게 스트레스로 작용할 수 있다고 말한다.

Tip 언어 습득 장치(Language acquisition device, LAD)

미국의 언어학자 노암 촘스키(Noam Chomsky)가 주장한 두뇌 속 가상 장치이다. 촘스키는 아기가 부모의 말을 무의식적으로 듣게 되면, 언어 습득 장치가 그 말을 흡수하여 얼마 지나지 않아 아이가 저절로 모국어로 인지하게 된다고 보았다. 영어 조기 교육 찬성론자는 언어 습득 장치가 만 1~6세 사이에 가장 활발하게 작용하므로 영어 교육 역시 일찍 시작해야 효과적이라고 말한다.
하지만 영어 반대론자는 이러한 조기 교육이 아이의 스트레스를 유발하고 학습 기억이나 신경 세포에 문제를 일으킬 수 있다고 주장하며, 영어를 늦게 시작하더라도 큰 차이가 없다는 연구 결과를 제시하였다.

이민이나 조기 유학 등의 특별한 계획이 없다면 아이가 영어를 친숙하게 받아들이고 취학 후 영어 수업을 흥미롭게 잘 따라가도록 기초 학습 능력을 쌓는 데 유아기 영어 교육의 목적을 두는 것이 좋다.

또한 아이가 호기심을 갖고 참여할 수 있도록 챈트(chant), 영어 동요, 영어 그림책, 애니메이션 등의 방법으로 영어와 자연스럽게 친숙해질 수 있는 환경을 만들어 주고, 부모도 아이가 익힌 영어 표현 등을 따라 하거나 대화를 주고받으며 즐겁게 참여하도록 한다. 이때 아이의 성취를 테스트하듯이 자꾸 물어보고 시켜 보는 것은 삼가야 한다.

❋ **파닉스(phonics)는 조금 천천히** 영어 교육은 알파벳의 발음 규칙을 배우는 '파닉스'부터 시작하는 것이 보통이다. 'A(에이)'라는 모음이 어떤 자음과 만나느냐에 따라 '애[æ]' 발음이 되기도 하고 '에이[ei]', '에[e]' 또는 '어[ə]' 등으로 발음된다는 것을 배우는 것이다. 문제는 이런 규칙이 취학 전 유아에게는 다소 복잡하고, 자칫 영어의 흥미를 떨어뜨릴 수 있다는 것이다. 좀 더 사고력이 발달하고 생활 영어 표현에 친숙해진 만 6~7세 이후에 시작하는 것이 적합하다.

❋ **짧은 표현이 반복되는 영어 동요 듣고 따라 부르기** '상어 가족(Baby Shark)'처럼 아주 쉬운 영어 표현이 반복적으로 나오는 영어 동요를 자주 들려준다. 영어 표현을 설명하는 영상이 있으면 아이의 이해를 돕는 데 더욱 수월하다. 아이가 쉽게 따라 부르면서 가사에 등장하는 단어나 표현을 익힐 수 있게 한다.

✿ **한두 줄의 내용이 이어지는 영어 그림책 읽기** 아이와 영어 그림책을 함께 읽는다. 만약 부모가 읽어 줄 때 발음에 자신이 없다면 CD가 함께 구성되어 있거나 오디오북 형태의 것을 선택한다. 한 페이지에 너무 많은 문장보다는 한두 문장으로 이루어진 것이 적합하다. 다양한 영어 단어와 표현을 접하게 하려면 동화, 수학, 과학, 미술 등과 관련된 여러 분야의 그림책을 선택한다.

✿ **기본 패턴이 있는 짧은 생활 영어 사용** 평소 아이에게 짧은 문장으로 된 생활 영어를 자주 사용한다. 가령 "It's time to wake up(일어날 시간이야)."라는 표현을 배웠다면 "It's time to~(~할 시간이야)"를 이용하여 "It's time to sleep(잠 잘 시간이야).", "It's time to breakfast(아침 먹을 시간이야)." 등으로 응용하면 된다.

✿ **어휘력을 향상시키는 단어 카드 놀이** 기본 패턴으로 된 짧은 문장을 다양하게 응용하려면 단어를 많이 알고 있는 것이 유리하다. 주변에서 쉽게 찾아볼 수 있는 사물을 영어 단어 카드로 만들어 아이와 함께 놀이한다. 부모가 사물을 가리키면 아이가 영어 이름을 말하면서 카드를 집는 게임을 해도 된다.

아이가 영어와 친숙해지면서 영어 실력을 향상시킬 수 있는 최고의 방법은 부모가 지속적으로 영어를 들려주는 것이다. 부모가 영어로 말하는 것에 소극적이면서 아이에게 영어에 대한 자신감과 유창함을 기대하는 것은 어려운 일이다. 부모가 즐겁게 영어로 말하면 아이 역시 영어 말문이 트이게 된다.

사고력과 창의력을 키우는 열쇠

아이의 두뇌는 태어나는 순간부터 놀라울 정도의 성장세를 보인다. 영유아기에 두뇌 발달에서 눈에 띄는 것은 소뇌의 발달이다. 소뇌는 뇌의 뒤쪽 아래에 있으며 신체 동작의 균형, 조절에 중요한 역할을 한다. 대근육과 소근육의 활동이 활발하게 이루어지기 때문에 공놀이, 달리기 등의 신체 활동도 가능하고 점차 종이접기, 색칠하기, 가위질 등과 같은 세밀한 손동작도 할 수 있게 된다. 유치원과 같은 유아 교육 기관에서 여러 학습 활동이 가능한 것도 이 시기의 소뇌의 발달 덕분이다.

만 4~5세가 되면 언어 능력이 한층 더 성숙해지면서 '학습'이 가능해지게 된다. 그림책 한 권 정도는 집중해서 들을 수 있고, 들은 내용을 기억하였다가 다른 사람에게 그림책의 줄거리를 들려줄 수 있다. 학습에 가장 필요한 '소통의 기술'이 안정적으로 자리 잡게 되는 것이다.

만 3~5세에는 감각을 종합하고 고도의 지적 기능을 담당하는 대뇌피질과 그중 창의적 기능과 종합적인 사고력을 담당하는 전두엽의 발달이 활발해진다.

전두엽은 대뇌피질의 앞쪽에 위치한 부위로 가장 중요한 지적인 기능을 담당한다. 창의적인 기능, 종합적 사고 기능이 전두엽의 역할인데, 일단 정보가 들어오면 그 정보의 중요성을 판단하고 결정한다. 즉, 이 정보가 필요한 것인지 아닌지, 위험한 것은 아닌지, 어떤 목적에 쓸 것인지 등을 종합적으로 사고한다. 종합적인 사고 기능은 인간과 동물을 구분 짓는 도덕성, 창의성을 관장하고, 인간의 언어생활과 사회생활을 가능하게 한다. 그야말로 인간을 인간답게 만드는 뇌가 전두엽이다. 전두엽은 만 3세부터 그 기능이 성숙해지기 시작하여 만 7~8세까지 빠르게 발달한다.

초등 입학 전후로 사고력을 키우는 것이 중요한데, 이것이 도덕성과도 관련이 있기 때문이다. 사고력이란 이치에 맞게 생각하고 판단하는 능력으로, 옳고 그른 것, 해도 되는 것과 안 되는 것, 지켜야 할 약속 등에 대한 판단이 사고력에 달려 있다.

예를 들어 신호등이 빨간색일 때는 '멈춤'이라고 배운 아이가 신호를 무시하고 달리는 구급차를 보았다고 하자. 아이는 단번에 '구급차는 신호를 어긴 나쁜 차'라고 단정할 수 있지만, 사고력이 발달한 아이는 '구급차는 위독한 환자를 태우고 가는 차, 지금 차 안에는 아픈 사람이 있을 것'이라고 추측하고 판단한다. 이렇듯 사고력은 아이가 앞으로 학교생활을 하고, 또래 관계를 맺고, 학습을 할 때 꼭 필요한 기본 능력이다. 문제를 이해하고 해석하고 추론하며 해결해가는 과정이 사고력에 달려 있다.

창의력 또한 크게 높아진다. 창의력이란 새로운 생각을 해내는 능력으로 창의성, 창조성이라고도 한다. 창의력은 발명이나 예술품에만 적용되는 용어는 아니다. 문제나 과제를 해결할 때 누군가는 익히 알려진 기존 방식을 따르지만 다른 누군가는 독창적이고 기발한 방식을 생각해 내기도 한다. 창의력은 자신만의 생각으로 새로운 개념이나 방법 등을 찾아가는 사고(思考)의 힘이다. 사고력에 창의성이 보태질 때 아이는 다른 아이와 차별화된 영재성을 갖게 된다. 따라서 유아기에는 간단한 동작이나 이름을 반복해서 따라 하는 주입식 학습보다는 아이가 하나의 사물이나 경험에 대해 다양한 시각에서 바라보고 추리, 판단, 사고할 수 있도록 도와주면서 창의력을 길러 주는 것이 기초 학습 능력을 키우는 핵심이다.

초등학교 교육 역시 아이의 두뇌 발달에 따라 커리큘럼이 짜여 있다. 초등 1~2학년 때까지는 주입식, 암기식 교육보다 기초 학력을 탄탄히 다지면서 바른 생활 습관(공중도덕, 질서), 사고력과 창

> **Tip** **아이의 창의력을 키워 주는 방법**
>
> ① 아이가 충분히 휴식할 수 있는 시간과 공간을 제공한다.
>   아이는 로봇이 아니다. 빡빡한 일정이나 과제는 스트레스를 유발하고 아이의 두뇌 활동을 제한한다. 부모는 집안 분위기를 자유롭게 하여 아이가 낮잠을 자거나 책을 읽거나 놀이를 하면서 생각할 수 있도록 도와줘야 한다.
>
> ② 아이가 실패를 두려워하지 않고 주도적으로 행동할 수 있도록 한다.
>   아이가 실수를 하였을 때 부모가 무조건 혼내거나 일방적으로 도와주기만 하면 아이는 실패를 두려워하여 부모에게 모든 것을 의존할 수도 있다. 아이가 실패하더라도 그 경험을 통해 문제를 어떻게 해결해야 할지 생각하고 배울 수 있도록 도와줘야 한다.
>
> ③ 아이의 말을 무시하지 않고 아이가 생각할 수 있는 질문을 한다.
>   부모가 바쁘거나 귀찮다고 아이의 질문에 건성건성 대답하거나 단답형으로 대답하는 것은 아이의 창의력 발달에 방해되는 행동이다. 의미 없어 보이거나 엉뚱한 질문이더라도 아이가 생각할 수 있도록 대답해야 한다. 반대로 아이에게 질문할 때도 '응/아니', '좋아/싫어' 등의 단답형 대답이 나오지 않도록 아이가 생각할 수 있는 질문을 하는 것이 좋다.

의력 향상에 중점을 둔다. '창의융합형 인재 육성'은 현재 우리나라
의 교육 목표 중 하나이다. 초등 입학 전의 기초 학습은 아이의 두
뇌 발달과 언어 능력에 맞추어 사고력과 창의력에 중점을 둔 학습
방법으로 진행하는 것이 바람직하다.

기초 학습 능력 높이는 좋은 습관

아이의 사고력과 창의력을 높이면서 언어 능력, 한글, 수 개념,
영어 등 기초 학습 능력을 쌓으려면 아이와 함께 직·간접적으로 다
양한 경험을 해 보는 것이 필요하다.

생활 속에서 이루어지는 다양한 활동과 놀이가 아이에게는 배움
의 과정이다. 아이는 그 가운데서 언어 능력을 향상시키고 한글, 수
개념, 영어 표현 등을 익히게 된다 또 여러 가지 경험을 토대로 대
화를 나누며 생각하는 힘을 기르고 자신만의 감정을 표현할 수 있
게 된다.

✿ **그림책 읽기** 그림책은 직접 만나지 못한 세계를 간접적으로 경험하
게 하는 훌륭한 도구이다. 옛날 사람들의 모습도, 신화 속 여러 신들
도, 동물의 세계도, 우주의 신비도 모두 그림책을 통해 배울 수 있다.
아이는 실재하지 않는 것들을 머릿속으로 상상하면서 마음껏 생각의
나래를 펼칠 수 있다. 책을 읽어 주는 부모와 정서적 교감을 나누는
시간이기도 하다.

✿ **여행하기** 일상에서 벗어나 새로운 풍경과 음식, 낯선 사람들을 만나는 모험을 즐겨도 좋다. 버스, 전철, 기차, 선박, 비행기 등 다양한 교통편을 이용하고 산, 바다, 농촌 등의 현지 음식도 먹어 보자. 색다른 경험은 아이에게 신선한 자극이 된다.

✿ **공연장·체험전 방문하기** 아이 수준에 맞는 공연이나 다양한 체험전을 방문해 본다. 아이가 만 5세 정도 되면 한자리에 앉아 한 편의 공연을 즐길 수 있다. 곤충 체험전, 공룡 체험전, 로봇 체험전 등 아이가 좋아하는 분야의 체험전도 찾아본다.

✿ **자연 놀이 즐기기** 자연의 신선한 공기를 마시면서 생태 체험과 함께 자연에서 얻은 도구로 놀아 보자. 집 안에서 장난감만 가지고 놀던 아이는 자연 속에서 돌멩이 하나, 나뭇가지 하나로 놀이하는 방법을 배우게 된다. 생태 체험을 통해 생명의 소중함과 자연을 아끼고 사랑하는 법도 깨달을 수 있다.

✿ **역할놀이 하기** 소꿉놀이, 인형놀이도 역할놀이의 일종이다. 내가 아닌 다른 사람의 입장이 되어 보며 타인에게 공감하고 배려하는 법을 배운다. 역할을 맡아 상황극을 해 보면서 언어 능력과 표현력 등을 기를 수 있다.

✿ **도서관 방문하기** 평소 가까운 도서관을 지정하여 아이와 규칙적으로 방문한다. 도서 대출 카드를 만들고, 책을 대여하고 반납하는 것 등을 함께 해 본다. 아이가 직접 읽고 싶은 책을 고르게 하고, 빌린 책은 깨끗이 보고, 정해진 날짜에 책을 반납하게 함으로써 사회 규범과 약속의 소중함을 알게 한다. 또한 다양한 책을 만나면서 책과 더욱 친숙해질 수 있다.

❋ **재래시장 구경하기** 백화점이나 마트뿐만 아니라 재래시장을 방문해
보는 것도 색다른 경험이 된다. 과일, 생선, 나물, 떡 등 상품들이 널
린 좌판도 구경하고 상품들의 이름과 가격표 등을 읽어 보기도 한다.
아이가 좋아하는 먹거리 한두 가지도 구입한다. 다양한 사물의 이름
을 익히고 물건을 사고파는 것에 대해 인지할 수 있다.

❋ **체험 후 활동하기** 다양한 체험 뒤에는 아이가 자신이 느낀 감정과 생
각을 정리하여 표현할 수 있는 시간을 갖는다. 한 장의 그림으로 그
려도 되고, 글을 쓸 수 있는 아이라면 그림일기를 써도 된다. 체험장
이나 공연장에서 가져온 티켓, 리플릿, 팸플릿 등을 스크랩북에 보관
하고 날짜를 써서 체험을 기억하는 것도 좋다.

　다양한 경험이 아이의 사고력과 창의력을 높이는 데 도움이 되지
만, 이것을 밖으로 발현시키는 데는 부모와의 대화가 중요한 역할
을 한다. 이런저런 신기한 것들을 많이 보고 와서 머릿속에 생각은
많은데 그것을 표출할 기회를 주지 않고 멈추면 체험의 효과는 반
감된다.

　"오늘 곤충 체험전 어땠니?"라는 두루뭉술한 질문보다 "아빠
는 아직까지 장수하늘소 애벌레 촉감이 느껴지는 것 같아. 넌 어땠
니?"라고 하며 서로 대화를 나누듯이 아이의 생각을 말로 표현하게
유도한다.

기초 학습을 돕는 교구와 교재 활용법

　이 시기에는 아이의 언어 능력, 한글, 수 개념, 영어 등의 기초 학습을 위해 시간과 비용을 들여 사교육 기관이나 학원에 다닐 필요는 없다. 집에서 손쉽게 구할 수 있는 그림책, 장난감, 여러 인쇄물 등도 훌륭한 학습 도구가 될 수 있다. 체계적인 학습 도구가 필요하다면 학습지나 독서 프로그램 등을 이용해도 좋다.

✿ **신문지, 전단지, 카탈로그, 사진집, 포장지 등**　유아기 학습은 시각, 청각, 촉각 등 오감 자극 혹은 시청각 자극을 통해 이루어져야 아이의 흥미를 자극할 수 있다. 세상 온갖 사물이나 상황이 사진이나 그림, 커다란 글자로 담겨 있다면 무엇이든 좋은 학습 도구가 된다. 글자와 사진, 그림 등을 오려 카드를 만들 수도 있고, 세상에 하나밖에 없는 그림책을 만들 수도 있다. 이런 과정을 통해 아이의 기초 학습 능력을 키워 줄 수 있다.

✿ **그림책, 독서 프로그램**　아이와 꾸준히 그림책 읽는 습관을 들인다. 그림책은 함께 읽는 부모와의 정서적 유대감을 쌓아 주면서 아이의 상상력과 창의력을 높일 수 있다. 그림책을 선택할 때는 아이가 호기심을 보이는 것 외에도 다양한 분야의 그림책을 골고루 선택하여 읽는다. 아이 수준에 따라 단계별 그림책 읽기를 원한다면 유아 독서 프로그램을 이용한다.

✿ **종이 학습지, 온라인 학습지**　유아용 한글, 수학 학습지를 아이와 함께 풀어도 좋다. 운필력이 있는 만 5세의 경우 10~15분 정도 집중이 가

능하다. 짧은 시간이라도 매일 정해진 시간에 규칙적으로 하는 습관을 들인다면 공부 습관을 들이기에도 좋다. 아이가 틀리더라도 혼내지 말고, 재미와 성취감을 맛볼 수 있도록 칭찬을 아끼지 않는다.

아이가 쉽게 지루해하고 짧은 시간도 집중하기 힘들어한다면 온라인 학습지를 선택한다. 온라인 학습은 시청각 자극이 가능하고, 아이가 손 터치나 마우스로 조작 활동이 가능하여 쉽게 아이의 흥미를 유발할 수 있다.

✤ **유아 학습용 앱, 유아 놀이 커뮤니티** 유아 한글, 수학, 영어 등 검색하기만 해도 유아 학습용 앱, 유아 놀이 커뮤니티, 영상 채널 등을 다양하게 만날 수 있다. 유아 교육 전문 회사에서 운영하는 채널의 검증된 콘텐츠를 활용하면 좋다. 시청각 자극과 함께 내용이 속도감 있게 흘러가므로 어린아이들도 쉽게 몰입할 수 있다.

아이와 신뢰가 구축된 부모가 기초 학습의 첫 선생님인 것은 좋은 일이다. 생활 주변에서 손쉽게 구할 수 있는 학습 도구로 아이와 놀이처럼 공부한다는 것이 부모 학습의 가장 커다란 장점이다. 편안하고 친밀한 분위기에서 아이가 마음껏 자신의 느낌이나 생각, 재능을 발산할 수 있도록 도와주자. 머뭇거리는 아이를 자꾸 다그치거나, 꼬치꼬치 캐묻듯이 질문하거나, 실력을 검증하려는 듯한 태도를 보이면 아이의 사고력과 창의력을 키우는 데 방해가 될 수 있으므로 주의한다.

Q1 10분도 채 앉아 있지 못하는 아이, 어떻게 기초 학습 능력을 키울 수 있나요?

어린아이는 한 가지 상황이나 활동에 주의·집중할 수 있는 시간이 짧습니다. 사소한 일에도 주의가 환기되며 호기심이 발동하여 이전까지 하던 일을 금세 잊어버립니다. 만 2세 유아의 집중 시간이 5분 정도라면, 만 3~4세는 10~15분 정도, 만 5세 이상은 15~30분 정도입니다. 물론 이 만큼의 시간도 아이가 재미를 느꼈을 경우, 자제력을 발휘하였을 경우에 가능합니다. 이때 아이마다 개인차가 있다는 사실도 인정해야 합니다.

만 5세라면 최대 30분 이내에 한 가지 놀이를 끝낸다는 계획으로 진행하는 것이 좋습니다. 가령 똑같은 한글 학습을 해도 그림책 읽기 10분, 단어 카드 맞추기 5분, 빠진 글자 찾기 5분 등 놀이를 세분화하여 아이의 호기심이 계속 유지될 수 있도록 합니다. 이런 노력에도 아이의 집중력이 짧다면 화면 전환이 빠르고 시청각 자극을 주는 태블릿 피시나 스마트폰 등의 학습 도구를 활용하면 좋습니다. 디지털 기기의 부작용을 무시할 수 없는 만큼 10~15분 정도로 시간을 정하거나 한 단계 혹은 두 단계 과정만 하는 선에서 학습할 수 있도록 합니다.

만약 아이가 지나치게 산만하여 초등학교 입학 후 수업을 어떻게 따라갈지 걱정이라면 다음과 같이 집중력을 높이기 위한 노력을 해 보세요.

첫째, 부모 학습을 하는 동안 주변에 아이의 시선을 끌 만한 것들을 치워 두세요. 장난감을 갖고 놀 때도 한 가지 장난감으로 놀게 한다거나, 식사 중에는 TV를 꺼두는 것이 좋습니다.

둘째, 한 가지에 집중 또는 몰입해야만 문제를 해결할 수 있는 게임을 합니다. 여러 글자가 뒤죽박죽 섞여 있는 중에 특정 글자를 찾아보게 한다든가 '젠가(Jenga)'처럼 살짝 건드려도 와르르 무너질 수 있는 놀이도 좋습니다.

셋째, 아이에게 무엇인가를 요구할 때는 한 번에 한 가지씩 말합니다. 산만한 아이는 여러 일을 동시에 주문하면 우왕좌왕하다 한 가지 일도 완수하지 못할 때가 많습니다. "○○야, 손 씻고 냉장고에서 엄마가 만들어 둔 샌드위치 꺼내 먹으렴. 가방은 네 방 의자 위에 올려놓아야지. 참, 한글 학습지 할 것 있으니 갖고 와." 이렇게 말하기보다는 "가방을 네 방 의자 위에 올려두고 오렴.", "자, 손 씻자.", "샌드위치 먹을까?", "이제 학습지 같이 하자." 등 아이가 하나의 지시를 완수하면 그다음 행동을 요청하는 식이 좋습니다.

Q2 좀처럼 글자에 관심을 보이지 않는데 어떻게 가르쳐야 할까요?

초등학교 입학이 1년도 채 남지 않았는데 아이가 도통 글자에 관심이 없다면 부모는 조바심이 나게 됩니다. 한글을 떼고 학교에 입학시키려는 계획이 틀어졌기 때문이지요.

그나마 다행인 것은 2017년 이후 초등 1학년 국어 교과의 한글수업 비중이 늘어났다는 점입니다. 다른 과목 역시 초기 단원은 한글을 몰라도 수업 내용을 이해하는 데 지장이 없게끔 구성되어 있습니다. 아이가 글자에 관심을 보이지 않더라도 학교에 입학하면 얼마든지 한글 떼기가 가능하므로 아이를 몰아대기보다 부모가 여유 있는 태도로 기다려 주는 것이 좋습니다.

취학 전, 최대한 글자에 대한 관심을 높이는 선에서 기초 학습 능력을 쌓아 주고 싶다면 아이가 생활 속에서 자주 접하는 것들을 부모가 읽어 주는 방법이 효과적입니다. 아이가 즐겨 먹는 과자 포장지의 이름을 읽어 주거나, 골목을 걷다가 가게의 간판 등을 읽어 줍니다. 아이가 흥미를 보이는 분야의 그림책을 골라 함께 읽는 것도 효과적입니다. 그림책은 부모와 자녀 간의 정서적 교감을 나누는 데 유익하므로 아이가 한글을 뗐더라도 아이가 혼자 읽기에 익숙해지기 전까지 계속 부모가 읽어 주는 것이 좋습니다.

한 가지 신경 써야 할 것은 아이마다 글자 배우기에 적합한 시기가 다르다는 것입니다. 어떤 아이는 가르쳐 주지 않아도 만 3~4세 때 스스로 한글을 떼기도 하고, 또 어떤 아이는 만 5세까지 자기 이름만 알다가 만 6세 이후 한글을 떼기도 합니다. 초등 1학년 때 학교에서 한글을 배워도 100 % 완벽하게 한글을 떼지 못하는 경우도 허다합니다. 3학년이 되어서 받아쓰기 시험을 봤을 때 누구나 100점을 받을 수 있다고 장담할 수 없습니다.

아이와 한글을 공부하는 방법이 지루하거나 아이에게 너무 어려운 것은 아닌지도 점검해 봅니다. 어떤 아이라도 어렵고 지루한 것은 참기 힘들어하기 때문이지요. 아이의 호기심을 자극하면서 흥미를 느낄 만한 방법으로 학습하고 있는지 되돌아볼 필요가 있습니다.

소수이긴 하지만 읽기 장애(난독증)나 학습 부진일 수도 있습니다. 만 5~6세 기준으로 아이의 말문이 늦게 트였고 말할 때 더듬는 경우, 빨리 말하면 무슨 의미인지 몰라 늘 되묻는 경우, 발음이 어눌하고 흔한 단어도 잘 기억해 내지 못하는 경우, 한글 공부를 하려고 하면 자꾸 어지럽다고 하거나 글자가 움직인다고 하는 경우, 제 또래보다 유독 산만하고 집중 시간이 짧은 경우라면 소아청소년정신과 의원, 언어치료센터 등 관련 기관에서 검사를 받아 보도록 합니다.

Q3 지적 호기심이 많고 의욕적인 아이, 어떻게 대응해야 할까요?

　　지적 욕구가 강하여 자신의 호기심이 풀릴 때까지 부모를 놓아주지 않는 아이도 있습니다. 영재에게 이런 특성이 나타날 수 있는데 이것을 기쁘게 받아들여 적극적으로 지지해 주는 부모가 있는가 하면 오히려 부담스러워하는 부모가 있을 수 있습니다. 특히 지나친 선행 학습이 자칫 초등학교 입학 후 수업에 흥미를 잃는 요인이 될까 걱정하기도 합니다.

　　부모들이 자녀에게 어릴 때부터 오감을 자극하고 다양한 경험을 쌓게 하는 이유는 (지적) 호기심을 불러일으키기 위해서입니다. 호기심이 생겨야 탐색하고, 집중해서 배우며, 두뇌를 발달시킬 수 있기 때문이지요. 이렇게 자란 아이들은 제 나이보다 언어 발달이 빠르고 사고력과 창의력도 높습니다. 자연히 영재처럼 보이기도 하지요.

　　지적 호기심이 강한 아이라면 아이가 호기심을 갖는 분야를 계속 확장해 나가도록 다양한 체험과 함께 독서 습관을 길러 주도록 합니다. 특히 한글을 일찍 뗄수록 유리한데 글을 읽게 되면 정보 습득량이 이전보다 놀랄 만큼 증가하기 때문입니다.

　　자기 스스로 원하는 정보를 찾고 탐색하는 방법을 터득하게 하는

것도 좋습니다. 부모는 아이가 궁금한 것이 생겼을 때 어떻게 해결
하면 좋은지 다양한 방법을 일러주면 됩니다.

아이의 재능과 적성을 조기에 발견하여 빨리 키워 주는 것도 괜
찮지만 더욱 많은 분야를 경험할 수 있도록 도와주는 것도 필요합
니다. 벌써 아이의 진로를 단정하고 한 분야만 파고드는 것은 선택
의 폭을 좁히는 우를 범할 수 있습니다. 웩슬러 지능 검사나 풀배터
리 검사를 통해 부모가 아이를 어떻게 양육해야 할지 살펴보는 것
도 좋은 방법입니다.

욕심을 부려 국어, 영어, 수학, 과학 등 학교 진도를 나가기도 하
는데 자칫하면 취학 후 아이가 수업을 지루해하고 공부에 흥미를
잃을 수도 있습니다. 다른 아이들을 무시하거나 "나는 다 아는데."
하며 수업의 방해꾼 역할을 할 수도 있습니다. 학교 정규 교과목에
대한 선행 학습은 삼가되 아이의 지적 호기심을 다양한 체험으로
채울 수 있도록 도와주는 것이 우선입니다. 만약 부모가 모르는 것
을 아이가 물어본다면 당황하지 말고 "아빠도 자세히 모르는데 우
리 같이 찾아볼까?" 하며 아이와 함께 문제 해결을 위해 노력하는
자세가 필요합니다.

Q4 또래 여자아이에 비해 너무 뒤처지는데 그대로 두어도 괜찮을까요?

남자아이와 여자아이는 두뇌 발달 순서가 서로 다릅니다. 남자아이는 말할 때 좌뇌를 사용하고 여자아이는 좌뇌와 우뇌를 함께 사용합니다. 그래서 표현력이나 소통 능력에 있어서 여자아이들이 좀 더 유리하며 또 소뇌가 남자아이보다 빨리 발달하여 소근육 운동, 즉 그리기, 오리기, 쓰기 등과 같은 손 조작 활동이 더 정교합니다.

여자아이들이 언어 능력과 소근육을 키우는 동안 남자아이들은 대근육을 발달시키며 열심히 장난을 치고 뛰어놉니다. 여자아이들은 한자리에 얌전히 앉아 선생님의 지시대로 읽고, 쓰고, 발표하는 일 등이 어렵지 않지만 남자아이들은 좀이 쑤셔서 자꾸 일어나서 돌아다니고 싶고, 높은 곳에서 뛰어내리고 싶고, 이것저것 만지려 들지요. 초등 1~2학년 때 산만하다고 지목되는 아이 중 대다수는 남자아이이며 실제로 ADHD(주의력결핍 과잉행동장애)로 진단받은 아이 중 남자아이가 여자아이보다 최대 5배가량 많습니다. 호르몬의 차이도 이런 결과를 부추기는데 남자아이들의 공격적이고 모험을 즐기는 성향은 활동성과 산만함을 증가시킵니다. 이런 이유로 미국의 심리학자 레너드 삭스(Leonard Sax)는 어릴 때일수록 남자아이, 여자아이 각각 '단성(單性)' 교육이 필요하다고 주장합니다.

청각 발달 역시 여자아이보다 남자아이가 느립니다. 교실에서 수업에 집중 못하고 산만하게 행동하는 남자아이를 앞자리로 옮겨 앉혔더니 산만함이 줄었다고 한 사례도 있습니다.

초등 저학년 시기에는 학습 능력 중 언어 능력과 운필력이 차지하는 비중이 높습니다. 자연히 이 무렵까지는 여자아이가 남자아이보다 말도 잘하고, 가위질이나 색칠도 잘하고, 글씨도 예쁘게 씁니다. 또 수업 중 선생님의 말씀도 잘 듣습니다. 대신 남자아이들은 대근육 운동을 활발히 하고, 공간 기억력이 더 뛰어나며, 자신이 좋아하는 것에는 몰입도가 뛰어납니다. 그래서 누군가 옆에서 말을 걸어도 알아채지 못하는 일도 많습니다. 남자아이들이 학교에서 필요로 하는 학습 능력에서는 조금 늦을 수 있지만 이런 상황이 학교 생활 내내 이어지는 건 아닙니다. 학습 능력을 뒷받침하는 두뇌 발달의 차이는 2학년에 접어들면 거의 사라집니다.

만약 남자아이의 학습 능력을 길러 주고 싶다면 만 4~5세부터 미술 학원에 보내도 좋고, 집에서 다양한 미술 놀이 활동(종이 찢기, 손가락 따라 그리기, 도형 그리기, 오리기, 색칠하기 등)을 즐기게 하는 것도 좋습니다.

Q5 스마트폰, 태블릿 피시 등을 얼마만큼 허용해야 괜찮을까요?

2017년 한국정보화진흥원이 발표한 '스마트폰 과의존 실태 조사'에 따르면 유·아동의 주중 스마트폰 이용 횟수와 시간은 1일 평균 7회, 1회 평균 10.9분이며, 주말에는 1일 평균 10.1회, 1회 평균 13.6분이라고 합니다. 부모가 함께하는 주말에 이용 횟수와 시간이 증가하였다는 것이 주목할 만합니다. 분명한 목적을 갖고 스마트폰을 활용하기보다 육아 편의를 돕는 시선 끌기 용도로 무분별하게 노출하기 때문은 아닌지 살펴봐야 합니다.

게다가 태블릿 피시나 스마트폰 등은 아이의 사고력을 방해할 수 있습니다. 사고력은 생각하는 힘입니다. 하나의 상황이나 사물을 보고 머릿속으로 연상, 유추, 예측 등 다양한 사고 활동을 하고, 그로 인한 결론이 밖으로 표출, 표현되는 과정에서 발달합니다. 스마트 기기를 통해 접하는 콘텐츠는 화면 전환이 빠른 영상(애니메이션)과 손 조작으로 진행되는 게임과 퀴즈 등이 주를 이룹니다. 속도감이 빠르며 즉각적인 터치를 유도하여 결과를 확인하게 함으로써 사고의 과정을 축소시킬 수 있습니다.

스마트 기기의 부작용을 최소화하면서 교육 도구로서의 장점을 최대한 얻으려면, 아이가 어릴 때부터 사용 원칙을 잘 지키게 할 필요가 있습니다.

첫째, 스마트 기기는 만 3세 이후에 접하게 합니다. 만 3세 이전의 노출은 아이의 신체 발달, 언어 발달, 정서 발달에 부정적인 영향을 미칠 수 있습니다.

둘째, 만 3세가 지났다고 하더라도 단순히 아이 달래기용, 관심 유도용, 시선 끌기용으로 사용하는 것은 삼가야 합니다. 그렇지 않으면 아이는 자신이 울고 떼를 쓰면 언제든 엄마 아빠가 스마트폰을 내밀 것이라고 믿게 됩니다.

셋째, 부모 학습을 할 때 부모가 먼저 사용하여 양질의 콘텐츠인지 검증한 후 보여 주도록 합니다. 지나치게 화면 전환이 빠르며, 내용이 선정적·폭력적이거나 아이 수준에 맞지 않는 것은 걸러야 합니다.

넷째, 미리 사용 시간에 대해 아이와 약속을 하고 지키도록 합니다. 하루에 2회, 한 번에 10~15분으로 제한하여 활용하게 함으로써 아이 스스로 스마트 기기에 대한 조절 능력을 키울 수 있습니다.

다섯째, 스마트 기기를 활용한 학습 후 아이와 그 내용이나 소감에 대해 대화를 나눕니다. 무엇이 신기하고 재미있었는지, 무엇을 알게 되었는지 서로의 생각을 이야기합니다.

어설프게 가르치느니 차라리 안 가르치는 게 나을까요?

부모가 관련 학과의 비전공자라도 아이와 한글이나 수학, 영어를 공부하며 기초 학습 능력을 키울 수 있습니다. 부모 학습의 최대 장점은 '부모의 지식 수준이나 능력과 상관없이 아이와의 유대감과 친밀감으로 즐겁게 공부하며 공부와 친해지는 것'에 있습니다. 바꿔 말하면 부모 학습의 주도권은 부모에게 있는 것이 아니라 아이에게 있다는 것입니다. 부모가 '수포자'라고 하더라도 유아기의 수학은 수 개념과 수 세기면 충분하므로 걱정할 필요가 없습니다.

수 개념은 앞서 설명하였듯이, 다양한 비교, 분류, 대응 놀이를 통해 일깨우는 것입니다. 간식을 먹으면서, 밀가루 반죽을 하면서, 블록을 쌓으면서도 할 수 있는 것이 수학 놀이입니다. 아이가 학습에 재미를 느껴야 꾸준히 할 수 있는 만큼 내 아이가 어떤 학습법에 흥미를 느끼는지 발견하는 것이 중요합니다. 이 시기 부모 학습의 목표는 해당 과목의 지식 성취를 높이는 것이 아니라 기초 학습 능력을 키우고 배움에 흥미를 갖게 하는 것입니다.

전공자 부모는 오히려 자신감이 넘쳐서 과욕을 부리게 되는 경우가 많습니다. 국어, 영어, 수학, 악기, 미술, 운동 등을 전공한 부모는 자신이 알고 있는 지식이나 기술을 아이에게 빨리 가르치고 싶어 합니다. 부모 자신이 해당 분야의 전문가이다 보니 의욕이 넘치지요. 그런데 익히 아는 사실이지만 '아는 것'과 '가르치는 것'은 전혀 다른 문제입니다. 누군가를 가르치다 보면 순간 화가 나거나 답답한 순간이 부지기수입니다. 내 아이도 다르지 않습니다. 자꾸 실수하면 혼내게 되고 다그치게 됩니다.

부모 학습을 할 때만큼은 내 아이를 객관화할 수 있어야 합니다. 아이가 좋아하는 것과 싫어하는 것이 무엇인지, 무엇을 잘하고 못하는지, 어떤 것을 쉽게 하고 어려워하는지 등을 파악하여 아이 수준에 맞는 학습 목표와 학습 방법을 구상해야 합니다. 부모가 일방적으로 지식을 전달하기보다 아이가 좋아하는 놀이 방식으로 아이와 상호작용을 하며 호응을 유도하는 것이 좋습니다. 특히 부모 욕심에 난이도를 아이 수준보다 너무 높게 잡지 않도록 조심해야 합니다.

정서 발달

03

세상으로 나설
'마음의 준비'

☑ "아이가 유치원에서 친구들과 잘 놀지 걱정이에요."

☑ "아침마다 어린이집 문 앞에서 떨어지지 않으려고 울어요."

☑ "선생님 알림장을 보면 우리 아이가 '혼자 노는 아이'래요."

☑ "낯선 사람을 봐도 별다른 반응이 없어요."

☑ "지나치게 소심한 아이, 사회성이 걱정돼요."

☑ "우리 애가 같은 반 친구들을 자꾸 때린대요."

안정적인 '애착'이 용기와 자신감을 준다

　세상 밖으로 나갈 '몸 만들기'가 끝났다고 앞으로의 사회생활이 순탄하리란 보장은 없다. 아이는 어린이집 문 앞에서 부모와 떨어지지 않으려고 발버둥을 친다. 잘 헤어지긴 하였어도 아이는 온종일 친구와 떨어져 혼자 구석진 곳에 숨어 있다. 이틀에 한 번은 친구를 때려 선생님의 전화를 받는다. 만 5세인데도 아직까지 유치원에 다니기 싫다며 떼를 쓴다……. 이제 '마음의 준비'에 대해 이야기할 차례이다.

　직립 보행과 배변 훈련의 완성으로 아이는 세상 밖으로 나갈 자신감을 얻었다. 그런데 이 자신감의 밑바닥에는 바로 주 양육자에 대한 '신뢰'가 깔려 있다. 자신이 세상 밖으로 나갔다가 힘들고 지치면 다시 돌아갈 부모의 품이 있다는 믿음, 자신이 위험한 상황에 직면하면 언제든 부모가 달려와서 자신을 구해 준다는 믿음, 바로 '애착'이다.

　태어나면서부터 지금까지, 아이는 자신의 생존에 필요한 먹거리와 보살핌을 주 양육자(대개 엄마이겠지만)에게 받아왔다. 양육자의 따뜻한 손길과 다정한 목소리를 통해 심리적인 안정을 얻었다. 배고플 때 먹을 것을 주며 졸릴 때는 안거나 토닥여 잠을 재워 주고, 기저귀가 젖으면 갈아 주고 몸이 불편해 울음으로 신호를 보내면 언제든 달려와 주었다.

　이와 같이 주 양육자는 아이의 욕구를 충족시켜 주고, 편안함과 쾌적함, 기쁨, 만족감을 주며, 불안감과 긴장감을 해소시켜 주는 사람이다. 이런 과정을 통해 아이는 주 양육자와 신뢰감을 쌓고 정서적 유대 관계인 '애착'을 안정적으로 형성할 수 있다. 반대로 이런 과정이 불안정하게 진행되면 애착 역시 불안할 수밖에 없다.

캐나다 출신의 발달심리학자 메리 에인스워스(Mary Ainsworth)는 '낯선 상황 실험'을 통해 애착의 유형을 다음과 같이 제시하고, 안정적인 애착 외에 양가적 애착과 회피 애착을 불안정한 애착으로 보았다.

❀ **안정(secure) 애착** 실험 상황에서 엄마가 떠났다가 다시 돌아왔을 때 불안하지만 행복감을 느끼는 유형이다. 이 경우 엄마가 함께 있을 때는 탐색 활동을 많이 하지만, 엄마가 눈앞에서 사라지면 불안한 반응을 보인다.

❀ **불안정_양가적(ambivalent) 애착** 저항 애착(Resistant Attachment)이라고도 한다. 엄마와 접촉을 시도해도 안정감을 느끼지 못해 자주 매달리면서도 공격적인 행동을 보이는 유형이다. 엄마가 안 보이면 매우 스트레스적인 반응을 보인다. 그러나 다시 들어와 달래려고 하면 더욱 크게 울거나 분노하는 등의 양면적인 행동을 보인다.

❀ **불안정_회피(avoidant) 애착** 엄마가 있으나 없으나 상황에 따라 크게 변화한 행동을 보이지 않는 유형이다. 엄마가 나가 있는 낯선 상황에서도 별다른 불안감을 보이지 않고, 함께 있어도 별다른 접촉 시도도 없다.

애착을 세 가지 유형으로 분류하였지만 같은 유형에서도 어느 정도 차이를 보인다. 한편 어디에도 해당하지 않는 애착 유형을 '혼란(disorganized) 애착'이라고 하며, 혼란 애착은 양가적 애착과 회피 애착의 특징을 모두 가지는 애착 유형이다.

애착은 주 양육자 또는 부모와 자녀 간에 맺어져야 할 가장 중요한 친밀감, 신뢰감, 유대감이며, 영유아기 때 쌓은 안정적인 애착이 대인 관계 및 사회 활동에 긍정적인 영향을 미친다. 또한 자기 정체성에 대한 인식, 감정 조절과 정서적 안정, 타인에 대한 이해 등을 위한 밑거름이 된다.

부모와의 애착을 안정적으로 다지려면 어려서부터 부모가 아이의 신호(배고프다, 심심하다, 기저귀가 축축하다, 아프다, 불편하다, 무섭다 등)에 민감하고 적절하고 일관적이게 반응해야 한다. 이런 부모의 민감성이 아이의 애착을 안정적으로 발달시킨다.

애착은 세상을 탐험할 때 '안전기지'로서의 역할을 한다. 만 3세 무렵에는 이미 주 양육자와의 애착이 강력하게 형성되어 있어야 어린이집, 유치원에서의 적응이 순조롭게 이루어진다.

Tip 애착 이론(Attachment Theory)

애착이란 양육자나 특별한 사회적 대상과 형성하는 친밀감, 정서적 유대감을 말한다. 정신분석학자 존 볼비(John Bowlby)가 제시하였으며, 그에 따르면 부모 각각에 대해 아동이 가지는 강하고 지속적인 유대를 의미한다. 아기가 주 양육자와 형성하게 된 애착의 정도가 이후 정서 및 사회성 발달에 큰 영향을 미친다고 보았다.

이 시기 정서 발달과 사회성의 기초

그동안 아이는 가정이라는 양육 환경 속에서 이만큼 성장하였다. 이제는 가정과 사회의 공조를 통해 지속적인 성장과 발달을 이루어 나가야 한다.

만 3~5세 동안 아이의 정서, 특히 사회성 발달은 괄목한 만한 성장을 이룬다. 단순히 기쁨, 슬픔, 놀람, 분노 등과 같은 1차 정서에 머무르지 않고 수치, 부러움, 질투, 죄책감, 자부심 등과 같이 자아 인식과 결부된 2차 정서 수준으로 발달한다. 바람직한 정서 발달은 앞으로 아이가 이 세상을 살아가는 데 든든한 자양분이 될 수 있다. 하지만 자칫 부정적 정서나 반사회적 행동이 앞서게 되면 오히려 방해 요소가 되기도 한다.

만 3세 이전에는 정서적 안정과 애착을 위해 아이의 요구에 민감하게 대처하였다면, 이제부터는 아이의 사회생활, 대인 관계, 도덕성, 자존감 발달 등을 고려하여 양육 원칙을 다듬고 일관성 있게 대할 필요가 있다. 정서 발달 및 사회성의 기초를 이해할 때 알아두어야 할 기본 용어와 연령에 따른 발달 수준을 살펴보면 다음과 같다.

❀ **자아 개념, 자아 정체감** 자아 개념은 '나'는 '타인'과 다르며, '나'는 어떤 사람인지를 인식하는 능력이다. 만 2세에 자신과 타인을 구분하는 '자아 인식'이 형성되기 시작, 만 3~4세에는 '내 장난감', '우리 엄마' 등의 표현이 가능할 정도로 자아 개념이 자기 물건으로까지 확대된

다. 만 4~5세가 되면 자아 개념이 성숙해져 "나는 머리가 길고 눈이 커.", "나는 ○○보다 빨리 달려." 등 자신을 여러 차원으로 설명할 수 있고, 타인과 비교할 수도 있다. 이 시기에는 "엄마가 혼내서 슬펐어." 등의 초보적인 감정 표현도 가능하다. 슬퍼도 울음을 억지로 참는 등 감정을 위장할 수도 있다.

✱ **성 개념, 성 정체감** 자아 개념, 자아 정체감과 함께 발달한다. 만 3세 무렵 자신이 여성인지 남성인지 인식하기 시작하여 만 4세 이후에는 성이 변할 수 없다는 것을 깨닫게 된다. 즉, 여자아이는 여자 어른이 된다는 것을 알게 된다. 만 6세가 되면 성인과 비슷한 성 개념을 갖게 되어 남자가 가발을 쓰고 치마를 입어도 여자가 되지 않는다는 사실을 명확히 안다. 이후 고정된 성 역할로 자리 잡게 되는데, 이것은 사회 환경이나 교육 환경에 따라 조금씩 차이가 있다.

✱ **정서 지능** 감성 지능이라고도 한다. 자신과 다른 사람들의 감정(또는 기분)을 인식, 이해하는 능력이며 자신의 감정을 표현하거나 효과적으로 조절할 수 있는 능력이다. 또 자신과 타인의 감정이나 기분을 정보로 이용하여 자신의 사고와 행동을 이끌어 내는 능력까지 포함한다. 정서 지능을 대중화한 미국의 심리학자 다니엘 골먼(Daniel Goleman)은 정서 지능의 5가지 요소로 정서 인식, 감정 조절, 자기 동기화, 감정 이입, 대인 관계 기술을 꼽았다.

✱ **친사회적 행동** 사회 활동은 타인과 상호 관계를 맺을 때 이루어지는 행동을 말하며 이타성과 같은 친사회적 행동과 공격성과 같은 반사회적 행동으로 나눌 수 있다. 친사회적 행동은 대인 관계, 상호 작용에 있어 사회적으로 바람직한 행동을 뜻한다. 타인의 행복한 감정, 정서

정서 지능의 5가지 요소

요소	발달 과정
정서 인식	자신의 감정을 있는 그대로 인식하는 능력이다. 감정을 표현하는 언어 능력은 만 2세에 나타나기 시작, 만 3세에 급격히 발달한다. 만 4세 이후 타인의 언어나 표정, 행동 등을 보고 감정이나 기분을 인식할 수 있다.
감정 조절	분노, 우울 등의 감정을 조절하는 능력이다. 만 3세가 되면 엄마와 떨어져도 엄마가 다시 돌아오겠다는 말을 되새기면서 부정적 감정 상태에 빠지지 않도록 조절할 수 있다.
자기 동기화	목표, 창의성, 완벽함을 추구하는 주의집중 또는 그것을 의미하는 능력이다. 유혹을 물리치고 목표를 위해 집중하는 능력으로 일종의 자기 절제, 만족 지연과 유사하다. 만 2~3세에 발달하기 시작하여 연령이 증가할수록 만족 지연의 시간이 길어진다.
감정 이입	타인의 감정을 읽고 적절하게 반응하는 공감 능력이다. 만 3~4세에는 기쁨, 슬픔, 분노, 두려움 등의 감정을 유발하는 사건, 상황을 인지할 수 있으며, 타인의 감정을 지각하고 그 이유를 제시할 수 있다.
대인 관계 기술	리더십, 집단에서의 인기 등을 뒷받침하며 타인의 감정을 효과적으로 관리하는 능력이다. 좋은 대인 관계를 위해 타인과의 상호작용을 먼저 시작하고, 원하는 것을 정확히 전달할 수 있는 의사소통 능력에 친사회적인 행동이 뒷받침되어야 한다. 이것은 아동기가 되어야 좀 더 명확히 나타난다.

출처: 다니엘 골먼의 〈정서 지능의 5가지 요소〉(1995)

에 관심을 갖고 배려하는 것이 이타성으로, 개인이 집단 구성원들에게 얼마나 존경받고 수용되는가를 결정짓는 특성이다. 친사회적 행동은 만 2세 전후에 엄마를 위로하는 행동, 우는 아이를 따라 우는 공감 등으로 나타나며, 연령이 올라갈수록 친사회적 행동도 증가한다.

✿ **도덕성** 도덕성은 양보, 친절 등 타인을 배려하는 태도, 옳고 그른 것을 구분하는 능력, 힘들어도 지켜야 할 규범, 규칙을 따르는 것이다. 장 피아제(Jean Piaget)는 도덕성을 '타율적' 도덕성과 '자율적' 도덕성으로 구분하였으며, 로렌스 콜버그(Lawrence Kohlberg)는 도덕성을 6단계 발달로 구분하였다.

피아제의 이론에 따르면 만 3~5세의 도덕성은 다른 사람의 칭찬, 벌, 꾸중 등에 좌우되는 '타율적' 도덕성이고, 콜버그의 이론에 따르면 '벌이나 꾸중을 피하기 위한 복종'의 1단계와 '자신의 욕구 충족을 위한 거래'인 2단계에 속한다. 이 시기에는 선생님이 정해 놓은 규칙을 옳은 것이라고 여기며, 친구가 이 규칙을 어기면 선생님께 일러바쳐 당연히 적절한 벌칙을 받아야 한다고 여긴다. 피아제와 콜버그의 도덕성에 대해서는 3부에서 자세히 살펴볼 것이다.

정서, 사회성 발달 돕는 양육 원칙과 생활 놀이

아이가 제 또래에 맞는 정서 지능을 발달시키며, 친사회적 행동으로 대인 관계와 사회생활을 안정적으로 이끌어가려면 부모와의 정서적인 유대감, 즉 애착 속에서 부모의 일관된 원칙에 따라 양육이 이루어져야 한다.

아이는 가장 먼저 부모의 사회적 행동, 대인 관계 기술, 도덕성 등을 '모방'한다. 부모나 선생님이 하는 말을 곧 규칙으로 받아들이기 때문에, 부모가 아이에게 말한 것은 부모 스스로도 지키도록 노력해야 한다. '빨강 신호등은 건너지 말라는 약속'이라고 아이에게 알려 주고, 부모가 바쁘다는 핑계로 아이가 보는 앞에서 신호등을 무시해서는 안 된다. 부모가 스스로 한 말들을 자꾸 지키지 못하면 아이는 부모의 권위를 의심하게 된다.

마찬가지로 엄마와 아빠는 일관된 양육 원칙으로 아이를 대해야 한다. 아이가 동생을 괴롭히거나 울렸을 때 10분간 '생각 의자'에 앉아 있기로 하였다면, 엄마나 아빠 한 쪽이 이 훈육에 대해 방해를 해서는 안 된다. 약속한 것을 예외 없이 지켜야 아이가 혼란을 겪지 않는다.

그리고 이런 훈육 방법은 만 3~5세 아이들의 도덕성 발달에도 중요하다. 이때에는 벌이나 꾸중 등이 싫어서 규범이나 규칙을 지키는 경향이 강하다. 간단한 규칙, 약속 때문에 아이는 도덕적인 행동을 하게 되는데, 부모는 아이가 잘못하면 정해진 규칙, 약속에 따라 제재하는 것으로 훈육한다. 연습과 훈련을 통해 도덕성을 키우는 것이다. 이 시기 이 과정을 지나야 '자율적 도덕성'이 생기고, '욕구 충족을 위한 거래'로서의 2단계 도덕성과 '착하다'라는 주위 평판을 중시하는 3단계 도덕성을 획득할 수 있다.

아이와 함께 정서적 안정과 사회성의 기초에 도움되는 생활 놀이를 즐기는 것도 효과적이다. 놀이를 즐기는 과정 자체가 아이와 애착을 다지고 정서를 발달시키며 사회성의 기초를 쌓는 데 바탕이 되기 때문이다.

✿ **작품 감상하기** 그림, 음악, 공연 등은 사람의 감성을 풍요롭게 하는 것들이다. 가끔 아이와 미술 전시회를 가고, 음악 감상을 하며, 뮤지컬 공연을 관람하도록 한다. 예술 작품을 체험한 후에는 작가가 어떤 감정, 기분으로 이 작품을 만들었는지, 또 아이와 부모는 그 작품을 보고 어떤 느낌이나 감정이었는지 서로 이야기해 본다.

✿ **다양한 얼굴 사진 보기** 사람이 많이 나오는 그림이나 사진 등을 보면서 사람들의 표정을 읽어 본다. 아이에게 "오늘 아침에 지각해서 혼난 사람은 누구일까?", "사진 찍을 때 소변 마려운 걸 참는 사람은 누구일까?" 하는 식으로 퀴즈를 내고 맞혀 보게 한다. 아이가 여러 사람의 표정과 표정에 깃든 감정을 살펴보는 기회가 된다.

생활 놀이를 즐기는 것과 함께 지켜야 할 원칙이 하나 또 있다. 아이가 정서적으로 안정되어 있지 못하고 떼쓰기, 울음, 짜증 등 부정적 감정 표출이 많다면 아이의 마음속에 부모가 알아채지 못한 불안감이 내재되어 있을 수 있다. 이 경우 양육 환경이 아이의 불안감을 조성하고 있지 않은지도 살펴봐야 한다.

가령 엄마 아빠가 아이가 보는 앞에서 매일 부부싸움을 한다면 아이는 부정적인 감정 표현들을 배우고 늘 불안한 기분에 시달릴 수 있다. 엄마 아빠가 싸우면 무섭고 싸움이 잠잠해지면 언제 또 엄마 아빠가 싸울지 몰라 불안하다. 부부싸움 중에 주고받았던 말 때문에 아이는 엄마나 아빠가 사라질지 몰라 불안할 수 있다. 또 갓 태어난 동생 때문에 엄마 아빠가 자신을 버릴지도 모른다는 생각, 동생을 더 사랑할지 모른다는 생각 때문에 불안감에 시달리고 퇴행

현상을 보이는 경우도 많다. 이 시기에 아이의 불안감과 스트레스는 틱(Tic) 장애나 야뇨 등으로 나타나기도 한다.

부모와의 애착과 유대감, 정서적인 안정감, 사회성의 발달은 차분하고 안정적인 양육 환경에서 시작되며, 이런 양육 환경을 만드는 것이 부모의 역할임을 잊지 말자. 정서 발달의 바람직한 결말, '자아 존중감'을 위해 지금은 열심히 물과 거름을 주어야 할 때이다.

정서 발달의 변수, 타고난 기질

일반적인 양육 환경에서 아이는 연령에 맞는 정서 발달의 과정을 거치게 된다. 그렇다면 모든 아이가 동일한 상황에서 같은 감정이나 기분을 느끼고, 같은 행동으로 반응할까? 단연코 아니다. 왜냐하면 발달심리학자들이 정의한 평균적인 정서 발달 과정을 거치더라도 아이에게는 타고난 기질이 있기 때문이다. 기질은 사람마다 다른 성향, 성격이라고 할 수 있으며, 동일한 상황에서도 각자의 방식대로 반응하게 한다.

예를 들어 어떤 아이는 태어날 때부터 순해서 혼자서도 잘 논다. 또 다른 아이는 혹시 발달이 늦된 아이인가 할 정도로 행동이 굼뜨다. 자신이 원하는 것이 있으면 울고 보채고 매달려서라도 얻어내는 아이도 있다. 부모가 "안 돼!"라고 한 마디 하면 금세 포기하고 언제 울었나 싶게 딴 재미에 몰두하는 아이도 있다. 이런 기질은 개인이 지닌 독특한 본성으로, 선천적으로 타고났다고 본다. 기질은 유형에 따라 순한 아이, 까다로운 아이, 느린 아이로 구분한다.

❋ **순한 아이** 혼자서도 잘 노는 아이이다. 새로운 환경에 대해 금세 순응하며 낯선 사람을 봐도 잘 웃는다. 수면, 식사, 배변 등이 규칙적이고 엄마의 행동에 긍정적인 반응을 보인다.

❋ **까다로운 아이** 순한 아이와 반대의 기질이다. 수면, 식사, 배변 등 생리적 활동이 불규칙하여 주 양육자가 예측하기 힘들다. 낯선 환경, 낯선 사람에 대한 거부감과 의심이 많고, 식습관도 까다롭다. 자신의 욕구가 좌절되었을 때 울음, 짜증, 분노 등 부정적 감정을 노출한다.

❋ **느린 아이** 수줍음이 많고 소극적으로 비칠 수 있다. 새로운 자극에 서서히 접근하고 적응하기까지 시간이 걸린다. 낯선 사람이나 상황에 부정적인 반응을 보이지만, 까다로운 아이에 비해 반응이 약하다. 활동량이 적은 편이며, 수면, 식사, 배변의 규칙성은 순한 아이와 까다로운 아이의 중간이다.

안정적인 양육 환경에서도 아이에게 불안감이나 두려움이 감지되고 부정적 감정 표현이 있을 수 있다. 그렇다면 우리 아이가 태어났을 때 어떤 기질이었는지 생각해 보자. 어쩌면 아기 때부터 유독 심하게 보채고 울고 엄마 등에서 떨어지지 않으려고 발버둥을 쳤을 수 있다. 정서 발달은 0에서부터 출발하는 것이 아니다. 아이의 타고난 기질 위에서 출발한다. 까다로운 아이, 느린 아이의 기질을 고려하여 부모가 좀 더 인내하고 배려해야 한다.

Q1 아침마다 어린이집에 안 가려고 난리예요. 이 전쟁, 어떻게 끝내죠?

만 3세면 아직 부모와 떨어지는 것에 불안감을 느낄 수 있으며 아이한테는 1개월이라는 시간이 어린이집 적응에 다소 짧을 수 있습니다. 아이는 이런 마음을 어린이집에 가지 않겠다고 떼를 쓰거나 '머리 아파', '배 아파' 등의 엄살을 부리거나 부모와 헤어지지 않으려고 발버둥치는 것으로 표현합니다.

아이가 기질적으로 까다롭거나 느린 아이라면 새로운 환경, 낯선 사람들에 대해 부정적 감정을 표출하고 다시 적응하기까지 상당한 시간이 필요할 수 있습니다. 수면, 식사, 배변도 불규칙하였던 아이가 단체 생활 시작과 동시에 규칙적인 생활에 적응해야 하는 것 자체도 힘들 수 있습니다. 부모는 다른 아이와 비교하여 우리 아이가 정상적이지 않다고 오해해서는 안 됩니다. 아이가 새로운 생활 패턴, 낯선 환경, 낯선 선생님과 친구들에게 적응할 수 있을 때까지 여유를 가지는 것이 중요합니다. 아이가 빨리 적응할 방법을 찾기보다 부모가 좀 더 인내하고 아이 곁에서 기다려 주어야 합니다.

부모 모두 줄곧 직장에 다니고 있었다면 그간 주 양육자의 역할을 누가 하였는지 생각해 봅니다. 바쁜 직장 생활 때문에 어쩔 수 없이 조부모, 아기돌보미, 이웃에게 번갈아 맡겼다면 부모-자녀 간 애착 형성에 의구심을 가질 수 있습니다. 만 3세 전 주 양육자의 잦은 변화는 아이에게 불안감을 심어 주고 이것이 정서적 유대감, 안정감 등의 방해 요소로 작용하였을 수 있습니다. 만약 이런 상황에 속한다면 지금부터라도 부모가 아이와의 신뢰감을 쌓기 위해 꾸준히 노력해야 합니다.

아이가 어린이집에 잘 적응하려면 선생님에게 호감과 신뢰를 느꼈거나, 좋아하는 친구가 생겼거나, 재미있고 흥미로운 놀잇감이 있어야 합니다. 부모가 먼저 시도해 볼 수 있는 것은 어린이집은 즐거운 놀이 공간이며 재미있는 놀잇감이 있다는 인식을 심어 주는 일입니다. 오전 1시간이나 이른 퇴근 후 1시간 정도, 어린이집의 허락을 받아 아이와 함께 머물며 놀아 줍니다. 아이는 낯선 환경이지만 부모와 함께 놀면서 안정감을 느끼고 놀이에 대한 흥미를 높일 수 있습니다. 어린이집 교사에게도 아이가 좋아하는 놀이를 친구들과 해볼 수 있도록 기회를 만들어 달라고 부탁합니다.

어린이집 교사에게 부모와 헤어지고 난 후 아이 반응이 어떤지 물었을 때 "언제 그랬냐 싶게 잘 놀아요."라는 답변이 돌아온다면, 그리고 이 말이 사실이라면 부모가 느긋하게 기다리는 것이 최선입니다.

Q2 혼자 떨어져 노는 아이, 어떻게 해야 다른 친구들과 잘 어울릴 수 있을까요?

유아기 때의 친구 관계는 부모 지인의 자녀, 또는 단체 생활 안에서 교사의 지도하에 맺어지는 경우가 많습니다. 아이가 자발적으로 관계 맺기에 나설 수 있는 단계는 아니며, 만약 아이가 기질적으로 순하거나 느린 아이라면 친구들과 어울리는 것에 조금 더 시간이 걸릴 수 있습니다.

아이가 친구를 잘 못 사귀고 혼자 논다고 하여 무조건 나쁜 쪽으로 생각할 것은 아닙니다. 아직은 아이가 혼자 노는 것이 더 편해서일 수도 있기 때문입니다. 성격이 활발하고 누구와도 친구처럼 잘 어울리는 것이 이상적일 것 같지만 아이 따라 탐색과 관찰이 오래 걸리기도 합니다. 천천히 지켜보다가 자신이 정말 놀고 싶은 친구 한두 명과 사귀게 될 수도 있습니다. 부모의 급한 마음에 아이의 등을 떠밀거나 교사에게 부탁하여 억지 관계를 맺어 준다면 오히려 아이가 힘들어할 수 있습니다.

다른 이유로는 아이가 친구들과 어울리고 싶은데 어떻게 참여할지 몰라 난처해하는 상황일 수도 있습니다. 부모가 아이에게 혼자 무엇을 하며 놀았는지, 친구는 무엇을 하고 놀았는지 물어보는 것이 좋습니다. 그리고 아이에게 무엇을 하며 놀고 싶었는지 질문하여 친구가 하던 놀이를 하고 싶었다고 하면 스스럼없이 "친구야, 나랑 같이 ○○하며 놀자." 하고 말하면 된다고 일러줍니다. 이때 아이가 직접 소리 내어 연습할 수 있도록 도와주는 것도 필요합니다. 처음 몇 번은 용기를 내는 것이 어려울 수 있지만 자신의 말이 효력을 발휘하여 친구들과 어울리게 된다면 커다란 성취감도 맛볼 수 있습니다. 그리고 교사에게 따로 부탁하여 아이가 친구와 자연스럽게 어울릴 수 있도록 도와달라고 요청하도록 합니다.

의외이긴 하지만 아이가 친해지고 싶은 친구에게 거부를 당할 수도 있습니다. 아이가 이런 상황을 이야기한다면, 엄마는 아이의 어수룩함부터 탓하지 말고 "우리 ○○가 속상했겠구나. 엄마도 어릴 때 좋아하는 친구가 다른 친구하고만 놀면 서운하고 슬펐어." 하며 아이의 마음에 절대적으로 공감해 주고 감정을 언어로 표현해 주도록 합니다. 그리고 아이와 놀고 싶어하는 다른 친구들이 있을 수 있으므로 너도 여러 친구와 같이 놀아 보라고 조언해 줍니다. 무엇보다 아이에게 자신이 사랑스럽고 소중한 존재임을 일깨워 주는 것이 중요합니다.

Q3 소심한 데다 낯을 너무 가려요. 어떻게 사회성을 키워야 할까요?

낯가림은 영아기 낯가림과 유아기 이후의 낯가림으로 나누어집니다. 영아기 낯가림은 생후 6개월 무렵 나타났다가 돌 이전에 대부분 사라집니다.

유아기 이후의 낯가림은 영아기 때와는 다른 반응으로 나타나는데, 낯선 대상과 마주하였을 때 부끄러워하거나 침묵하거나 숨는 방식으로 드러납니다. 사회성이 웬만큼 발달한 만 3~5세에 낯가림이 나타난다는 것은 부모와의 분리 불안, 기질 차이(까다로운 아이, 느린 아이), 내향성, 과도한 주의 등과 관련이 있습니다. 영아기 낯가림이 발달 과정 중 하나라면 유아기 이후의 낯가림은 대인 관계에서 상호 작용이 어려운 것을 의미하기 때문에 어린이집이나 유치원에서 또래 친구를 사귀거나 의사소통을 하는 데 힘들어질 수 있습니다.

아이가 성장하면서 낯가림의 정도가 조금씩 누그러져 단지 성격적인 특성으로 남는다면 성인이 되었을 때 사회생활에 크게 문제가 될 것은 없습니다. 하지만 낯가림이 지속된다면 학교생활을 하면서도 강한 분리 불안, 함묵증(말을 할 수 있지만 하지 않는 것), 등교 거부, 은둔형 외톨이가 될 수도 있습니다.

만약 계속해서 낯가림이 나타난다면 부모의 양육 태도에 문제는 없는지도 살펴봅니다. 부모가 낯선 사람을 대할 때 과도하게 경계하는 모습을 보였다면 아이가 보고 습득한 것일 수도 있습니다. 부모의 양육 태도를 점검하고 이제부터라도 아이가 사회성을 쌓을 수 있도록 도와줍니다.

낯가림을 없애기 위해 갑작스럽게 많은 사람을 만나기보다는 부모와 아이가 같이 있을 때 한두 명 정도 집에 초대하여 함께 놀이하는 시간을 갖는 것이 좋습니다. 서너 명이 팀을 이루어 함께하는 놀이나 게임을 하면서 아이가 조금씩 타인과 친숙해질 수 있도록 기회를 갖도록 합니다.

또래 아이가 있는 친척과 함께 가족 여행도 계획해 봅니다. 엄마 아빠가 곁에 있는 상황에서 여러 날을 함께 지내다 보면 나와 가족 이외의 다른 사람들과 관계 맺는 일이 크게 어렵지 않습니다. 이렇게 조금씩 주변을 확대해 나가면서 아이의 대인 관계와 상호 작용이 넓어질 수 있도록 합니다.

Q4

낯선 사람을 쉽게 따르는 아이, 위험한 꼬임에 빠질까 걱정이에요.

낯가림의 문제라기보다 아이가 위험한 상황과 그렇지 않은 상황을 판단할 수 있느냐 없느냐의 문제입니다. 만 3~5세 아이의 도덕성으로 봤을 때 착한 사람과 나쁜 사람을 판단할 수 있는 근거는 의외로 단순합니다. 많은 아이들이 "무섭게 생겼다.", "눈이 찢어졌다." 등 외모에서 풍기는 부정적 느낌을 '나쁜 사람' 또는 '위험한 사람'으로 판단합니다. 만약 처음 보는 낯선 사람이어도, 깨끗한 옷을 입고 친절한 말을 하며 얼굴에 미소를 띠고 있다면 '착한 사람' 또는 '안심해도 되는 사람'으로 생각할 수 있습니다. "무서운 아저씨, 절대 따라 가면 안 돼!"하며, 아동 범죄를 대비하여 부모가 아이에게 일러주는 것도 크게 다르지 않습니다.

이 시기 아이는 언어로 받아들인 정보를 저장하는 데 약합니다. 즉, 실물이나 경험을 통해야 머릿속에 정보, 지식으로 저장합니다. 말로만 하는 교육은 효과가 낮습니다. 또 판단력이 미숙한 시기이므로 부모의 단편적인 정보는 아이에게 위험한 편견을 심어 줄 수 있습니다. 부모와 애착을 다지고 자기 주도성을 갖게 된 아이는 다른 사람들과 적극적으로 관계 맺기에 나설 수 있습니다. 낯선 사람이 다가와 "저기 나무 아래에 예쁜 아기고양이가 있는데 나랑 같이 보러 갈래?", "아저씨가 길을 잘 몰라서 그러는데 ○○마트까지만 같이 가줄래?", "할머니가 짐이 많아서 힘든데 좀 도와줄래?" 하고 말하면 아이는 선뜻 따라갈 수밖에 없습니다.

실제로 나쁜 사람이 남들보다 옷을 더럽게 입는다거나 얼굴에 흉터가 크게 있다거나 험악하게 생겼다는 보장은 없습니다. 만약 아이가 낯선 사람을 쫓아가게 될까봐 걱정된다면, 가상의 상황을 설정하여 아이가 거절하거나 회피하는 요령을 구체적으로 연습하게 합니다. 엄마 또는 아빠가 나쁜 사람 역할을 맡아 아이에게 같이 가자고 유혹해 봅니다. 이럴 때 부모는 아이에게 "우리 집에도 고양이 있어요.", "아니요, 궁금하지 않아요.", "제가 도와줄 다른 어른을 불러올게요.", "지금 집에 가기로 약속했어요." 등 각 상황에 맞는 거절의 표현을 일러줍니다. 그리고 반복 또 반복 연습하도록 합니다. 그래야 실전에서 쉽게 실천할 수 있습니다.

무엇보다 가상 역할극으로 충분한 연습을 했다고 해도 만 3~5세의 아이가 낯선 사람 앞에 혼자 있게 되는 상황을 만들어서는 안 되겠지요!

Q5 친구들에게 공격적인 행동을 하는데 어떻게 고쳐야 할까요?

공격성은 목표를 향한 적극성, 진취적 성향과 관련 있습니다. 하지만 공격성이 폭력적인 행동으로만 표출된다면 문제 행동이 됩니다. 아이의 이런 행동을 수정하고 싶다면 아이가 어떤 상황에서 폭력적인 행동을 하는지 부모가 유심히 관찰해 보는 것이 중요합니다.

먼저 화가 나거나 슬플 때 폭력성을 보인다면 부모가 먼저 아이의 화난 감정, 슬픈 감정을 공감해 줍니다. "우리 ○○, ~해서 화가 많이 났구나.", "나라도 화가 났을 것 같아." 하고 이야기한 다음, 화가 나거나 슬플 때 폭력적인 행동을 해서는 안 된다고 알려 줍니다. 그리고 화가 난 것을 말로 표현하는 법을 가르쳐 줍니다. "나 진짜 화났어!", "하지 마!"라고 하고, 그래도 친구가 그 행동을 계속하면 선생님이나 부모님께 말하는 것이 좋다고 일러 줍니다.

원하는 것을 얻고 싶을 때 폭력적인 행동을 하기도 합니다. 친구가 잘 갖고 노는 장난감을 억지로 빼앗거나 좋아하는 친구를 독점한 다른 아이에게 해코지하기도 하지요. 이때는 원하는 것을 얻기 위해 나쁜 방법을 쓰는 것은 잘못된 일임을 명확히 일러주어야 합니다. 그리고 원하는 것을 얻을 수 있는 표현도 함께 연습합니다.

부모나 다른 사람의 관심을 얻고 싶을 때도 과잉 행동이나 폭력적인 행동을 할 수 있습니다. 유치원에 잘 다니고, 한글 공부도 열심히 하고, 동생을 잘 돌볼 때는 부모가 전혀 쳐다봐 주지 않다가 자기가 물건을 던지고 다른 친구들을 때릴 때 부모가 관심을 보인다고 생각하기 때문입니다. 이때는 "하지 마"라는 간단한 지시어와 함께 더 이상 관심을 두지 않는 것이 좋습니다. 대신 아이가 긍정적이고 바람직한 행동을 할 때 더욱 많은 관심과 애정을 보이도록 합니다.

단순히 충동에 의해서나 자기방어의 수단으로 폭력적인 행동을 하기도 합니다. 기질적으로 충동성이 강해서 갑작스레 폭력적인 행동을 한다면 그때마다 "그만!", "멈춰!" 등과 같은 짧고 단호한 지시어로 아이의 행동을 중지시킵니다. 또, 타인이 다가오는 것을 공격으로 받아들여 난폭한 행동을 한다면, 아이에게 행동 대신 "이건 내 거야.", "가까이 오지 마.", "밀치지 마!", "자꾸 그러면 화낼 거야!" 등의 언어로 먼저 신호를 주어야 한다고 알려 줍니다.

아이의 폭력적인 행동에 어떤 감정이 내재되어 있는지 부모가 이해하고, 아이가 바람직한 방향으로 부정적 감정을 발산할 수 있도록 이끌어야 합니다.

04

바른 생활 습관이 곧
건강의 시작!

☑ "수면 시간은 얼마가 적당할까요?"

☑ "아침마다 아이 등원시키는 일이 전쟁이에요."

☑ "언제쯤 화장실에 혼자 다녀올 수 있을까요?"

☑ "밥을 돌아다니면서 천천히 먹어 급식 시간이 걱정됩니다."

☑ "매일 일정한 시간에 잠자리에 들었으면 좋겠어요."

☑ "손 씻기를 몸에 배게 하려면 어떻게 해야 하나요?"

규칙적인 수면 습관이 첫 번째 조건

아이가 어린이집이나 유치원에 다니려면 규칙적인 시간에 잠들었다 일어나야 한다. 문제는 수면 시간이다. 어떤 아이든 충분히 수면해야 아침에 거뜬하게 일어날 수 있다. 한창 자라는 소아에게도 생활에 필요한 일정한 수면 시간(수면량)이 있다. 연령에 따라, 또 개인의 활동량 등에 따라 조금 차이가 있을 수 있지만 대체로 평균 수면 시간은 엇비슷하다. 겨울에는 여름보다 수면 시간이 1시간가량 더 늘어날 수 있다.

아이가 만 3세가 되어 어린이집이나 유치원에 다니게 되면 아침 8시 20분에서 9시 사이에 통원 차량에 승차하거나 등원을 마쳐야

0~만 5세의 일일 적정 수면 시간

시간\연령	0~3개월	4~11개월	만 1~2세	만 3~5세
	14~17시간	12~15시간	11~14시간	10~13시간

(※ ■ 권장, ▨ 적정)   출처: 미국 수면재단(NSF, National Sleep Foundation)

하는 경우가 많다. 부모가 직장에 다니면 좀 더 일찍 나서는 경우도 있는데 아침에 일어나 등원까지 1시간 정도 소요된다고 하였을 때 대략 7시에서 7시 30분 사이에는 일어날 준비를 해야 한다. 만약 지난밤 9시에 잠들었다고 하면 10시간 남짓 수면하게 되는 것이다. 아이에 따라 잠이 부족해서 칭얼거릴 수도 있고, 개운한 듯 반짝 눈을 뜨는 아이도 있다.

일정한 수면 패턴은 규칙적이고 바른 생활 습관의 첫 번째 요소이다. 만 3~5세에는 아이가 정해진 시간에 잠들었다가 정해진 시간에 일어나는 습관이 잡혀 있어야 어린이집·유치원 생활은 물론 건강한 성장 발달에 도움이 된다.

✻ **잠들기 전에는 정적인 활동을** 흥분이 고조된 상태로는 쉽게 잠들 수 없다. 한참 뛰어놀다가, 신나는 애니메이션을 보다가, 컴퓨터나 스마트폰으로 게임을 하다가 "자, 이제 잠잘 시간이야." 하고 아이를 잠자리에 눕힌들 아이는 쉽게 잠들지 못한다. 아이 두뇌에는 화려한 모니터의 잔상이 남아 있는 데다 심박수도 빨라져 있어 금세 잠들기 어렵다. 잠들기 전에는 아이가 차분하게 취침 시간을 기다릴 수 있도록 정적인 활동을 한다. 그림책을 읽어 주거나 옛날이야기를 들려주는 것, 그림일기를 쓰는 것 등이 적합하다.

✻ **목욕은 잠들기 2시간 전에** 흔히 잠들기 직전에 아이를 목욕시키는 경우가 많다. 목욕을 하게 되면 나른해지면서 아이가 쉽게 잠들 수 있을 것으로 생각한다. 하지만 잠들기 직전의 목욕은 신진대사를 활성

화하여 수면을 방해한다. 취침에 적합한 목욕 시간은 만 3~5세 기준, 잠들기 2시간 전이 좋다.

✿ **우리 아이만의 잠자리 의식** 어려서부터 아이에게 특별한 신호를 주는 식으로 잠자리 의식을 만들어 주는 것이 좋다. 인형을 자기 베개 옆에 먼저 눕힌다거나, 부모가 옆에서 자장가를 불러 준다거나, 천장의 형광 별이 잘 보이도록 방 안의 불을 끈다거나 하는 식이다. 잠자리 의식을 하면서 아이는 잠잘 준비를 마친다.

✿ **부모의 올빼미 습관을 버리자** 아이의 규칙적인 수면 습관을 방해하는 가장 큰 요인은 부모의 올빼미 습관이다. 거실의 환한 조명과 화려한 TV 영상, 적절한 소음, 맥주 한 잔을 곁들인 야식 등은 아이를 수면에 집중하지 못하게 하고 부모와 놀고 싶게 만드는 것들이다. 엄마 아빠는 늦게까지 놀면서 자기한테만 일찍 자라고 하는 것은 공정하지 않다고 생각한다. 아이를 재우기 전에는 거실의 조도를 최대한 낮추고, TV를 끄고, 독서나 음악 감상을 하는 등 부모 역시 부모만의 잠자리 의식에 들어가도록 한다.

아이가 잠드는 방이 수면에 방해되는 환경은 아닌지 점검한다. 방 안이 너무 덥고 건조해도 아이는 불편해서 잠을 설치게 된다. 잠잘 때 방 안 온도는 다소 시원하거나 서늘하게 하고, 습도는 40~60% 정도로 맞춘다. 봄가을에는 20~22 ℃, 여름에는 24~26 ℃, 겨울에는 18~20 ℃가 적당하다. 만약 아이가 자다가 자꾸 찬 벽이나 구석으로 굴러간다면 두꺼운 요나 매트를 세워 냉기가 아이 몸에 스며들지 않도록 한다.

한자리에서, 스스로, 골고루 먹기

건강한 생활 습관 중 수면 습관 못지않게 중요한 것이 식습관이다. 만 3~5세는 유아식을 지나 어른과 거의 비슷한 식단으로 진입하는 단계이기 때문에 바른 식습관을 길러 주기에 가장 적합한 시기이다.

유아기 바른 식습관의 3가지 조건을 꼽자면 한자리에 앉아서, 스스로, 골고루 먹는 것이다.

'한자리에 앉아서'는 아기 때부터 길러야 할 식습관이다. 먹기 싫다는 아이를 한 숟가락이라도 더 먹이겠다고 아이 뒤를 졸졸 따라다니다 보면 잘못된 버릇이 생기는 경우가 많다. 아이는 자기가 하고 싶은 대로 그림책을 봐도 되고, 블록 놀이를 해도 되고, TV를 봐도 된다. 그래도 부모가 알아서 먹여 주니 이보다 편한 일이 없다.

아기 때부터 이유식 한 숟가락이라도 규칙적인 시간에 고정된 자리에서 먹이는 것이 필요하다. 지금부터라도 제자리에 앉혀 먹이고 싶다면 당분간 온 가족이 함께 모여 식사하는 규칙을 정한다. 아이의 시선을 유도하는 TV나 스마트폰 등은 끄거나 주변에서 치운다. 정해진 시간에 가족 모두가 함께 먹는 것이 일상화되면 아이가 돌아다니면서 먹는 버릇을 고칠 수 있다. 떠먹여 주는 습관도 이제는 고쳐야 한다. 만약 젓가락질을 힘들어한다면 손가락을 끼워서 사용하는 유아용 젓가락을 쥐여 준다.

가장 고민스러운 식습관은 아이의 '편식'이다. 국민건강보험공단의 조사에 따르면 만 3~5세 아이의 약 42 %가 편식 경향을 보인다고 한다. 부모가 고민하는 나쁜 식습관 유형을 보면, 단것(또는 자기가 좋아하는 것)만 찾고 채소를 안 먹는 경우, 아예 밥을 먹기 싫어하거나 너무 오랫동안 천천히 먹는 경우, 제대로 씹지 않고 삼키거나 물고만 있는 경우 등이 있다.

단맛은 아이가 엄마 젖을 빠는 순간부터 느끼게 되는 가장 원초적인 맛일 수 있다. 아이들은 단맛에 끌리게 되고 더 강한 단맛, 더 많은 단맛을 찾는다. 대신 쓴맛이나 쌉쌀한 맛 등은 싫어한다. 채소 역시 아이들이 싫어하는 식품 중 하나이다. 아이들은 채소가 입안에 들어왔을 때 느껴지는 이물감을 이상하게 여긴다.

아이가 단맛을 좋아한다고 단맛 위주로 간식을 챙기다 보면 자연히 밥을 덜 먹게 된다. 온종일 요구르트나 캐러멜 등을 달고 사는 아이는 배가 고플까? 신체 활동에 필요한 웬만한 열량을 요구르트와 캐러멜로 섭취하고 있으므로 밥에 대한 간절함이 없다.

만 3~5세 아이의 일일 적정 섭취량은 1,400킬로칼로리 정도이다. 아이가 밥을 먹지 않는다면 아이가 하루 동안 섭취하는 간식과 식사의 열량(kcal)을 계산해 보고, 간식의 양을 줄이는 대신 아이가 좋아하는 반찬으로 식욕을 돋우도록 한다.

유럽 임상영양학회지(2003)에 실린 한 연구에 따르면 아이의 편식 습관을 고치기 위해서는 해당 음식을 최소 8번 노출해야 한다고 한다. 이 방법을 '푸드 브리지(Food bridge)'라고 하는데 아이가 싫어하는 음식을 1단계에서 4단계까지 거치면서 점점 노출을 늘리는 과정이다. 아이가 거부감을 느끼지 않도록 안 보이게 감추고, 다른 재료와 섞고, 아이가 좋아하는 조리법을 쓰고, 예쁜 그릇에 담고, 요리에 참여시키는 등의 모든 방법을 동원해 본다.

워낙 먹는 양이 적은 아이, 밥에 흥미가 없는 아이, 밥을 안 먹는 아이라면 식사를 통해 성취감을 길러 주는 방법도 있다. 처음부터 아이가 먹을 수 있는 양만큼만 주는 것이다. 아이 밥그릇의 1/3만 담았어도 아이가 그릇을 싹 비웠다면 다 먹은 것에 대해 칭찬해 준다. 아이는 매일 밥을 남기다가 자신이 깨끗이 비운 그릇을 보면서 후련함과 성취감을 맛보게 된다. 이것이 습관이 되면 조금씩 양을 늘려도 좋다. 친한 친구들을 초대하여 같이 식사를 하게 되면 경

푸드 브리지 4단계

단계	내용
1단계(친해지기)	싫어하는 채소를 놀이도구로 활용하여 시각적으로 친숙하게 만든다.
2단계(간접 노출하기)	재료의 모양이나 색 등으로 호기심을 자극한다.
3단계(소극적 노출하기)	거부감을 느끼지 않도록 좋아하는 음식에 섞어서 사용한다.
4단계(적극적 노출하기)	재료 본연의 맛을 느끼도록 한다.

출처: 유럽 임상영양학회지(2003)

쟁 심리가 발동하여 평상시보다 더 먹기도 한다.

　기억해야 할 것은 온 가족이 식탁에 둘러앉아 함께 식사한다면 식사 후 자리에서 일어나는 것도 함께여야 한다. 아이가 천천히 먹는다고 혼자 식탁에 남겨 두고 부모 먼저 자리를 뜨는 것은 좋지 않다. 가족과의 식사는 처음부터 끝까지 행복한 시간이어야 한다.

손 씻기, 양치질 등 위생 습관 기르기

　손 씻기는 어른이나 아이 할 것 없이 꼭 지켜야 할 건강 습관 중 하나이다. 감염성 질환이 유행할 때는 사람 많은 곳을 피하고 마스크를 착용하며 손 씻기를 생활화한다. 손 씻기 하나만 잘해도 감기를 비롯한 호흡기 질환, 인플루엔자, 메르스(MERS), 세균성 이질, 콜레라, 유행성 눈병, 장티푸스, A형 간염 등 감염성 질환의 50 %를 줄일 수 있다. 특히 일반 비누로 씻었을 때 세균 제거율이 가장 높은 것으로 나타났다. 질병관리본부에서는 '흐르는 물에 30초 이상' 손 씻기를 권장하고 있으며 128쪽과 같이 손 씻는 방법을 알려 주고 있다.

　손을 대충 씻으면 오른손 엄지손가락과 각 손가락 끝의 병원균이 덜 제거될 수 있다. 접촉이 가장 빈번한 곳이기 때문에 이 부위를 신경 써서 닦게 한다. 아이와 손 씻기 연습을 할 때는 부모가 함께 손을 씻으면서 아이가 보고 따라 하도록 유도한다. '1830'이라는 숫

손 씻기 방법 🌱

1단계 손바닥을 비벼 거품을 낸다.

2단계 손등과 손바닥을 마주 대고 문질러 준다.

3단계 손바닥을 마주한 상태에서 손깍지를 끼고 문질러 준다.

4단계 손가락을 마주 잡은 채 문질러 준다.

5단계 손바닥으로 반대쪽 엄지손가락을 쥐고 문질러 준다.

6단계 손바닥에 반대편 손가락을 문질러 손톱 밑을 깨끗이 한다.

출처: 질병관리본부

자를 기억하여 1일 8회, 30초 이상 씻도록 습관화한다. 외출했다 돌아왔을 때, 화장실에 다녀왔을 때, 더러운 것을 만졌을 때, 식사하기 전에는 꼭 손을 씻도록 아이와 약속한다. 만 3세에는 부모가 도와주고 만 4~5세에는 혼자서 손을 씻을 수 있도록 이끌어 준다. 아이가 손 씻기를 싫어한다면 손 닦기 전후의 세균 사진을 보여 주면서 세균 묻은 손으로 음식을 먹고, 입을 닦고, 눈을 닦으면 병에 걸릴 수 있다고 아이에게 설명한다.

아기 때는 젖은 거즈나 손가락 칫솔로 유치를 닦아 주었다면 유치 20개가 모두 나오는 만 3세 이후에는 양치질을 시작할 수 있다. 아이에게 적절한 칫솔로는 머리 부분이 작고, 칫솔모가 부드러운 것을 선택하며, 치약 또한 유아용 제품을 선택하고 1회에 완두콩만큼 짜서 사용한다.

양치질의 규칙은 '3.3.3'으로, 하루 3회, 식후 3분, 3분가량 닦는 것이지만 아직 유치 단계인 만 3~5세 유아는 어른과 같은 양치 습관을 적용하기에는 다소 무리가 있다. 유아기에는 잇몸도 약하고 유치의 강도 또한 영구치에 훨씬 못 미친다. 하루 2~3회, 2분 정도가 적당하며 아침 먹고 난 후, 저녁 먹고 난 후, 그리고 잠들기 전에는 반드시 닦도록 한다.

처음에는 아이가 엄마 아빠가 칫솔질하는 모습을 보고 따라 하게끔 유도하고 마무리로 부모가 치아 구석구석까지 닦아 준다. 물로 입안을 헹궜다 뱉는 것도 연습이 필요하다. 아이가 입안을 헹구고 뱉는 것을 재미있게 즐길 수 있도록 엄마 아빠가 놀이처럼 알려 준다. 4~5세가 되면 능숙하게 뱉을 수 있게 된다.

만 6세가 되면 영구치가 나기 시작한다. 유치는 건강한 영구치의 바탕이 되므로 충치를 유발하는 간식을 주의하고, 6개월에 한 번은 소아치과에 방문하여 정기 검진을 받는다.

혼자 옷 벗기, 옷 입기, 정리하기

바쁜 아침, 아이가 옷을 입는 모습이 여간 답답한 게 아니다. 결국 보다 못한 부모가 입혀 주기 마련인데 이것이 습관이 되면 초등 입학 전까지 아이 스스로 옷을 갈아입기 힘들게 될지도 모른다.

아이 혼자 옷을 입고 벗을 수 있게 하려면 가장 먼저 옷 벗는 연습부터 해야 한다. 아이의 대·소근육의 발달, 균형 감각, 협응력 등을 고려하였을 때 옷을 입는 것보다 벗는 것이 훨씬 수월하다. 처음에는 양발 벗는 것부터 시작해서 다음에는 하의나 팬티, 마지막으로 상의를 연습한다. 아이가 벗는 것이 수월하도록 평소 신발은 벨크로(찍찍이) 타입을, 하의는 허리 부분이 밴딩 처리된 것을, 상의는 단추 개수가 많지 않은 것을 입힌다.

옷 입기 연습은 부모가 옷을 입혀 줄 때 아이가 나서서 도움을 주는 것부터 시작한다. 부모가 입혀 주는 것을 수동적으로 기다리게 하지 말고, "자, 머리를 넣어주세요.", "오른쪽 팔을 들어 주세요.", "이번에는 왼쪽 팔" 하며 아이의 옷 입기를 거들어 주면서 옷 입는 요령을 익힐 수 있게 유도한다. 바지는 혼자서 허리까지 끌어올리게 하고, 상의와 속옷은 부모가 잘 여미어 마무리해 준다. 아이의 소근육 발달을 위해 단추 끼우기 연습도 한다. 카디건이나 외투를 입혀 주고 아이에게 단추를 끼워 보게 한다.

자신의 옷, 가방, 책, 장난감 등을 정리하는 습관도 길러 준다. 그러기 위해서는 아이 물품을 아무 데나 두지 말고 지정된 보관 장소를 마련하여 항상 그곳에 두어야 한다는 것을 습관화시킨다. 벗어 둔 옷은 아이 팔 높이에 맞는 옷걸이에, 장난감은 수납함에, 그림책은 책장에, 가방은 책상 옆 서랍장 위에, 크레파스나 색연필은 책상 서랍 안 등이다. 그림책이든 장난감이든 갖고 논 다음에는 아이와 함께 정리하도록 한다.

매번 어지럽히는 건 아이이고 치우는 건 부모라는 생각을 갖지 않게 주의해야 한다. 물품 정리를 지시할 때도 "○○야, 가방 좀 제 자리에 갖다 놔." 하는 표현보다 "○○야, 가방은 서랍장 위에 올려 놓을래?" 하고 명확히 지정된 장소를 알려 준다. 꾸준히 반복하다 보면 습관으로 자리 잡는다.

아이에게 좋은 습관을 만들기 위해서는 첫째, 엄마 아빠가 그대로 실천해야 하고 둘째, 아이와 반복해서 연습하도록 한다.

단체 생활 증후군, 면역력으로 극복하기

어린이집이나 유치원 등의 낯선 환경에서 새로운 생활을 시작하면서 아이가 잔병치레를 하게 될 수 있다. 감기를 비롯하여 수족구병, 결막염, 장염, 수두 같은 각종 유행성 질환에 전염되는가 하면, 변비, 식욕 부진, 오줌 소태 등의 증상을 겪기도 한다. 이것을 '단체 생활 증후군'이라고 한다.

유독 이맘때 병치레에 시달리는 이유는 아직 면역 기능이 안정화되지 못해서이다. 아기가 태어날 당시에는 모체에게서 받은 면역 글로불린(IgG)이 성인과 비슷한 수준이다. 생애 첫 5~6개월까지 희한하게도 감기에 덜 걸리는 이유가 이것 때문이다. 생후 5~6개월이 지나면 면역 글로불린의 수치는 절반 이하로 감소한다. 이때부터 아이가 감기를 앓는 일이 많아진다. 그래도 다행인 것은 아기는 출생 직후 스스로 면역 글로불린을 만들어 내기 시작한다. 모체에게서 받은 선천적인 면역 글로불린은 감소하지만 대신 자신이 만들어 내는 후천적인 면역 글로불린이 증가해서 만 1세 때에는 어른의 50~60 %, 만 3세 때에는 어른의 70 % 선에 이르게 된다. 만 6~7세 이후에는 어른의 90 % 가까이 도달하게 되어 점차 성인과 비슷한 수준의 면역 기능을 완성한다.

소아 환자의 감기 빈도수가 가장 높은 시기는 대개 만 1~4세이다. 3세까지 최정점을 찍은 후 만 4세 이후부터 감소하기 시작하여 초등학교에 입학할 무렵이면 현저하게 감기 빈도수가 줄어든다. 만 2~3세 때는 그야말로 한 달에 한 번꼴로 감기를 앓는다. 아직 면역 기능이 미숙하기도 하고 단체 생활을 시작한 것에서 그 원인을 찾을 수 있다. 어린이집이나 유치원에 웬만큼 적응할 때가 되었음에도 여전히 감염성 질환에는 잘 전염된다. 감기, 유행성 인플루엔자, 수족구병 등은 물론이고 예방 접종을 한 수두까지 옮는 경우도 있다. 아이들이 아직 어리기 때문에 질병 감염에 대해 부주의하고 개인위생 수칙을 잘 지키지 못해서이다.

단체 생활 증후군을 잘 이겨 내려면 감염성 질환이 유행할 때 손 씻기, 양치질, 마스크 착용에 더욱 신경 쓰고, 일상생활에서 아이 면역력을 높이기 위해 꾸준히 노력해야 한다. 만약 질병에 걸린 쪽이 내 아이라면 증상이 가라앉은 후, 즉 전염력이 사라진 후에 등원시키는 것이 좋다. 다음은 면역력을 높이는 기본 생활 수칙이다.

✿ **충분한 수면과 휴식** 만성적인 피로는 어른이나 아이 가릴 것 없이 면역력을 저하시키는 주범이다. 숙면하는 동안 두뇌를 비롯하여 낮 동안 부지런히 움직였던 각 신체 기관이 피로를 풀고 휴식을 취한다. 또 각종 대사를 돕는 호르몬 분비도 수면 중에 이루어져 다음 날을 위한 활력을 얻을 수 있다.

✿ **면역력에 좋은 영양 섭취** 영양이 결핍되면 우리 몸의 면역 기능이 순조로울 리 없다. 셀레늄, 필수 아미노산, 비타민 A, C, D, E, 철분, 아연 등이 우리의 면역력, 감염에 대한 저항력과 관련이 있다. 사과, 감, 단호박, 당근, 버섯, 무, 김, 고등어, 꽁치 등 녹황색 채소와 등푸른생선이 포함된다. 된장과 김치에서도 면역력에 도움되는 성분을 얻을 수 있지만 아이가 먹어야 하므로 염도에 주의한다.

✿ **체온 1℃ 올리기** 체온이 1 ℃ 상승하면 면역 체계 중 병원균을 잡아먹는 백혈구의 움직임이 5배가량 활발해진다고 한다. 특히 추운 계절일수록 몸을 움직여 체온을 올리는 것이 필요하다. 아직 어리기 때문에 본격적인 운동은 힘들 수 있다. 대신 땀이 살짝 맺힐 정도로만 공 차기, 술래잡기, 제자리멀리뛰기, 트램펄린 같은 신체 놀이를 자주 한다. 화창한 날에는 야외에서 신체 활동을 하는 것이 가장 좋다. 반신욕이나 족욕 등은 신진대사를 돕고 면역력을 높여 준다.

✿ **찬 것, 단것 주의** 설탕, 엄밀히 말하면 포도당의 단맛은 면역력을 떨어뜨릴 수 있다. 찬 음료와 빙과류 역시 면역력에 도움이 되지 않는다. 위장을 차갑게 하면 영양의 소화나 흡수에 도움이 되지 않고 체온을 올리는 데에도 별 보탬이 되지 않는다. 설탕은 천연 단맛으로 대체하고 찬 것보다는 따뜻한 것을 먹인다. 무더운 여름이라면 찬 음

료를 상온에 두었다가 냉기가 가시면 먹게 한다.

✿ **장 건강 지키기** 장은 우리 면역 기능의 70 %를 담당한다. 장 기능이
원활하려면 장내 유익균 수가 적절하게 포진해 있어야 한다. 우리가
프로바이오틱스와 프리바이오틱스(프로바이오틱스의 먹이)를 섭취하
는 것도 장내 유익균을 확보하고 면역력 향상과 장 기능을 순조롭게
하기 위해서이다. 참고로 과도한 항생제 사용은 우리 몸의 유해균뿐
만 아니라 유익균까지 사멸시켜 오히려 면역력을 떨어뜨리는 요인이
될 수 있다.

✿ **스트레스는 만병의 근원** 만성 피로와 함께 스트레스 역시 면역력을
떨어뜨린다. 아이에게는 억지로 하는 조기 학습, 엄마 아빠의 잦은
다툼, 갑작스러운 동생의 출현, 원하지 않는 단체 생활, 불안정한 양
육 환경, 아동 학대 등이 있을 수 있다. 면역력을 키우고 싶다면 아이
를 웃게 해야 한다.

✿ **건강 기능 식품의 도움** 내 아이를 진료하는 주치의의 추천을 받아
면역력에 도움이 된다는 건강 기능 식품의 도움을 받아도 좋다. 만
3~5세 아이의 경우 홍삼, 아연, 프로바이오틱스, 프로폴리스 등이
인기를 끌고 있다.

Q1 아무것도 혼자 하지 못하는데 학교생활에 잘 적응할 수 있을까요?

의외로 간단한 문제일 수 있습니다. 우선 유치원 교사한테 아이가 유치원에서 어떻게 생활하는지 물어봅니다. 유치원에서는 아이가 특별할 것 없이 다른 아이만큼 제 할 일을 스스로 한다면 집에서 부모한테만 이런 모습을 보여 주는 것일 수 있습니다. 어쩌면 어렸을 때부터 아이가 요구하지 않아도 부모가 먼저 나서서 이것저것 다 챙겨 주지는 않았는지, 또 아이에게 스스로 할 기회를 주고, 아이가 해낼 때까지 느긋하게 기다려 준 기억이 있는지도 생각해 보세요.

성미가 급한 부모들은 아이가 움직이지 않으면 입으로는 투덜대거나 잔소리를 하면서도 아이를 도와주곤 합니다. 아이는 '부모의 잔소리는 듣기 싫지만 조금 있으면 해 주겠지'라며 여유를 부리지요. 오히려 길들여지는 쪽은 아이가 아니라 부모입니다.

더 늦기 전에 바른 생활 습관을 길러 주기 위한 노력을 시작해야 합니다. 서툴더라도 아이가 직접 하는 것을 지켜봐 주고, 칭찬하고, 잘할 때까지 기다려 주어야 합니다. 만약 유치원에서도 다른 아이에 비해 유난히 교사의 손길이 많이 간다고 한다면, 이때도 아이가 혼자 하는 습관을 들일 수 있도록 처음부터 연습을 시작합니다.

아이가 스스로 하도록 동기 부여를 하겠다고 "한 살 더 먹으면 학교에 가야 하는데 이런 것도 혼자 못하면 어떻게 해? 친구들은 잘할 텐데." 하면서 학교생활에 대해 두려움을 심어 주거나 친구들과 비교하는 말을 해서는 안 됩니다. 이것은 좋은 동기가 되지 못하기 때문입니다. "○○야, 난 네가 밥을 혼자서도 잘 먹을 수 있다고 생각해.", "○○야, 내가 잠깐 다른 일을 보고 올 테니 그사이 옷 입을 수 있겠니? 다 입으면 내가 봐줄게."라고 부모가 아이에게 스스로 해 볼 것을 권유해야 합니다.

아이가 젓가락질을 잘했을 때, 윗도리의 단추를 잘 끼웠을 때도 아낌없이 칭찬해 줍니다. 스스로 해낸 것을 아이가 뿌듯해하고 성취감을 느끼게끔 충분한 칭찬이 필요합니다. 이런 과정이 하나둘 쌓여 아이가 더 많은 것을 자신의 힘으로 해낼 수 있도록 부모가 이끌어 주는 것이 가장 중요합니다.

성격이 예민한 사람들은 여행을 갔을 때 볼일 보는 일로 신경이 곤두서곤 합니다. 아이들은 이런 문제가 더 자주 일어날 수 있습니다. 어떤 이유든 화장실 가는 일이 두려워 참고 참았다가 바지에 소변을 지리고 오는 것이지요.

아이가 유치원에서 바지를 적셔 오는 일이 잦다면 실수한 결과로 아이를 탓할 것이 아니라 실수할 수밖에 없는 원인을 찾아 아이를 다독여야 합니다.

아이가 화장실에 못 가는 이유 중 하나는 불안감이 있어서입니다. 부모와 떨어진 낯선 환경, 집처럼 편안하고 아늑한 환경이 아닌 곳은 아이에게 불안 요소로 작용합니다. 이 불안감은 아이에게 스트레스가 되고, 스트레스는 배변과 관련된 근육을 긴장시켜 약간의 오작동을 일으키기도 합니다. 소변이 마려워 화장실에 가면 소변이 잘 안 나오고 나와도 찔끔 나옵니다. 다시 자리로 돌아오면 또 화장실에 가고 싶은 생각이 들기도 합니다. 이렇게 아이는 자꾸 화장실만 들락거리다 결국 실수를 하는 것입니다.

여럿이 함께 사용하는 화장실은 우리 집 화장실에 비해 무섭거나 더럽게 느껴질 수도 있습니다. "다른 아이들도 다 가는데 화장실이 뭐가 무서워?"라며 윽박지를 일이 아닙니다. 화장실이 무섭다는 아이의 마음을 이해하고, 누구나 화장실이 무서울 수 있다고 공감하면서 무서우면 익숙해질 때까지 친구와 화장실에 같이 다녀도 좋다고 말해 줍니다.

집에서는 아이와 화장실 이용하는 방법을 차근차근 연습하는 것이 좋습니다. 당장은 누구나 겪을 수 있는 일이지만 몇몇 아이들은 초등학교에 입학한 후에도 화장실 문제로 스트레스를 겪습니다. 지금이라도 화장실을 이용하는 것에 능숙해지고 뒤처리도 잘할 수 있도록 집에서 반복 연습을 합니다.

화장실이 더러운 장소여서 가는 것을 꺼린다면 아이에게 화장실을 청소해 주시는 분들이 계시다는 것을 잘 설명하고, 좀 더 깨끗하게 이용하는 방법을 일러줍니다. 좌변기에 앉을 때는 세정 티슈로 한 번 닦는다든지, 소변을 보고 난 후에는 반드시 물을 내려 냄새가 심해지거나 다른 사람에게 불쾌감을 주지 않도록 해야 함을 알려줍니다. 볼일을 보고 나면 꼭 손을 씻어야 한다는 것도 가르쳐 주어야 합니다.

Q3 늘 스마트폰만 찾는 우리 아이, 중독일까 걱정돼요.

처음에 육아의 편의성 때문에 학습용 프로그램을 보여 주기 시작하였더라도 점차 스마트폰 사용 횟수가 늘면 아이에게 습관으로 굳어지게 됩니다. 스마트폰으로 보는 세상이 재미있다는 것을 알게 된 아이에게서 스마트폰을 다시 뺏으려면 어떻게 해야 할까요?

원론적인 이야기이지만 해결 방법은 스마트폰보다 재미있는 것을 제시하는 것입니다. 눈이 휘둥그레지는 놀이공원에 가기도 하고, 평소 아이가 실물을 접하기 어려웠던 열대어, 공룡, 로봇 등을 구경하러 가기도 합니다. 만약 이것으로도 통하지 않는다면 부모의 스마트폰을 2G폰으로 바꾸고, 아이에게 이제 스마트폰이 없음을 분명히 알려 줍니다. 처음에는 상실감으로 아이가 울고불고 저항하겠지만 부모가 단호하게 용단을 내려야 합니다.

부모나 아이 모두에게 가장 이상적인 방법은 약속을 정하고 지키는 것입니다. 아이에게 "네가 식사 중에도 스마트폰을 보느라 밥을 제대로 먹지 않아 엄마가 속상해. 이제 다른 일을 하는 중에는 스마트폰을 보지 않기로 하자. 대신 ○○가 좋아하는 '핑크퐁' 채널은 하루에 15분씩 2번 보게 해줄 테니 시간을 따로 정해 보자."라는 식으로 아이와 대화를 통해 절충합니다. 물론 이 방법이 단번에 통할 아이는 별로 없습니다. 이상적인 방법이 통하지 않을 때는 '한 번에 끊는' 단호함이 필요합니다.

가장 중요한 것은 아이의 스마트폰 중독을 해결하려면 부모도 아이가 보는 앞에서 스마트폰을 사용하지 않아야 한다는 것입니다. 아이의 스마트폰 중독은 저절로 시작된 것이 아닙니다. 부모로부터 시작된 경우가 많습니다.

다음은 아이의 스마트폰 과의존을 점검하는 점검표입니다. 결과는 스마트쉼센터 사이트에서 바로 확인할 수 있습니다.

1. 스마트폰 이용에 대한 부모의 지도를 잘 따른다.　　　(☐Yes ☐No)
2. 정해진 이용 시간에 맞춰 스마트폰 이용을 잘 마무리한다. (☐Yes ☐No)
3. 이용중인 스마트폰을 빼앗지 않아도 스스로 그만둔다.　(☐Yes ☐No)
4. 항상 스마트폰을 가지고 놀고 싶어 한다.　　　　　　　(☐Yes ☐No)
5. 다른 어떤 것보다 스마트폰을 갖고 노는 것을 좋아한다. (☐Yes ☐No)
6. 하루에도 수시로 스마트폰을 이용하려고 한다.　　　　(☐Yes ☐No)
7. 스마트폰 이용 때문에 아이와 자주 싸운다　　　　　　(☐Yes ☐No)
8. 스마트폰을 하느라 다른 놀이나 학습에 지장이 있다.　(☐Yes ☐No)
9. 스마트폰 이용으로 인해 시력이나 자세가 안 좋아진다. (☐Yes ☐No)

출처: 한국정보화진흥원_스마트쉼센터(www.iapc.or.kr)

Q4 밤에 안 자려고 버티는 아이, 어떻게 재워야 할까요?

만 2세 이전의 아이는 잠을 안 자려고 버티는 경우가 많습니다. 눈을 감았을 때 주위가 캄캄해지면 무섭다는 생각을 하게 되지요. 또 자고 깨면 엄마가 사라질 것 같은 느낌을 받기도 합니다. 피곤함에 지쳐 잠들 때까지 계속 칭얼거리고 부모를 찾다가 겨우 잠드는 아이들도 많습니다.

만 2~3세 이후에는 대상 영속성이 완전히 자리 잡게 됩니다. 대상 영속성은 존재하는 물체가 어떤 것에 가려져 보이지 않더라도 그것이 사라지지 않고 계속 존재한다는 사실을 아는 능력입니다. 그래서 이 시기 아이들은 내가 잠을 자고 일어나도 부모가 집 안 어딘가에 있을 것이라는 확신을 갖게 됩니다. 이전보다 부모와 '잠깐 안녕'도 잘하고 잠도 수월하게 잘 수 있게 되지요.

만약 만 4~5세에도 아이가 잠을 안 자려고 버틴다면 그건 졸리지 않아서 부모와 더 놀고 싶기 때문일 수 있습니다. 아이가 늦게 자도 등원 준비 시간에 맞추어 정해진 시간에 잘 일어난다면 원체 잠이 없는 아이일 수도 있습니다.

　잠잘 시간이 되었는데도 아이가 그림책을 더 보고 싶어 한다면 30분에서 1시간가량 수면 시간을 늦춰 보는 정도는 괜찮습니다. 대신 다음 날 아침, 정해진 시간에 일어나게 합니다. 아이가 피곤해하는 기색도 없고 잘 논다면 그 정도의 시간도 아이에게는 충분한 수면입니다. 만약 피곤해한다면 다음부터는 정해진 시간에 잠자리에 들 수 있도록 하는 것이 좋습니다.

　아이를 제시간에 재우는 가장 좋은 환경은 부모가 함께 취침할 준비를 하는 것입니다. 아빠는 거실에서 TV를 보고 있고, 엄마는 빨리 나를 재우려고 하는 모양새라면 아이는 왜 자신만 일찍 자야 하는지 이상할 수 있습니다. 아이를 재우고 싶다면 TV를 끄고, 거실 조명도 끕니다. 그리고 아이와 함께 부모도 바로 잠자리에 들 준비를 마쳐야 합니다. 아이에게 좋은 습관을 만드는 가장 빠른 방법은 엄마 아빠가 먼저 모델이 되는 것입니다.

아이가 학교에 입학할 나이가 되면 연필을 쥐고 쓸 수 있을 만큼 소근육과 협응력이 발달하고, 대인 관계와 의사소통을 위한 언어 능력, 정서 발달, 사회성 등도 갖추어집니다. 이 모든 채비가 아이가 이제 학교에 다닐 때가 되었음을 나타냅니다.

신체 발달이나 건강 면에서도 아이가 학교에 다닐 준비가 되었는지 점검해야 합니다. 먼저 만 6세가 되면 유치가 빠지고 영구치가 나기 시작하고 시각 발달이 완성되어 0.8~1.0 정도의 시력을 갖추게 됩니다. 약시가 아니라면 아이는 안경을 쓰지 않고도 칠판의 글씨를 잘 알아볼 수 있습니다. 청력이 어떠한가도 살펴야 합니다. 간혹 다른 사람이 이야기할 때 딴짓을 하며 주의집중을 못 하는 아이들이 있는데 이 중 소수는 청력에 문제가 있을 수 있습니다. 아이가 TV를 보는 중에 부모가 여러 번 불러도 못 듣는 일이 많았다면 청력 검사를 받아 보는 것이 좋습니다.

초등학교에 입학할 때 학교에 제출하는 서류 중 예방 접종 확인서가 있습니다. 만 3~6세의 추가 예방 접종에는 일본 뇌염, DTap, 소아마비, MMR, 수두, 인플루엔자, 장티푸스 등이 있으므로 접종

목록에서 빠진 것이 있는지 확인하고 초등 입학 전에 접종을 마무리하도록 합니다. 자세한 목록 및 조회는 질병관리본부의 '예방접종 도우미(nip.cdc.go.kr)' 사이트에서 확인할 수 있습니다.

　우리나라 영유아 건강 검진 일정에 따르면 생후 54~60개월(만 4.5~5세)과 생후 66~71개월(만 5.5~6세)에 건강 검진을 받을 수 있습니다. 문진 및 진찰, 신체 계측, 발달 선별 검사 및 상담, 건강 교육이 이루어집니다. 구강 검진은 생후 54~65개월 사이에 받을 수 있으므로 기회를 놓치지 않도록 합니다. 영유아 건강 검진은 키와 체중을 포함하여 전반적인 신체 영양 상태는 좋은지, 제 나이에 맞게 발달이 잘 이루어지고 있는지 살펴보는 것입니다.

　만약 우려되는 질환이 있다면 주치의와 상담하여 기본적인 검사와 몇 가지 추가 검사를 진행할 수 있습니다. 기본 검사에는 신체 계측 외에 소변 검사, 혈액 검사, 시력·청력 측정, 부비동·성장판·폐 검사, 자폐증 및 ADHD 검사가 있으며 성장 호르몬 검사나 비만도·알레르기·간염 검사를 선택할 수 있습니다.

2부

학교생활 순조롭게
적응하기

공교육의 시작, 드디어 초등학교에 입학하게 되었습니다.
어린이집이나 유치원과는 달리 학교가 주는 무게감이
부모에게는 은근히 긴장감으로 작용합니다.

"우리 아이가 학교생활에 잘 적응할 수 있을까?"
"어떻게 해야 아이가 공부를 잘할 수 있을까?"

아이에게 학교가 처음이듯 부모 역시 학부모 노릇은 처음입니다.
부모 세대와는 교실 환경도, 학습 도구도, 교육 콘텐츠도
심지어 유행하는 사교육도 다릅니다.

하지만 부모가 '학교=경쟁'이라는 부담감을 이겨 내고
아이와 함께 기초부터 차근차근 시작한다는 마음으로 접근하면
초등 1~2학년 동안 자녀 교육 로드맵의 밑그림을 완성할 수
있습니다.

여기에 바른 공부 습관은 저절로 따라오는 선물입니다.

이 시기 핵심 교육 포인트

교육 기관

사립학교, 대안학교 등 미리 선택해서 준비해요

거주지 인근 일반 초등학교에 배정받는 것이 보편적이지만, 아이 특성이나 진로 계획에 따라 사립이나 대안학교 등 적합한 초등학교를 선택해도 좋다. 사전에 각 학교의 입학 절차를 충분히 알아본다.

기초 학습

읽기와 쓰기가 학습 능력을 좌우해요

학교의 기초 학력 책임이 강화되면서 읽기, 쓰기 등 한글 교육 시간이 늘어났다. 읽기와 쓰기는 모든 학습의 기본이 되는 만큼, 독서, 말하기, 일기 등 다양한 연계 활동을 진행한다.

사교육

방과후학교와 학원을 효율적으로 활용해요

재능 발굴을 위한 예체능 교육이 효과적이다. 규칙을 익히는 데 도움이 되는 단체 스포츠, 운필력 향상에 도움이 되는 미술, 양손 조작으로 좌우뇌를 자극하고 음감을 높이는 악기 교육 등이 있다.

정서 발달　또래 관계의 이상 징후 놓치지 마세요

자아 정체성을 깨닫는 시기로, 남들이 보는 나의 모습에 대해 인식하게 된다. 첫 학교생활인 만큼 아이의 또래 관계에 별다른 이상 징후가 없는지 잘 관찰한다.

건강 관리　등교 준비는 스스로! 성조숙증을 조심해요

아이 혼자 아침 등교 준비를 할 수 있어야 한다. 학교에 있는 동안 화장실 가기, 급식 먹기, 소지품 챙기기 등도 스스로 하도록 연습한다. 건강에서는 소아 비만과 성조숙증을 조심한다.

교육 기관

01
초등학교도
선택할 수 있다!

☑ "집 인근에 초등학교가 2곳 있는데 선택해서 갈 수 있나요?"

☑ "사립 초등학교는 일반 초등학교와 교육 과정이 다른가요?"

☑ "제도권 교육이 싫은데, 대안학교를 보내려면 어떻게 해야 하나요?"

☑ "요즘 '혁신학교' 소리가 자꾸 들리는데, 어떤 차이가 있나요?"

☑ "외국인학교와 국제학교는 뭐가 다른가요?"

초등학교 종류와 입학 일정

    우리나라 초등학교 교육은 의무교육이다. 출생신고가 되어 있다면 만 5세가 된 해의 12월에 취학통지서를 받게 된다. 주소지 1.5킬로미터 이내에서 아동이 통학 가능한 거리인지, 학교의 학생 수용 능력이 가능한지에 맞춰서 초등학교가 배정된다. 즉, 주소지 인근에 초등학교가 두 곳 있더라도 부모가 원하는 초등학교를 선택할 수 있는 것이 아니라, 배정에 따라 입학하는 것이 의무이다.

    만약 일반(공립) 초등학교가 아닌, 국립이나 사립 초등학교, 대안학교, 특수학교 등을 염두에 두고 있다면 부모가 사전 조사를 통해 아이가 다닐 학교를 선택하고, 학교가 제시하는 학생 선발 과정과 입학 절차에 따라 취학을 진행해야 한다.

    초등학교도 유치원과 마찬가지로 설립이나 운영 주체에 따라 몇 가지 형태로 구분된다. 일반(공립) 초등학교의 경우 학교를 임의대로 선택할 수 없지만, 일반 초등학교가 아니라면 부모가 학교의 장단점, 비용, 커리큘럼 등을 비교하여 학교를 선택할 수 있다. 이때 학교마다 입학 정원이 한정되어 있으므로 각 학교가 제시하는 선발 과정에 참여해야 하며 선발에서 탈락한 경우에는 배정받은 일반 초등학교에 입학해야 한다. 초등학교의 종류는 다음과 같다.

✿ **일반(공립) 초등학교** 각 시도에서 설립한 초등학교로 교육부 산하 교육청의 감독을 받는다. 의무교육이기 때문에 별도의 교육비가 들지

않는다. 취학통지서가 나오면 그것을 배정된 학교에 제출하면 된다.

✿ **국립 초등학교** 대개 국립 대학교에서 부설로 운영하며 교대 부설 또는 국립 사범대 부설 초등학교가 여기에 속한다. 일반 초등학교보다 교육 수준이 높아 인기가 많고 입학 경쟁이 치열하다. 추첨을 통해 학생을 선발한다. 사립 초등학교와 달리 학비가 거의 들지 않는다.

✿ **사립 초등학교** 교육부의 인가를 받은 법인 단체가 설립 및 운영한다. 주로 학부모가 내는 수업료로 운영되기 때문에 교육비가 많이 든다. 일반 초등학교와 교과 과정은 같지만 예체능 및 특화 교육이 강화되어 있다. 추첨으로 학생을 선발한다.

✿ **대안학교** 학습자 중심의 자율적인 프로그램으로 운영되는 학교이다. 공교육, 제도권 교육의 문제를 보완한다는 취지로 설립되어 교육 과정이나 교육 방식이 사뭇 다르다. 학교에 따라 출자금이나 입학금을 낼 수 있으며 교육비 역시 학부모가 전액 부담한다. 학력 인정이 되는 곳과 그렇지 않은 곳이 있다.

✿ **혁신학교** 입시 위주의 획일적인 교육 과정에서 벗어나 창의적·자기 주도적 학습 능력을 기르기 위해 시도되고 있는 새로운 학교 모델이다. 기존 일반 초등학교를 혁신학교로 변경·운영하고 있으며 각 시도별 교육청에서 추가 예산을 지원받는다. 일반(공립) 초등학교와 같이 주소지 인근의 학교로 입학을 배정받는다.

✿ **특수학교** 장애인 교육을 위한 특수교육 기관이다. 특수교육이 필요한 대상자에게 유치원, 초등학교, 중·고등학교 과정을 교육한다. 국립, 공립 및 사립으로 구분되어 있으며, 시각 장애, 청각 장애, 지적

장애, 지체 장애, 정서 장애 등 장애 유형에 따라서도 나눌 수 있다.

경제적 여건이나 아동의 발달 상황에 맞추어 학부모는 어떤 형태의 초등학교가 적합한지 미리 고민하여 결정할 필요가 있다. 최소 입학 6개월 전에는 학교의 종류를 결정하고 자녀가 통학하기에 적합한 몇몇 학교에 대해 사전 조사를 한다. 교육 취지 및 목표, 학교 시설, 학급당 학생 수, 교육 과정, 교육비, 특화 프로그램, 통학 방법, 재학생 학부모 평가 등을 세심히 살펴본다. 초등학교 입학 준비 일정도 숙지해 둔다.

취학 전년도 입학 절차 및 준비

시기	공립초, 혁신학교	국립초, 사립초, 대안학교
7~9월		• 희망 학교 사전 조사 • 취학 희망 학교 후보 선정
10월	• 관할 내 취학 아동 명부 조사 • 조기 입학 및 입학 유예 신청 시작	• 희망 학교에 지원 방법 문의 및 확인 • 입학 원서 교부 및 접수 시작 (~11월 말)
11월	• 취학 아동 명부 열람 / 관할 주민센터(10일간)	• 입학생 추첨 및 선발(11월 말) • 학교 입학 확인서 주민센터에 제출
12월	• 취학통지서 배부 • 조기 입학 및 입학 유예 신청 종료	• 취학통지서 배부
1~2월	• 신입생 예비 소집	• 신입생 예비 소집
3월	• 입학	• 입학

공립 초등학교와 혁신학교 입학하기

초등 취학 대상은 입학 연도에 만 6세가 되는 아동으로 1월 1일 생부터 12월 31일생이 기준이다. 만약 2021년에 초등학교를 입학한다면 2014년 1월 1일생(만 6세)부터 2014년 12월 31일생이 해당된다.

읍/면/동장이 10월 31일까지 관할 내 취학 대상자를 조사하여 취학 아동 명부를 작성하면, 예비 학부모는 주소지 관할 주민센터에서 우리 아이가 취학 아동 대상인지 아동 명부를 열람하게 된다. 이때 부모는 입학 적령기 1년 전후로 자녀의 발육 상태 및 발달 상황, 개인차에 따라 입학 시기를 변경, 조기 입학이나 입학 유예를 신청할 수 있다.

일반(공립) 초등학교와 혁신학교의 경우 관할 주소지 통학 구역에 맞추어 취학 대상 아동에게 학교를 배정한다. 통학 구역은 단순히 통학 거리뿐만 아니라 학교의 학생 수용 인원 등을 고려하여 정한다. 취학통지서를 통해 학교를 배정받았다면 해당 학교에 입학하는 것이 원칙이다. 주소지 인근에 일반 초등학교나 혁신학교가 여러 곳 있다고 해도 부모가 임의로 선택할 수 없다.

취학통지서가 배부되는 시기에 해당 학교장에게도 취학 아동 명부가 통보된다. 1월 중에는 해당 학교의 예비 소집일에 맞추어 아이와 함께 학교를 방문하여 취학통지서를 제출하고 이후 학교 일정에 맞추어 입학을 준비하면 된다.

일반(공립) 초등학교와 혁신학교는 통학 구역에 따라 배정된다는 공통점이 있지만 교육 취지나 교육 방식에서는 많은 차이가 있다. 앞서 설명하였듯이 혁신학교는 공교육의 정상화를 위해 입시 위주의 획일화된 교육 과정에서 벗어나 아동에게 창의적이고 자기 주도적인 학습 능력을 키우겠다는 취지로 시도되는 새로운 학교 모델이다.

2009년에 일부 지자체를 중심으로 혁신학교를 선보이기 시작하였으며, 2019년 현재 전국 초중고 중 13 %에 해당하는 1,525개교가 혁신학교로 전환되어 운영 중이다. 서울의 경우 2019년 현재 초중고 혁신학교 수는 총 221개교로 2022년까지 250개교로 확대할 전망이다.

공립 초등학교와 혁신학교 비교

항목	공립 초등학교	혁신학교
학급 수	학년당 10학급 이상 가능	학년당 5학급 내외
인원	학급당 35명 이내	학급당 25명 내외
교장 권한	일반적	자율 운영
교원 업무	일반적	전문성 신장, 잡무 업무 부담 경감
교육 과정	일반적	다양화, 특성화 맞춤형 교육
교육 형태	일반적 → 학습자 중심 교육	학습자 중심 교육
교육 내용	교과목 위주 + 인성교육 강화	학습 능력 향상 및 인성 교육 중심
교육청 지원	없음	4년 동안 4억여 원 지원

출처: 교육정책네트워크 정보센터(2017)

국립·사립 초등학교 입학하기

국립·사립 초등학교는 학부모에게 인기가 많지만 국립 초등학교는 전국에 17개교밖에 없는 데다 사립과 비교하면 교육비가 거의 들지 않아 입학 경쟁이 훨씬 치열하다. 사립 초등학교는 전국 73개교가 있으며 이 중 절반가량인 38개교가 서울에 집중되어 있다.

일반 초등학교나 혁신학교는 취학 연령이 되면 자동으로 취학통지서를 통해 학교를 배정받지만 국립·사립 초등학교는 추첨 방식으로 학생을 선발한다. 이들 학교는 통학 구역에 제한받지 않고 지원할 수 있어서 부모가 등하교를 책임지거나 학교에서 운행하는 통학버스를 이용한다. 교복을 입는 것도 일반 초등학교와 다른 점이다.

국립·사립 초등학교의 장점은 정규 교과목 외에 '1인 1악기', '영어 캠프', '스키 캠프' 등과 같은 활발한 예체능 특화 교육에 있다. 특히 교육대학교, 교원대학교 부설의 국립 초등학교는 교사 인재 자원이 많아서 발전적인 교육 모델을 접할 수 있다. 국공립 초등교사는 국가에서 실시하는 초등교사 임용시험을 통해 선발된 자로 공무원에 해당하지만 사립 초등학교 교사는 해당 재단에서 자격 요건에 맞추어 채용하므로 공무원 신분은 아니다.

국립 초등학교는 별도의 수업료나 급식비 등을 내지 않아 학부모비용 부담이 거의 없다. 반면에 사립 초등학교는 수업료와 급식비는 물론 방과 후 또는 방학 중 특별 활동비 등 각종 부대 비용을 부담해야 한다. 연간 1,000만 원 이상의 학비가 소요되는 곳도 많다.

국립·사립 초등학교의 학사 일정에 따르면 대다수 학교가 11월 중에 입학 원서를 교부하고 신청을 받는다. 학교 방문 및 인터넷 접수로 가능하며, 원서 접수 시 별도의 전형료(3만~5만 원)를 낸다. 추첨은 11월 말경에 이루어지며 지원 학부모와 아동이 수험표를 지참하고 참석한다. 추첨과 동시에 선발 여부가 결정되며 그 자리에서 바로 입학 확인서 또는 합격 통지서를 교부받는다.

만약 입학 전 등록을 포기하여 결원이 생기면 예비 합격자 순위에 따라 충원하고, 지원자 수가 입학 정원에 못 미치면 추첨 없이 지원자 전원을 선발한다. 단, 입학 정원 미달이더라도 추첨일 당일 불참하여 입학 아동의 확인을 받지 못하면 입학이 취소될 수 있다. 여러 학교에 중복하여 지원할 수 있지만 학사 일정이 겹쳐 추첨일이 같으면 한 곳만 참석해야 하므로 추첨 일시를 잘 확인한 후 접수한다.

국립·사립 초등학교에 입학이 결정되면 추첨 당일에 받았던 입학 확인서 또는 합격 통지서를 주소지 관할 주민센터에 제출한다. 그래야 12월에 받는 취학통지서의 배정 학교 항목에 해당 학교명이 기재된다. 이후의 입학 일정은 일반 초등학교와 같다.

> **Tip 미션스쿨은 사립학교?**
>
> 우리나라는 국교가 없으므로 국공립 초등학교에서도 별도의 종교 관련 수업이나 행사가 없다. 하지만 사립학교는 종교재단 등에서 설립하는 경우가 많아서 특정 종교를 가질 수 있다. 이런 학교를 미션스쿨이라고 하며, 미션스쿨에서는 학기 중에 종교 수업이나 행사(예배, 미사, 예불 등) 등을 시행한다.

Tip 사립 초등학교 학부모 부담 비용 미리 보기

학교 알리미 사이트(www.schoolinfo.go.kr)에서는 사립 초등학교의 교비회계 예·결산 정보를 누구나 열람할 수 있도록 제공하고 있다.

홈페이지 메인 화면에서 [공시 정보] → [공개용 데이터] → [사립학교 교비 회계 예·결산서]를 선택하면 전국 모든 사립학교의 예·결산 내역을 확인할 수 있다.

그중 예산 항목의 파일을 확인하면 '학부모부담수입' 항목을 확인할 수 있는데, 이 수치를 해당 학교의 '총 재적 학생 수'로 나누면 해당 사립 초등학교의 연평균 학부모 부담 비용을 어느 정도 확인할 수 있다.

다음 표는 2019년 서울 소재 38개 사립 초등학교의 연평균 학비를 높은 순으로 나열한 것이다.

2018년 서울 소재 38개 사립 초등학교 연평균 학비

(단위: 만 원/명)

순위	학교명	학부모 부담 수입 / 학생 수	1인당 연평균 학비
1	성북구 우촌초등학교	743,122 / 519	1,431
2	성동구 한양초등학교	752,343 / 611	1,231
3	강서구 유석초등학교	360,855 / 300	1,202
4	광진구 경복초등학교	983,873 / 818	1,202
5	노원구 화랑초등학교	819,252 / 685	1,195
6	중구 리라초등학교	613,863 / 518	1,185
7	금천구 동광초등학교	452,757 / 384	1,179
8	마포구 홍익대학교 사범대학부속초등학교	531,978 / 454	1,171
9	동대문구 경희초등학교	684,639 / 586	1,168
10	서대문구 경기초등학교	661,996 / 569	1,163
⋮	⋮	⋮	⋮
37	노원구 태강삼육초등학교	597,791 / 764	782
38	용산구 신광초등학교	278,392 / 379	735

(출처: 학교 알리미)

공교육 대신 대안학교 알아보기

대학 입시 위주의 교과 진행을 포함하여 우리나라 공교육에 불안 감을 갖고 있는 부모가 많다. 자녀들의 인성, 개성, 창의성 등을 고

려하지 않은 획일화된 제도 교육에 한계를 느끼는 부모들도 있다. 대안학교는 종교단체나 시민단체 또는 뜻을 같이하는 부모들이 공동육아나 생활협동조합 형태로 학교를 설립하여 아동 중심의 자율적인 교육 프로그램으로 운영하는 곳이다.

사람·생명, 자연생태, 공동체 삶, 열린 교육 등 다양한 이념에 따라 새로운 교육을 모색하려는 시도로 볼 수 있다. 대안학교는 일반적인 학교 교육 과정과 운영 형태가 다를 수 있으므로 학력 인정 부분에 제약이 따르기도 한다. 예를 들어 인가(인정) 대안학교를 졸업한 학생은 학력을 인정받을 수 있지만 비인가 대안학교를 졸업한 학생은 초등학교 졸업학력 검정고시를 치러 학력을 취득해야 한다.

대안학교에 보내고 싶다면 가장 먼저 부부의 교육 가치관이 분명하고 일치하는지 확인해야 한다. 부모 중 한쪽의 주장으로 대안학교에 입학하는 것은 아이에게 혼란을 주고 부부 간 갈등의 소지가 될 수 있다. 또 일반 초등학교와 비교하면 학부모 참여 회의, 행사, 교육이 많을 수 있다.

대안학교 입학은 부모가 자녀의 교육에 적극적으로 참여하겠다는 결심과 다름없다. 심지어 주거지 인근에 대안학교가 없으면 이사를 고려해야 할지 모른다. 사립 초등학교보다도 전형 절차가 많고 기간(3~6개월)도 오래 소요되며 제출 서류도 만만치 않다. 이런 상황을 모두 고려하고서라도 대안학교에 보내고 싶다면 입학 1~2년 전부터 교육 이념과 수업 프로그램이 잘 맞는 학교부터 찾아보기 시작한다.

대안학교 선택 전, 알아야 할 것

항목	내용
운영 주체	종교단체나 시민단체, 뜻을 같이하는 부모 모임 등
교육 이념	운영 주체에 따라 학교마다 교육 이념, 방향, 가치관이 다르다.
교원 구성	학교 교육 이념에 공감하는 전문 인력과 학생 수 대비 교사 수가 많은 편이다.
학급 학생 수	학년별 학급 수와 학급당 학생 수가 일반 초등학교에 비해 적은 편이다.
교육 과정	정규 교육 과정을 따르지 않으며 교육 이념에 따라 별도의 교과서를 선택한다.
학비	일정액의 출자금이나 학교발전기금, 입학금을 내기도 하고, 정기적으로 수업료를 납부한다. 평균 월 100~120만 원(수업료, 방과 후 프로그램, 급식비, 통학 차량비 등) 정도이며 사립 초등학교와 비슷한 수준이다.
학력 인정	학력이 인정되지 않는 비인가 학교도 많은 만큼 미리 확인 후 입학한다.
입학 절차	① 학교설명회에 참석, 교육 이념 및 교육 방향 이해하기 ② 신상 명세 등 입학생에 대한 소개서와 입학 원서 제출하기 ③ 공개 수업 및 학교 행사 참관하기 ④ 면담(학부모, 학생) 및 교육 철학에 대한 동의 절차 갖기 ⑤ 입학 최종적으로 결정하기 등
학교 종류	밀알두레학교, 벼리학교, 성미산학교, 열음학교, 킹씨드해피스쿨, 파주자유학교, 고양발도르프학교, 고양자유학교, 다산학교, 더샘물학교 등
기타	유치부에서 고등부 과정까지 연계된 대안학교도 있다.

대안학교를 원하는 학부모들은 성적 지상주의, 입시 경쟁, 학교 폭력, 집단 따돌림 등이 비일비재한 학교에서 '과연 우리 아이가 잘 적응할 수 있을까'라는 불안감을 느끼고 있다.

그래서 이왕이면 소수의 학생으로 구성된 학교에서 서로 배려하고 협력하는 법을 배우며 자연과 생태의 소중함을 깨닫고 다양한 체험 학습으로 창의력을 키우는 것이 더 낫지 않을까 하는 기대감으로 대안학교를 찾는다. 이런 기대감이 현실 속에서 충족될 수 있을지는 직접 체험해 보지 않는 이상 확답할 수 없다. 대안학교에서도 어떤 아이는 즐겁게 생활하는 반면 어떤 아이는 도통 적응을 못하는 예도 있다.

아이를 위해 실패 없는 선택이 되어야 하므로 대안학교에 입학하기 전에는 우선 자녀의 교육관에 대해 부부가 공감하고 동의해야 하며 내 아이의 성향, 기질, 재능, 발달 정도 역시 잘 파악해야 한다. 또 좋은 학교 선택을 위해 부지런히 학교 설명회에 참석하고 선배 학부모의 이야기도 많이 듣는 것이 좋다.

외국인학교와 국제학교 알아보기

외국인학교는 국내에 거주하는 외국인의 자녀(부모 중 한 명이 외국인인 경우도 해당) 또는 일정 기간 해외에 거주한 후 귀국한 내국인 자녀를 입학 대상으로 한다. 대개 해외에 3년 이상 거주하였거나 6학기를 외국에서 수학한 경우 입학이 가능한데, 학교 정원의 30 %를 자격 요건에 부합하는 내국인 자녀 중에서 선발할 수 있다.

현재 국내에 40여 개의 외국인학교가 있으며, 연간 등록금은 2,500만 원 수준이다. 대다수 외국인학교는 국내 학교로 전학이나 국내 대학 진학 시 학력 인정이 안 되며, 외국 대학 진학을 목표로 한다.

국제학교는 2010년 이후 경제자유구역 및 제주국제자유도시의 외국교육기관 설립·운영에 관한 특별법에 의해 설립된 학교를 말한다. 즉, 국제학교는 '외국교육기관'이다. 설립 지역이 제한적이기 때문에 제주도의 노스런던칼리지에잇스쿨(NLCS) 제주국제학교, 브랭섬홀 아시아국제학교(BSA), 세인트존스베리(SJA) 제주국제학교, 한국국제학교(KIS)의 4곳, 인천 송도국제도시의 채드윅 송도국제학교(CI) 1곳, 대구광역시의 대구국제학교(DIS) 1곳까지 총 6곳이 있다. 이 6곳만이 정식으로 '국제학교'란 명칭을 사용할 수 있는데, 인터넷 검색 시 노출되는 수많은 국제학교는 외국인학교의 다른 명칭이거나 비인가 국제학교일 확률이 높다. 외국인학교와 외국교육기관, 제주국제학교에 대한 정보는 '외국교육기관 및 외국인학교 종합 안내' 홈페이지(www.isi.go.kr)에서 확인할 수 있다.

채드윅 송도국제학교와 대구국제학교에서는 정원의 40 %, 제주도 4곳의 국제학교는 정원의 100 %까지 내국인으로 선발할 수 있다. 국제학교는 외국인학교처럼 해외 거주 3년 또는 외국 학교 6학기 이수와 같은 별도의 조건이 필요 없고, 국내 학력 인증 또한 가능하다. 연간 등록금은 학교마다, 학년마다 다소 차이가 있는데 2,500~5,000만 원으로 알려져 있다.

높은 학비에도 불구하고 경쟁률은 치열하다. 국제학교의 특성상 유치원 과정에 한 번 입학하면 고등학교 과정까지 마칠 수 있는 데다 외국에 나갈 필요 없이 글로벌 인재 교육을 지향할 수 있기 때문이다. 최근 모 국제학교의 초등 과정 입학 경쟁률은 무려 100대 1에 달하기도 하였다.

국제학교에 입학시키려는 이유는 많다. 입시 경쟁으로 사교육 의존도가 높은 국내 교육 현실에서 벗어나기 위해, 창의적인 글로벌 인재로 키우고 싶다는 바람으로, 아예 외국 대학에 진학시키기 위해서 등이다. 국제학교의 교육 과정은 학교마다 차이가 있지만 주로 미국이나 외국 소재 본교의 학제를 따른다. 토론식, 발표식 수업으로 학생의 창의력을 향상시키는 데 주력한다. 또한 음악, 미술, 연극, 실험, 미디어 등 다양한 방과 후 프로그램을 제공한다. 캠퍼스가 넓고 시설이 우수하기 때문에 수영, 테니스, 럭비 등 다양한 스포츠 활동도 가능하다. 국내 학력 인증을 받는 국제학교는 한국어, 한국사 수업도 진행하고 있다.

초등학교 입학 D-60 최종 점검

12월에는 이듬해 취학 대상 아동에게 취학통지서 배부가 완료된다. 입학 1년 전후로 조기 입학과 입학 유예 신청도 마감된다. 이 시기에는 우리 아이를 어떤 학교로 보낼지 결정된 상태이기 때문에 1월부터는 배정 학교의 학사 일정에 따라 예비 소집일에 참석하고 3월에는 입학식도 치러야 한다.

일자별 입학 준비 사항

시기	내용	확인
D-60	등교 시간에 맞추어 일어나기, 스스로 세수, 양치질하는 습관 들이기	
D-58	예비 소집일 참석하기(보통 1월 초에 예비 소집일이 시작된다.)	
D-56	혼자서 옷 입기, 양말·신발 신기, 급식 먹기 가능한지 점검하기	
D-50	공중 화장실 이용법 배우기, 뒤처리부터 손 씻기까지 연습하기	
D-45	학교 홈페이지 방문해서 교육 이념, 교화, 학교 시설 등 살펴보기	
D-40	방과 후 돌봄 대책 마련하기(학교 돌봄 교실/아동돌보미/학원 등)	
D-35	입학 준비물 목록 작성하기, 아동 범죄 대비 주의사항 알려 주기	
D-30	입학 전 필수 예방 접종 확인 및 접종 완료하기	
D-25	자기 이름, 1~10 쓰는 법 배우기 또는 점검하기	
D-21	부모와 함께 등·하굣길 익히기, 횡단보도 안전하게 건너는 연습하기	
D-20	학교 시설, 놀이터 둘러보기, 안전사고 대비 교육하기	
D-15	책가방, 신발 주머니, 실내화, 필통 등 장만하기, 이름 쓰기	
D-10	자기 물건, 학용품 정리정돈 하는 약속 정하기	
D-7	학교생활에 대한 자신감 북돋우기	
D-5	입학식 때 입고 갈 의복, 신발 점검하기, 책가방 꾸리는 법 배우기	
D-3	교통안전, 놀이터 안전사고, 수업 중 예의, 화장실 이용법 점검하기	
D-2	부모의 초등학교 입학식, 학교생활 경험담 들려 주기	
D-1	일찍 잠자리에 들기, 다시 한번 자신감 북돋우기	
D-day	입학식 참석하기, 학교 입학 축하하기	
입학 후	크레파스, 색연필, 국어 공책 등은 알림장 확인 후 구입하기	

1월부터 3월 초까지 아이의 순조로운 학교생활 적응을 위해 무엇을 연습하고 준비하면 좋을지 체크 리스트 항목에 따라 하나씩 점검해 보자.

초등학교 입학을 앞두고 점검해야 할 것은 크게 세 가지로 나눌 수 있다. 우선 아이가 스스로 등교 준비를 할 수 있는지 여부이다. 등교 준비는 세수, 양치질, 보습제 바르기, 옷 입기, 머리 빗기는 물론 거울을 보고 용모를 점검하는 것까지 포함된다.

다음은 등하굣길에서 일어날 수 있는 교통안전, 안전사고, 아동 범죄에 대비해 주의사항을 일러주었는가이다. 1학년 때에는 대다수 부모가 아이의 등하교에 동행하는 경우가 많다. 아이와 함께 등하굣길을 오갈 때는 사람이 많이 다니는 길, 차량 통행이 비교적 덜한 길을 선택하고 교통 법규는 철저히 지키도록 한다. 위험한 상황이 닥쳤을 때 주변 어른에게 도움을 청하는 법, 큰소리로 사람을 부르는 법까지 연습해 두면 더 좋다.

마지막으로 학교생활이나 수업 중 예기치 않은 상황이 벌어졌을 때 대처법도 알려 줄 필요가 있다. 가령 수업 중 화장실에 가고 싶다면 손을 들고 "선생님, 화장실에 다녀와도 되나요?"라고 질문한 후에 다녀오면 된다고 설명한다. 밥을 천천히, 조금 먹는 아이라면 배식할 때 "조금만 주세요."라고 말해도 된다고 일러준다.

초등 입학 후 초반 며칠은 '적응 기간'으로 4교시 오전 수업만 마치고 하교하는 학교가 많다. 급식 시작 시기는 학교마다 다른데, 입학식 다음 날부터 시작하는 학교도 있고, 2~3일 뒤에 시작하는 학교도 있다. 이 시기에는 학교에서 배포하는 가정통신문의 종류도 많으므로 학부모가 가정통신문의 내용을 꼼꼼히 확인한 후 지정된 날짜에 맞추어 이행하도록 한다.

한편, 입학 준비를 할 때 책가방과 신발 주머니, 크레파스, 색연필 등 학용품을 장만하게 된다. 책가방이나 신발 주머니라면 몰라도 크레파스나 색연필, 연필, 공책 등은 입학 후 담임 교사의 알림장을 보고 천천히 구입해도 된다. 크레파스나 색연필은 색깔 가짓수가 12색, 24색 등으로 지정되어 있어 자칫 더 많은 색깔의 제품을 마련하였다가 다시 구입하게 되는 일도 있다.

학용품은 아니지만 신발 역시 새로 장만하는 것 중 하나이다. 아이가 교실에 들어갈 때 실내화로 갈아 신어야 하므로 이왕이면 신고 벗기 편한 벨크로 타입의 운동화가 좋다. 아이가 운동화를 신었을 때 엄지발가락 앞부분이 불편하지 않은지 확인하고, 뒷꿈치에 아이 손가락 하나가 겨우 들어갈 정도의 여유가 있으면 좋다.

✿ **연필** B, 2B, HB 등 담임 교사나 학년에 따라 연필의 종류가 달라질 수 있다. 샤프 펜슬은 쓰지 않는다. 연필을 자주 떨어뜨려 심이 부러지는 일이 많기 때문에 연필 뚜껑을 사용하는 것이 도움이 된다. 국어 공책은 8칸이나 10칸 중에서 준비해 오라는 것이 따로 있는 만큼 입학 후에 구입하는 것이 좋다. 8칸 공책을 한 번에 묶음으로 구입하였다가 나중에 연습장으로 쓰게 될 수도 있다.

✿ **필통** 자석이 달린 철 제품, 플라스틱 제품, 게임 장식이 되어 있는 제품 등은 주의한다. 수업 중 아이가 바닥에 떨어뜨리는 일이 잦고, 필통으로 손장난을 하기도 한다. 필통을 떨어뜨리면 부서지거나 망가지기도 하고, 소리 역시 크게 나 수업에 방해가 될 수 있다. 초등 저학년의 필통은 천으로 되어 있으면서 지퍼가 완전히 개방되는 제품이 적합하다.

✿ **책가방** 가볍고 지퍼가 튼튼하며 수납 공간이 적당히 분리된 활용성이 높은 것을 고른다. 오물이 묻었을 때 즉시 닦아낼 수 있거나 물세탁이 쉬운 재질이면 더욱 좋다. 이왕이면 매장을 직접 방문하여 아이가 직접 매 보고, 적당한 크기의 것을 선택하도록 한다.

Q1 사립 초등학교에서 공립 초등학교로 전학을 가려면 어떤 절차가 필요한가요?

사립 초등학교에서 일반(공립) 초등학교로도 전학이 가능합니다. 결심이 섰다면 가장 먼저 담임 교사에게 전학 의향을 전달하고 절차를 문의하는 것이 좋습니다. 수업료를 지급하자마자 전학을 가게 되었다면 학교의 운영 방침에 따라 환불이 어려울 수도 있습니다.

일반적인 초등학교 전학은 아동이 전입할 지역의 관할 읍·면·동장으로부터 전학할 학교를 지정받아 옮기게 됩니다. 이때 배정 학교 통지서와 주소지 변경을 확인할 수 있는 서류를 전학할 학교에 제출해야 합니다. 사립 초등학교에서 공립 초등학교로의 전학은 그 사유가 주소지 변경이 아닐 경우 지역 관할이 헷갈릴 수 있는데, 현 거주지의 관할 읍·면·동장에게 전학할 학교를 배정받는 것은 동일합니다.

공립 초등학교에서 사립 초등학교로의 전학도 가능합니다. 단, 결원이 생겨 전학생을 모집하는 공고가 떴을 때만 가능합니다. 1학년 때는 안타깝게 입학 선발 시 예비로 뽑아둔 대기자가 있으므로 결원이 생겨도 전학이 어려울 수 있습니다. 만약 대기자가 모두 입학한 후에도 결원이 생긴다면 1학년 전학생 모집 공고가 있을 수 있으니 꼭 보내고 싶은 사립 초등학교가 있다면 학교 홈페이지에서 전학생 모집 공고를 확인 후 진행하도록 합니다. 보통 방학 중에 결원 충원이 이루어지므로 방학 1~2개월 전에는 수시로 들여다보는 것이 좋습니다.

　전학 시기에 대해서도 고민해 볼 필요가 있습니다. 주소지 이전 문제가 아니라면 초등학교 전학은 될 수 있으면 초등학교 3학년 이전에 하는 것이 좋습니다.

　전학이란 아이의 교실 환경이 바뀌고 친구가 달라지며 교육 이념이나 방식에도 변화가 오는 일입니다. 한 학교에서 오랜 기간 적응하였는데 다시 낯선 학교의 방식에 따라야 하고 친구도 새로 사귀어야 하는 것은 아이에게 적잖이 부담되는 일입니다. 사립 초등학교에서 적응이 어렵다면 더 늦기 전인 초등 저학년 때 일반 초등학교로 옮기는 것이 낫습니다.

Q2 12월 출생이어서 학교 입학을 1년 유예하고 싶은데 어떻게 해야 하나요?

입학 이전 해 10월부터 취학 아동 명부를 작성하며, 이후 주소지 관할 주민센터에서 취학 아동 명부 열람이 가능합니다. 이 무렵인 10월 1일부터 12월 31일까지 조기 입학 또는 입학 유예를 신청할 수 있으며, '1년 빠르게' 혹은 '1년 늦게' 입학이 가능합니다.

이전에는 학교장의 판단과 승인이 있어야 조기 입학과 입학 유예가 가능하였지만 현재는 원하는 부모가 해당 주소지 관할 읍·면·동 주민센터에 '조기 입학 신청서'나 '입학 유예 신청서'를 제출하기만 하면 됩니다.

조기 입학과 입학 유예는 아이의 신체, 정서, 인지 등 종합적인 발달 상황을 고려하여 판단해야 합니다. 초등학교 입학 전후까지는 몇 개월 차이로도 아이마다 발달 차이가 분명하게 드러날 만큼 성장 속도가 빠릅니다. 초등 1~2학년 때에도 3월 이전에 태어난 아이는 신체 발육도 좋고 언어 능력도 뛰어나며 학습 능력도 우수한 것처럼 보입니다. 그래서 11월 이후에 태어난 아이가 상대적으로 주눅 들지 않을까 걱정될 수 있습니다. 하지만 교사나 선배 학부모의 이야기에 따르면 이것은 초등 저학년 때 국한된 이야기이고 초등 3~4학년이 되면 전반적으로 성장 속도가 안정화되면서 신체 발달이나 학습 능력 등의 차이가 거의 드러나지 않는다고 합니다. 학교생활 초반에 아이가 뒤처지거나 기가 죽을까 봐 1년을 손해 볼 필요는 없다는 것입니다.

조기 입학 또한 마찬가지입니다. '우리 아이는 아무래도 영재인 것 같아. 덩치도 이만하면 괜찮으니 1년 조기 입학해도 되겠지?'라는 부모의 어림짐작만으로 입학을 서둘러서는 곤란합니다. 아이의 학교생활은 신체 발달이나 지적 수준만으로 좌우되지 않습니다. 사회성을 토대로 한 대인 관계 기술, 신변 처리 능력, 문제 해결 능력, 도덕성 등 종합적인 사고력과 판단력이 일정 수준에 도달해야 합니다. 또 1년 조기 입학이나 입학 유예가 아이에게 혼란을 줄 수 있다는 점도 잊어서는 안 됩니다.

조기 입학과 입학 유예 신청은 간소화되었지만 부모가 자의적으로 판단하고 결정하기보다 전문가의 판단과 권유에 따라 진행하는 것을 권장합니다. 특히 입학 유예는 아이의 질병이나 장애, 인지·정서 발달 수준 등에 문제가 있다고 판단되거나 전문가가 입학 유예를 권유할 경우에 고려하는 것이 좋습니다.

사립 초등학교나 일반 초등학교나 교육부의 정규 교과과정을 따르는 것은 같습니다. 그리고 방과후학교로 별도의 특화 프로그램을 운영하는 것도 같습니다. 그런데 일반 초등학교의 방과후학교는 전문 지식, 기술 향상보다는 '돌봄'과 연계되어 있으며 아동의 취미와 다양한 체험 활동 등에 주안점을 두고 있습니다. 비교적 저렴한 비용으로 평균적인 교육 서비스를 제공한다고 보면 되지요.

반면 사립 초등학교의 방과후학교는 '돌봄'보다는 전문적인 지식, 기술 향상 및 재능 발굴 등에 초점을 둡니다. 다양한 체험 활동 중심의 프로그램도 있지만 학교마다 별도의 특화 프로그램을 운영합니다. 비용은 만만치 않지만 일반 사설 학원에서 접할 수 있는 수준의 교육을 선보입니다. 예를 들어 서울의 한 초등학교는 1학년부터 6학년까지 '1인 1악기' 습득을 목표로 첼로, 바이올린, 플루트, 국악기, 컴퓨터 작곡 등의 음악 특별 활동을 실시합니다.

특히 대다수 사립 초등학교는 4차 산업혁명 시대를 대비한 ICT(정보통신기술) 교육으로 컴퓨터 활용 교육, 소프트웨어 코딩 교육을 활발히 시행하고 있으며 글로벌 인재 육성을 위한 영어, 중국어 교실 등 어학 능력 향상에도 주력하고 있습니다.

　이렇게 자녀 교육에 대한 학부모의 기대치가 남다르다 보니 교육의 질과 수준이 일반 초등학교에 비해 높을 수밖에 없습니다. 어려서부터 기초학력을 탄탄히 하고 선행 학습과 함께 우수한 포트폴리오를 차곡차곡 쌓는 것이 수시 전형에 유리하다고 여기기 때문입니다. 일부 학부모들 사이에서는 '영어 유치원 다음 사립 초등학교'가 명문대 합격을 위한 로드맵이라는 입소문이 나 있을 정도입니다. 또 분위기를 타는 경향도 있어서 내 아이가 우수한 그룹에 속해 있어야 학업과 진학에 대한 동기 부여가 될 수 있다고도 생각합니다.

　하지만 사립 초등학교의 단점도 있습니다. 대학 등록금만큼의 교육비가 들기 때문에 부모로서는 부담이 될 수밖에 없습니다. 좋은 교육 환경에서 다양한 체험을 쌓게 하겠다는 마음으로 입학시켰다가 학습 분위기에 놀라 전학을 고려하는 경우도 있습니다. 무엇보다 중요한 것은 당사자인 아이입니다. 수업 내용을 따라가지 못할 수도 있고 학업 분위기에 주눅 들어 의기소침해질 수 있습니다. 아이의 첫 학교는 무엇보다 즐거워야 하며, 배움이 재미있어야 합니다.
　내 아이가 아닌 남의 아이의 교육 로드맵을 따라 할 필요는 없습니다. 공부에 대한 호기심을 키우고 친구들과 즐겁게 뛰어놀아야 할 때 부모의 지나친 욕심이 아이를 방해하고 있진 않은지 잘 생각해 보는 것이 중요합니다.

혁신학교는 입시 위주의 획일적, 주입식 교육에서 벗어나 학습자 중심의 토론, 체험 활동 등을 통해 창의적·자기 주도적 학습 능력을 배양하는 데 목적이 있습니다. 일반 학교보다 학년당 학급 수나 학급당 인원수를 줄여 다양화·특성화 맞춤형 교육을 실천하고, 학교 운영과 교육 과정에 있어서도 자율성을 갖습니다. 또 교육청에서 별도의 예산을 지원받습니다.

일반 학교에서 혁신학교로 전환할 때에는 교원과 학부모 전체에서 50 % 이상의 동의를 얻어야 하는데, 반대 의견도 만만치 않습니다. 학부모들 사이에서는 학교 운영비 지원, 자율권 보장, 제도 교육 탈피 등으로 찬성하는 쪽과 우리나라 교육 현실에서 아이들의 학력 저하가 우려된다며 반대하는 쪽으로 나뉘어 의견이 분분합니다.

최근에 새로 지정된 혁신학교 대상으로 학교별 동의율을 공개하지 않은 것도 부모들의 논란을 가중시켰습니다. 해당 교육청에서는 평균 동의율이 70 %를 넘었다고 발표하였으나 학교별 동의율을 밝히지 않아 혁신학교를 반대하는 학부모들의 항의가 거셌습니다. 그

동안 교원 동의만 얻어 혁신학교를 추진하였다가 학부모와 갈등을 빚는 학교도 있고, 혁신학교 공모 신청을 하다 학부모들의 반발로 철회한 학교도 있습니다. 학교 측에서는 운영 지원금으로 예산이 증가하여 양질의 교육을 할 수 있다고 부모들을 설득하지만 일부 학부모들은 아이들의 학력 저하를 이유로 거부하고 있습니다. 특히 교육열이 높은 강남 지역에서 반대의 목소리가 높은 편입니다.

만약 우리 아이가 혁신학교로 배정받았는데 부모인 내가 학력 저하를 이유로 혁신학교를 반대한다면 어떻게 해야 할까요?

초등 1~2학년 때는 오히려 혁신학교가 아이에게 더 적합할 수 있습니다. 다양한 체험 활동이 아이의 창의성과 자기 주도성을 높이고 학교생활에 더 흥미를 느끼게 할 수 있기 때문입니다. 만약 학습 난이도가 높아지는 고학년 때 학력 저하가 우려된다면 아이의 학습 수준에 따라 적절히 사교육의 도움을 받는 것도 고려합니다. 실제로는 주소지를 옮겨 전학을 가는 경우도 있습니다.

Q5 국내의 국제학교에 입학할 때 준비해야 할 것과 주의점이 궁금해요.

국제학교 입학을 염두에 두고 있다면 외국 대학 진학을 고려하여 해당 학교가 국제적으로 어떤 학력 인증을 채택하고 있는지 주의깊게 살펴야 합니다. 주로 미국, 캐나다, 영국, 호주 등의 영어권 대학들을 선호하기 때문에 IB(International Baccalaureate), AP(Advanced Placement), SAT(Scholastic Aptitude Test) 과정 등이 커리큘럼에 포함되어 있습니다.

IB는 국제 학력 인증 프로그램으로, 국제 공통 대학 입학 자격 제도라고 할 수 있습니다. AP는 G11~12학년에서 대학 과정을 선행하는 프로그램으로 미국, 캐나다 대학 진학 시 학점으로 인정받을 수 있습니다. SAT는 잘 알려진 대로 미국 대학 입학 자격 시험입니다. 특정 국가의 대학 진학이 계획되어 있다면 해당 국가의 대학 입학 전형에 필요한 학력 인증 과정을 알아볼 필요도 있습니다.

국내의 국제학교 입학 신청은 매년 11월부터 이듬해 1월 중에 해당 학교의 홈페이지를 통해 지원서를 접수하면 됩니다. 영어로 작성하며 학년에 따른 필요 서류는 우편으로 접수합니다. 가령 PK(Pre-Kinder로 유치반에 해당)부터 입학하려면 부모와 지원자의 여권 사본, 주민등록등본 또는 외국인 등록증 사본, 외국 여권 소지

자의 경우 별도 양식 등이 필요합니다. 2월 중에 입학 평가 및 학부모 인터뷰가 이루어지고, 최종 선발자는 3월 중에 발표됩니다. Y2 또는 G2(초등 2학년으로 가늠) 이후에 입학하려면 기본 서류 외에 학교 성적이나 생활기록부, 담임 교사 추천서, 학생질의서 등이 추가적으로 필요합니다. 이때 담임 교사 추천서나 학생기록부, 성적 관련 서류는 영문으로 제출하며, 영문 번역 시 공증을 받아야 합니다. 초등 과정부터는 영어, 수학, 쓰기 등의 필기 시험을 보기도 하며, 중고등 과정에서는 학생 인터뷰도 치릅니다.

국제학교에 입학하려면 가장 먼저 아이가 영어로 진행되는 수업을 따라 갈 수 있느냐부터 따져 보아야 합니다. 외국인 교사의 강의는 물론, 해당 학년의 교과서 내용, 부교재의 내용을 이해할 수 있어야 합니다. 국제학교에서 학생 선발을 할 때 언어(영어)와 수리 영역으로 학습 능력을 평가하는 것도 이런 이유에서입니다.

참고로 비인가 국제학교는 외국인 교사가 수업을 하긴 하지만, 사업자등록이 '학원'으로 되어 있는 곳이 많으며 국내에서 학력 인증 또한 받을 수 없습니다. 연간 학비는 2,000만 원 내외로 외국인학교와 비슷합니다.

02

학교생활 즐기며
학습 능력 키우기

☑ "우리 아이는 한글을 하나도 모르는데 괜찮겠죠?"

☑ "요즘 수학이 어렵다고 들었어요. 어떻게 시작해야 할까요?"

☑ "초등 1~2학년에는 어떤 과목을 배우나요?"

☑ "독서 습관을 길러 주려면 어떻게 해야 할까요?"

☑ "초등 1~2학년 때에도 시험을 보나요?"

학사 일정 및 학교 일과 파악하기

초등학교 교육 과정에는 교육 목표, 운영 계획, 학교 현황, 연례 행사, 교과 활동, 일과 시간, 학생 평가 등 모든 교육 활동이 포함되어 있다. 교육 과정은 각 학교 현장의 특성, 운영 형태, 교육 환경에 따라 달라질 수 있으며 부모는 학부모로서 내 아이 학교의 교육 과정 및 학사 일정, 일과 시간 등을 파악해 둘 필요가 있다. 즉, 자녀의 등·하교 시간, 첫 교시 시작 시간, 수업 시간, 쉬는 시간, 급식 시간 등 매일 학교에서 이루어지는 일과 시간을 숙지하고 있으면 자녀의 학교생활을 이해하는 데 큰 도움이 된다.

일과 시간은 학교마다 다를 수 있다. 어떤 학교는 9시에 1교시를 시작하기도 하고 또 어떤 학교는 9시 10분에 시작할 수도 있다. 하지만 학생의 학습 능률을 고려하여 수업 시간은 40분, 쉬는 시간은 10분으로 고정되어 있으며, 급식 시간은 쉬는 시간을 포함하여 50분으로 진행된다.

음악실이나 과학실로 이동해야 하거나 창작 활동을 하는 미술 시간의 경우 40분 수업이 짧고 비효율적일 수도 있어 해당 수업을 2교시 연속 배정하기도 한다. 초등 1~2학년은 요일에 따라 4교시 또는 5교시 수업이 있을 수 있다. 4교시 요일에는 12시 10분에 급식을 시작하여 50분간 배식, 식사, 정리정돈, 종례 등을 마치고 1시 전후로 하교한다. 5교시 요일에는 1시부터 40분간 5교시 수업을 한 후 짧게 정리정돈과 종례를 마치고 2시 즈음에 하교한다.

초등 1~2학년 일과 시간 예시

교시	시간	활동
등교	08:40~08:50까지 등교	1교시 시작 전까지 학교·학급에 따라 특색 활동을 한다(독서 지도, 아침 조회 등).
1교시	09:00~09:40 (40분간)	40분 수업 후 10분의 쉬는 시간이 주어진다.
2교시	09:50~10:30 (40분간)	
3교시	10:40~11:20 (40분간)	수업의 효율성을 위해 2교시 연속 진행하기도 한다(미술 활동, 과학 실험 활동 등).
4교시	11:30~12:10 (40분간)	
급식	12:10~13:00 (50분간)	4교시 요일에는 급식 후 종례를 마치고 하교한다.
5교시	13:00~13:40 (40분간)	5교시 요일도 있다.
하교	13시 50분~	종례를 마치고 하교한다.

※ 9시 수업 시작, 쉬는 시간 10분의 경우

　학교생활 초기에는 부모가 가정통신문을 잘 챙기고 '학교알리미' 서비스를 활용하여 학교 현황 및 학사 일정 등을 기억해 둔다. 입학 초반의 학교 적응 기간, 4월 초 학부모 상담 주간, 5월 초 학부모 공개 수업 등이 대표적이다. 특히 5월은 가정의 달이어서 연휴가 많을 수 있다. 학교장 재량에 따라 공휴일 사이에 낀 날은 자유 휴업일로 지정하기도 하여 긴 연휴가 생기기도 한다. 맞벌이 부모라면 학년 초에 학교에서 배포하는 탁상용 달력이나 학사 일정 계획표 등을 확인하여 아동 돌봄에 공백이 생기지 않도록 주의한다.

　교외 체험 학습 인정 일수도 중요하다. 간혹 학기가 끝나지 않았는데 자녀와 함께 해외여행이나 어학연수를 떠나야 하는 상황이 생길 수 있다. 먼저 담임 교사를 통해 체험 학습 신청서와 계획서를 제출하면 학교장 심사 후 승인을 받는다. 차후 체험 학습 보고서를 제출하고 면담 등을 통해 사실이 확인되면 출석으로 처리된다. 하지만 학교마다 교외 체험 학습 인정 일수가 조금씩 다를 수 있으니 미리미리 학교 홈페이지에서 관련 규정을 꼼꼼히 살펴야 한다. 최대 연간 60일인 학교가 있는가 하면 연간 15일에 불과한 학교도 있다. 연속 14일은 인정하지 않는 학교도 있다.

2부 초등 1~2학년 기초 학습

> **Tip** 학교알리미(www.schoolinfo.go.kr)
>
> 교육부에서 주관하고 한국교육학술정보원에서 관리하는 교육 관련 정보 공시 사이트이다. 검색창에 학교명을 입력 후 검색하면 학교 관련 주요 정보를 확인할 수 있다. 해당 학교 페이지로 들어간 후 전체 항목 열람하기를 클릭하면 된다.
>
> **학교 관련 주요 정보**
> 학교 시설, 교원 및 학생 현황, 교육 활동, 방과후학교 운영 계획, 학생·학부모 상담 계획, 보건관리 현황, 교과별(학년별) 평가 계획, 학업 성취도 등

한글 교육 68시간으로 강화된 1학년

2015년, 교육부에서 발표한 개정 교육 과정에 따라 2017년부터 초등 1~2학년의 교과서가 개편되었다. 다행히 현행 교육 과정에 있어서는 한글 선행 학습에 대한 학부모의 부담감을 덜어 주는 쪽으로 변경되었다.

초등 1학년의 경우 〈국어〉, 〈국어활동〉, 〈수학〉, 〈수학익힘책〉 외에 〈봄〉, 〈여름〉, 〈가을〉, 〈겨울〉, 〈안전한 생활〉 등 통합 교과서로 이루어졌다. 각 교과서의 글자를 최소화하여 한글을 떼지 않

아도 교과 내용을 이해하는 데 지장이 없도록 하였다. 또 받아쓰기나 알림장 같은 반복 쓰기 활동을 줄이도록 권고하고 있다.

초등 1~2학년 교과서의 구성

학년·학기		종류
1학년	1학기	• 국어 1-1㉮, 국어 1-1㉯, 국어활동 1-1 • 수학 1-1, 수학익힘책 1-1 • 봄 1-1, 여름 1-1, 안전한 생활(1, 2학년 공통)
	2학기	• 국어 1-2㉮, 국어 1-2㉯, 국어활동 1-2 • 수학 1-2, 수학익힘책 1-2 • 가을 1-2, 겨울 1-2, 안전한 생활(1, 2학년 공통)
2학년	1학기	• 국어 2-1㉮, 국어 2-1㉯, 국어활동 2-1 • 수학 2-1, 수학익힘책 2-1 • 봄 2-1, 여름 2-1, 안전한 생활(1, 2학년 공통)
	2학기	• 국어 2-2㉮, 국어 2-2㉯, 국어활동 2-2 • 수학 2-2, 수학익힘책 2-2 • 가을 2-2, 겨울 2-2, 안전한 생활(1, 2학년 공통)

※ 교육부(2019)

1학년 초반에는 알림장을 쓰거나 받아쓰기, 그림일기, 독서일기 등 쓰기와 관련된 활동을 하지 않는다. 대신 한글 책임 교육을 내세워 국어 시간 중 한글 수업을 기존 27시간에서 68시간으로 대폭 강화하였다. 연필 잡기부터 시작하여 자음, 모음, 글자의 결합, 받침 없는 글자, 받침 있는 글자, 겹받침 글자 순으로 차근차근 배운다. 2학년이 되어야 '옳다', '앉다', '밝다' 등 겹받침 있는 글자를 배우게 된다. 한글 선행 학습 없이 초등학교에 입학하여도 충분히 한글을 뗄 수 있도록 하려는 조치이다.

문제는 이러한 노력에도 학부모의 불안감을 완전히 해소하지 못한다는 것이다. 2018년 교육부에서 학부모 3,000명을 대상으로 설문조사한 결과에 따르면 초등 1학년 학부모의 89.8 %가 취학 전에 한글 교육을 시켰으며 그 이유로는 응답자의 절반(42.5 %) 가까이가 '초등 1학년 적응을 위해서'라고 답하였다. 새로운 교육 개정안이 적용된 지 얼마 되지 않아 실효성에도 불안감을 가지고 있기 때문인 것으로 보인다.

2016년 경제협력기구(OECD)가 발표한 '국제학업성취도평가(PISA)'에 따르면 우리나라 만 15세 청소년의 읽기 능력(독해력)은 517점, OECD 35개국 중 3~8위 수준이다. 전체 순위로 봤을 때 그다지 나쁜 성적은 아니지만 하위권 학생 비중이 전체 13.8 %로 지난 2012년 같은 항목에서 7.6 %를 기록한 것에 비하면 심각한 내림세이다.

2019년, 교육부는 앞으로도 학교가 한글·수학·영어 책임 교육을 통해 모든 아이의 기초 학력을 보장하겠다고 밝혔다. 이와 같이

> **Tip** **2015 개정 교육 과정의 의미**
>
> 기존의 교육은 과도한 학습량으로 진도 맞추기에 급급한 데다가 학업 성취도는 높은 반면 학업 흥미도는 낮고 암기식 수업이 주를 이룬다는 점에서 변화가 필요하였다.
> 미래의 창조경제를 이끌어갈 창의, 융합형 인재로 키우겠다는 목표에 맞추어 2017년 초등 1~2학년, 2018년 초등 3~4학년, 2019년 초등 5~6학년 교과 과정을 단계적으로 교체하였다.
> 개정 교육 과정은 진도를 나가는 데 주력하기보다 핵심 개념을 이해시키며 학생의 참여를 유도하여 학업 흥미도를 높이고 창의적 사고를 발현시키는 데 중점을 두었다.

초등 1~2학년 때는 읽기, 쓰기, 말하기 등과 같은 한글 교육에 더 집중하게 되며, 굳이 한글을 떼지 않고 입학해도 초등 1~2학년 동안 기초 학습 능력을 향상시키는 데 주안점을 두게 된다.

기초 학습 능력은 읽기와 쓰기가 좌우

학교에 다니며 정규 수업 시간을 통해 한글을 배운다고 하더라도 학부모는 한글 선행 학습에 신경을 쓸 수밖에 없다. 교육부의 설문 조사 결과에서도 알 수 있듯이 학교 적응에 대한 불안감 때문이기도 하고, 읽기와 쓰기, 말하기 능력이 학습의 시작이기 때문이기도 하다.

학교라는 첫 사회생활에 잘 적응하게 만드는 능력, 대인 관계를 잘 풀어가게 하는 능력, 모든 학습의 이해를 돕고 기억하게 하며 서술하게 만드는 능력은 읽기와 쓰기, 말하기에 달려 있다.

아이가 학교에서 선생님의 지시를 잘 이해하고 수행하는 것, 수업 내용을 이해하고 풍부한 어휘력으로 자신 있게 발표하는 것, 뛰어난 표현력으로 글쓰기를 하는 것, 수학 문제를 잘 이해하는 것 등에도 언어 능력이 중요한 역할을 한다. '한글 떼기가 곧 언어 능력' 또는 '한글 떼기가 곧 국어 능력'은 아니지만 언어 능력과 국어 능력의 완성 중에 한글 떼기가 중요한 요소라는 점은 모두가 공감하는 사실이다.

우선 아이가 한글을 떼지 않고 학교에 입학하였다면 공교육을 신뢰하는 것이 필요하다. 교육부에서 기초 학력을 보장한다는 목표 아래, 한글 수업 시간을 68시간까지 늘렸으며 한글을 떼는 데 다소 시간이 걸리더라도 다른 교과 수업에 큰 방해가 되지 않도록 교육과정을 구성하였다고 밝힌 바 있기 때문이다. 대신 아이가 한글 때문에 학교생활에 위축되거나 수업에 흥미를 잃지 않는지 잘 살펴볼 필요가 있다. 기질이나 성격에 따라 스스로 괜찮다고 하는 아이가 있는가 하면 '왜 나만 못 읽을까?', '왜 나만 글자를 못 쓸까?'라는 생각에 의기소침해지거나 조급해하는 아이가 있을 수 있다.

아이가 한글 때문에 스트레스를 받는다면 입학 후에라도 학습지나 교육용 애플리케이션 등을 이용하여 한글 떼기를 완성할 수 있다. 최신 국어 교과서는 [ㄱ(기역), ㄴ(니은), ㄷ(디귿) 등의 자음과 소리] → [ㅏ(아), ㅑ(야), ㅓ(어), ㅕ(여) 등의 모음과 소리] → [글자의 조합] → [받침 있는 글자] → [겹받침 있는 글자] 순으로 가르치므로, 교과서의 방식에 맞추어 공부하면 더 효과적이다. 2학년이 되어서도 한글을 완전히 떼지 못하였다면 1학년 교과서로 차근차근 가르쳐도 된다.

읽기와 함께 이루어져야 할 것이 쓰기 훈련이다. 부모가 어렸을 때는 종합장에 색연필로 선 긋기, 도형 그리기, 점 잇기 등으로 운필력을 길렀지만 우리 아이들은 이미 누리과정을 거치며 이 단계를 지났다. 유아기 한글 교육이 읽기부터 이루어진다면 이 시기에는 아이의 운필력이 발달한 만큼 읽기와 쓰기를 동시에 진행한다. 실제로 1학년 국어 수업은 연필 잡는 법부터 가르친다.

쓰기 연습은 적당한 굵기, 부드럽게 잘 써지는 B나 2B 연필로 8칸 또는 10칸 국어 공책을 이용한다. 예쁘고 바른 글씨체를 갖게 하고 싶다면 점선 노트를 이용하여 따라 쓰기 연습을 하게 하면 효과적이다. 아이가 쓰기에 익숙해지기 전까지는 부모가 학급 홈페이지에서 알림장 내용을 확인한다.

그림일기로 시작하는 글쓰기 훈련

초등학교에 입학하면 첫 국어 시간에 연필 쥐는 법을 배운다. 쓰기 역시 초등 1~2학년 때 배우는 중요한 교과 과정 중 하나이다. 받아쓰기는 쉬운 단어, 어려운 단어, 짧은 문장, 긴 문장 쓰기 순으로 단계별로 이루어진다. 국어 1학기 마지막 단원에서는 그림일기 쓰기를 배우는데 한글을 깨친 후 한 학기가 끝날 무렵 배우는 것이니만큼 아이들에게는 쉽지 않은 일이다.

받아쓰기는 단어와 문장, 문장부호 익히기에 목적을 둔 쓰기 훈련이다. 국어 교사용 지도서에 따르면 '받아쓰기를 하면서 문제를 지나치게 어렵게 내거나 자주 시행하지 않도록 한다. 이것을 점수화함으로써 점수 부담, 열등감 등으로 학습 흥미가 떨어지지 않도록 특별히 주의한다'라고 되어 있다. 즉, 한글을 기계적으로 암기하기보다 놀이나 체험 활동을 통해 한글을 재미있게 배울 수 있도록 권하고 있다.

한글을 깨치는 것으로 읽기와 쓰기 과정이 일단락되면 글쓰기 과정에 들어가게 된다. 글을 쓰기 위해서는 자신의 생각을 문법에 따라 문장으로 정리하는 기술이 필요하다. 초등 저학년 때는 단편적인 생각을 짧은 문장으로 서술하는 선이 적당하므로 그림일기를 쓰게 된다. 문제는 생각보다 그림일기가 시간이 꽤 소요되는 어려운 과제라는 점이다. 그날 있었던 일과 중 가장 기억에 남는 장면을 그림으로 그리고 그림에 맞추어 자신의 한 일과 느낌을 문장으로 적는다. 그림 그리기도 힘들고 글쓰기도 힘든 아이라면 그림일기가 고역일 수 있다.

그림일기 쓰는 것이 수월해지려면 먼저 아이와 함께 그날 무엇이 가장 즐거웠는지, 기억에 남는 것은 무엇인지 등을 이야기하는 것이 좋다. "오늘 학교에서 친구가 잃어버린 연필을 찾아줬어요. 친구가 고맙다고 지우개를 하나 줬어요!" 이렇게 아이가 말한 내용이 그대로 일기가 될 수 있도록 도와준다. 만약 아이가 말한 내용이 장황하다면 부모가 듣고 있다가 주요 단어를 공책에 적어 둔다. 아이의 이야기가 끝나면 주요 단어를 이용하여 짧게 문장으로 표현하게 도와준다.

"엄마, 오늘 선생님 심부름으로 체육관에 가서 배구공을 하나 가지고 왔어요. 계단에서 떨어뜨리는 바람에 배구공이 막 굴러서 우

리 교실 반대편 끝까지 갔어요. 그걸 빨리 주워서 다시 갖고 오느라
고 너무 힘들었어요." 이때 부모는 옆에서 '체육관', '배구공', '심부
름', '계단', '떨어뜨리는', '주워서', '힘들었어요' 등을 적어 두었다가
"체육관에 배구공 심부름을 갔어요.", "계단에서 배구공을 떨어뜨렸
어요.", "배구공을 다시 주워 오느라 힘들었어요."라는 식으로 아이
의 말을 짧은 문장으로 만든다. 처음 몇 번은 아이와 함께하고 이후
에는 아이가 직접 문장을 만들어 보도록 유도한다.

글쓰기의 소재를 찾는 일부터 사건을 개연성 있게 요약하고 정
리하는 것, 정리한 것을 문법에 맞추어 문장으로 표현하는 것, 가장
적절한 어휘를 선택하여 사용하는 것까지 그림일기의 전 과정은 아
이의 글쓰기 능력을 키우는 데 많은 도움이 된다. 그림일기 역시 독
서와 마찬가지로 아이가 흥미를 가져야 하는 만큼 부모가 옆에 앉
아 시시콜콜 문장을 불러 주고 맞춤법을 지적하는 일이 없도록 주
의한다. 지금 당장은 아이가 글쓰기에 친근하게 접근하는 것이 목
표이다. 그림일기에 재미를 붙이고 짧은 문장을 만들어 내는 것만
으로 소기의 목적은 달성한 셈이다.

독서 습관이 공부 습관으로 진화한다

아이가 한글에 눈을 뜨는 순간 아이에게는 방대한 지식 창고가
열리게 된다. 새로운 세상을 만나게 되고, 색다른 경험을 하게 되

며, 이제껏 듣지 못한 새로운 정보를 접하게 된다. 우리가 외국어 하나를 습득하면 지구 반대편의 누군가와 친구가 될 수 있는 것처럼 아이가 글자를 깨치는 순간 아이 주변의 모든 것들은 정보가 되고 지식이 된다.

굳이 한글을 깨치지 않아도 유아기 때부터 부모가 읽어 준 그림책들이 아이의 창의력과 표현력을 돕고 부모와의 애착을 다져주며 정서적 안정을 돕는다는 것을 누구나 알고 있다. 한글을 뗀 후 스스로 책 읽는 습관을 갖게 된다면, 앞서 이야기한 창의력과 표현력은 물론 어휘력, 이해력, 집중력 등을 덤으로 얻게 된다.

올바른 독서 습관으로 좋은 책을 읽게 된다면 아이가 보유한 정보량 또한 늘어나게 된다. 초등 1~2학년 시기에 독서가 중요한 이유는 이것이 어휘량의 증가로 이어지고, 어휘력이 수업 내용이나 시험 문제의 이해를 돕는 열쇠가 되기 때문이다. 또 한자리에 앉아 독서에 집중하는 것은 훗날 공부 습관의 기초가 될 수 있다. 초등 저학년 때 좋은 독서 습관을 길러 주면 학업의 절반은 성공한 셈이다.

Tip 어휘량이 폭발하는 초등 저학년 시기

일본의 교육 심리학자 사카모토 이치로는 소아청소년기의 어휘량 증가 수를 발표한 바 있다. 그에 따르면 태어나 만 7세까지는 매해 평균 500단어 정도씩 증가하는데 초등 1학년 이후에는 어휘량의 증가에 가속도가 붙기 시작한다. 만 7세 이후 1,300여 단어가 증가하고, 10세 전후로는 매해 5,000단어 정도 증가한다고 한다. 즉, 초등 저학년 시기는 어휘력이 폭발적으로 증가하는 때이다.

좋은 독서 습관을 길러 주기 위해서는 무엇보다 아이가 책 읽기에 재미를 느껴야 한다. 누구든 재미가 있어야 그 일을 자꾸 하고 싶어지는 법이다. 따라서 부모의 강압적인 지시나 목적에 따라 억지로 책을 읽게 해서는 안 된다.

❀ **쉬운 책부터 시작하기** 처음에는 아이 수준에 맞는 그림책을 함께 읽는 것에서 시작한다. 한글을 뗐다고 해서 갑자기 글자가 많거나 어려운 책, 교과 내용이나 학습과 관련된 책을 내밀어서는 곤란하다. 아직은 글자보다 그림이 많은 책이나 쉽고 재미있는 책이 좋다. 학교 입학 후 어떤 책이 좋을지 고민된다면 학교에서 소개하는 학년별 권장도서부터 읽도록 한다.

❀ **부모와 함께 읽기** "이제 너도 글을 읽을 줄 아니까 너 스스로 읽어." 하고 강제적으로 '혼자 읽기'를 시키는 것은 곤란하다. 아직 아이는 정서적으로 부모와 함께 읽는 것이 더 좋을 수 있고 글자가 많은 책에 대한 두려움 때문에 혼자 읽기를 어려워할 수도 있다. 한 페이지씩 부모와 아이가 번갈아가면서 읽는 것도 좋고, 한 권씩 나누어서 서로 읽어 주어도 된다.

❀ **독후 활동 강요하지 않기** 책을 읽고 난 후 반드시 독후감을 작성하거나 그림일기를 쓰라고 강요해서는 안 된다. "자, 매일 5권의 책을 꼭 읽자.", "앞으로 저녁 8시부터 9시까지는 책 읽는 시간이야." 등 부모가 시간을 정하고 하루 할당량을 강요하는 것도 좋지 않다.

❀ **다양한 도서 선택하기** 아이가 흥미로워하는 분야의 책을 선택해도 되고, 교과서에 소개된 책을 읽어도 좋다. 우선 다양한 분야의 책을 접

하도록 도와준다. 아이는 책을 통해 마음껏 간접 경험을 하고 새로운 세상과 만나는 중이다. 아이가 몰랐던 신기한 세계와 마주할 기회를 충분히 주어야 한다.

✿ **도서관이나 서점 방문하기** 아이와 도서관이나 서점에 가서 직접 책을 고르는 것도 좋은 방법이다. 사방에 책으로 가득한 책장이 둘러싸여 있고, 은은히 코끝을 찌르는 종이 냄새에, 바닥에 앉아 시간 가는 줄 모르고 책을 읽는 사람들이 책과 독서에 대한 정취를 만끽하게 해 준다. 또 도서관의 대출 도서 목록을 늘려가며 나름 뿌듯함과 성취감을 맛보게 하는 것도 효과적이다.

✿ **서로 느낀 점 이야기하기** 책을 읽고 난 후에는 간단히 서로의 감상평을 나누는 시간을 갖는 것이 좋다. 아이의 표현력이나 사고력을 기르기 위해서는 부모가 먼저 질문을 던져 본다. "집으로 가던 마틸다가 왜 학교로 되돌아갔을까?", "찬영이는 친구가 사과했는데도 왜 안 받아준 걸까? 너라면 찬영이 화를 어떻게 풀어 줄 거야?" 하는 식이다. 책 내용이 무엇을 말하는지 줄거리나 맥락을 파악하는 것, 책에서 알게 된 내용과 자신의 생각을 정리해 말로 표현하는 것도 독서로 얻을 수 있는 언어 능력이다.

만약 부모가 시키지 않았는데도 책을 찾아 읽거나 밥을 먹은 후 소파에 앉아 책부터 펼치기 시작한다면 책 읽기에 재미를 들였으며 혼자 읽어도 된다는 신호이다. 독서가 쉬운 일은 아니지만 습관이 되면 그만큼 쉬운 일도 없다. 아이가 책 읽기를 즐겨 하면 차츰 도서의 범위를 확대하거나 독서 외 활동에 대해서도 고민해 본다.

수학도 언어 능력이 핵심이다

초등학교 입학 전에 생활 속에서 다양한 방법으로 수 세기를 익히고, 많다/적다, 크다/작다, 길다/짧다, 넓다/좁다 등 다양한 수 개념을 익혔다면 초등 1~2학년 수학에 대해 크게 걱정할 필요는 없다. 초등 1~2학년의 수학 교과서는 학기마다 〈수학〉과 〈수학 익힘책〉 2권으로 구성되어 있다. 〈수학〉이 주 교과서라면 〈수학 익힘책〉은 〈수학〉에서 배운 개념과 원리를 보충하거나 수학 놀이 문제를 통해 심화 학습을 하는 교과서이다. 이 두 권의 교과서로 아이들은 수 개념과 연산 원리를 터득하고, 퀴즈·게임과 같은 놀이를 통해 수학을 실생활에 응용하는 법을 배운다.

1학년 1학기에는 사물의 수를 1부터 9까지 세는 것부터 시작해서 10, 20, 30, … 등 두 자리의 수를 세는 법을 익힌다. 그다음 1부터 50까지의 수를 10개씩 묶음과 낱개로 나타내는 법을 배우면, 아이는 0의 개념은 물론 한 자릿수의 덧셈과 뺄셈으로 간단한 연산까지 할 수 있게 된다.

1학년 2학기에는 100까지의 수를 배우고 홀수와 짝수의 개념도 익힌다. 받아 올림이 없는 두 자릿수의 덧셈과 뺄셈을 연습하고, 여러 모양의 단면 도형과 입체 도형의 이름을 배우고 길이·무게·넓이 등을 비교하여 표현하는 법도 습득한다. 시간과 시계 보는 법도 익힌다.

2학년이 되면 받아 올림이 있는 두 자릿수의 연산을 배운다. 덧셈과 뺄셈을 여러 방법으로 계산하는 법을 익히기도 하고 주어진 사물을 여러 방법으로 나누어 몇 묶음이 나오는지를 통해 곱셈의 개념을 터득하게 한다. 이후 네 자리의 수를 배우고 구구단을 외운다. 또 여러 모양의 도형과 변, 꼭짓점 같은 도형을 이루는 요소를 찾고 이름을 배운다. 나무 블록, 종이 등을 이용하여 입체 도형을 직접 만들기도 한다. 자를 이용하여 센티미터(cm)와 미터(m)에 해당하는 길이를 재고, 초, 분, 시간 단위의 개념을 이해하며 표와 그래프의 편리성을 배운다.

앞서 이야기하였지만, 인지 능력과 언어 발달은 떼려야 뗄 수 없는 관계이다. 즉, 초등 1~2학년 수학에서의 개념, 판단, 지각 등은 언어 발달을 바탕으로 한다. 따라서 풍부한 언어 자극과 함께 수학을 익히도록 하는 것이 좋다.

수학을 통해 아이들은 일상생활에서 필요한 간단한 연산은 물론 시간 보는 법, 길이·무게·넓이 재는 법 등을 배운다. 그 과정에서 많고 적음, 크고 작음, 넓고 좁음, 길고 짧음을 비교하고, 순서대로 나열하고, 유사한 것끼리 분류하는 등 수 개념을 적용할 수 있게 된다. 만약 부모가 수학 교과 내용을 토대로 하여 수 개념의 이해를 돕고 수학에 대한 흥미를 키워 주고 싶다면 다음의 몇 가지 사항을 기억하자.

❈ **언어 능력이 곧 수학 실력** '1 + 2 + 5 = □'처럼 간단한 수식으로 된 연산 문제는 곧잘 풀지만 '한 바구니 안에 사과 한 개, 귤 두 개, 배 다

섯 개가 들어 있다. 바구니 안에 있는 과일은 모두 몇 개일까?'라는
문장으로 된 문제는 의외로 내용을 파악하는 데 어려워하거나 시간이
걸리는 아이들도 있다. 이처럼 초등 1~2학년 때 언어 능력은 곧 학습
능력이고 평생 공부의 기초가 된다.

✿ **수학 사고력을 길러 주는 대화** "4시에 같이 마트에 가자. 몇 분 남았
지?", "네가 아까 캐러멜 5개 먹고 동생이 2개 먹었지? 그럼 동생 것
이 몇 개 더 남았을까?"라는 식으로 시간, 수, 길이, 거리, 덧셈, 뺄셈
등 일상생활에서 아이에게 수학 사고력을 길러 줄 수 있는 다양한 질
문을 한다. 수학 사고력을 기르면 수학에 대한 호기심이 생기고 수학
이 더 즐거워진다.

✿ **수학 놀이를 돕는 다양한 교구** 대화로 수학 사고력을 키우는 것이 버
겁다면 공기, 바둑돌, 블록, 나무 조각(칠교판), 자, 수 모형, 시계
모형, 달력과 같은 실물 교구를 활용하여 수학 놀이를 즐긴다. 초등
1~2학년 아이들은 아직 추상 능력이 완전히 발달하지 못하였기 때
문에 눈앞에 교구를 펼쳐 놓고 놀이하면 빠르게 이해하는 데 도움이
된다.

✿ **10칸 공책에 써 보기** 한 줄이 10단위로 끝나기 때문에 1~10 /
11~20 / 21~30 등 10단위로 끊어 100까지 연습하는 것이 어렵지
않다. 특히 덧셈, 뺄셈을 공부할 때 세로식을 쓰면서 같은 세로줄에
있는 것끼리 더하고 빼는 것, 받아 넘기는 것, 받아 올리는 것 등을 연
습하면 효과적이다.

✿ **하루 10분의 습관** 아이와 어떤 공부나 놀이를 할 때 꾸준히 하는 것
이 무엇보다 중요하다. 글쓰기 능력이나 독서, 수학 실력을 키우기 위

한 공부도 마찬가지이다. 아이가 쉽게 할 수 있는 분량을 재미있는 방법으로 매일 10분씩 지속해서 한다면 이것이 좋은 공부 습관으로 자리 잡게 된다.

초등 1~2학년의 수학은 부모나 아이가 보기에도 쉽고 단순하다. 하지만 이 시기에 언어 능력과 수학 사고력을 배제하고 단순 계산에만 몰입한다면 아이는 학년이 올라갈수록 수학에 싫증을 내거나 난이도가 올라갈수록 수학에 어려움을 느낄 수 있다. 초등 저학년 때는 수학의 기초를 단단히 하고 아이가 수학에 대한 흥미를 키울 수 있도록 돕는 데 중점을 둔다.

2학년인데 아직 한글 못 뗀 아이, 혹시 학습 부진아일까요?

부모가 어렸을 때도 초등 고학년이 되도록 책 읽기를 힘들어하는 아이가 반에 한 명쯤은 있었습니다. 대개 '학습 지진아'와 '학습 부진아'에 해당한다고 볼 수 있지요. 학습 지진아란 선천적으로 지적 능력이 결핍되어 학업 성취가 뒤처지는 아이들을 말합니다. 이 아이들은 지능 지수가 70~89 사이로 보통 이하여서 학습에 어려움을 겪고 배움이 더딥니다. 단순히 읽고 쓰기에만 문제를 보이는 것이 아니라 학업 전반에서 낮은 성취도를 보이기 때문에 어느 한 쪽 또는 특정 영역에서만 학업 성취도가 낮은 학습 장애와 구별됩니다.

만약 다른 영역에서는 특이점이 없고 읽고 쓰기에만 부진하다면 다른 상황을 추측해 볼 수 있습니다. 좌 두정엽 같은 읽기, 쓰기와 관련된 뇌 부위의 선천적 결함이나 역기능, 손상 등으로 난독증을 보일 수도 있기 때문입니다. 흔히 난독증이라고 불리는 읽기 장애는 문장을 읽지 못하는 것은 물론 글자를 생략하거나 다른 글자로 대체하여 읽는 것, 읽는 속도가 더디거나 더듬더듬 읽는 것을 말합니다. 또 쉬운 문장에서는 이해력에 문제가 없지만 복잡하거나 긴 문장에서는 독해력이 떨어지는 것도 읽기 장애에 속합니다. 이런 경우 초등 저학년 때는 티가 나지 않아 발견이 어렵고 학습 난이도가 올라가는 고학년에 이르러서 심각한 학습 부진으로 나타날 수 있습니다.

읽기 장애를 가진 아이는 또래보다 읽기, 쓰기, 독해력이 현격히 떨어지며, 초등학교 입학 초기에 몇 가지 사항으로 점검할 수 있습니다. 선생님의 지시를 잘 따르는지, 알림장을 잘 받아 적어 오는지, 모둠 활동에서 같은 조 친구들과 의사소통이 원만한지, 학교에서 있었던 일에 잘 대답하는지 등을 살펴봅니다.

학교에서도 기초 학력 진단 보정 시스템으로 학습 부진아를 조기에 발견할 수 있습니다. 학습 부진아의 경우 '두드림학교'나 '학습종합클리닉센터'와 연계하여 학습 부진의 원인을 찾고 맞춤형 지원을 받을 수 있습니다.

학습 부진의 증상과 원인

구분	증상 및 원인	지능 지수
학습 지진	지적 능력의 발달이 늦고 대인 관계의 형성이 어려워 학업 성취에 어려움을 겪는 경우 원인: 선천적인 지적 능력의 결핍	70~89 (정상보다 낮음)
학습 부진	지적 능력이 정상이거나 그 이상임에도 기대하는 만큼의 학업 성취를 보이지 못하는 경우 원인: 개인의 성격, 태도, 학습 동기, 습관 등의 내적 요인 또는 가정 환경, 수업, 또래 문화 등의 환경적 요인	90~95 이상 (정상이거나 그 이상)
학습 장애	듣기, 말하기, 읽기, 쓰기, 추리, 수학 능력 등 특정 영역의 학습과 이용에 심각한 어려움을 겪는 경우 원인: 뇌의 특정 부분의 기능 장애 또는 유전적 요인	90~95 이상 (정상이거나 그 이상)

Q2 남자아이보다 똑똑한 여자아이, 타고난 두뇌 차이 때문인가요?

　자녀를 키우다 보면 말을 배울 때부터 알게 되는 사실이 있습니다. 개인차가 있긴 해도 대개 여자아이가 남자아이보다 말도 빠르고 노래도 잘하고 손놀림도 야무지다는 것입니다. 학교에서도 마찬가지입니다. 여자아이가 말도 야무지게 잘하고, 책도 또박또박 잘 읽고, 이해력도 좋으며, 글씨도 예쁘게 쓰고, 그림도 잘 그립니다. 반면 남자아이들은 알림장도 잘 받아 적어 오지 않고, 수업 시간에 떠들거나 장난치고, 글씨는 삐뚤빼뚤, 색칠은 여기저기 번져 있기 일쑤입니다. 남자아이를 둔 부모는 여자아이 부모와 비교하면 마음이 조급해질 수밖에 없습니다.

　남학교와 여학교로 분리하여 가르치자며 '단성(單性) 교육'을 주장해 온 미국의 가정의학과 전문의이자 임상심리학자 레너드 삭스(Renard Saxe) 박사는 그 이유를 두뇌 발달의 차이에서 찾았습니다. 일반적으로 여자아이가 남자아이보다 소뇌의 발달이 빠른데 이것은 소근육, 즉 정교하고 세밀한 동작을 더 잘하게 합니다. 만 3~6세 사이에는 대뇌피질의 발달이 활발해지면서 언어 능력이 폭발적으로 증가하는데 이것이 학교에 잘 적응하는데도 도움이 되어 선생님 말씀도 잘 듣고, 이해력도 빠른 듯 보이게 만드는 것이지요.

이 시기 남자아이는 대근육이 발달하여 온몸을 활용한 놀이를 즐기고, 모험을 즐기며, 단체 스포츠를 통해 규범과 규칙을 배우고, 협동심을 기릅니다. 또 여자아이보다 두정엽이 더 발달해 있어 공간 지각력이나 추리력, 수리력과 논리력의 밑바탕을 다집니다.

지금 당장은 남자아이가 여자아이보다 말하기나 쓰기가 서툴다고 하더라도 한글을 완벽히 익히고 수업의 여러 과정을 따라가는 데 결격 사유가 있는 것은 아닙니다. 단지 시간 차이가 있을 뿐입니다. 초등 저학년만 벗어나면 손 조작이 정교해져 글쓰기나 색칠하기, 오리기에 남녀의 차이는 사라지고, 말하기나 글쓰기 같은 언어 능력에서도 남녀의 차이가 아닌 개인차만 있게 됩니다.

여아와 남아의 두뇌 발달 차이에 따른 학습 비교

구분	여자아이	남자아이
두뇌 발달 차이	소뇌와 대뇌피질이 더 발달	두정엽이 더 발달
학습 능력 차이	언어 능력, 공감 능력, 운필력 우수, 시청각 민감성 우수	운동 능력, 공간추리력, 수리력, 논리력 우수
잘하는 과목	국어, 영어, 음악, 미술 등	수학, 과학, 체육 등
어울리는 예체능	악기, 무용 등	단체 스포츠(축구, 야구) 등
단점 보완하기	• 태권도, 수영 등과 같은 스포츠 활동으로 대근육 능력 및 규범, 규칙 익히기 • 공간 지각력 및 추리력 높일 수 있는 입체 퍼즐, 조소 활동하기	• 피아노, 바이올린, 미술 등 예체능 교육으로 손조작 능력, 청각 능력 키우기 • 독서 토론으로 일정 시간 집중하기, 읽고 말하기 능력 키우기

※ 위 내용은 남아, 여아의 보편적 두뇌 발달 순서에 따른 것으로 개인차가 있을 수 있다.

Q3 서술형 수학 문제가 어렵다고 하던데 미리 대비해야 할까요?

한때 '스토리텔링 수학'이라는 키워드가 학부모들의 심정을 기대 반, 걱정 반으로 만들었습니다. 스토리텔링 수학이란 단순 연산식이 아니라 학습 내용과 관련 있는 소재나 상황 등과 연계하여 이야기하듯이 수학 개념을 가르치는 것을 말합니다. 수학적 사고력을 높이기 위해 2009년 개정 교육 과정에 따라 2013년부터 도입된 새로운 수학 교육 방식입니다.

단순한 사칙연산 위주의 문제들을 질문에만 몇 줄을 할애하는 서술형 문제들로 제시하면서 문장 이해력과 독해력이 부족한 아이들에게 어렵게 느껴지지 않을까 걱정도 많았습니다. 결국 몇 년간의 시행을 거치며 한글도 제대로 모르는 초등 저학년 아이들에게 스토리텔링 방식은 너무 어렵고 이해하기 힘들다는 지적이 고개를 들었습니다.

이에 따라 2017년 개정 교과서에서는 수학의 '스토리텔링' 비중을 많이 낮췄습니다. 수와 기초 연산의 원리를 탐구할 수 있는 기본 내용을 강화하고 문항을 더욱 쉽게 다듬었지요. 특히 또래 친구 캐릭터를 등장시키고 놀이나 게임 중심으로 내용을 구성하여 수학에 대한 '첫인상'을 쉽고 재미있게 인식하게 하여 아이들이 수학에 호기심을 갖도록 유도하고 있습니다. 한글을 떼지 않아도 수 개념과 연산의 원리를 쉽게 이해할 수 있게 구성하였지요.

초등학교 입학 전에 생활 속에서 다양한 방법으로 수 세기와 수 개념을 익혔다면 초등 1~2학년의 수학에 대해 크게 걱정할 필요는 없습니다. 대신 아이의 수학 능력을 키우기 위해 수학에 대한 자신감과 긍정적인 생각을 심어 주어야 합니다. 수학에 대한 두려움은 훗날 '수포자(수학포기자)'를 만들 수 있습니다. 또 '수학은 어렵다'라는 생각에 나이에 맞지 않은 선행 학습으로 내몰다가는 목표에 도달하기 전에 아이가 지치게 됩니다. 틀린 문제로 심하게 꾸중한다면 아이에게 수학에 대한 거부감만 심어 줄 뿐이지요.

초등 1~2학년 때 수학의 기초를 탄탄히 길러 주고 싶다면 문제 이해력을 위해 독서와 글쓰기 훈련으로 언어 능력(국어 실력)을 키우는 것이 먼저입니다. 또 생활 속에서 수학 사고력을 높이고 다양한 수학 놀이로 재미와 호기심을 지속시키도록 합니다. 매일 10분이라도 아이 스스로 꾸준히 할 수 있는 공부 습관을 키운다면 더할 나위 없겠지요.

Q4 시험 없는 초등 1~2학년, 우리 아이의 학력 수준을 알고 싶어요.

초등 1학년의 공식 학사 일정에는 지필 시험이 없습니다. 아직은 학교생활에 적응하면서 통합 교과서를 통해 차근차근 읽기와 쓰기, 수 개념을 익히며 다양한 활동을 하는 것으로 진행되지요. 다만 교사가 단원이 끝날 때마다 자율적인 방식으로 '형성 평가'를 진행할 수 있습니다. 수업 시간에 간단한 문제풀이를 하게 하거나 O × 퀴즈 등을 통해 교과 단원의 목표를 잘 성취하였는지 확인하는 정도입니다.

1학년 때의 단원별 '형성 평가'는 아이가 2학년부터 치르게 될 여러 평가 시험의 예행 연습이 되기도 합니다. 우선 형성 평가는 교과별 단위 수업을 마무리할 때 해당 수업의 학습 목표에 도달하였는지 확인하기 위해 실시합니다. 주로 한 단원이 끝났을 때 교사가 자율적으로 시기를 정하여 반별로 실시하지요. 아이들이 단원별 내용을 잘 이해하였는지, 따로 보충할 것은 없는지 등을 점검하는 기회가 됩니다. 만약 이런 평가를 통해 아이들이 해당 단원을 어려워하거나 잘 이해하지 못했다고 판단하면 수업 차시를 연장하여 보충 지도를 하기도 합니다.

2학년부터는 매해 3월마다 '진단 평가'를 치릅니다. 진단 평가는 2~6학년 아이들을 대상으로 지난해에 배운 기본 교과 내용에 대해 아이들의 기초 학력 및 학업 성취도를 평가합니다. 즉, 2학년 때는 1학년 교과 내용으로 시험을 치르고, 3학년 때는 2학년 교과 내용으로 시험을 치릅니다. 교과 내용 중 핵심적이고 기본적인 것들만 나오기 때문에 대체로 문제가 쉽거나 평이합니다. 아이들의 기본 학습 능력과 기초 학력을 평가하고 과목마다 60점 미만일 경우 보충 지도를 받게 됩니다. 진단 평가는 아이의 학습 상태를 객관적으로 평가할 기회이기 때문에 굳이 시험 준비를 따로 할 필요는 없습니다.

'총괄 평가'는 교과별 학습이 마무리되는 시점에 학기 말 성적 처리를 위해 이루어집니다. 보통 지필 시험과 수행 평가가 더해져 종합적인 평가가 이루어집니다. 지필 시험은 학교에 따라 선택형(객관식), 단답형, 서술형, 논술형 등의 유형의 문제가 출제됩니다. 수행 평가는 구체적인 상황에서 배운 지식을 적용하여 문제를 해결할 수 있는지, 그 과정부터 결과에 도달하는 전체를 평가합니다. 모둠별 또는 개인별 발표, 토론, 실기, 보고서, 포트폴리오 등의 형태로 수행 평가가 이루어집니다. 3~4월에 학교 홈페이지에 연간 수행 평가 계획이 올라오니 부모가 미리 확인해 두는 것이 좋습니다.

사교육

03

효율적인
사교육 활용법

☑ "방과 후 돌봄 교실 신청 자격이 따로 있나요?"

☑ "아이의 재능을 키워 주고 싶은데 무엇부터 시작해야 할까요?"

☑ "초등 1~2학년 영어 교육, 여전히 금지인가요?"

☑ "악기나 운동도 빨리 시작하는 게 좋은가요?"

☑ "방과후학교 비용과 학원 비용 차이가 크나요?"

아이의 방과 후, 안전한 '돌봄'부터 해결

보통 오후 2시 전후로 초등 1~2학년 수업이 끝난다. 이때 아이들은 학교에 남아 방과 후 수업에 참여하거나 근처 학원으로 이동한다. 부모 입장에서는 자녀의 돌봄 공백도 해소하고, 학습 보충, 선행 학습, 취미 활동, 재능 고취 등을 도모할 수 있다는 점에서 장점이라고 할 수 있다. 하지만 아이의 의지와 상관 없는 선택, 추가 교육비 부담으로 걱정스러울 수도 있다. 또 어떤 특별 활동, 예체능 교육이 아이의 재능 발견에 도움이 될지, 선택에 대한 고민도 만만치 않다.

초등 1학년 때 학교생활 적응과 기초 학력 다지기에 비중을 두듯이, 이 시기의 방과 후 교육도 다소 여유 있게 접근할 필요가 있다. 너무 이른 학업 위주의 계획은 아이에게 스트레스로 작용할 수 있다. 교과목과 관련된 학습과 재능 발견을 위한 예체능 교육을 균형 있게 배분하는 것이 중요하다. 초등 3학년에는 영어 정규 교과목 편성, 생존 수영 교육, 영재원 입학 준비 등이 예정되어 있으므로, 초등 2학년에는 3학년 때 이루어질 교육 과정에 대비하여 방과 후 시간에 변화를 꾀해도 좋다.

우선 초등학교에는 종일반이 없다. 맞벌이 가정의 경우 부모의 퇴근 시간까지 아이를 돌봐주던 어린이집이 그리울 수 있다. 만약 부모 중 한 쪽이 하교 후 아이의 돌봄을 책임질 수 없는 상황이라면 초등학교 입학 전부터 방과 후 시간을 어떻게 보낼지 대책을 마련해 두어야 한다. 방과 후 시간을 계획할 때 간혹 자녀의 학업에 도움이 되면서 경제적 부담이 덜한 것 위주로 따져 보게 되는데 무엇보다 자녀의 안전을 최우선으로 고민해야 한다.

초등 저학년 시기의 아동은 호기심이 많은 반면 부주의하고 자제력도 미숙하다. 시간 관념도 부족해서 부모가 저녁 때까지 학원 일정을 빼곡하게 짜두어도 혼자서 실천하는 데 무리가 있다. 만약 누군가의 돌봄 없이 혼자 방임된 상태라면 아이는 각종 유해 환경에 쉽게 노출될 수 있다. 혼자 시간을 보내기 무료하여 컴퓨터 게임이나 스마트폰에 쉽게 중독될 수도 있고, 집에서 혼자 라면을 끓이거나 전기용품을 이용하다가 안전사고를 부르기도 하고, 길거리를 배회하다가 아동 범죄의 대상이 될 수도 있다. 방과 후 시간은 아동의 '돌봄 해결'과 '안전'을 전제하여 학습, 예체능 교육, 취미 활동 등이 따라와야 한다.

우리나라의 초등 1~2학년이 방과 후 시간을 어떻게 보내는지는 보통 세 가지로 나뉜다. 먼저 초등학교에서 정규 수업 외에 별도로 운영하는 '방과후학교(방과후수업 또는 방과후교실이라고도 부른다)'와 '돌봄교실'을 이용하는 것이다. 두 번째는 사설 기관에서 운영하는 각종 교습소, 학원, 스포츠클럽 등에 다니는 것이다. 마지막으로 가정에서 양육자나 다른 보호자와 함께 지내는 것을 들 수 있다.

각 초등학교에서는 아동의 돌봄 공백이 생길 수밖에 없는 저소득층 가정, 한부모 가정, 맞벌이 가정의 자녀 위주로 방과 후 '돌봄교실'을 운영한다. 보통 방과 후 시간의 '돌봄'을 해결해 주며 '오후돌봄'과 저녁 8시까지 돌봄이 가능한 '추가돌봄'으로 운영된다. 방학 중에는 오전부터 운영한다. 돌봄교실 신청자가 적으면 대상을 초등 1~2학년 전체 또는 3학년까지로 확대하기도 한다. 세부 사항은 각 학교마다 다를 수 있으며 입학 전 예비 소집일에 돌봄교실 운영 방안에 대해 미리 문의해 보는 것도 좋다.

돌봄교실에서는 독서, 놀이, 과제, 휴식 등 보육 위주의 시간을 보내며 외부 강사를 초빙하거나 '방과후학교'와 연계하여 과학, 미술, 체육, 음악 등 다양한 체험 활동을 하기도 한다. 돌봄 비용은 없지만, 식비(1일 4,000~5,000원)나 간식비(1일 2,000원 내외) 정도는 부담해야 한다.

동네 주민센터나 복지관 등에서도 돌봄 공백이 생기는 아동을 위해 공부방이나 돌봄 서비스를 운영한다. 대개 저소득층이나 차상위 계층 자녀, 한부모 가정이나 맞벌이 가정의 자녀를 대상으로 한다. 그러나 신청자가 적으면 관할 지역의 아동을 대상으로 저렴한 비용이나 무료로 개방하기도 한다. 만약 학교 돌봄교실의 이용이 어렵다면 부모가 구청이나 주민센터 등에 관련 복지 내용을 문의하여 알아본다.

'아동 돌보미'를 신청하여 방과 후 각 가정에서 아이돌봄서비스를 받을 수도 있다. 여성가족부에서 운영하는 아이돌봄서비스 사이트에 접속하여 이용 대상 및 이용 방법을 확인 후 신청한다.

아동과 관련된 세탁, 놀이 공간 청소, 간식 만들기 등의 가사 서비스가 포함된 종합형과 정해진 시간 동안 돌봄 위주의 서비스만 이용하는 일반형이 있다. 아이돌보미가 찾아가 일 대 일로 아동을 안전하게 돌보며, 야간·공휴일 상관없이 원하는 시간에, 필요한 만큼 이용할 수 있다. 또한 정부 지원 시간을 모두 소진하면 부모 부담으로 서비스를 이용할 수 있다. 서비스 종류(시간제↔종일제)를 변경하여 이용 시에는 정부 지원 시간 및 기간의 변동이 생길 수 있으므로, 반드시 사전에 서비스 제공 기관으로 문의하도록 한다.

시간제 서비스 종류

서비스 종류	이용 대상	정부 지원 시간	이용 요금
시간제 일반형 서비스	만 3개월 이상~ 만 12세 이하 아동	연 720시간	시간당 9,890원
시간제 종합형 서비스			시간당 12,860원

서비스 제공 범위

시간제 일반형 서비스	학교, 보육시설 등·하원 및 준비물 보조, 부모가 올 때까지 임시보육, 놀이 활동, 준비된 식사 및 간식 챙겨 주기(가사 활동은 제외)
시간제 종합형 서비스	시간제 일반형 서비스 돌봄활동 범위 및 아동과 관련된 가사 서비스 추가 제공 - 아동 관련 세탁물 세탁기 돌리기 및 정리 - 아동 놀이공간 정리, 청소기 청소(1회) 및 걸레질 하기 - 아동 식사 및 간식 조리와 그에 따른 설거지

서비스 이용 요금

이용 시간	(기본) 1회 2시간 이상 신청, (추가) 최소 30분 단위	
기본 요금	평일 주간, 시간제: 9,890원/시간당, 종합형: 12,860원/시간당	
야간 할증	평일 오후 10시~오전 6시	기본 요금의 50% 할증
휴일 할증	일요일,「관공서의 공휴일에 관한 규정」에 따른 공휴일, 근로자의 날	기본 요금의 50% 할증
동시 돌봄 할인	1명의 아이돌보미가 동일 장소, 동일 시간에 2명 이상의 아동을 함께 돌보는 경우	돌봄 아동 2명 시: 25% 할인 돌봄 아동 3명 시: 33.3% 할인
취소 수수료	서비스 시작 시간 기준 24시간 이내 취소 시 신청 건당 9,890원 부과	

※ 여성가족부, 2020

방과후학교, 저렴한 비용으로 다양한 체험

'방과후학교'는 말 그대로 학교 수업이 끝난 이후, 정규 교과목에서 배우지 않는 다양한 과목이나 활동을 저렴한 비용을 내고 수강하는 것이다. 영어, 클레이 만들기, 영재로봇, k팝 댄스, 축구, 오케스트라, 과학 실험, 요리, 컴퓨터, 마술 등 아이들이 좋아할 만한 다양한 프로그램을 마련하여 운영하고 있다. 프로그램은 학부모나 학생의 선호도를 조사하여 개설하기도 하는 등 학교마다 다양하게 운영된다.

무엇보다 방과후학교의 장점은 부모의 사교육비 부담을 낮추기 위해 이용료가 저렴하다는 것이다. 가까운 동네 학원에서 듣기 어려운 프로그램이 많고, 비용도 분기당 7~10만 원 정도밖에 되지 않아 가계에 큰 부담이 되지 않는다. 강사의 질 역시 학교에서 검증해 주며 학교 수업이 끝난 후 차량 이동 없이 교내에서 안전하게 교육받을 수 있다는 것도 장점이다.

프로그램 신청은 분기마다(3월, 6월, 9월, 12월) 이루어지기 때문에 아이가 호기심에 덜컥 신청하였다가 재미를 못 느끼는 경우 다음 분기에는 다른 프로그램을 신청해도 된다. 학원 수강료가 비싼 원어민 영어 수업을 방과후학교에서 배우는 것은 알짜 중의 알짜이다. 평소 아이가 배우고 싶어하였거나 재능 발굴을 위해 체험해 보고 싶었던 프로그램을 선택하는 것도 효과적이다. 아이가 돌봄교실을 이용 중이라면 방과후학교 프로그램과 연계하여 보육 중심인 돌봄교실의 단점을 보완해도 좋다.

방과후학교의 아쉬운 점은 인기 프로그램은 수강자가 너무 많아 신청이 어려울 수 있다는 것과 비인기 프로그램은 아무리 내 아이가 좋아해도 인원수가 부족하여 폐강될 수 있다는 것이다. 만약 클레이 만들기와 영재로봇 수업을 듣고 싶은데 두 프로그램이 같은 시간에 진행되면 어느 한 쪽을 포기해야 한다. 또 아이가 원하는 프로그램을 선택하다 보면 시간대가 맞지 않아 중간에 비는 시간이 생길 수도 있다. 이용료가 사설 학원보다 저렴해서 많은 프로그램에 참여하고 싶어도 현실적으로 하루에 2개 이상 수강이 어렵다는 것도 단점이다.

학원에 다니는 것이 경제적으로 부담스럽고 아이가 호기심이 많아 배우고 싶은 것이 자주 바뀌면 방과후학교를 적극적으로 활용하는 것을 추천한다. 특히 초등 저학년 때의 방과후학교는 학교 구석구석을 알게 하여 학교생활의 적응을 도우면서 같은 관심사를 가진 친구를 사귀게 하는 등 여러모로 도움이 된다.

사설 학원은 교과목보다 예체능 중심으로

방과후학교를 통해 자녀의 돌봄과 사교육 공백을 해결할 수도 있지만, 사교육에 대한 의존은 여전히 높은 편이다. 2019년도 3월 교육부와 통계청에서 발표한 '초중고 사교육비 조사(복수 응답 가능)'

에 따르면 2018년 기준 1인당 평균 사교육비가 역대 최대를 기록하였다. 특히 사교육 수강의 가장 큰 이유는 1위는 학교 수업 보충 및 심화(49 %), 2위는 선행 학습을 위해(21.3 %), 3위는 진학 준비(17.5 %), 4위는 불안 심리(4.7 %) 순으로 나타났다. 방과후학교 참여율은 전년 대비 3.7 % 하락하였으며 이용 총액 역시 전년도보다 하락하였다.

한국청소년활동진흥원의 또 다른 통계 자료인 '청소년 방과 후 활동 수요 및 현황 조사'도 눈여겨볼 만하다. 해당 자료에 따르면 초등 1~3학년의 23.4 %가 2개 이상의 교과목 학원에 다니고, 33.6 %가 2개 이상의 예체능 학원에 다닌다고 한다.

사교육비와 방과 후 활동, 두 조사 결과를 아우르면 우리나라 학생의 대다수가 학교 수업 보충이나 선행 학습, 입시 준비를 위해 교과목 위주의 학원에 다니는 것이 보편적이라고 볼 수 있다.

평일에 다니는 학원의 개수(초등 1~3학년 대상)

교과목 학원	0개	1개	2개	3개	4개 이상
	45.0 %	31.6 %	15.2 %	5.6 %	2.6 %
예체능 학원	0개	1개	2개	3개	4개 이상
	23.8%	42.6%	23.5%	7.6%	2.5%

출처: 한국청소년활동진흥원(2019)

수치상으로는 현실이 이렇다 해도 다행히 초등 1~2학년은 초등 고학년, 중고생과 사정이 다르다. 초등 저학년 때는 기초 학력을 탄탄히 다지는 시기인 데다 교과목의 난이도 또한 높지 않아 학업에 대한 부담이 크지 않다. 장기적으로는 아이의 진로를 위한 재능 발굴 및 진로에 대한 동기 부여를 위해 노력할 수 있는 절호의 기회이기도 하다.

신체, 정서, 인지 발달 단계로 살펴봐도 초등 1~2학년은 다양한 예술, 체육 활동이 필요한 시기이다. 남자아이들은 여전히 대근육 능력을 키우며 운동장에서 신나게 뛰어노는 것을 좋아한다. 단체 스포츠 활동을 통해 대근육을 마음껏 움직이며 스트레스를 발산하고 규칙과 질서를 익히는 것이 도움이 된다. 수업 활동에서 많은 비중을 차지하는 그리기, 오리기, 색칠하기, 만들기 등을 위해 미술학원에 다니는 것도 좋다. 양손 조작을 통해 좌우뇌를 고루 발달시키고 정서적으로 차분하고 안정적이면서 풍부한 감성을 길러 주는 악기 학원도 효과적이다.

관건은 교과목 학원이든 예체능 학원이든 내 아이에게 어떤 학원이 필요한지 제대로 선택하는 것이다. 아직 내 아이에게 어떤 재능이 있는지, 아이가 무엇을 하고 싶어하는지 잘 모를 수 있다. 우선은 과도한 선행 학습으로 스트레스를 주기보다 아이의 호기심 충족, 창의력 향상, 정서적 안정, 사회성 발달, 학습 능력 고취 등에 목표를 두고 폭넓은 범위 안에서 학원을 선택한다. 이동 거리나 수업 시간, 비용 등을 고려하는 것도 필요하다. 만약 예체능 학원 위주로 다니게 된다면 아이의 신체, 정서의 고른 발달을 위해 운동과 악기 하나를 꾸준히 하는 것이 학교생활에 도움이 된다.

학원, '보충 학습'과 '돌봄'의 역할

학교에서 배우는 교과목 진도에 따라 부족한 부분을 '보충' 또는 '보완'해 주는 학원도 있다. 엄밀히 따지면 정해진 교과 과정에 따라 학업 성취가 부족한 과목이나 교과 범위를 다시 보충 및 보완하는 사설 학원이다. 일명 '보습 학원'이라고 부르는데, 초등 저학년의 경우 특정 교과목뿐 아니라 국어, 수학, 영어, 한자 등 학업에 필요한 주요 교과목을 두루 공부하기도 한다. 지필 시험 기간에는 시험 범위에 맞추어 복습하거나 예상 문제를 풀이하며 학업 성적을 관리해 주기도 한다. 학원 규모나 시설, 강사 수에 따라 영어, 수학 커리큘럼을 좀 더 보강하거나 미술, 피아노, 태권도 등 기본적인 예체능 수업을 같이 진행하는 곳도 있다.

대부분의 아이들이 매일 오후 2시면 하교와 동시에 학원 버스를 타고 보습 학원에 간다. 만약 방과후학교를 1~2개 정도 참여한다면 학원행은 좀 더 늦어진다. 학원에 도착하면 정해진 시간표에 따라 국어, 영어, 수학, 한자 등을 배운다. 오후 6~7시가 되어야 학원 버스를 타고 집으로 간다. 만약 주 2~3회 다른 예체능 학원이나 전문 학원에 다니고 있다면 그날의 일과표는 더욱 빼곡해진다. 초등 저학년 대상의 동네 보습 학원이 이런 형태로 운영되는데, '학습'과 '돌봄'의 역할이 모두 필요한 수요자가 있기 때문이다.

2019년 교육부와 통계청의 발표에 따르면 2018년 기준 전국 초등학생 수는 271만 명이다. 이 중 맞벌이 가정의 초등학생 수는 138만 명으로 추산된다. 다시 이들 중 43만 명가량이 초등학교 돌봄교실, 지역아동센터, 아이돌봄서비스, 다함께돌봄센터, 방과후아카데미 등 각 부처에서 진행하는 상시·시간제 돌봄 서비스를 받는다. 이 말은 맞벌이 가정의 초등생 95만 명 정도는 돌봄 공백에 놓이며 특히 방학 기간에는 온종일 돌봄을 받지 못하는 상황에 처한다는 의미이다. 결국 이 아이들의 부모는 보습 학원을 알아보거나 각종 사설 학원을 신청하여 '학원 뺑뺑이'를 돌릴 수밖에 없다.

마땅한 방법이 없는 학부모는 월 20~30만 원의 비용으로 보습 학원에서 아이의 학습 보완과 돌봄 공백을 해결한다. 문제는 보습 학원과 같은 사설 학원은 인가를 받은 보육 시설이 아니고 보육 교사가 따로 있는 것도 아니어서 돌봄의 형태가 불완전할 수밖에 없다는 것이다. 또 학원 버스를 타고 이 학원 저 학원으로 '뺑뺑이'하는 아이의 경우라면 사고의 위험에 더 많이 노출되어 있을 수밖에 없다.

최근에는 이런 현실을 반영해서 사설 돌봄 업체나 '돌봄교육학원'이라는 새로운 운영 형태의 학원도 인기를 끌고 있다. '째깍악어', '자란다', '놀담', '배시시' 같은 사설 돌봄 업체는 시간제 방문 돌봄 서비스로 운영된다. 자체 시스템을 통해 검증된 아이 돌보미(sitter)가 신청자의 가정에 방문하여 정해진 시간에 따라 공부, 놀이, 영어, 체험 학습 등의 서비스를 제공한다.

'돌봄교육학원'은 주요 과목부터 음악, 미술 등 다양한 예체능 수업이 가능하도록 대규모 시설로 운영하는 사설 학원이다. 말 그대로 돌봄과 교육을 한 건물에서 해결하며 아동 1명당 월 100만 원 정도로 고비용이지만 아이에게 필요한 교육을 한곳에서 안심하고 해결할 수 있다는 장점이 있다. 영어, 수학, 피아노, 미술 등 교과목이나 종목에 따라 학원을 각각 선택하여 다니게 되면 그만큼 비용이 상승한다는 면에서는 효율적일 수 있다.

사설 돌봄 업체 예시(2019년 기준)

구분	A 업체	B 업체
대상	만 1~12세(초등학생까지)	만 3~10세
형태	방문 돌봄 서비스	대학생 방문 놀이 시터 서비스
교사 자격	국가 공인 자격증의 전 현직 유치원, 어린이집 교사 출신 / 관련 전공 대학생 등	관련 전공 대학생
비용	1시간 19,000원 / 90분 26,000원 등 (교사에 따라 차등, 인원 1명당 비용 추가)	1시간 14,000원 기준
돌봄 내용	등·하원, 학습, 영어, 놀이, 체험 등 (놀이, 체험은 아동 2명 이상)	놀이 중심

감성 발달을 돕는 음악·미술 학원

음악·미술과 관련된 예능 교육은 초등 입학 전부터 시작하여 꾸준히 진행하는 것이 좋다. 유아기에는 아이 수준에 맞는 초보적인 작품 활동을 하며 음악과 미술이 재미있고 즐거운 것이라는 인식을 심어 주는 것으로 충분하다. 초등 입학 무렵이면 아이가 선생님의 지시를 이해하고 따를 수 있으며, 미숙하더라도 세밀한 근육을 움직이는 조작 운동이 가능하므로 본격적으로 예능 교육을 시작해도 무방하다.

음악과 미술이 주는 장점은 아이들의 감성을 풍부하게 하며, 표현력을 길러 주고, 정서적 안정을 가져온다는 데 있다. 무엇보다 자신의 머릿속에 머물던 생각을 선과 색으로, 음의 강약으로 표현하면서 창의력을 기를 수 있다. 이런 장점을 고려해서 아이의 평생 친구가 될 만한 좋은 취미를 길러 주겠다는 의도로 시작한다면 주변 사설 학원을 통해서도 어렵지 않게 예능 교육을 시작할 수 있다.

음악은 악기 교육이 주를 이룬다. 대개 피아노를 많이 배우지만 바이올린이나 첼로, 플루트도 인기가 많고 국악기를 배우는 경우도 많다. 초등 1~2학년에는 피아노와 바이올린, 국악기 중 타악기부터 시작하는 것이 좋다. 학교 수업에서 캐스터네츠, 트라이앵글, 실로폰 같은 타악기와 멜로디언 같은 간단한 건반 악기를 배우는 것도 같은 맥락이다. 리코더, 플루트, 클라리넷, 대금 같은 관악기는 아이의 폐 기능이 어느 정도 성숙해진 초등 3학년 이후가 적당하다. 그리고 악기의 크기 역시 고려해야 하는 것 중 하나이다. 아이가 너무 어리거나 체격이 작으면 손가락이 잘 닿지 않고 다루기 힘들기 때문이다. 꾸준한 연습으로 마침내 악기 하나를 다룰 수 있게 된다면 커다란 성취감과 함께 자존감도 높아질 것이다.

악기를 배울 경우 아이의 지능 개발에 도움이 된다는 여러 연구가 있다. 몇몇 과학자에 따르면 이미 결정되어 있는 것으로 여겨지던 지능 지수(IQ)도 변화할 수 있는데, 그 한 가지 방법이 악기를 배우는 것이라고 한다. 실제 스위스 취리히 대학교의 심리학자 루츠 얀케(Lutz Jäncke) 박사는 악기를 꾸준히 연주하면 뇌의 형태와 능력이 변화할 수 있으며, 어린이와 심지어 어른들의 IQ를 7 정도까지 향상시킬 수 있다는 연구 결과를 2009년에 발표하였다. 하버드 대학교 의과대학의 고트프리드 쉴라우그(Gottfried Schlaug) 교수 역시 악기를 통해 뇌의 기능을 증진시킬 수 있다는 연구 결과를 2013년에 발표하였다.

악기가 아이들의 집중력을 높이고 공격적인 행동을 제어한다는 연구도 있다. 미국 버몬트 대학교의 아동정신의학팀은 6~18세의 어린이 및 청소년들의 뇌 영상을 촬영하여 분석하였는데, 악기를 배우는 어린이의 대뇌피질이 그렇지 않은 아이들에 비해 두껍게 나타났다. 대뇌피질이 두꺼울 경우 집 중력 및 기억력이 높을 가능성이 크다고 하며, 학생들의 충동적 행동을 억제하는 데 도움을 준다

고 한다. 연구 책임자인 제임스 후드지아크(James Hudziak) 교수
는 "악기를 배우는 것이 뇌를 촉진시켜 집중력을 높여 준다."라고
하며, "이러한 통계 결과는 어린 시절부터 악기를 배우는 것이 중요
하다는 점을 보여 준다."라고 설명하였다.

❀ **피아노** 소근육이 발달한 만 4~5세부터 시작할 수 있지만, 악보를 보
고, 외우고, 소근육이 더 세밀해지고 강해지는 만 6세가 적합하다. 음
악 교육의 기초가 되기 때문에 다른 악기를 배우기 전에 피아노를 배
우는 경우도 많다. 양손을 골고루 쓰기 때문에 좌우뇌의 균형 있는
발달을 돕는다. 가까운 피아노 교습소, 피아노 학원에서 배울 수 있
다. 주 3회, 월 12~14만 원 정도이다.

❀ **바이올린, 비올라** 개인에 따라 다르지만 피아노보다 일찍 시작하기엔
무리가 있다. 연주 자세를 고정할 수 있고, 손가락으로 현을 누를 수
있어야 하며, 활 또한 정교하게 움직여야 하므로 전신의 운동 능력이
고루 발달해 있어야 한다. 만 7세 이후가 적당하다. 학원의 경우 대개
주 1~2회, 30~40분 수업, 월 12~18만 원 정도이다. 학원보다 개인
레슨을 선호하는 경우도 많다.

❀ **국악기** 북이나 장구 같은 타악기는 만 5세에 시작해도 좋다. 리듬감,
박자 감각을 익히는 데 좋고 스트레스 해소에도 도움이 된다. 가야
금, 단소, 해금은 바이올린을 배울 수 있는 만 7세 정도가 적당하다.
가까운 국악 학원에서 배울 수 있다.

미술 교육은 그 시작이 굳이 학원일 필요는 없다. 어릴 때 휴지를

한 가닥 한 가닥 찢던 것도, 손바닥에 물감을 묻혀 벽에다 찍던 것도 아이에게는 모두 신나는 미술 '놀이'이다. 미술 놀이를 통해 아이의 표현력과 창의력을 길러 주는 것이 미술 교육의 바람직한 첫발인 만큼 생활 속에서 오리기, 종이 접기, 클레이 만들기, 그리기, 색칠하기 등 다양한 활동을 할 수 있도록 유도한다.

전공자에게 체계적인 미술 교육을 받고 싶거나 수업 활동이나 수행 평가 등에 도움을 받고 싶다면 방문 미술 교사나 가까운 미술 학원에 보내도록 한다. 방문 미술 교사의 경우 사설 돌봄 업체를 통해 알아볼 수 있으며 1:1 교습보다 3~4명 모둠을 구성하여 교사를 초빙하는 것이 비용 면에서 경제적이다. 미술 학원의 경우 만 4~5세부터 어렵지 않게 보낼 수 있다. 보통 주 2~3회 수업에 월 8~16만 원 정도로 비용 차이가 크다.

건강한 정신과 육체를 위한 스포츠 교육

최근 성공한 운동선수가 늘어난 만큼 스포츠 교육에 대한 욕구도 높아졌다. 박세리 이후 '박세리 키즈', 김연아 이후 '김연아 키즈'가 많아진 것도 그렇고, 축구선수 손흥민이나 이강인을 보며 내심 부러워하는 것도 그렇다. 하지만 아이에게 스포츠 교육이 필요한 이유는 이것이 전부가 아니다.

아이들은 체육 활동을 통해 '스포츠맨십'을 배운다. 정해진 규칙과 질서를 지키고 같은 팀 선수들과 협력하여 목표를 이루기 위해 최선을 다하는 것, 그리고 공명정대함이 있다. 아이는 반칙이나 편법이 아닌 정정당당한 승부를 최고의 가치로 여기게 된다. 이 과정에서 신체가 건강해지고 운동 능력이 발달하며 스트레스를 해소할 수 있다. 균형 있는 몸과 바른 자세를 길러 주며 지구력, 순발력, 집중력, 근력 등을 키우는 데에 효과적이다.

운동에 남다른 재능과 소질이 있어 조기 교육이 필요한 경우를 제외하고, 스포츠 교육은 대근육 발달이 거의 완성되고 한창 운동 능력을 키울 때쯤인 만 5세 이후에 시작하는 것이 적합하다. 몸을 움직여 반복 훈련을 하는 것은 어렸을 때 배웠더라도 꽤 오랜 시간 동안 몸에 배어 있게 된다. 그리고 제 나이에 맞게 사회성이 발달하였다면 아이는 자신이 속한 그룹이 어떤 운동을 하는지, 규칙은 어떻게 되는지, 다른 선수들과 소통하려면 어떤 용어를 써야 하는지 이해하고 배우려고 노력한다. 초등 입학 전에 시작해도 좋을 스포츠에는 수영과 태권도 등이 있고, 입학 이후에는 축구도 괜찮다. 균형 잡힌 신체와 바른 자세를 위해서는 발레도 좋다.

❀ **수영** 수영은 만 5세쯤 시작할 수 있다. 물에 뜨고 헤엄치기 위해서는 팔다리를 포함하여 전신 운동 능력이 필요하다. 호흡 조절이 필요하므로 폐활량, 심폐 기능이 좋아지고 지구력, 유연성도 향상된다. 시간 대비 운동량이 많아서 체중 조절이 필요한 아이에게도 적합하다. 하지만 천식, 비염 등이 있다면 수영장의 수온이나 소독 성분 등이 증세를 악화시킬 수 있다. 최근 초등학교에서는 초등 2~6학년 대

상으로 '생존 수영'을 가르친다. 이 때문에 수영 역시 사교육에 편승하여 미리 배우기도 한다. 어린이 수영 교실의 비용은 스포츠센터의 운영 주체가 어디냐에 따라 가격이 천차만별이다. 지자체가 운영하는 스포츠센터라면 주 2~3회, 3~5만 원 정도에 배울 수 있고, 사설 스포츠센터라면 시설, 규모, 강습생 수에 따라 비용이 올라간다.

✿ **태권도** 태권도는 규칙적인 운동 습관을 기르고 예의범절을 익히며 혹시 모를 위험한 순간에 자신을 지킬 수 있도록 호신용, 방어용으로 배운다. 온몸을 골고루 사용하기 때문에 균형 있고 탄력 있는 신체와 운동 능력을 길러 준다. 만 6세 이후인 초등 1~2학년부터 배우는 것이 좋은데 찌르기, 발차기 같은 공격 기술을 친구들에게 무분별하게 사용하면 안 된다는 것을 인지해야 하기 때문이다. 대개 주 5회, 월 10~12만 원 정도이다. 줄넘기같이 학교 체육 시간에 필요한 운동도 가르치고, 다양한 체험 활동을 함께하는 곳이 많다.

✿ **축구** 요즘은 남자아이 여자아이 가릴 것 없이 축구를 배우고 싶어하는 아이들이 많다. 아직 신체 조절 능력이 미숙하여 커다란 축구공을 다루기에는 자세가 어설퍼 보일 수 있지만, 구기 종목 중 비교적 규칙이 단순하여 쉽게 배울 수 있다. 또 그룹이 함께 팀을 이루어 시합하기 때문에 협동심을 기르는 데에도 도움이 된다. 발로 공을 제어하며 달리거나 차거나 하면서 순발력, 협응력, 지구력 등을 기를 수 있다. 만 5세부터 인근의 어린이 축구 교실에서 배울 수 있으며 주 1회 기준 5~6만 원 정도이다.

✿ **발레** 아름다운 체형과 바른 자세를 위해 발레를 배우기도 한다. 음악에 맞추어 동작을 유연하고 아름답게 표현하기 때문에 음악에 대한

이해와 신체 표현 능력을 기를 수 있다. 만 5세 이후에는 기본 동작과 간단한 표현 기술부터 배우기 시작한다. 발레는 발레 학원, 문화센터 등에서 배울 수 있다. 발레 학원의 경우 주 3회 기준 15~18만 원 정도이다.

스포츠 관련 사설 학원을 알아볼 때 주의해야 할 것이 있다. 축구 교실, 야구 교실의 이름을 달고 있는 일부 스포츠클럽은 교과목 학원이나 예능 학원과 달리 교육부 관할이 아니다. 그나마 체육 시설로 신고되어 있다면 다행이다.

학원이나 체육 시설에서 어린이 통학 버스를 운행할 경우 운전자는 반드시 사전 안전교육을 받아야 하며, 아이 안전을 책임질 지도 교사가 함께 타야 한다. 반면 스포츠클럽은 서비스업으로 분류되기 때문에 이런 법의 적용을 받지 않는다. 따라서 스포츠클럽에서 운영하는 시설에 보낼 경우, 부모 입장에서 내 아이를 위한 안전사고 관리나 예방책에 대해 불안한 마음이 있을 수 있다. 사설 스포츠클럽을 알아보고 있다면 어떤 기관으로 신고되어 있는지 확인하고 각종 시설과 안전 대책이 잘 갖추어져 있는지 살펴본다.

동네 영어 학원과 전문 어학원의 차이

교과목 학원 중에서 영어는 학부모들에게 필수 과목으로 손꼽힐 만큼 인기가 많다. 초등 1~2학년 학부모는 학업의 연장선상에서 영어 사교육이 필요하다고 생각하는 경향이 높다. 방과후학교에서 원어민 영어 교실은 매번 지원자 수가 넘칠 정도이고 일부 학교에서는 추첨을 통해 수강생을 선발할 정도이다. 경제적으로 여유가 있다면 월 30~40만 원 정도의 영어 학원이나 전문 어학원을 보내기도 한다.

한때 '공교육 정상화 촉진 및 선행 교육 규제에 관한 특별법'으로 학교에서 초등1~2학년에게 영어를 가르치는 것을 금지하였는데, 오히려 영어 사교육의 비중이 높아지는 결과를 초래한 바 있다. 이에 관련 법을 재논의한 끝에 특별법 시행을 2025년 이후로 연기하였고 2019년부터는 1~2학년 대상으로 방과후과정의 영어 수업을 재개하였다.

영어를 언제부터 배우는 것이 좋은가에 대해 대다수의 전문가는 만 5~7세 무렵에 아이가 한글을 터득한 뒤, 짧은 문장으로 된 영어 그림책이나 영어 동요, 챈트 등으로 단어와 쉬운 표현을 익히는 것부터 시작하는 것이 좋다고 말한다. 유아기에 2년간 영어 유치원

Tip 파닉스로 영어 배우기

'파닉스'는 각 알파벳이 가진 소리, 발음을 배우는 교수법으로 철자와 소리의 관계를 익혀 단어를 읽을 수 있도록 가르치는 방법이다. 각 알파벳의 소리와 다른 알파벳과의 대응 관계를 알게 되면 단어 자체를 몰라도 읽기가 가능하다. 학교에서 시작하는 초등 3학년 영어 수업 역시 알파벳을 익히는 것부터 시작하여 소리, 발음 등의 관계를 배우게 된다. 이를 기초로 하여 점차 단어, 어절, 문장으로 넓혀가며 읽기 능력을 기른다.

에 다니면서 습득한 영어 실력은 초등 2학년 정도면 6개월 만에 습득할 수 있는 난이도라는 것이다. 효율성을 따졌을 때 영어가 정규 과목으로 편성되는 초등 3학년부터 시작해도 늦지 않으며, 특히 이 시기는 '파닉스(phonics)'로 영어를 시작해도 좋은 연령이다.

영어 학원에 보내고 싶다면 동네 영어 학원과 레벨 및 커리큘럼이 체계화된 전문 어학원 중에서 생각해 볼 수 있다. 동네 영어 학원의 경우 반드시 원어민 교사를 고집할 필요는 없다. 원어민 교사의 장점은 발음보다 외국인에 대한 친숙함을 길러 주는 데 효과적이다. 이 시기에는 아이가 사용할 수 있는 단어나 문장의 수준이 낮아서 원어민과도 한정된 표현만 주고받기 때문이다. 아이 영어 수준에 따라 커리큘럼이 체계적인지, 아이가 영어에 재미를 느낄 수 있는 프로그램인지 등을 더 꼼꼼히 살핀다. 주 3~5회 기준 월 20~30만 원 정도이다.

규모가 크거나 프랜차이즈로 운영되는 전문 어학원도 있다. 이왕이면 집에서 가까운 곳을 선택한다. 전문 어학원의 장점은 레벨 테스트에 따른 학급 구성과 레벨에 따른 커리큘럼이 잘 되어 있다는 것이다. 원어민과의 친밀감을 높이는 데도 도움이 된다. 하지만 아이 성격이 소심하거나 표현이 소극적이라면 실제 레벨과 실력의 차이를 알아채지 못하고 다른 아이들에 묻혀 지나칠 수 있다. 대형 어학원의 단점 중 하나는 한 반 구성원이 많다는 것이다. 보통 8~10명에서 많게는 12명까지 되기도 한다. 그래서 부모는 아이가 자기 수준에 맞추어 잘 배우고 있는지 유심히 살펴야 한다. 주 3~5회, 월 30~40만 원 정도이다.

잊지 말아야 할 것은 영어 학원에 다닌다고 해서 아이의 영어 실력이 단기간에 좋아질 것이라고 전적으로 믿고 맡겨서는 곤란하다는 것이다. 어떤 교과목 학원이든 아이가 학원 수업을 잘 따라가고 있는지, 괜히 시간만 보내다가 오는 것은 아닌지 부모가 세심히 살펴야 한다. 영어는 많이 듣고, 읽고, 따라 해야 실력이 늘기 때문이다. 또한 학원 외에도 가까운 영어 도서관에서 다양한 영어 그림책과 오디오북을 접하게 하고, 디지털 기기를 통한 영어 게임, 퀴즈, 놀이들을 통해 더 많은 단어와 문장들을 접하게 하는 것도 필요하다.

수학 학원에 보내기 전 생각해 볼 것

영어 과목과 달리 수학이나 과학 등의 교과목은 선행 학습이나 영재원 진학을 염두에 두고 시작하는 경우가 많다. 교육열이 남다른 부모들 사이에서는 '수학 선행 학습은 기본 3년'이라는 말이 나돌 정도이다. 또 이공계에 있어 최상위권의 로드맵은 '영재원 → 영재학교·과학고 → 서·카·포(서울대, 카이스트, 포항공대)'라는 말도 있다. 그 첫 단추가 영재교육원 또는 영재원이다.

초등 3학년부터 영재원에 입학할 수 있으므로 부모들은 초등 1학년에도 수학, 과학, 사고력 등의 학원에 집중한다.

수학 학원은 크게 교과 중심의 수업을 진행하는 일반 학원과 영재원 대비를 위한 사고력 수학, 창의 수학, 영재 수학 이름의 커리큘럼을 내세우는 학원으로 나눌 수 있다. 일반 수학 학원에서 별도로 영재반을 운영하기도 한다.

　수학 방문 학습지의 경우 반복적인 훈련으로 연산 능력을 키우는 데 도움이 된다. 일반 학원 역시 교과 내용을 중심으로 아이 수준에 따른 복습과 예습에 충실하므로 지필시험에서 좋은 성적을 거두는 데 효과적이다.

　일부 부모들의 평가에 따르면 선행 학습의 비중도 높아서 꾸준히 수학 학원에 다니면 중학교 과정까지는 상위권 유지에 도움이 된다고 한다. 주 3~5회 기준 월 20~30만 원 정도이다.

　고민해 볼 것은 과연 초등 1~2학년 아이에게 수학 학원이 꼭 필요한가이다. 학교 수업에 대한 예·복습 차원이라면 해볼 만하다. 이 정도라면 주요 교과목을 모두 아우르는 보습 학원에서도 가능하다. 하지만 초등 1학년부터 명문대 입시 준비, 영재원 대비 등의 이유로 아이 의지와 상관없이 한 학기 분, 한 학년 분 이상을 지속해서 선행해 나간다면 반대급부도 무시하지 못한다.

　초등 1~2학년이면 이제 막 학업에 첫발을 디딘 상태이므로, 과도한 학습이 오히려 공부에 대한 흥미를 완전히 떨어뜨리지는 않을지, 두뇌 능력보다 어려운 수학 문제가 아이를 '수포자'로 키우진 않을지 충분히 생각하여 결정해야 한다.

Q1 초등 독서 논술 학원에서는 무엇을 배우나요? 집에서도 따라 할 수 있나요?

대학 수시 평가에 논술 전형이 따로 있듯이 아이의 읽기, 말하기, 쓰기 능력은 매우 중요한 스펙입니다. 국어 실력과 맞닿아 있는 이런 능력을 어려서부터 길러 주고 독서 습관과 글쓰기 능력을 몸에 배게 한다면 학교 다니는 내내 각종 수행 평가나 토론에서 좋은 결실을 얻을 수 있습니다.

독서 논술 학원에서는 보통 5~6명을 한 그룹으로 구성하여 정해진 도서 1권을 읽은 다음 돌아가며 소감을 발표하는 식으로 수업을 진행합니다. 수업은 보통 주 1회이며, 일주일마다 책을 미리 읽어와야 합니다. 또 별도의 교재가 있어서 수업할 때 발표할 내용을 질문하는 등 과제를 주기도 합니다. 수업은 한 달 4회 기준이며 수업료는 16~20만 원 정도이고 교재비는 별도입니다.

독서 논술 학원에서는 문학, 비문학 가릴 것 없이 다양한 목록의 책 읽기를 권하는데, 이것은 어휘력을 향상시키는 데 큰 도움이 됩니다.

책을 다 읽은 뒤에는 같은 반 구성원들과 돌아가면서 교재의 질문에 따라 자신의 생각을 발표하는 시간을 갖습니다. 발표가 반복

될수록 자신감도 생기고 사용하는 어휘력이 다양해지며 논리가 강화되고 문장 구조도 완성형에 가까워집니다. 사람들 앞에서 발표나 연설을 할 기회가 왔을 때 자신 있게 자기의 생각을 말할 수 있다면 그것만으로도 충분합니다.

글쓰기 훈련도 이루어집니다. 교재에 나온 질문에 따라 답변을 쓰는 형식입니다. 질문에 맞추어 짧은 글을 쓰는 것이기 때문에 어렵지 않게 할 수 있습니다.

독서 논술 학원에서 무엇을 배우는지 살펴보면 '집에서도 할 수 있겠다' 하는 생각이 들 것입니다. 물론 어떤 책을 읽게 하고, 책 내용 중 어떤 질문을 하며, 실력 향상을 위해 어떻게 첨삭 지도해야 할지 몰라 난감할 수는 있겠지만 부모 역시 긴장을 풀고 아이와 자연스럽게 생각을 나누고 표현하려고 노력해야 아이의 독서 습관과 국어 능력을 기를 수 있습니다. 도서관에 가서 아이와 함께 읽을 책을 고르고, 함께 읽고, 책에 대해 어떤 생각을 하는지 질문하고, 서로의 느낌을 말해 보세요. 아이의 말에 경청, 공감, 칭찬을 곁들여야 자신감도 자랍니다.

Q2 비용이 많이 드는 학원 대신 온라인으로 공부할 수 있을까요?

온라인으로 학습할 수 있게 된 것은 꽤 오래되었습니다. 이런 온라인 학습을 '이러닝(e-Learning)'이라고 하는데, 단점이 있다면 1대 다수, 즉 단방향의 강의이기 때문에 학습자의 수준이나 요구에 따른 적절한 피드백이 어렵다는 것입니다.

최근의 온라인 학습 추세는 이런 단점을 보완하여 '에듀테크(Edu-Tech)'로 진화 중입니다. 온라인으로 학습이 이루어지지만 최대한 1:1 학습이 가능하도록 맞춤형, 쌍방향 교육을 지향합니다. 교육 콘텐츠에 인공지능(AI)과 빅데이터가 접목되어 개인별 학습 능력을 분석 및 반영합니다. 예를 들어 영어 문장 표현에 있어 특정 문법을 자꾸 틀린다는 정보가 쌓이면, 관련 학습의 난이도를 조절하거나 집중하게 하여 그 문법을 반복적으로 학습하게 하는 식입니다. 즉, 학습자의 수준에 따라 교육 내용이 달라지기 때문에 '수준별 맞춤 학습'이 가능하게 됩니다. 또한 디지털 콘텐츠이기 때문에 영상, 3D 애니메이션, 사진 등 시청각 자료가 풍부합니다.

최근 디지털 교과서나 교육전문회사의 온라인 학습지(또는 스마트 학습지) 경향은 에듀테크의 성격을 띠고 있습니다. 방문 학습 교사가 직접 집으로 찾아오는 종이 학습지와 달리, 스마트 학습지는 태블릿 피시로 디지털 콘텐츠를 제공받아 실시간으로 '온라인 학습 지도사'에게 코치를 받는 식입니다. 학습자가 교육 콘텐츠를 이용하는 동안 공부 시간, 성과, 이해도, 풀이 과정 등이 빅데이터에 쌓여 학습자의 수준이 분석되고 이것이 다시 지도 자료로 활용됩니다. 수준별 맞춤, 쌍방향이기 때문에 아이 입장에서는 좀 더 적극적, 능동적으로 학습에 참여할 수 있습니다.

스마트 학습지에 대한 불만도 상당합니다. 부모로서는 아이가 진중하게 한자리에 앉아 풀이 과정을 직접 써 보며 집중하는 종이 학습지가 더 유익하다고 생각할 수 있습니다. 또 스마트 학습지는 월 십수만 원의 비용으로 태블릿 피시를 받고 2~3년 약정으로 계약하는 경우가 많습니다. 만약 아이가 흥미를 느끼지 못하거나 다른 학습 방법이 필요하여 해약하려면 위약금 부담이 상당할 수 있습니다. 집중 시간이 짧은 아이, 디지털 기기 조작을 좋아하는 아이에게 더 잘 맞으며, 아이가 초등학교 저학년일 때 또 시청각 자료가 학습 능률에 도움이 된다고 판단될 때 신중하게 선택하도록 합니다. 무료 체험 후 선택하는 것도 도움이 됩니다.

영어 학습은 모국어 사용자와 화상으로 대화하고 학습하는 '화상 영어' 상품이 좀 더 경제적일 수 있습니다. 하루 10~20분씩, 주 5회, 월 3~10만 원 정도에 배울 수 있습니다.

Q3 한자 급수 따기가 유행인데 한자 교육이 아이에게 도움이 될까요?

우리말의 상당수는 한자어이기 때문에 한자를 배우면 단어의 뜻을 이해하고 문맥을 유추하는 데 도움이 됩니다. 교과서에 나오는 핵심 어휘나 중요한 개념 역시 대부분 한자어입니다. 부모와 대화를 주고받을 때도, 책을 읽을 때도, TV에서 교양 프로그램을 볼 때도 한자어는 문장 사이사이에서 불쑥 튀어나옵니다.

한자어는 어휘력 향상에도 도움이 될 뿐 아니라 중국, 일본, 타이완 등 아시아권의 주요 국가가 한자를 사용하기 때문에 글로벌 교육 차원에서도 유용합니다. 훗날 중국어나 일본어를 배우게 된다면 한자 지식이 외국어 습득에 보탬이 될 수 있습니다.

현재 초등학교에서는 한자 교육을 하고 있지 않지만 교육부 자료에 따르면 초등학교의 98%(5,800여 개교)는 창의적 체험 활동 시간에 한자 교육을 한다고 합니다. 방과후교실에서도 배울 수 있으며, 학습지, 단행본 교재, 학습 만화, 보습 학원 등을 통해 쉽게 한자 교육을 접할 수 있습니다. 한자 교육은 한글을 읽고 쓰는 데 무리가 없는 초등 1~2학년부터 시작하는 것이 좋습니다.

일상에서 유용한 한자 1,800자는 해야 하지 않을까 싶지만 아직은 초등생용 한자 300자부터 배워도 충분합니다. 아이가 한자에 흥미를 느끼고 급수를 따는 것에 의욕을 보인다면 점차 한자의 범위를 넓혀 봅니다. 참고로 중·고등학교에서는 상용한자 1,800자 중심으로 한문과 한자를 배웁니다.

한자 급수 자격 검정은 대한검정회와 한국어문회가 대표적입니다. 대한검정회의 교육 급수는 8급부터 시작하여 7급, 6급, 준5급, 5급, 준4급, 4급, 준3급, 3급, 대사범으로 진행됩니다. 공인 급수는 준2급에서 2급, 준1급, 1급, 사범으로 이루어져 있습니다. 8급은 한자 30자가 범위이지만 준2급, 2급은 한자 1,500~2,000자이고, 대사범에 이르면 대학, 논어, 맹자, 중용 등을 범위로 시험을 치르게 됩니다. 자세한 내용은 대한검정회 홈페이지(www.hanja.ne.kr)를 참고합니다.

한국어문회(www.hanja.re.kr)의 한자능력급수는 등록(비공인) 민간자격 8급, 7급II, 7급, 6급II, 6급, 5급II, 6급, 4급II, 4급과 공인 민간자격 3급II, 3급, 2급, 1급, 특급II, 특급 순으로 올라갑니다. 학부모들 사이에서는 한국어문회 시험이 더 어렵고 공신력이 있다고 알려져 있습니다. 아이가 어릴 때는 대한검정회로 치르다 추후 한국어문회로 갈아타는 경우도 많습니다.

Q4 요즘 '1인 1악기'가 대세인데 악기도 꼭 배워야 할까요?

결론부터 이야기하면, 어렸을 때 악기를 배우는 것이 좋습니다. 다만, 무작정 음악 학원에 보내기보다는 아이가 왜 악기를 배워야 하는지를 부모가 이해하고 보낼 필요가 있습니다.

악기에 대한 흥미가 있고 연주에 소질이 있다면 금상첨화겠지만 그렇지 못한 아이들도 상당수입니다. 음악 교육은 아이들의 감성을 풍부하게 하고, 다양한 감정 표현을 돕고, 정서적 안정감을 주는 데 효과적입니다. 자신의 감정을 이해하고 긍정적인 방법으로 표현할 줄 아는 아이는 상대방에 대한 공감 능력도 높습니다.

악기 교육은 손 조작과 두뇌 발달 측면에서도 중요한 역할을 합니다. 악기 소리를 듣고, 악보를 읽으며, 악보에 따라 손가락을 움직이는 과정은 집중력, 협응력, 표현 능력 등을 길러 줍니다. 특히 양손을 사용하는 악기는 좌·우뇌를 골고루 사용하게 해 두뇌 발달에도 유익합니다. 또 하나의 악기를 배우기 시작하여 한 곡을 연주하게 되는 과정에서 성취감을 느낄 수 있습니다.

만약 아이가 악기를 배우고 연주하는 것에 흥미나 소질이 없다면 우선 음악을 즐기는 법부터 시작해 봅니다. 아이가 좋아하는 연주, 노래 등을 자주 듣는 것이 시작입니다. 차를 타고 가며 듣기도 하고, 유튜브 채널을 통해 유명 연주자의 공연 영상을 함께 보기도 합니다. 신나는 음악이 나올 때 아이와 함께 박수를 치거나 발을 구르며 박자를 맞추는 놀이도 좋습니다. 아이가 즐겨 보는 애니메이션 주제 음악을 모아 자주 듣고 부르는 것도 괜찮습니다. 음악은 특별한 목적이 있어 특정 장르를 배우는 것이 아니라 일상생활에서 내가 원하기만 하면 언제든 어떤 장르든 접할 수 있는 하나의 놀이, 취미로 인식하게 하는 것이 필요합니다.

악기를 배우고 싶다면 가장 조작이 단순한 타악기부터 접해 봅니다. 타악기는 운율보다 박자를 먼저 배우기 때문에 어렵지 않게 시작할 수 있습니다. 북, 실로폰, 트라이앵글, 캐스터네츠 등이 초등 1학년 수준에서 배울 수 있는 적절한 타악기입니다.

Q5

요즘 유행하고 있는 MSC 검사에 대해 알려 주세요.

이른바 '뇌 유형 및 뇌 적성 검사', '두뇌 유형 판별 검사'입니다. MSC브레인컨설팅그룹이라는 업체에서 뇌 적성 검사 BOSI(Brain Orientation Suitability Inventory)를 통해 두뇌 유형을 4,096가지로 나누고 이를 바탕으로 기업에서 인재를 적재적소에 배치하는 용도로 제공해 왔습니다. BOSI는 미국의 심리학자 로저 페리(Roger Wolcott SPerry)의 좌우뇌 이론을 기반으로 한 뇌 적성 검사입니다. 검사자의 좌뇌와 우뇌의 활용 비중과 여러 요소들을 종합적으로 분석하여 두뇌의 적성을 파악한다고 합니다. 몇몇 대기업에서 인재 배치 용도로 쓰인다고 알려진 이후 학부모들 사이에서 자녀의 두뇌 유형 파악을 위한 용도로 널리 알려졌습니다.

현재 학부모들 사이에서 유행하고 있는 MSC 검사는 7개의 센터를 통해 특정 학원에서 진행하고 있습니다. MSC 검사 후 좌우뇌의 고른 발달과 잠재 능력의 극대화를 위해 사고력 독서 논술 프로그램 등도 제공합니다. 수업은 초등 2학년부터 가능하기 때문에 검사역시 초등 2학년도 할 수 있지만, 경험한 부모들에 따르면 아이가 다소 힘들어할 수 있어 초등 3~4학년이 적합하다고 합니다.

전화 예약 후 센터에 방문, 1시간 30분 가량 검사를 실시합니다. 한 달 후 검사 결과가 나오면 재방문하여 상담을 받습니다. 두뇌 유형 검사, 인적성 검사, 지능 검사 위주인데 특히 좌뇌형인지 우뇌형인지 두뇌 유형 검사만으로도 아이에 대한 많은 정보를 알 수 있습니다. 최소한 아이가 이과형인지 문과형인지, 어떤 일이 두뇌 적성에 맞는지 등을 알 수 있다고 알려져 있습니다.

검사 비용은 몇 만 원 정도로 웩슬러나 풀배터리 검사에 비해 저렴하지만, 이후 독서 논술 프로그램에 참여할 경우 높은 비용을 감안해야 합니다. 프로그램은 일반반, 영재반, 스페셜반 등으로 레벨에 따라 구분됩니다. 수업은 보통 주 1회 3시간으로 진행되며, 선정된 책을 미리 읽고 오면 교사의 설명과 함께 아이들이 서로 토론하고 발표하는 식입니다. 사고력을 높이는 데 주안점을 둡니다.

아이의 두뇌 유형을 파악하여 진로나 교육 계획에 적용하는 것은 나쁠 것 없습니다. 다만 과학적, 이론적 근거가 분명하고 신뢰도가 높더라도 특정 사설 학원에서 진행하는 만큼 약간의 상업성은 염두에 두는 것이 좋습니다. 내 아이의 두뇌 유형이 궁금하고, 독서 습관을 통해 사고력을 길러 주고 싶다면 시도해 볼 만합니다.

04

학교 친구와
사이좋게 지내기

☑ "아이가 학교에 가기 싫다고 하는데 어떡하죠?"

☑ "친구에게 자꾸 공격적인 성향을 보인다고 해요."

☑ "친구가 하는 건 무조건 자기도 따라 하려고 해요."

☑ "학교 다니며 거짓말과 욕설이 늘었어요."

☑ "아이가 너무 소심하고 주눅 들어 보여요."

불안감을 다독여야 학교가 즐겁다

　어린이집이나 유치원에 잘 다녔다고 해도 학교는 아이에게 또 다른 사회이다. 계산 없는 순수한 마음, 또는 자기 욕구에 충실한 이기심 등으로 친구를 사귀고 관계를 맺어왔다면, 이제부터는 착한 아이, 좋은 아이로 인정받고 싶다는 마음 때문에 자기 욕구를 참거나, 아닌 척 또는 그런 척 행동을 할 수도 있다. 또 자아 정체성을 깨닫는 시기이기 때문에 자신과 타인을 비교하며 경쟁 심리를 갖기도 한다. 친구가 나를 어떻게 생각하는지에 따라 자부심을 느끼기도 하고, 주눅이 들기도 한다. 첫 학교생활인 만큼 또래 관계에 별다른 이상 징후가 없는지도 잘 관찰해야 한다.

　입학 초기에는 달라진 일상과 낯선 학교생활 때문에 아이가 불안감을 겪을 수 있다. 자신에게 친숙한 사람과 그렇지 않은 사람을 구분할 수 있을 때 낯가림이 오는 것처럼 불안감 역시 아이가 세상을 좀 더 알게 되고 어떤 특정한 상황을 상상할 수 있을 때 더 드러나는 감정이다. 즉, 무서운 일(자신이 원하지 않는 어떤 상황)이 벌어질지 모른다는 구체적인 상상은 가능하지만 마땅한 대처법을 모르기 때문에 불안해할 수밖에 없다.

　유아기의 막연한 불안감이 '부모가 (내 눈에) 안 보인다'는 것에서 기인하였다면, 입학 초기의 불안감은 그동안 친숙했던 유치원과 친구들에게서 멀어져 낯선 세상에 자기 혼자 남겨졌다는 막연한 두려움에서 비롯된다. 선생님은 무섭지 않을지, 화장실은 어떻게 가야할지, 친구들에게 무슨 말을 건네야 할지 등 학교에서 벌어질 모든 일들이 걱정되고 불안하다. 어떤 아이는 여전히 부모와 떨어져 있는 것에 분리 불안을 느끼기도 하고, 또 다른 아이는 학업이 부모의 기대에 미치지 못할까 과도한 중압감을 느끼기도 한다. 아이 입장에서는 학교란 무섭고, 긴장되고, 걱정되고, 부담스럽고, 떨리면서 설레는, 복합적인 감정으로 맞닥뜨리는 곳이다.

1학년 초기에는 적지 않은 아이들이 분리 불안, 틱 장애(Tic disorder), 소아 우울증, 강박증, 함묵증 등과 같은 정서적 문제를 보인다. 그중 분리 불안은 유아기에 주 양육자와의 애착이나 신뢰감이 안정적으로 다져지지 못한 탓이 크다. 안정적인 애착 형성이 아이에게 세상을 탐험할 용기를 주듯이 불안정한 애착은 막연한 외로움, 불안감, 두려움의 원인이 될 수 있다.

유아기 때처럼 부모가 안 보인다고 울고, 떼쓰고, 매달리는 식의 행동을 하지는 않더라도 아이는 손톱을 물어뜯거나, 머리카락을 잡아 뜯거나, 빈뇨증(오줌소태) 또는 야뇨증을 보이거나, 틱 장애와 같이 음성 또는 반복적인 행동으로 SOS 신호를 보낸다. 또한 눈을 맞추지 않거나 말수가 확연히 줄어드는 모습을 보일 수도 있고 작은 일에도 공격적이고 폭력적인 성향을 보이기도 한다. 아이에게 내재된 불안감, 중압감, 두려움 등이 여러 정서 문제를 불러오는 것이다.

학교생활 초반에는 부모가 아이의 정서를 세심히 살펴야 한다. 학교생활을 안정적이고 즐겁게 영위하기 위해서는 아이 마음에 내재된 불안감부터 해소해 주어야 한다. 부모는 학교에 다녀 봤기 때문에 아이가 갖는 불안감을 대수롭지 않게 여길 수 있다. 어느 날 아침, 아이가 갑자기 "엄마, 나 학교 가기 싫어."라고 말한다면, '배 아파', '머리 아파' 등의 핑계로 등교를 미적거린다면, 입학 후 아이가 이전보다 의기소침해 보인다면 아이의 불안한 마음을 눈치채고 좀 더 많은 관심과 애정을 기울여야 한다.

✿ **아이와 충분히 시간을 보낸다** 아이의 불안감을 잠재우는 건 자신이 원하면 언제든 부모가 도와줄 것이라는 믿음이다. 아이와 부모 간 신뢰를 위해서는 아이와 충분히 시간을 보내야 한다. 아이가 좋아하는 것을 함께 즐기며 서로 많은 이야기를 주고받는 것이 중요하다. 특히 작은 목표를 세워 아이와 부모가 함께 도전할 수 있는 놀이를 하는 것도 좋다. 자유형으로 10미터 가기, 줄넘기 20개 하기 등 아이 능력으로 충분히 가능한 목표를 세워 성공의 경험을 자주 쌓게 한다. 이러한 것들이 아이의 자신감 또한 불안감을 없애는 데 효과적인 처방이다.

✿ **학교생활에 대해 늘 대화한다** 아이가 학교에서 돌아오면 학교에서 있었던 일과에 대해 질문한다. 단순히 "오늘 재밌었어?"라고 하는 것보다 "오늘 미술 시간에 어떤 걸 만들었니?", "짝꿍이랑 했던 이야기 중 무엇이 제일 기억에 남아?", "오늘 가장 재미있었던 수업은 무엇이었어?", "와! 이걸 ○○가 만들었다고? 어떻게 이런 생각을 했지?" 등 아이가 학교생활에서 미처 깨닫지 못하였던 즐거움을 발견해 주기 위해 노력한다.

� **잘한 것을 구체적으로 칭찬한다** 칭찬 역시 아이의 막연한 불안감을 자신감으로 바꾸는 데 일조한다. 아이를 칭찬할 때 "정말 잘했는데?" 하는 단순한 표현보다 "글씨도 어쩜 이렇게 또박또박 잘 쓸까!" 등의 구체적인 표현으로 칭찬해 주는 것이 좋다.

✿ **알림장 및 가정 통신문을 꼼꼼히 살핀다** 학교에 대한 아이의 불안감을 다독이려면 부모가 아이의 학교생활에 대해 잘 알고 있어야 한다. 알림장이나 가정 통신문을 통해 학사 일정이나 행사 내용을 잘 파악하고 있어야 평소 아이가 싫어하는 것, 힘들어하는 것, 어려워하는 것 등에 대해 마음의 준비를 할 수 있다.

✿ **학부모 공개 수업 등 학교 행사에 참석한다** 학교에서 아이가 어떻게 지내는지 알고 싶다면 학부모 공개 수업 등을 통해 확인해 본다. 아이가 수업 시간에 선생님 말씀에 귀 기울이는지, 모둠 활동에서 친구들과 의사소통이 원활한지, 혹시라도 의기소침하거나 주눅든 기색은 없는지 등을 살펴본다. 또 학부모 상담 기간에 담임 교사와의 상담을 통해 아이의 학교생활에 문제점이나 어려운 점은 없는지 살피도록 한다.

아이 성격을 이해하고 존중하라

학교생활 초기의 불안감을 잘 이겨 냈다면 아이는 본격적으로 학교생활에 적응하기 시작한다. 수업에 참여하고 선생님의 지시에 순응하려고 노력하며 친구를 사귄다. 또 교내외의 다양한 활동을 통해 지적 수준을 높이고 주변의 다양한 것들을 경험하며 세상 보는 눈을 넓혀 간다. 아이의 기질이나 성향에 따라 낯선 환경에서의 적응이 달라지듯 교사와의 관계, 수업 태도, 교우 관계, 공부 습관, 생활 습관 등 학교생활도 여러 양상으로 나타난다.

아이의 성격은 크게 내성적, 외향적으로 구분할 수 있는데 대다수 부모는 우리 아이 성격이 외향적이기를 기대한다. 여기에는 일종의 편견이 담겨 있다. 보통 외향적인 아이는 성격이 활달하기 때문에 친구도 두루두루 잘 사귀고, 리더십이 있으며, 무슨 일이든 적극적으로 나선다고 생각한다. 반면 내성적인 아이는 조용하고 얌전해서 선생님 말씀을 잘 듣지만, 한두 명의 친구와만 어울리고 매사 소심하다고 여긴다. 부모들은 아이가 사람들 앞에 나서야 주목받고 인정받는다고 여기기 때문에 내성적인 것보다 외향적인 성격을 더 선호한다.

사람들이 오해하는 내성적 & 외향적 성격

내성적	외향적
얌전하다	활달하다
조용하다	말이 많다
소극적이다	적극적이다
폐쇄적이다	개방적이다
정적이다	동적이다
방어적이다	공격적이다
소심하다	대범하다
느리다	빠르다
진중하다 등	가볍다 등

하지만 내성적인 아이의 저력은 생각보다 대단하다. 외향적인 아이가 특유의 친화력으로 이 친구, 저 친구와 어울리고 수업 시간에 손을 번쩍 들고 발표할 때 내성적인 아이는 세심하고 진중한 눈으로 주변 상황과 아이들을 탐색한다. '내가 발표한 걸 듣고 친구들이 웃으면 어떡하지?', '짝꿍한테 우리 집에 놀러 가자고 했다가 거절당하면 어쩌지?', '내가 좋아하는 캐릭터를 다른 아이들은 싫어하지 않을까?' 등 이런저런 생각을 한다.

탐색과 고민의 시간을 보낸 후 나름 '괜찮다', '안전하다'는 판단이 들면 그제야 조금씩 말과 행동으로 표현한다. 수업 시간에 손을 들고 발표하고, 친구들에게 자신이 좋아하는 캐릭터 이야기도 하고, 특별히 좋아하는 친구에게는 집에 놀러 가자고 제안한다. 외향적인 아이에 비해 시간이 더딘 것은 그만큼 탐색과 결정에 신중하기 때문이다. 자신만의 안전하고 실패 확률이 적은 방법을 찾는 과정이다. 아이의 이런 성향이나 성격은 앞으로 장래 희망을 결정할 때도, 취미를 찾을 때도, 단짝 친구를 만들 때도, 좋아하는 악기를 고를 때도 적용된다.

내 아이가 내성적인 성격이어서 매사 소심하고 소극적이라고 오해해서는 안 된다. 아이가 나름 심사숙고하는 상황을 부모가 억지로 등 떠밀어 재촉하거나 원하지 않는 상황으로 몰아대면 곤란하다. 아이의 성향을 있는 그대로 존중하고 성향의 장점이 바람직한 방향으로 나아가도록 이끌어 주어야 한다. 즉, 매사에 신중하고, 자신만의 기준이 명확하며, 무슨 일이든 자기 주도적으로 할 수 있도록 도와주고 이끌어 준다.

Tip 온라인 학생 정서 · 행동 특성 검사

학부모 또는 학생이 온라인으로 정서 및 행동 특성 검사를 할 수 있다. 학생 정서·행동 특성 온라인 검사 사이트(mom.eduro.go.kr)에 접속하여 매년 학기 초인 4월 중에 검사할 수 있다. 의학적 진단 평가가 아닌 약식 검사로, 학교생활기록부나 건강기록부에는 기재되지 않는다.
해당 사이트의 각 시도 교육청에 접속하여 여러 문항 중 해당 사항에 체크 및 검사 완료 후 제출하기 버튼을 클릭하면 추후 결과를 확인할 수 있다. 자녀의 정서 발달 문제나 행동 특성에 대해 간단히 파악하고 싶을 때 참고하면 좋다.

공감 능력이 대인 관계의 출발이다

아이의 사회성 발달과 정서 지능에 있어 주목할 만한 키워드는 대인 관계 능력이다.

사회성이란 아이가 한 사회의 구성원으로서 공동체의 다른 구성원들과 관계를 유지하며 살아갈 수 있도록 그 사회의 규범, 질서, 역사, 언어, 사고 방식, 문화, 생활 습관 등을 익히고 성장해 가는 능력이다. 정서 지능은 자신의 감정과 기분은 물론 타인의 감정과 기분을 구분하고 이해하는 능력이고 더 나아가 그 정보를 바탕으로 자신의 생각과 행동을 효율적으로 이끌어 내는 능력을 말한다. 즉, 특정 상황에서 어떤 목표를 달성하기 위해 자신의 감정과 타인의 감정을 효과적으로 조율하여 원하는 바를 성취하는 힘이라고 볼 수 있다.

초등 1~2학년, 아이는 내가 누구인지, 어떻게 생겼고 무엇을 좋아하는지, 그리고 무엇을 잘하는지 등 자기 정체성을 파악하기 시작한다. 자신이 어떤 사람인지 깨닫게 되면서 자신과 타인을 비교하기도 하고 자신에 대해 자부심 또는 위축감을 느끼기도 한다. 이기고 싶다는 경쟁 심리도 싹트며 이길 수 없을 때 패배감과 분함을 느끼기도 한다.

그렇다고 모든 아이가 자신이 느낀 감정을 있는 그대로 분출하는 것은 아니다. 어떤 아이는 자신에게 패배감을 안긴 친구에게 분노를 터트리기도 하겠지만, 또 어떤 아이는 겉으로는 괜찮은 척하다 집에 돌아와 울분을 터트릴 수 있다. 또 다른 아이는 친구에게 웃으며 축하의 인사를 건네지만 속으로는 '다음에는 꼭 이기고 말 거야!'라고 설욕을 결심하기도 한다.

세 아이의 행동을 비교하였을 때 첫 번째 경우가 좀 더 유아적이라면, 세 번째 아이의 경우는 정서 지능에서 비교적 성숙한 단계라고 파악할 수 있다. 이렇게 자신의 감정과 기분을 표현하는 것에 멈추지 않고 타인과의 관계를 고려하여 적절하게 조율하고 바람직한 방법으로 이끌어 내는 데에 대인 관계 능력이 적용된다. 속으로는 화가 나고 분하지만 이 감정을 사람들 앞에 노출하면 자신은 속이 좁고 못된 아이라는 평가를 받게 될 것을 알고 있다. 대신 축하의 인사를 건넴으로써 자신은 속이 넓고 멋진 아이라는 평판과 함께 상대편 아이가 느낄 기쁨의 감정 역시 배려함으로써 앞으로도 좋은 관계를 유지할 수 있도록 대처한 것이다. 반대의 상황도 마찬가지이다. 자신이 친구보다 잘했다고 승리감에 취해 있기보다 패배한 친구의 마음을 이해하고 위로해 줄 수 있는 태도를 보이는 것이다.

아이의 공감 능력을 높이는 양육 원칙

앞으로 아이는 여러 대인 관계를 맺게 된다. 아직은 또래 관계가 대부분이겠지만 그 관계 속에서 무수히 많은 상황을 맞닥뜨리며 대인 관계 능력을 키우게 된다. 만약 이 능력이 잘 다듬어진다면 아이는 자신의 목표를 위해 효율적으로 감정을 조절하고 절제하는 힘을 기르고 현명한 방법으로 타인과의 관계를 유지할 수 있을 것이다. 갈등 또한 원만하게 해결할 것이다. 지금 막 싹트기 시작한 대인 관계 능력을 위해 부모는 아이가 자신의 감정과 기분을 이해하고 바람직하게 표현하는 방법부터 터득하도록 도와주어야 한다.

✿ **아이 감정과 기분에 공감하라** 공감받는 아이가 공감할 줄 안다.

"오늘 친구가 네가 아끼는 연필을 망가뜨려서 화가 났구나."

"저도 걔 연필을 똑같이 망가뜨리고 싶었어요!"

"정말 그렇게 했니?"

"아뇨. 그냥 화가 나서 울었어요."

"정말 화도 나고 슬펐겠구나. 엄마 같아도 눈물이 났을 거야."

이런 식으로 아이의 감정에 구체적으로 공감해 준다. 자신의 감정과 기분을 공감받음으로써 아이도 타인의 감정을 알게 되었을 때 그 마음에 공감하고 적절하게 대처하는 방법을 배운다.

✿ **감정을 바람직하게 표현해 본다** 화가 났을 때 엄마를 때리거나 물건을 집어 던지는 등 폭력적으로 감정을 표출하는 아이도 있다. 기쁘고 즐겁고 신나는 등 긍정적인 감정은 있는 그대로 표현하게 하되 슬프고 억울하고 화나는 등 부정적인 감정은 다른 방법으로 해소할 수 있도록 도와준다. 화가 났을 때 마음속으로 열까지 센 다음 말을 한다든가, 운동장에서 있는 힘껏 달린다든가 하는 식이다. 단, 슬프거나 억울할 때 울음으로 표현하는 것을 부정적으로 인식하게 해서는 안 된다. "남자가 그깟 일로 왜 울어?" 등의 표현은 아이가 그릇된 표현 방식을 배우게 할 수 있다.

✿ **감정을 표현하는 어휘를 알려 준다** 아이와 그림책이나 애니메이션, 연극, 그림 감상, 공연 관람 등 다양한 체험 활동을 하며 감정을 표현하는 어휘들을 익힌다. 슬프다. 기쁘다, 놀랍다, 행복하다, 화난다, 무섭다 등과 같은 기본적인 표현 외에도 '하늘을 날아오르는 것 같아', '가슴이 콩닥콩닥해', '아무도 없는 곳에 숨고 싶어', '등골이 오싹해졌어'와 같은 표현도 함께 사용함으로써 감정을 충분히 표현하도록 한다.

✿ **감정을 읽는 연습을 해 본다** 타인의 감정이나 기분을 이해하는 것에도 연습이 필요하다. 눈은 울고 입은 웃고 있는 표정을 보면 유아기 때는 '웃는' 표정으로 인식하지만 초등 1~2학년만 되어도 무언가 어색하다고 느끼면서 고개를 갸웃하게 된다. 다양한 인물 사진을 보면서 이 사람이 어떤 표정을 짓고 있다고 생각하는지, 왜 이런 표정을 지었을지 상상해 보면서 아이와 대화를 나누도록 한다.

MEMO

2부

초등 1~2학년　정서 발달

Q1 학교 다니며 거짓말과 욕설이 늘었어요. 어떻게 대처해야 하나요?

초등 1~2학년 시기 아이의 도덕성 단계는 규칙을 꼭 지켜야 하며 규칙을 어기면 벌을 받는다고 생각하는 단계입니다. 피아제나 콜버그의 도덕성 발달 이론(1부, 3부 정서 발달 참조)에 비추었을 때 아직은 이전 단계와 비슷한 수준이며 서서히 과도기를 맞이하는 과정에 있습니다. 그렇기 때문에 초등 1~2학년 아이들은 벌 받는 상황을 회피하기 위해 혹은 남에게 잘 보이기 위해 거짓말을 하는 경우가 많습니다.

잘못한 일은 하지 않았다고 시침을 뚝 떼고, 칭찬받기 위해 100점을 맞았다거나 숙제를 다 했다고 상황을 부풀립니다. 물론 아이도 거짓말이 나쁘다는 것을 알고 있습니다. 옳은 것과 나쁜 것을 구분할 수 있으며 옳은 일을 하면 칭찬을 받고 나쁜 일을 하면 벌을 받는다는 인식이 뚜렷하지요.

만약 아이가 습관적으로 거짓말을 한다면 가장 먼저 부모의 훈육 기준이 너무 엄격한 것은 아닌지, 아이가 체벌이나 꾸중을 피하려고 자꾸 거짓말을 하는 건 아닌지 되돌아볼 필요가 있습니다. 그렇지 않은데도 아이의 거짓말이 잦다면 아이가 이해할 수 있는 수준에서 거짓말의 폐해를 잘 설명해 주어야 합니다. 친구들에게 거짓말을 하면 나중에 아무도 자신의 말을 믿어 주지 않는다는 것, 지금 당장은 거짓말로 벌을 피할 수 있지만 거짓말이 들통나면 더 큰 벌을 받게 된다는 것을 잘 일러줍니다.

아이가 TV나 유튜브 등에서 나오는 나쁜 유행어나 비속어를 따라 하는 것은 단순히 재미를 위해서일 수도 있습니다. 친구들이 너도 나도 하니까 자기도 따라 해야 할 것 같거나 친구들에게 우월감을 느끼기 위해 다른 아이들이 쓰지 않는 욕설이나 비속어로 위압감을 주는 식이지요. 하지만 욕설이나 비속어를 자꾸 쓰는 것은 아이의 정서 발달을 방해하고 타인에게도 상처를 입히는 행동이라는 것을 알려 주어야 합니다. 아이가 자꾸 욕을 한다면 그 욕이 어떤 뜻인지, 그리고 그 욕을 들은 친구가 어떤 감정을 느낄지에 대해 이야기해 줍니다. 아이가 별다른 의도 없이 재미로 욕설이나 비속어를 쓸 때마다 부모가 얼른 바로잡아 주어야 합니다.

우리 아이가 친구 물건을 몰래 가져가거나 자꾸 짝꿍을 괴롭힌대요.

친구의 학용품을 몰래 갖고 오는 것은 당연히 나쁜 행동입니다. 아이 역시 도둑질이 잘못된 행동이라는 것을 알고 있지만 '갖고 싶다는 욕구를 참지 못해' 친구의 학용품을 자신의 책가방에 몰래 넣어 올 수 있습니다. 발달이 미숙한 아이는 갖고 싶다는 욕구를 자제하지 못해서 자신의 것이 아닌 것을 만지거나 허락 없이 가지고 올 수 있습니다. 도덕성의 발달에 있어 만족 지연 능력, 자제력, 자기 조절력이 중요한 토대가 되는 것도 이 때문입니다.

이때 부모는 유아기에 아이의 요구를 무한정 들어준 것은 아닌지 되돌아봐야 합니다. 허락 없이 남의 물건을 가져오는 것은 규칙을 어기는 일이며 나중에 벌을 받을 수 있는 일임을 분명하게 알려 주어야 합니다. 자신이 아끼는 학용품이 사라져서 속상해 하는 친구의 감정에 대해 이야기하고, 늦었지만 아이의 참을성과 자제력을 길러 주기 위한 연습도 합니다.

아이가 간식을 달라고 요구하였을 때 그림책 한 권을 다 읽으면 주겠다고 하거나 마트에서 사달라는 장난감에 대해 '칭찬 쿠폰' 10장을 모으면 사 주겠다며 적절한 조건을 제시하는 것도 좋은 방법입니다.

친구를 때리는 행위는 감정 조절이 미숙한 아이가 자신의 감정을 공격적으로 표출하기 때문에 벌어지는 경우가 많습니다. 친구에게 어떤 상황을 요구하고 싶은데 그것이 뜻대로 전달되지 않을 때 부정적인 감정 표현을 하게 되는 것이지요.

먼저 아이에게 짝꿍을 왜 자꾸 때리는지 이유를 물어봅니다. 예를 들어 '내가 물어본 것에 대답을 빨리 안 해서'가 이유라면 "친구가 좋은 생각을 해내는 데 시간이 걸릴 수도 있잖아. 그럴 땐 네가 기다려 줘야지."라고 말해 줍니다. 그리고 친구를 때리는 것은 자신의 의도나 이유와 상관없이 자신을 싫어하게 만드는 방법임을 깨닫게 해 줍니다. "다른 친구가 너를 자꾸 때린다고 생각해 보렴. 너를 때리는 친구와 사이좋게 지낼 수 있겠니?" 등의 표현을 통해 자신이 짝꿍을 때림으로써 친구가 자신을 피하게 될 수도 있음을 이해시킵니다.

Q3 아이가 친구와 싸웠을 때 부모가 어느 정도 개입해도 될까요?

애들 싸움이 어른 싸움 된다는 말, 많이 듣습니다. 그래서 아이가 친구와 싸우고 왔을 때 속상해도 그러려니 하고 넘깁니다. 그런데 최근 집단 따돌림이나 학교 폭력을 무시할 수는 없습니다. 방치했다가 자칫 큰일을 치를 수 있다는 걱정에 사소한 조짐에도 걱정이 되지요.

다행히 초등 1~2학년 때는 부모나 담임 선생님의 통제 안에 있고, 아이 역시 대인 관계를 맺는 수준이 복잡하지 않습니다. 같은 반 짝꿍이어서, 이웃에 살아서, 학원에 같이 다녀서 만날 때 같이 놀고 대화하는 수준입니다. 초등 고학년이 되어야 대인 관계 속에 의견 대립, 갈등, 질투, 시기, 혐오, 분노 등의 다양한 감정이 끼어들고, 어떤 의도나 목적을 갖고 따돌림, 폭력을 행사하는 일이 나타납니다. 만약 아이가 집단 따돌림이나 폭력에 시달렸다면 담임 선생님과 상의하여 적절한 조치를 취하도록 합니다(본문 274쪽 참조).

초등 저학년 아이가 친구와 싸우고 왔다면 일단 아이의 속상한 마음부터 공감, 위로해 줍니다. 친구와의 다툼, 형제와의 다툼은 아이의 사회성 발달 단계에서 흔히 일어날 수 있는 일입니다. 아이는 다툼을 통해서 서로의 입장을 이해하는 법, 의견 대립이나 분쟁을 조율하는 법, 때로는 양보하고 때로는 권리를 주장하는 법 등을 배울 수 있습니다. 타인에게 상처나 불쾌감을 주는 자신의 잘못된 행동, 독단적인 언행 등도 깨달으며 좀 더 성숙한 사회 구성원으로 자랄 수 있습니다. 부모가 싸움 초장부터 나서서 해결사 노릇을 한다면 아이는 자기 스스로 갈등, 문제를 해결할 힘을 기르지 못할 수 있습니다. 아이의 감정은 누그러지지 않았는데 부모가 나서서 억지로 화해시키거나 싸움에 직접적으로 개입하지는 않도록 합니다.

하지만 아이가 친구와 싸우는 일이 빈번하다거나, 신체적으로 다쳐서 온다거나, 싸움의 결과로 아이의 기분, 감정 상태가 회복이 안 된다거나, 싸움으로 담임 선생님에게 연락이 왔을 때 등은 부모가 적절히 개입해야 합니다. 이때는 중재자가 되어 싸움의 원인부터 파악하는 것이 좋습니다. 내 아이의 입장에서 무조건 상대방 친구나 친구 엄마에게 따지기부터 해서는 곤란합니다. 왜 자꾸 싸우는지에 대해 내 아이, 담임 선생님, 같은 반 친구 등에게 알아보고, 원인을 해결하거나 해결 방법을 알려 줌으로써 갈등이나 싸움이 반복되지 않도록 합니다. 이 과정에서 신체적인 공격과 같은 행동은 정말 위험한 일이며 되돌릴 수 없는 결과를 초래할 수 있다고 분명히 알려 줍니다.

Q4 아이가 내성적이라 그런지 친구 없이 혼자 다녀요.

　아이의 성격이 내성적이라 탐색을 오래 하고 결정을 신중하게 한다면 친구를 사귀는 데 오래 걸릴 수 있습니다. 또 얌전하고 말수가 적다고 해서 친구를 사귀지 못하는 것도 아닙니다. 1학년 때 친하게 지내던 단짝 친구가 한 명이라도 있었다면 조바심내지 말고 아이가 친구를 사귈 때까지 기다려 주어야 합니다. 또 혼자 놀더라도 아이가 전혀 힘들어하는 기색이 없고 자신이 좋아하는 일을 하며 즐겁게 시간을 보낸다면 크게 걱정할 필요는 없습니다.

　반면 학기 말에도 아이가 여전히 혼자 다니고 이전보다 말수가 더욱 줄고 침울해 하는 모습을 보인다면 친구를 못 사귀는 것은 아닌지 이유를 알아봐야 합니다. 아이가 친구들에게 따돌림을 당하는 것은 아닌지, 아니면 친구들과의 소통에 불편을 겪는 것은 아닌지 세심히 관찰할 필요가 있습니다. 따돌림의 징후는 혼자 노는 것 외에 부수적으로 여러 정황이 있습니다. 옷이 틀어져 오는 날이 꽤 있다거나 학용품이 잘 없어진다거나 학교에 가기 싫다고 하는 등의 상황이 나타날 수 있습니다.

　친구들과의 소통에 문제가 있다면 담임 선생님과 상담하여 아이의 학교생활에 대해 자세히 들어볼 필요가 있습니다. 의사 표현, 감정 표현이 미숙하여 타인과의 상호작용이 어려울 수 있고, 아이의 품행이나 외양이 호감을 주지 못해서일 수도 있습니다.

평소 부모의 양육 태도가 지나치게 강압적, 권위적이어서 아이를 주눅들게 하였거나 이것이 대인 관계에 영향을 미쳤을지도 모릅니다. 원인을 파악해야 좀 더 세심한 대처가 가능합니다. 문제의 소지가 있다면 전문가와 상담 후 전문 기관을 통해 아이의 상황을 점검할 필요도 있습니다.

05

몸도 마음도
안전하게 돌보기

☑ "매일 아침, 아이가 잠에서 일어나는 것을 힘들어 해요."

☑ "우리 애가 ADHD라는데 어떻게 해야 하죠?"

☑ "아이가 식탐이 과해요. 이러다 비만이 될 것 같아요."

☑ "방과 후 딸에게 나쁜 일이 생기지 않을까 무서워요."

☑ "학교에서 다쳐서 입원까지 했는데 어디서 보상받나요?"

수면 부족에 시달리는 아이들

요즘에는 청소년뿐만 아니라 초등학생도 과도한 학습으로 수면 부족에 시달리고 있다. 몇 년 전, 일부 학교의 등교 시간이 오전 9시로 늦춰진 데에는 우리나라 아이들이 다른 나라 아이들에 비해 수면 부족에 시달린다는 조사 때문이었다.

미국 국립수면재단의 자료에 따르면 만 6~13세의 건강 수면 적정 시간은 9~11시간이라고 한다. 많은 연구 문헌에서도 초등학생의 적정 수면 시간을 9~12시간으로 보고 있다. 그런데 2013년 청소년정책연구원에 따르면 우리나라 초등학생의 평균 수면 시간은 8시간 19분으로 초등학생의 1/3이 수면 부족을 경험한다고 하였고, 2018년 초록우산어린이재단에서도 우리나라 아동·청소년의 77.3 %가 수면 부족에 놓여 있다고 발표한 바 있다.

아이가 학원을 서너 군데 다녀온 후에 학교 숙제, 학습지, 학원 숙제 등을 챙기다 보면 금세 밤 12시가 다 되어 간다. 혹시라도 아이가 스마트폰을 가지고 있어서 부모 몰래 게임을 하거나 동영상을 보기라도 하면 자정을 훌쩍 넘기게 된다. 아침 8시 전에는 어김없이 일어나 학교 갈 준비를 하고, 하교 후에는 또다시 학원 순례를 돈다. 이런 일상이 반복되다 보면 아이는 자연스럽게 적정 수면 시간을 챙기기 힘들어진다. 또 방학 중에는 실컷 늦잠을 자게 하였다가 2학기 시작할 때 다시 일상으로 되돌리려니 아이가 적응이 안 되어 지각하는 일도 빈번하다.

아이마다 어느 정도 적정 수면 시간의 차이는 있다. 어떤 아이는 8시간만 자도 종일 거뜬하고 또 다른 아이는 10시간은 자야 아침에 개운하게 일어날 수 있다. 성장기의 수면 부족은 아이의 건강에 다양한 악영향을 줄 수 있다. 아이가 잠을 충분히 잤는지는 아침에 깨웠을 때 짜증 내지 않고 잘 일어나느냐로 알아챌 수 있다. 낮에 수시로 하품을 하며 피곤해 하는 기색이 역력하다면 아이의 수면 시간을 점검해 보고 될 수 있으면 하루 9~10시간은 수면할 수 있도록 도와주자.

Tip 성장기 수면 부족이 건강에 미치는 영향

① 성장 호르몬 분비를 방해한다.
② 스트레스 호르몬 코르티솔의 분비를 늘린다.
③ 면역력을 저하시키고 질병을 유발한다.
④ 식욕을 늘리고 비만을 초래한다.
⑤ 자제력, 집중력, 기억력 등 뇌 기능이 저하된다.
⑥ 성인의 경우 심혈 관계 질환을 불러온다 등.

수면 부족을 예방하려면 아이의 하루가 늦어도 10시 전에는 마무리될 수 있도록 생활 계획표를 짜야 한다. 부모의 퇴근 시간에 맞춰 아이도 집에 귀가할 수 있도록 하며 온 가족이 함께 저녁을 먹고, 씻고, 그날의 과제를 마무리하는 것이 가장 이상적이다.

아이가 잠자리에 들 때는 주변의 조명과 소음을 모두 차단하고 스마트폰은 부모가 맡아두도록 한다. 잠자리 들기 직전에 TV 시청이나 인터넷 게임, 과도한 신체 놀이, 야식 등도 아이가 쉽게 잠드는 것을 방해하는 요소이다. 독서나 일기 쓰기 등으로 하루를 차분히 정리하도록 도와준다.

수면 시간이 충분한데도 피곤해할 때도 있다. 비염, 부비동염(축농증)과 같은 질환으로 코막힘, 코골이, 기침이 심하면 그럴 수 있다. 아토피피부염, 천식과 같은 알레르기 질환도 수면을 방해하는 대표 질환이다. 너무 덥거나, 너무 춥거나, 너무 건조해도 수면을 방해하므로 아이에게 쾌적한 잠자리 환경을 만들어 준다.

등하굣길 안전 지도는 필수

초등 1학년 초기에는 등교할 때 부모가 동행하는 일이 많다. 아이에게 안전한 등하굣길을 지도하기 위해서 혹시 모를 아동 범죄나 교통사고로부터 내 아이를 보호하기 위해서이다. 1~2학년생은 아직 시야가 좁고 주의력이 부족하여 가까이 다가오는 차량이나 위험물을 인지하지 못하는 일이 종종 있다. 시력이나 청력 발달 또한 아직 성인과 비슷한 수준으로 발달하지 못하여 주위의 신호나 경고를 알아채기도 어렵다.

등하굣길 안전 지도는 초등학교에 입학하기 한두 달 전부터 미리 연습해 둘 필요가 있다. 등하굣길을 익히고 교통 신호를 숙지하며 주변 유해 시설에 대해 주의하도록 지도한다.

아이의 등하굣길은 가장 안전한 길을 최우선으로 한다. 으슥해서 통행하는 사람이 별로 없거나 유흥 업소와 같은 유해 시설이 많은 곳은 피한다. 차량이 많이 오가는 곳도 위험하다. 횡단보도는 될 수 있으면 덜 건너도록 동선을 짠다. 괜히 용돈을 갖고 다니게 해 길거리 음식이나 좌판, 게임기 등에 시선을 빼앗기지 않게 한다. 아침에는 녹색학부모회가 학교 앞 횡단보도에서 안전 지도를 하므로, 깃발의 신호를 잘 따르도록 일러준다.

차량 통행이 가능한 이면도로에서는 특히 주의가 필요하다. 보통 학교 인근 500미터 이내는 아동보호구역으로 지정되어 있다. 아동보호구역이 되면 CCTV를 설치하고, 차량 운행 속도를 시속 30킬로미터 이내로 제한한다. 또 아동안전지킴이를 배치하고 아동긴급보호소를 지정 및 운영하게 된다.

하지만 어린이 보행 사고의 대다수는 아동보호구역 밖에서 일어나며, 오후 2~8시 사이에 가장 많이 발생한다. 동네의 이면도로, 교차로 주변, 아파트 단지 내 등 보행 중 사고를 미리 방지할 수 있도록 아이들 안전 지도에 특별히 신경 쓴다. 입학 초기에는 될 수

Tip 등하굣길 안전 지도 수칙

① 언제나 보행자 도로로 걷기
② 안전 울타리 안쪽으로 걷기
③ 차도와 멀리, 도로 안쪽에서 걷기
④ 횡단보도 앞에서 일단 멈추기
⑤ 파란불일 때 갑자기 뛰지 않기
⑥ (키가 작기 때문에) 손 들고 횡단보도 건너기
⑦ 잘 굴러가는 공은 잘 들고 걷기
⑧ 스마트폰 보면서 걷지 않기
⑨ 비 오는 날(시야 확보를 위해) 투명 우산 쓰기 등

있으면 보호자가 등하굣길에 동행하는 것이 좋으며, 부모 역시 언제나 아이가 '보고 배운다'는 생각으로 늘 교통법규를 준수하고 안전한 보행을 위해 노력해야 한다.

교통안전 외에 아동 대상의 범죄 역시 주의해야 한다. 낯선 사람이 아이에게 '도와달라'고 요청하면 대다수 아이들은 쉽게 요구에 응한다. 어려운 사람을 도와주어야 한다는 것과 낯선 사람을 경계해야 한다는 것 사이에서 혼란을 느끼기 때문이다.

분명한 것은 어떤 사람도 자기보다 힘이 약하고 아는 것이 부족한 사람에게 도움을 요청하지 않는다는 사실이다. 아이에게 '어른은 아이에게 도움을 청하지 않는다'는 점을 분명하게 알려 준다. 그리고 구체적인 상황을 예로 들어 '거절의 표현'을 연습한다. 누군가 "저기 나무 아래 귀여운 새끼 고양이가 있는데 같이 보러 갈래?"라고 말한다면, "아니요. 엄마가 저기서 기다리고 계세요."라고 하면서 빠른 걸음으로 집에 오라고 일러준다. 이때 거절의 표현은 아이가 직접 소리 내어 말해 보게끔 한다.

여자아이를 둔 학부모는 강제 추행이나 성폭력 등 성범죄에 대한 걱정이 많다. 보건복지부 자료에 따르면 아동 대상의 성범죄가 가장 많이 일어나는 장소는 놀이터, 학교, 학원 주변의 골목, 가해자나 피해자의 집 또는 집 주변이고, 시간은 오후 1~6시 사이가 많다고 한다. 가장 확실한 대책은 부모가 등하굣길에 동행하는 것이겠지만, 입학 초기를 제외하고는 현실적으로 만만치 않은 일이다.

2~3명 정도 짝을 지어 함께 등하교를 하도록 지도하고, 낯선 어른이 다가오면 얼른 그 자리를 피하라고 알려 준다. 등하교 도우미를 구하거나 아동돌봄서비스를 신청하여 하교 시 아이와 동행할 것을 요청해도 된다.

아이에게 ADHD 징후가 보인다면

병원에서는 초등학교 입학 시즌이 지나면 한동안 소아청소년정신과를 찾는 아이들이 늘어난다고 한다. 담임 교사로부터 수업 중 지나치게 산만하고 한자리에 앉아 있지 못한다고 걱정스러운 조언을 듣고, 혹시 주의력결핍 과잉행동장애(ADHD)가 아닐까 하여 진료를 받는 것이다. 같은 반 친구 부모에게 한소리 들었거나 유치원 때부터 내심 의심하고 있던 부모들도 여기에 동참한다.

일반적으로 만 5세 이후 아동이 한 가지 일이나 활동에 주의집중할 수 있는 시간은 15분에서 30분 정도이다. 같은 연령대의 아이라도 조금씩 차이가 있어서 어떤 아이는 40분의 수업 시간도 잘 견디지만 또 어떤 아이는 좀이 쑤셔서 엉덩이를 들썩거린다. 남자아이는 또래 여자아이보다 더 부산스럽고 산만하게 보이기도 한다. 실제로 같은 연령대에서 남자 ADHD 환아가 여자 환아보다 5배가량 더 많다.

경계해야 할 것은 초등 저학년 또래의 남자아이에게 흔히 나타나

소아청소년정신과 진료가 필요한 경우

※ 아래 문항은 ADHD를 의심할 수 있는 체크 리스트이다. 아이의 지난 일주일 동안의 행동을 떠올리며 점수를 매겨 본다. 총점이 19점 이상인 경우 소아청소년정신과에서 좀 더 세심한 진찰을 받는다.

0: 전혀 그렇지 않다 / 1: 약간 혹은 가끔 그렇다 /
2: 상당히 혹은 자주 그렇다 / 3: 매우 자주 그렇다

문항	0	1	2	3
1. 학교 수업이나 일, 혹은 다른 활동을 할 때, 주의 집중을 하지 않고 부주의해서 실수를 많이 한다.				
2. 가만히 앉아 있지 못하고 손발을 계속 움직이며 몸을 꿈틀거린다.				
3. 과제나 놀이를 할 때 지속적으로 주의 집중하는 데 어려움이 있다.				
4. 수업 시간이나 가만히 앉아 있어야 할 상황에 일어나서 돌아다닌다.				
5. 다른 사람이 말할 때 귀담아듣지 않는다.				
6. 상황에 맞지 않게 과도하게 뛰어다니거나 기어오른다.				
7. 흔히 시키는 일을 끝내지 못하고 도중에 포기한다.				
8. 조용히 하는 놀이나 오락 활동에 참여하는 데 어려움이 있다.				
9. 과제나 활동을 체계적으로 하는 데 어려움이 있다.				
10. 항상 끊임없이 움직이거나 마치 모터가 달려서 움직이는 것처럼 행동한다.				
11. 공부나 숙제 등 지속적으로 정신적 노력이 필요한 일이나 활동을 피하거나 싫어하거나 하기를 꺼린다.				
12. 말을 너무 많이 한다.				
13. 장난감, 숙제, 연필 등 과제나 활동에 필요한 것을 자주 잃어버린다.				
14. 질문을 끝까지 듣지 않고 대답한다.				
15. 외부 자극에 의해 쉽게 산만해진다.				
16. 자기 차례가 올 때까지 잘 기다리지 못한다.				
17. 일상적인 활동을 잊어버린다(숙제를 잊어버리거나 준비물을 두고 학교에 간다).				
18. 다른 사람을 방해하고 간섭한다.				

*출처: 조지 듀폴의 ADHD 평가 척도

는 산만함, 부산스러움을 모두 ADHD라고 단정해서는 안 된다는 사실이다. 산만한 아이 중에는 호기심이 많고 창의적인 성향이 강해 관심사가 금세 딴 곳으로 옮겨가고 엉뚱한 생각을 하는 경우도 많다. 남자아이들은 여전히 대근육을 발달시키느라 더 활동적으로 움직이기도 한다.

그런데도 내 아이가 ADHD가 의심될 정도로 산만하다면, 조지 듀폴(George Dupaul)의 평가 척도를 통해 아이의 상황을 미루어 짐작해 본다. 단, 비전문가인 부모의 주관적 판단이기 때문에 결과를 확신하기보다는 소아청소년정신과 방문 여부를 결정하는 용도로 사용하는 것이 적절하다.

ADHD는 조기 발견과 치료가 중요하다. 조지 듀폴 평가 척도에서 의심스러운 점수를 받았다면 소아청소년정신과를 방문하여 전문의에게 정확한 검사와 평가·진단을 받는다. 소아청소년정신과에서는 세계적으로 통용되는 각종 검사를 통해 ADHD 여부를 판가름한

주의력결핍 과잉행동장애 아동 비율

구분	진료 인원		1인당 평균 진료비	
만 0~4세	322명 (0.6 %)	남: 262명 여: 60명	145,045원	남: 148,951원 여: 127,988원
만 5~9세	14,284명 (27.0 %)	남: 11,937명 여: 2,347명	599,348원	남: 609,743원 여: 546,480원
만 10~14세	17,978명 (33.9 %)	남: 14,916명 여: 3,062명	810,269원	남: 823,589원 여: 745,384원

출처: 통계청, 주의력결핍 과잉행동장애(ADHD) 보도자료(2019)

다. 평소 아이의 가정생활과 학교생활을 파악할 수 있는 설문지부터 심리 검사, 지능 검사, 벤더 게슈탈트 검사, 연속 수행 검사, 주의력 장애 진단 시스템, 부모와의 심층 상담 등을 적용한다. 전문의로부터 ADHD 진단을 받았다면 이후에는 전문의의 진단에 따라 약물과 행동 수정 치료에 임한다.

간혹 ADHD 치료제를 다른 목적으로 오용하는 사례도 있고, 약물 중독이나 내성 문제로 약물 치료를 우려하는 부모가 있다. 소아정신과에서 처방하는 약물은 식품의약품안전처가 허가하고 수십 년 동안의 임상을 거친 안전한 치료제이다. 거의 모든 아이들이 부작용 없이 복용하지만 소수의 아이는 식욕 부진, 불면증, 신경 과민 등의 증상을 겪을 수 있다. 이 경우 전문의와 상담하여 해당 부작용이 적은 다른 치료제로 대체할 수 있다.

소아 비만을 조심해야 하는 이유

초등 1~2학년 때 주의해야 할 건강 문제 중 소아 비만을 빼놓을 수 없다. 요즘 아이들은 각종 인스턴트 식품이나 패스트푸드, 길거리 음식으로부터 자유로워졌다.

또 어른과 비슷한 식생활을 해서 고열량, 과다 염분, 화학 첨가물이 든 음식도 자주 섭취하고, 부모에게 야식 먹는 식습관이 있다면 자녀 역시 같은 습관을 가질 수 있다. 고열량의 정크 푸드 섭취, 불규칙한 식습관, 운동 부족은 결국 소아 비만의 원인이 된다.

비만이란 단지 체중이 많이 나가는 것뿐만 아니라 지방 세포의 수가 증가하거나 크기가 커져 피하층과 체지방에 과도한 양의 지방이 축적되는 것을 말한다. 보통 만 1세 이전, 만 5~6세, 사춘기 때는 정상적으로도 신체 지방의 양이 증가하는 시기이다.

만약 만 5~6세 무렵 소비하는 열량에 비해 섭취하는 열량이 과도하게 많다면 남은 열량이 체지방으로 축적되어 소아 비만을 유발하게 된다. 특히 소아 비만은 지방 세포의 수를 증가시키기 때문에 성인 비만으로까지 이어질 수 있다. 성인 비만은 고혈압, 당뇨, 고지혈, 동맥 경화 등 각종 생활습관병의 원인이 되기도 하므로 소아 비만이 되지 않도록 주의하도록 한다.

소아 비만은 성호르몬의 분비를 앞당겨 성조숙증, 즉 2차 성징의

Tip 소아 비만과 성인 비만의 차이

구분	정상 체중의 소아	비만 소아
지방 세포 비교		

※ 비만 소아의 지방 세포는 정상 소아의 비만 세포보다 수가 많고 크기가 크다.

구분	정상 체중의 성인	성장 후 비만	어릴 때부터 비만
지방 세포 비교			

※ 소아 비만이 지속된 성인은 성장 후에 비만이 온 성인보다 지방 세포의 수가 많으므로 똑같이 비만이 오더라도 더 쉽게 비만이 될 수 있다.

발현을 앞당기기도 한다. 성조숙증은 여자아이는 만 8세 미만, 남자아이는 만 9세 미만에 사춘기 때 보이는 2차 성징의 징후가 나타나는 것을 말한다. 가령 초등학교 2학년인데 가슴에 멍울이 잡힌다거나, 고환이 커지는 등의 징후를 보인다. 여자아이라면 머지않아 남들보다 이른 나이에 초경을 시작할 수 있다. 이렇게 2차 성징이 빨리 찾아오면 사춘기, 즉 2차 성장 급진기도 급하게 진행된다. 처음에는 아이가 남들보다 쑥쑥 자라기 때문에 키가 크다고 생각할 수도 있지만 그만큼 성장판도 일찍 닫힌다. 결국 어른이 되었을 때 다른 사람들보다 키가 작을 수도 있다.

비만을 측정하는 데 쓰이는 체질량 지수(BMI)는 몸무게(kg)를 키의 제곱(㎡)으로 나눈 값(kg/㎡)이다. 다음 표는 2018년에 대한비만학회에서 발표한 한국인의 체질량 지수이다.

한국인의 체질량 지수

구분	체질량(BMI) 지수
저체중	18.5 미만
정상	18.5~22.9
비만 전 단계	23~24.9
1단계 비만	25~29.9
2단계 비만	30~34.9
3단계 비만(고도 비만)	35 이상

출처: 대한비만학회

내 아이가 비만이라고 하더라도 한창 성장 중인 아이를 체질량 지수만 보고 강압적인 식이조절을 통해 체중을 감량하는 것은 바람직하지 않다. 어른과 같은 방식의 다이어트는 영양 불균형을 초래하여 건강상 다른 문제를 야기한다.

균형 잡힌 영양으로 식단을 차리고 규칙적인 식습관을 길러 주는 것이 우선이다. 또 신체 활동량을 늘려 아이의 살이 키로 갈 수 있도록 이끌어 준다.

아이의 신체 활동량을 늘리기 위해 매일 줄넘기를 시작해 보는 것도 좋다. 줄넘기는 초등 1학년 체육 시간에 배우기 때문에 아이가 가장 먼저 실천하기에 적당하다. 특히 점프할 때 아이의 성장판을 자극하여 키를 키우는 데 매우 효과적이다. 하루 100회씩 규칙적으로 시작하여 점차 횟수를 늘려간다.

도보로 통학하고, 계단을 이용하고, 자기 방을 청소하는 등 일상 속에서 조금 더 움직이도록 생활 습관을 바꾸도록 한다. 패스트푸드, 인스턴트 식품, 밀가루 음식, 기름진 음식 등은 될 수 있으면 줄이도록 한다.

Tip 신체 활동량 늘리는 방법

① 자가용이나 셔틀버스 대신 도보로 통학하기
② 엘리베이터를 이용할 때, 세 개 층 먼저 내려서 계단 오르기
③ 주말에 온 가족이 산행하기
④ 매일 저녁 줄넘기하기
⑤ 자기 방은 스스로 청소하기
⑥ 친구들과 놀이터에서 뛰어놀기
⑦ 스포츠 교실에서 운동하기 등

2부

초등 1~2학년

건강 관리

Q1 영구치 날 때가 되었는데 치아 관리를 어떻게 해야 할까요?

유치(젖니)는 생후 5~6개월부터 나기 시작해서 만 3세까지 총 20개가 됩니다. 이후 만 5~6세까지 유치로 지내다 초등 입학 전후로 하나씩 빠지기 시작하여 영구치(간니)로 바뀌기 시작합니다.

보통 만 12세까지 모든 유치가 빠지는데 초등학교에 다니는 동안에는 유치와 영구치가 같이 있는 '혼합 치열기'로 보내게 됩니다. 만 18세 무렵 영구치가 완전히 자리 잡고 이후 성인이 되면 총 28~32개의 영구치를 갖게 되지요. 유치는 영구치가 바르게 나올 수 있도록 길잡이 역할을 하며, 영구치 역시 한번 빠지게 되면 다시 나지 않기 때문에 소중히 관리해야 합니다.

특히 만 6세에는 영구치 중 아래 어금니(하악제1대구치)가 나오는데 다른 영구치에 비해 나오는 시기가 매우 빨라 자칫 유치로 오해할 수 있습니다. 만 6세에 가장 먼저 나오는 영구치인 데다 칫솔질이 쉽지 않아 충치가 생기기 쉬우므로 양치 시 칫솔질에 주의하고, 치과 검진 또한 정기적으로 받는 것이 좋습니다.

충치를 예방하기 위해서는 식후 3분 이내 양치질, 치실 사용, 불소 도포, 치면열구전색(치아의 홈을 레진 등으로 메우는 법, 실란트라고도 함) 등의 방법이 있으며, 평소 당류가 많이 든 음식이나 음료수 섭취도 줄여야 합니다.

이렇게 충치를 예방하더라도 치열을 마음대로 가지런히 유지하는 것은 어렵습니다. 유치가 너무 빨리 빠지거나 너무 늦게 빠져 영구치가 자리를 못 잡는 경우, 유치가 빼곡하게 난 탓에 영구치 자리가 좁은 경우, 영구치의 조기 상실로 치열이 밀리는 경우, 턱을 괴거나 한쪽으로 씹는 등 악습관이 있는 경우 등에는 치열이 흐트러져 부정교합이 될 수 있습니다. 부정교합은 아이가 자라면서 심미 장애, 저작 장애, 발음 장애 등을 불러올 수 있습니다.

영구치의 부정교합을 치료하려면 영구치가 모두 난 만 12~13세 이후가 적당합니다. 치아에 고정성 교정 장치를 부착하여 치료합니다. 상악골과 하악골(위턱뼈·아래턱뼈) 성장의 불균형 때문에 애초에 치아가 고르게 배열될 수 없는 골격을 가졌다면 만 6~7세경에 소아치과에 방문하여 골격 틀을 바로잡는 1차 교정 시기를 상의하도록 합니다.

Q2 아이가 학교에서 자꾸 다쳐서 오는데 어떻게 대처해야 할까요? 또 보상을 받을 수 있나요?

아이가 과도하게 부주의해서 자주 다치거나 운동 감각 이상으로 자꾸 넘어진다면 우선 소아청소년정신과의원이나 발달 검사 기관에서 상담을 받아 보는 것이 좋습니다. 뇌 기능의 문제라면 그저 넘어지거나 다치는 것에 그치지 않고 이미 다른 조짐이 나타났을 것이므로 최근 아이의 상황을 되새겨 보도록 합니다. 가령 대인 및 사회적 관계에서 소통이 어렵다면 학교생활에 적응이 힘들 수 있습니다. 자연히 학습부진이 나타나는 등 지적 장애, 운동 장애 등의 모습이 나타나기도 합니다.

이런 심각한 경우가 아닌데도 아이가 자꾸 다쳐 온다면 담임 선생님과 상담하여 다친 경위에 대해 파악하는 것이 좋습니다. 단순히 실수에 의한 안전사고인지, 의도적으로 괴롭힘을 당하는 것인지, 자해는 아닌지 등 경위에 따라 적절한 대처를 해야 합니다. 학교안전공제중앙회(www.ssif.or.kr)를 통해 치료비를 공제받을 것인지, 학교폭력대책자치위원회(학폭위)를 통해 해결해야 하는지, 소아정신과에서 진료를 받을 것인지, 사고에 대한 경각심과 주의를 주는 것으로 훈육할지 등 원인에 따라 담임 선생님과 상의하여 해결책을 모색합니다.

한 가지 알아야 할 것은 아이가 학교생활 중에 다쳤을 때나 학교 폭력이나 집단 따돌림 등으로 피해를 보았을 때 학교안전공제중앙회에서 치료비 등을 보상받을 수 있다는 사실입니다. 학교안전공제중앙회는 학교 안전사고 예방 및 안전 공제 사업을 수행하는 곳입니다. 학교 안전사고 예방 및 보상에 관한 법률에 따라 학교 교육활동 중에 일어나는 사고 피해에 대해 심사 후 보상을 하고 있습니다.

① 요양급여: 다치거나 질병에 걸렸을 때 의료기관에서 행한 치료비
② 장해급여: 요양을 종료한 후에도 장해가 남은 경우
③ 병간호급여: 자가 치료를 받은 후에도 의학적으로 상시 또는 수시 병간호가 필요한 경우
④ 유족급여 및 장의비: 학교 안전사고로 사망한 경우 등
⑤ 위로금

학교의 사고 통지 후 비용 지출에 대한 각종 증빙 서류를 제출하면 심사를 통해 비용을 지급받을 수 있습니다. 학교안전공제중앙회에서 사업 내용을 확인하며, 보상 청구는 학교를 통해 지자체별 학교안전공제중앙회로 신청합니다. 무엇보다 아이의 안전사고는 절대 일어나서는 안 되겠지요.

Q3 칠판 글씨 안 보인다는 아이, 안과 Vs. 안경원 어디가 좋을까요?

아이 시력 발달은 다른 감각 기관에 비해 조금 늦은 편입니다. 구조적으로는 이미 완성되어 있으나 만 2~3세 무렵에야 약 0.4~0.6 정도의 시력을 갖게 됩니다. 시력 검사는 만 3~4세가 지나야 할 수 있는데 아이가 간단한 숫자나 그림 모양을 알고 어느 정도 의사 표현이 가능해야 하기 때문입니다. 이후에도 시력은 점차적으로 발달하여 만 6~7세가 되면 성인 수준의 1.0 시력에 도달합니다. 아이가 별 탈 없이 안정적으로 시력이 발달하였다면 초등학교 입학 후 학업을 진행하는 데 무리가 없습니다.

하지만 유아기 때 이미 사시였다거나 선천성 백내장, 망막 질환을 앓았고 적절한 치료가 이루어지지 못하였다면 이후 시력 발달에 영향을 미칠 수 있습니다. 어린아이가 결막염이 심해 자칫 눈을 비볐다가 망막에 손상을 입어도 시력이 저하될 수 있습니다. 초등학교 입학을 앞두고 있다면 안과 검진을 통해 시력 체크 및 사시, 약시, 근시 등을 파악하는 것이 좋습니다.

아이의 시력 저하는 안과에서 시력 검사를 하기 전까지는 알아채기 힘듭니다. 외관상 이상이 없는데도 아이가 TV를 지나치게 가까이에서 보는 경우, 초점을 맞추기 위해 눈을 치켜뜨거나 찡그리는 경우, 흘기듯 옆으로 비켜 보는 경우, 초점이 멍해 보이는 경우, 어딘가 바라볼 때 한쪽 눈 모양이 몰려 보이는 경우, 이름을 불렀는데 다른 곳을 보는 것 같은 경우에는 초등학교 입학 전이어도 안과에서 검진을 받도록 합니다.

어린아이의 시력 검사는 가까운 안경원에 갈 것이 아니라 안과에서 '조절마비' 안약을 넣어 정확한 시력 및 도수를 파악하는 것이 필요합니다. 다소 시간이 걸리더라도 만 10세 이전에는 반드시 조절마비 시력 검사를 통해 정확한 시력 및 도수를 알고 안경을 처방해야 교정 시력에 도움이 됩니다.

시력 검사 외에도 동공반사 검사, 각막반사 검사, 외 안부 검사들을 통해 백내장, 각막혼탁, 망막박리, 사시 등의 구조적 이상 또한 발견할 수 있습니다.

안과에서 정확한 도수를 파악하였다면 안경원에서 시력 교정용 안경을 맞춥니다. 아이들은 얼굴 크기가 자라면서 눈 사이 거리도 멀어지기 때문에 처음 몇 년 동안은 주기적으로 시력을 점검하고 안경을 교체해야 합니다.

Q4 유행성 독감 외에 출석으로 인정받는 결석 사유에는 어떤 것이 있나요?

　　유행성 독감이 기승을 부릴 때면 아이를 학교에 보내야 할지, 말아야 할지 걱정스럽습니다. 하지만 아이가 유행성 독감에 감염되었다면 항바이러스제를 복용하는 5일간은 반드시 의사의 권고에 따라 결석하는 것이 바람직합니다. 집에서 휴식하며 빠른 회복을 돕고, 접촉자가 유행성 독감에 전염되는 것을 예방하기 위해서입니다.

　　다행히 유행성 독감과 같은 법정감염병에 전염되었을 때는 의사의 진단서 또는 의견서(진료확인서, 소견서)를 학교에 제출, 5일간 결석해도 출석일로 인정받을 수 있습니다. 결석 첫날에는 바로 담임교사에게 연락하여 결석 사유를 이야기하고, 결석한 날로부터 3일 이내에 진료확인서나 소견서를 제출합니다. 수두, 홍역, 일본뇌염, 유행성이하선염(볼거리) 등 역시 법정감염병이므로 진료확인서 내용에 따라 결석일을 출석으로 인정받을 수 있습니다.

　　진료확인서나 소견서에는 진단일, 항바이러스제 복용 기간, 격리 치료 여부, 출석 가능일 등이 기재되어 있습니다. 간혹 학교에 따라 의사의 완치확인서를 제출하라고도 하는데, 이는 의료기관의 공식 발급 서류가 아닙니다.

법정감염병이 아니어도 출석일로 인정받는 경우도 있습니다. 만약 천식, 아토피, 알레르기·호흡기 질환, 심혈관 질환 등의 기저 질환이 있는 민감군 아동이면서, 사전에 의사의 진단서나 소견서를 학교에 제출하여 질병을 인정받은 경우입니다. 부모가 학교 측에 문자나 전화 등으로 결석 사유를 미리 알려왔다면, 등교 시간대 거주지, 학교 주변의 실시간 미세먼지 농도가 '나쁨' 이상일 경우 출석일로 인정받을 수 있습니다.

참고로 출석일로 인정받을 수 있는 결석 사유에는 가까운 친인척의 경조사와 학교장의 승인을 받은 교외 체험 학습이 있습니다. 부모, 조부모, 외조모부의 사망 시 5일, 부모나 형제자매의 결혼 시 1일, 부모의 형제자매 및 그 배우자(예: 고모나 고모부, 이모나 이모부 등)의 사망 시 1일이며, 토요일과 공휴일은 인정일에 합산하지 않습니다. 집안에 경조사가 있다면 바로 담임 교사에게 알려 결석 가능일과 추후 제출할 서류 등을 확인합니다.

교외 체험 학습은 사전에 신청서를 제출, 학교장 승인을 받았다면 연간 5~20일을 출석으로 인정받을 수 있습니다. 학교마다 인정일이 다른 만큼 학교 홈페이지나 담임 교사를 통해 확인하는 것이 좋습니다.

Q5 아이가 밥을 너무 늦게 먹어요. 단체 생활에서도 괜찮을까요?

단체 생활에서는 급식도 교육의 하나입니다. 많은 사람이 질서를 지키며 배식을 받고, 서로를 배려하여 양을 적절하게 분배하고, 정해진 자리에서 바르게 앉아 골고루 식사하며, 음식을 위해 수고하신 모든 분들에게 감사하는 마음을 갖는 것 등이 급식 시간에 이루어지는 교육입니다. 이런 사실을 부모들도 잘 알고 있기 때문에 우리 아이의 나쁜 식습관과 급식 시간이 '충돌'하지 않을까 미리 걱정하게 됩니다.

하지만 아직은 아이가 급식을 '연습'하는 중입니다. 아이가 여럿이 어울려 먹다가 혼자 남아서 먹는 일이 반복되면 서서히 속도 내는 법도 배우게 됩니다. 물론 익숙해지기까지 아이가 힘들어할 수 있습니다. 기질적으로 느린 아이들은 이런 상황에서도 자신만의 속도를 내기 마련입니다.

만약 급식 시간 때 빨리 먹어야 하는 것 때문에 아이가 스트레스를 받는다면 먼저 부모가 집에서 아이의 먹는 양과 시간을 관찰합니다. 그리고 아이가 다른 아이들과 비슷하게 식사를 끝내고 싶다고 하면 배식을 받을 때 "밥은 반만 주세요.", "깍두기 1개만 주세요.", "소시지 2개만 주세요."라고 말하도록 알려 주는 것도 좋습니다. 시간 안에 다 못 먹어 남기는 것보다 시간 안에 먹을 수 있는 양만큼 받도록 아이 스스로 조절하는 법을 일러주는 것입니다. 대신 아이가 식사량이 부족하진 않은지 부모가 세심히 살펴야 합니다. 집에서는 제 양껏 천천히 먹도록 도와주고 부족한 영양은 간식으로 챙겨 줍니다.

늦게 먹는 습관이 단순한 속도의 문제가 아닐 수도 있습니다. 운동 능력이 떨어져 식사 동작이 어설프다거나 주의가 산만하여 밥을 먹다가 자꾸 딴짓을 하는 경우라면 이 원인을 해결하기 위해 반복 훈련을 하거나 식사에 집중할 수 있도록 환경을 만들어 주어야 합니다.

3부

초등 3~4학년

공부 습관의
기초 세우기

이제 3학년이 되었습니다.

초등 3~4학년은 저학년도, 고학년도 아닌 중학년입니다.
5교시였던 수업은 6교시로 늘어나고
수학도 제법 어려워집니다.

학교생활에 적응하는 저학년을 지나.
이제는 본격적으로 공부 습관을 길러야 할 때입니다.

어려워진 수학과 영어에 아이가 흥미를 잃지 않도록
자신에게 맞는 공부법을 찾아주세요.
지금의 공부법이 초등학교를 졸업하고 중학교, 고등학교에서도
두루두루 활용할 수 있는 소중한 자산이 됩니다.

학교생활에, 학원에, 온갖 과제에 아이가 지칠 수도 있으니
언제나 아이가 보내는 SOS 신호에 귀 기울여 주세요.

이 시기 핵심 교육 포인트

교과 학습

국어 능력이 좋아야 서술형 수학에 강해요

아이에 따라 학업 성취도가 벌어지기 시작한다. 국어 능력이 좋은 아이들은 수학 독해력이 좋아 서술형 문제에 유리하다. 수학을 잘 하느냐 못하느냐가 시작되는 갈림길인 만큼 아이가 연산 능력의 기초를 다지고 서술형 문제에 익숙해질 수 있도록 이끌어 준다.

공부 습관

자기 주도 학습 능력을 길러 주세요

자신만의 공부 습관을 찾아야 할 때이다. 사교육 의존도가 너무 높으면 스스로 공부하는 방법을 찾지 못할 수 있다. 서둘지 말고, 하루 20~30분이라도 혼자서 공부하는 시간을 계획하게 한다.

사교육

교과목 학원의 비중은 60~70 %가 적당해요

학습을 위해 교과목 학원의 비중을 늘리면 재능 발굴의 기회가 사라지고 아이의 학습 스트레스는 가중될 수 있다. 아이가 즐길 수 있는 예체능 학원 하나쯤은 꼭 남겨 둔다. 영재 관련 사교육을 원한다면, 아이에게도 영재교육에 대한 동기 부여가 있어야 한다.

정서 발달   도덕성과 자존감 발달을 놓치지 마세요

부모보다 친구에 대한 의존도가 높아진다. 다른 사람이 나를 어떻게 생각하는지 평판을 걱정하고 이왕이면 좀 더 멋진 사람이 되고 싶어한다. 도덕성과 함께 자존감 형성에 주목한다.

건강 관리   과도한 학업 부담, 스트레스를 주의해요

갑자기 늘어난 학원 수와 학습량에 아이가 지칠 수도 있다. 문제 행동 또는 이상 행동은 아이가 도와달라는 구조 신호이므로 아이의 정서 상태를 유심히 관찰한다.

교과 학습

01

늘어나는 과목,
학습 능력 높이기

☑ "6교시 수업이 체력적으로 부담되진 않을까요?"

☑ "왜 이렇게 갑자기 과목이 늘어난 거죠?"

☑ "수학이 어려워진다는데 어떻게 대비해야 하나요?"

☑ "아이들 학력 평가는 어떻게 이루어지나요?"

☑ "영어 학원에 다니는데, 학교 영어 수업이 지루하진 않을까요?"

6교시까지 수업하고 9과목으로 증가

학교생활 적응과 기초 학습에 힘쓰던 저학년을 지나면 초등 3~4학년, 중학년에 올라선다. 제법 학교생활에 익숙해졌지만 초등 3학년이 되면 과목 수가 많아지고 수업 차시도 늘어나는 등 다시 한 번 변화에 적응해야 한다. 모둠 활동, 놀이 위주의 수업 방식에서 벗어나 조금 더 학습 중심의 수업이 이루어지면서 아이가 힘들어할 수 있다.

먼저 3학년이 되면 갑작스럽게 늘어난 과목 수에 당황할 수 있다. 초등 1~2학년 때에는 국어나 수학 과목 외에 〈봄〉, 〈여름〉, 〈가을〉, 〈겨울〉 등의 통합 교과서에 도덕, 사회, 과학, 음악, 미술, 체육 과목의 내용이 일부 포함되어 있었다고 볼 수 있다. 하지만 초등 3~4학년부터는 통합 교과서의 내용이 분리되어 별도의 교과목으로 책정된다.

국어, 수학 외에 사회, 도덕, 음악, 미술, 체육 등의 과목이 분리되고 영어가 추가되어 총 9개 과목으로 이루어진다. 한 과목에는 지도의 효율성을 위해 교과서가 여러 권인 과목도 있다. 사회 과목의 경우 내가 사는 지역사회에 대해 자세히 공부할 수 있도록 각 시도 교육청에서 발간한 〈우리 고장의 생활〉(3학년), 〈○○의 생활〉(4학년) 같은 지역 교과서를 사용하기도 한다.

교과목 중 영어, 음악, 미술, 체육은 검정 교과서를 사용하기 때문에 학교에 따라 다를 수 있다. 교과목 수업과 별개로 창의적 체험 활동(동아리, 봉사, 진로 활동 및 자율 활동 등)도 진행된다.

초등 3~4학년의 교과서 종류

구분	국정 교과서	검정 교과서	인정 교과서
3학년	국어/국어활동 3 수학/수학익힘책 3 사회/사회과부도 3 과학/실험관찰 3 도덕 3	음악 3 미술 3 체육 3 영어 3	초등논술 1~6 한자와 국어 1~6 더불어 사는 민주시민 독도야 사랑해 법 함께 만들어가기 등 총 29종류
4학년	국어/국어활동 4 수학/수학익힘책 4 사회/사회과부도 4 과학/실험관찰 4 도덕 4	음악 4 미술 4 체육 4 영어 4	
3~4학년	지역화 교과서		

수업 시간도 늘어나 매주 2일 정도는 6교시까지 배정된다. 현재 1~2학년은 연간 1,744시간으로 매일 4~5교시씩 주당 23시간의 수업을 진행한다. 초등 3~4학년이 되면 수업 시간은 연간 1,972시간으로 늘어나서 매주 1일은 4교시, 나머지 요일은 5~6교시까지 수업을 듣는다. 어떤 요일에 몇 교시까지 수업할지는 학교마다 다를 수 있으며, 주당 26시간의 수업을 진행한다.

보통 5교시까지 수업이 있는 날에는 오후 2시, 6교시까지 있는 날에는 오후 2시 50분경에 하교하는 것이 일반적이다. 학교에서 점심을 해결하기 때문에 아이들은 곧장 방과 후 수업에 참여하거나 학원으로 이동한다. 학원 일정은 아이의 요일별 하교 시간을 고려하되 3학년부터는 교과목 수준이 어려워지고 학습 시간이 늘어나는 것을 고려하여 아이가 체력적으로 부담되지 않도록 주의한다.

초등 1~2학년과 3~4학년의 수업 예시

학년	배정	월	화	수	목	금	합계
1~2학년	4교시 2일 5교시 3일	5교시	5교시	4교시	5교시	4교시	23시간
3~4학년	4교시 1일 5교시 2일 6교시 2일	5교시	6교시	4교시	5교시	6교시	26시간

과목의 수와 수업 시간이 늘어나면 아이들 가방 무게도 늘어난다. 6교시까지 있는 날에는 가방에 넣고 다녀야 할 교과서의 수가 많아지는데, 무거운 책가방은 성장기 아이들의 근골격에 부담이 될 수 있다. 간혹 집으로 교과서를 가져갔다가 수업이 있는 날에 빠뜨리고 등교할 수도 있다. 따라서 학교에서 배부한 교과서(1인 1회 지급 원칙)는 교실 사물함에 보관하고 집에서는 손위 형제나 이웃에게 물려받은 교과서나 별도로 구매한 교과서를 사용하는 것이 좋다.

국정 교과서를 비롯하여 각종 검·인정 교과서는 한국검인정교과서협회(www.ktbook.com)에서 온라인으로 주문할 수 있다. 에듀넷(book.edunet.net)에 회원 가입 후 디지털 교과서를 내려받을 수도 있다. 디지털 교과서는 기존 교과 내용(서책형 교과서)에 용어 사전, 멀티미디어 자료, 평가 문항, 보충·심화 학습 내용 등 풍부한 학습 자료 기능이 부가되어 있다.

검·인정 교과서는 학교마다 발행사나 저자가 다른 교과서를 사용할 수 있으므로 분실하였을 때는 학교에서 사용하는 도서의 발행사 및 저자를 확인하여 교과서를 재구매해야 한다.

교과서의 종류

① 국정 교과서: 국가가 직접 개발하는 교과서로 교육부가 편찬하여 저작권을 가진 교과서이다. 1과목당 1종류의 책으로 되어 있으며 국가적 통일성이 필요한 교과목 위주로 개발되었다.
② 검정 교과서: 민간에서 편찬하여 교육부 장관의 검정을 받은 교과서이다. 1과목당 여러 종류의 교과서가 존재할 수 있으며 학교에서 별도의 선정 절차가 필요한 도서이다.
③ 인정 교과서: 국정·검정 도서가 없는 경우 또는 이를 사용하기 곤란하거나 보충할 필요가 있는 경우에 사용하기 위해 교육부 장관(보통 시·도 교육감에게 위임)의 인정을 받은 교과서이다.

영어에 대한 흥미를 지속시켜야 한다

초등 3학년이 되면 '영어'가 교과목의 하나로서 주당 2시간씩 정규 수업 시간에 편성된다.

초등학교 영어 수업은 담임 교사 외에 전공자인 전담 교사가 진행한다. 교과 내용은 초등 3학년 수준에 적합한 생활 회화를 통해 간단한 문법과 단어, 자주 쓰는 표현 등을 익히도록 구성되어 있다.

초등 3학년 영어 교과서의 앞 단원들을 살펴보면 Lesson 1 Hello!

I'm Miso / Lesson 2 It's a pencil / Lesson 3 Please, please, please! / Lesson 4 I like milk / Lesson 5 Can you swim? 등으로 진행된다. 제목에서 알 수 있듯이 자기 이름 또는 사물 말하기를 기본으로 하여 2형식과 짧은 3형식 문장, 조동사나 의문사 등을 활용한 문장, 의문문 등을 익히게 된다. 일상에서 통용되는 문장 표현을 반복 연습하면서 영어 단어와 기본 문법을 배운다. 이 과정에서 알파벳과 파닉스도 자연스럽게 습득한다.

방과 후 교육이나 선행 학습 등을 통해 영어에 친숙해진 아이들도 많다. 이 때문에 학부모들은 아이가 학교 영어 수업에 재미를 느끼지 못할까 걱정하기도 하고, 또 다른 학부모들은 아이가 '영어 유치원 출신'이 아니어서 영어 실력이 뒤떨어져 영어에 흥미를 잃을까 염려한다.

처음에는 영어를 배웠던 아이가 그렇지 않은 아이에 비해 교과 내용을 친숙하게 받아들이고 알고 있는 단어도 많아서 응용 표현에서 두드러질 수 있다. 아는 내용을 다루기 때문에 수업 시간에 활발히 참여하기도 한다.

하지만 흥미를 잃는 것은 아이마다 다르다. 어떤 아이는 익숙한 내용이기 때문에 자신 있게 신이 나서 수업에 참여하지만 또 다른 아이는 호기심을 잃고 수업에 심드렁해질 수 있다. 다행히 초등 3학년이 되면 각 상황에 대한 분별력이 생기기 시작한다. 영어 학원에서 배우는 것과 별개로 학교 영어 수업에 성실해야 한다는 것을 스스로 알고 또 학교 영어가 학원 영어보다 쉽더라도 교과서에 나온 문장 표현과 단어들을 익혀야 한다는 사실도 분명히 인지한다. 그리고 학년이 올라갈수록 수업이 점점 어려워지고 학원 영어와는 별개로 학교 영어 역시 만만치 않다는 것을 깨닫게 된다.

이 시기에 부모는 아이가 영어 자체에 흥미를 잃지 않도록 꾸준히 도와주어야 한다. 아이 수준에 맞는 영어 그림책이나 동화책을 읽게 하거나 애니메이션을 관람하고, 아이가 좋아하는 분야의 해외 다큐멘터리를 함께 보는 것도 좋다. 유튜브 채널 중 아이의 관심 분야면서 유익한 내용의 영상을 선택하여 시청할 수도 있다. 다양한 영어 애플리케이션과 화상영어 프로그램 등은 실생활에서 영어를 친숙하게 접할 수 있도록 도와준다. 비용이 부담스럽긴 하지만 영어 캠프나 어학연수 등도 아이가 영어를 더 좋아하게 만드는 계기가 될 수 있다.

아이가 학교 수업을 통해 영어를 처음 접하더라도 크게 긴장할 필요는 없다. 학교 교과목으로서의 영어는 초등 3학년의 두뇌·인지 발달 수준에 맞춰져 있다. 초등 1~2학년 과정을 잘 마쳤고 그 연령에 필요한 사고력과 논리력 등을 갖추었다면 영어 수업을 따라가는 데 문제가 없다. "영어를 잘해야지 성공한다.", "다른 아이보다 더 열심히 해야 한다."라는 식으로 부담을 주면 영어에 대한 호감이 줄어들 수 있다. 부모는 아이에게 영어가 쉽고 재미있는 과목이라는 인상을 심어 주어야 한다.

에듀넷에서 내려받은 디지털 교과서를 십분 활용하는 방법도 있다. 멀티미디어 자료를 통해 발음이나 억양, 비슷한 표현, 퀴즈나 게임 등으로 교과 내용을 재미있게 익힐 수 있다. 초등 3~4학년에는 매주 2시간씩 영어를 배우기 때문에 자주 되새김하지 않으면 앞에 배운 내용을 잊을 수 있다. 아이가 배운 영어 표현을 부모가 함께 익혀 일상 대화 속에서 자주 사용하도록 하고, 교과서에서 배운 단어와 같은 알파벳으로 시작하는 단어들을 외우면서 파닉스를 익히도록 한다.

독서와 글쓰기 훈련을 꾸준히 해야 하는 국어처럼 영어 역시 자주 노출해야 귀가 틔고 표현이 입에 붙는다. 아이가 배운 표현을 자주 활용할 수 있도록 유도하고 다양한 시청각 자료를 통해 영어를 놀이처럼 접하도록 이끌어 준다. 수준에 맞는 영어 표현을 듣고, 읽고, 말하고, 쓰면서 점차 영어 실력이 향상된다.

이왕이면 아이가 가장 즐거워하는 영어 공부법을 찾는다. 영어 공부법은 아이에 따라 제각각일 수 있다. 어떤 아이는 유튜브 영상을 보면서 영어를 익히고, 또 다른 아이는 영어 동화책과 오디오북으로 영어를 습득한다.

자신만의 즐거운 공부법을 찾는다면 오래도록 질리지 않고 꾸준히 영어를 공부할 수 있다. 영어 수업 초기에는 선행 학습을 한 아이와 그렇지 않은 아이 간에 실력 차가 있을 수 있지만 시간이 흐를수록 교과 내용에서만큼은 격차가 줄어들기 때문에 미리 겁먹지는 말자.

수학, 선행보다 교과 과정에 충실하자

초등학교 수학 교육 과정은 수의 체계와 연산, 평면도형과 입체도형, 규칙성과 대응, 측정, 자료와 가능성 등으로 구성되어 있다.

1~2학년에 수의 체계와 연산, 도형, 규칙성, 측정 등에 대해 배운다면, 3~4학년에도 수의 체계와 연산, 도형, 규칙성, 측정 등 같은 내용을 배운다. 대신 자릿수가 높아지고, 연산이 복잡해지며, 도형이나 규칙성의 종류가 더 많아진다. 측정의 방법도 다양해지고 이것을 서술하는 방식도 더 많은 사고력을 요구하게 된다. 학년별 수학 교과서의 목차를 비교해 보면 수학 교육 과정을 쉽게 이해할 수 있다.

그렇기 때문에 수학은 1~2학년 때 기초가 탄탄해야 3~4학년의 내용을 더 잘 이해하게 되고, 이후 5~6학년에도 어렵지 않게 접근할 수 있다.

만약 3학년이 되어 분수와 소수 때문에 수학을 어려워한다면 초등 1~2학년 때 배운 수의 개념이나 기본 연산 능력이 떨어져서일 수 있다. 5~6학년 때 분모가 다른 분수의 덧셈과 뺄셈, 곱셈을 어려워한다면 3~4학년 때 배운 분모가 같은 분수의 덧셈과 뺄셈을 잘 숙지하지 못해서일 수 있다.

이처럼 수학은 단계별로 어려워지게끔 커리큘럼이 짜여 있다. 그래서 초등 때의 수학은 선행 학습에 힘쓰기보다 각 학년에 맞춘 교

초등학교 수학 교육 과정 1영역 예시

영역	핵심 개념	학년(군)별 내용 요소		
		1~2학년	3~4학년	5~6학년
수와 연산	수의 체계	• 네 자리 이하의 수	• 다섯 자리 이상의 수 • 분수 • 소수	약수와 배수 약분과 통분 순수와 소수의 관계
	수의 연산	• 두 자리 수 범위의 덧셈과 뺄셈 • 곱셈	• 세 자리 수의 덧셈과 뺄셈 • 자연수의 곱셈과 나눗셈 • 분모가 같은 분수의 덧셈과 뺄셈 • 소수의 덧셈과 뺄셈	• 자연수의 혼합계산 • 분모가 다른 분수의 덧셈과 뺄셈 • 분수의 곱셈과 나눗셈 • 소수의 곱셈과 나눗셈

*출처: 교육부

과 내용을 제대로 익히는 것에 주안점을 두어야 한다. 지금의 교과 내용을 완전히 숙지하지 못한 아이에게 선행 학습은 오히려 독이 될 뿐이다. 초등 3~4학년 수학 공부의 핵심은 다음과 같다.

❖ **나눗셈과 분수를 놓치지 마라** '수포자의 시작은 초등 3학년부터'라는 말이 있다. 3학년이 되면 자연수 외에 소수와 분수, 곱셈은 물론 나눗셈에 이르기까지 사칙연산을 모두 배우게 된다. 특히 나눗셈과 분수는 처음 등장하기 때문에 다른 연산이나 수의 개념과 비교하여 아이가 어려워할 수 있다.

수 개념과 사칙연산은 수학에서 절대적으로 필요한 기초 학습 능력이므로, 아이가 나눗셈의 연산 개념과 분수를 확실히 이해하고 계산하는 방법을 알고 있는지 점검하도록 한다. 4학년 때 분수의 곱셈과 나눗셈을 잘하느냐 못하느냐는 3학년 때 결정된다는 사실을 잊지 말아야 한다.

❋ **연산의 기초를 확실히 다져라** 연산 개념을 이해하고 수식을 알고 있어도 단순 계산 문제에서 실수하는 아이들이 많다. 나중에 확인하면 "앗, 올림을 하지 않았네?", "자릿수를 헷갈렸어", "식은 맞았는데 답이 틀렸어" 하며 핑계를 댄다.

초등 3~4학년이 되면 자연수의 자릿수가 높아지고 분수와 소수까지 배우다 보니 꼼꼼한 문제풀이 능력이 요구된다. 아이의 계산 실수를 줄이려면 다양한 자릿수의 자연수, 분수, 소수 등으로 반복적인 연산 훈련을 하는 것이 좋다. 연산 훈련을 위한 단행본 학습지를 활용하는 것으로도 충분하다.

❋ **개념을 이해하고 있으면 수학 응용력이 생긴다** 단순 계산 문제는 잘 풀지만 조금만 문제를 비틀면 어려워하거나 문제를 틀리는 아이들이 있다. 개념 이해가 부족하기 때문이다. 수식으로 제시한 문제는 개념 이해 없이 계산만 하면 되지만 일상생활 문제로 예시를 들거나 서술형 문제로 접근하면 어떤 수식을 세워야 할지 갈팡질팡한다.

만약 아이가 단순 계산 문제들은 잘 풀지만 응용력이 필요한 문제를 자꾸 틀린다면 개념 이해부터 다시 잡아주는 것이 좋다. 초등 3~4학년 때의 개념 이해는 이후 수학 과정에서 기초에 해당하기 때문에 절대 놓쳐서는 안 된다.

❋ **수학 독해력으로 서술형에 대비하라** 서술형 문제는 아이가 문제의 내용을 정확히 이해한 다음 수식을 만들고, 수식을 계산하여 답을 이끌어야 내야 한다. 학부모와 아이들이 서술형 문제에 난감해하는 이유는 문제 자체를 이해하는 데 어려움을 겪기 때문이다. 수학 문제를 읽고, 문제가 의미하는 바를 알고, 그 의미를 수학적 기호로 바꿀 수 있는 능력을 '수학 독해력'이라고 한다. 수학 독해력을 키워야 서술형

문제에도 당황하지 않는다. 누누이 말했듯이 국어를 잘해야 수학도 잘한다. 따라서 꾸준한 독서와 글쓰기 연습으로 수학 독해력을 키워야 한다. 더불어 서술형 문제의 다양한 유형도 많이 접해 볼 수 있도록 한다.

다양한 체험 활동이 필요한 사회, 과학

3~4학년이 되어 새롭게 배우는 과목에는 사회, 과학이 있다. 1~2학년 때는 〈봄〉, 〈여름〉, 〈가을〉, 〈겨울〉 통합 교과서에서 일부분을 '맛보기' 하였다면, 〈사회〉, 〈과학〉에서는 우리가 사는 지역 사회의 모습, 지역 주민의 활동, 우리 주변에서 흔히 일어나는 과학 현상 등을 본격적으로 배우게 된다.

사회는 〈사회〉, 〈사회과부도〉 외에 지역화 교과서라고 하여 3학년에는 〈우리 고장의 생활〉, 4학년에는 〈○○의 생활〉 등 총 3종의 교과서를 사용한다. 과학은 〈과학〉, 〈실험관찰〉 2종의 교과서를 활용한다. 두 과목은 사회, 과학 현상에 대한 관심을 높이고 탐구심을 기르는 데 목적이 있다. 두 과목 모두 교과 내용이 어렵지 않고 쉽게 이해할 수 있도록 구성되어 있어 대다수 아이들이 흥미롭게 접근할 수 있다.

사회와 과학 과목은 우리 지역 사회와 주변에서 흔히 일어나는 현상을 다루기 때문에 아이가 직접 찾아보고 체험해 보는 것이 중요한 자산이 된다. 예를 들어 〈사회〉 과목과 관계된 것으로는 우리 동네에 유적지가 있다면 직접 찾아가 탐색하고 어떤 역사적 배경을 가졌는지 알아본다거나 전통 재래시장에 가서 어떤 물건을 파는지 구경하고 또 물건을 사기도 하는 등의 체험을 하는 식이다. 그리고 이러한 활동을 마친 후에는 아이의 생각을 정리할 수 있도록 '체험 활동 보고서'를 쓰는 것도 잊지 않는다.

〈과학〉 과목에서는 차가운 물이 담긴 컵을 상온에 두었을 때 생기는 변화라든가, 계절에 따른 별자리 변화 등을 알아봐도 좋고, 동네 공원에 서식하는 동식물 종류를 조사하는 일 등도 과학 체험 활동으로 적합하다. 이러한 활동을 통해 아이는 사물이나 현상에 대해 어떻게 접근하고, 무엇을 관찰·탐구하며, 어떻게 기록하는지 배울 수 있게 된다.

Tip 아이와 함께 이해하는 지역 사회

① 해당 지자체 홈페이지 구경하기: 지역 사회 규모, 인구수, 주요 시설, 지역 주민 경제 활동, 복지 정책을 엿볼 수 있다.
② 지도 검색해 보기: 우리 지역의 지형도를 알 수 있고, 주요 시설의 위치와 도로, 주변 도시 등을 파악할 수 있다.
③ 지역 명소 방문해 보기: 우리 지역을 대표하는 유적지, 재래시장, 유동 인구가 많은 큰 광장이나 복합 쇼핑몰, 놀이 공원 등을 찾아가 본다.
④ 지역신문 찾아보기: 각 지자체에서 발행하는 신문에는 지역에서 진행되는 다채로운 행사나 프로그램 등이 소개되어 있다. 부모와 아이가 함께 갈 수 있는 행사를 골라 참여해 본다.

MEMO

Q1 3학년부터 본격적인 학력 평가가 이루어진다는데 어떻게 대비해야 할까요?

3학년이 되면 3월에 전년도 교과 내용으로 주요 과목(국어, 수학)에 대한 진단 평가를 받습니다. 그렇다고 이에 대비한다고 굳이 전년도의 국어, 수학의 전체 내용을 다시 복습할 필요는 없습니다. 읽기와 쓰기, 기초 연산 능력을 갖추고 있다면 평소 실력으로 치러도 충분합니다. 진단 평가는 담임 교사가 아이의 학업 성취도를 파악하여 앞으로 수업 방향에 적용하기 위한 것입니다.

진단 평가 이후에는 각 학교의 평가 계획과 교과목 진도에 맞추어 지필 시험나 수행 평가 등을 진행합니다.

3학년이 되면 교과목 수가 9개로 늘어나고 교과서의 내용도 풍부해짐에 따라 평가 방법도 다양해집니다. 학년 초에 학교에서 연간 수행 평가 계획서를 작성하여 학교 홈페이지나 가정 통신문을 통해 각 가정에 알리므로, 이때 부모는 평가 계획을 파악하여 아이가 단원에 따른 개념 이해 및 용어를 잘 숙지할 수 있도록 이끌어 주어야 합니다.

평가는 지필 시험부터 모둠별 또는 개인별 발표, 토론, 실기, 보고서, 포트폴리오 등 다양한 수행 평가로 이루어집니다. 음악, 미술, 체육과 같은 과목에서는 연주, 가창, 만들기, 줄넘기 등 실기 평가가 이루어지기도 하고, 영어는 듣기나 말하기 평가가 포함되기도 합니다. 지필 시험에서도 3~4학년부터는 선택형(객관식) 문제뿐 아니라 단답형, 서술형, 논술형 등의 주관식 문제도 늘어납니다. 따라서 아이가 평소 교과서의 개념과 용어를 잘 이해할 수 있도록 도와주고, 교과서 복습과 예상 문제풀이 등으로 지필 시험에 대비하도록 합니다.

다양한 방식으로 평가가 이루어지면 통지표를 통해 그 결과를 확인할 수 있습니다. 통지표는 방학식을 앞두고 각 학기 말에 배부됩니다. 통지표에서 유심히 검토할 것은 아이의 과목별 학업 능력뿐만 아니라 학교에서 잘 생활하고 있는지, 연령에 맞춰 신체적·정서적으로 잘 발달하고 있는지 등입니다. 또 행동 발달 상황이나 학교생활 등에 대해 담임 선생님이 전하는 내용을 잘 살펴야 합니다. 학습 평가 결과는 '매우 잘함 / 잘함 / 보통 / 노력 요함' 등 4단계로 제시되어 있습니다.

아이가 수업 내용을 못 따라가는 것 같은데 어떻게 하면 좋을까요?

교과목 종류와 학습량이 늘고 난이도가 올라가면 당연히 심적으로도 체력적으로도 힘들기 마련입니다. 다행히 1~2학년 때 학습한 내용을 잘 이해하고 있다면, 3학년 수업 내용을 따라가는 일이 버겁지 않습니다. 기초 학습 능력이 탄탄해야 초등 3학년의 시작이 그나마 순탄한 법이지요.

만약 기초 학습 능력이 부족하다면 갈수록 수업 내용을 이해하거나 진도를 따라가는 일이 어려워집니다. 게다가 초등 3학년 중에도 간혹 읽기와 쓰기 능력이 뒤떨어지는 아이들이 있습니다. 1~2학년 때는 교과서에서 표현된 문장의 길이가 짧고 단어 역시 제한적이라 별로 티가 나지 않았을 수 있습니다.

그러나 초등 3학년부터는 각 교과목에 따라 문장이 길어지고 사용하는 어휘 수도 대폭 늘어나기 때문에 읽기와 쓰기 능력이 부족한 아이들은 문제 이해력, 수학 독해력이 떨어질 수밖에 없습니다. 만약 아이가 글자를 띄엄띄엄 읽거나, 문법이나 맞춤법이 틀린 글을 쓰는 일이 잦고, 자릿수 올림이 필요한 연산 문제를 잘 틀린다면 아이의 기초 학습 능력을 점검하는 것이 좋습니다.

읽기, 쓰기, 수의 개념과 기초 연산 능력은 1~2학년 때 꼭 습득해야 할 학습 내용입니다. 1~2학년 교과서를 다시 들여다보더라도 아이의 기초 실력을 지금은 다져두어야 할 시기입니다. 다행히 아직은 1~2학년의 내용을 거슬러 복습하기가 어렵지 않습니다. 5~6학년 때 기초를 다잡겠다고 1~2학년 교과서를 다시 복습하는 것보다 3학년 때 복습하는 것이 훨씬 수월하지요. 더 늦기 전에 부모가 아이의 기초 학력을 점검하고 학습 능력을 향상시키는 데 힘써야 합니다.

학습 부진의 원인이 기초 학습 능력이 아니라 다른 데 있는 경우도 있습니다. 가령 난독증과 같이 읽기 장애가 있는 경우, 청력이나 시력이 뒤떨어지는 경우, 경계성 발달 장애가 있는 경우에도 학습 부진을 보일 수 있습니다.

특히 HD(과잉행동)보다 AD(주의력결핍)가 두드러지는 ADHD 아동인 경우, 그 밖의 정서·심리적인 문제가 있는 경우 등은 전문가가 유심히 관찰하지 않으면 알아채기 어려울 수 있습니다. 아이가 학습 부진 외에 일상생활 중 이상 행동이 반복된다면 담임 선생님과 상담 후 전문 기관을 찾아 검사를 받아 보도록 합니다.

초등 3~4학년은 나눗셈을 포함하여 자연수의 사칙연산이 모두 완성되는 시기입니다. 5~6학년에는 소수, 분수의 사칙연산이 끝나는 시기이고요. 측정이나 도형 문제도 연산이 기본이 되어야 하므로 초등 수학의 절반 이상은 연산이라고 봐도 무방합니다. 연산 능력만 확실하게 잡아주어도 수학을 빨리 포기하는 일은 막을 수 있습니다.

수학 연산 능력을 키우기 위해서는 연산의 개념과 요령을 이해하였다는 전제하에 연산 문제를 반복 훈련해야 합니다. 처음에는 자릿수가 작고 쉬운 문제부터 시작하여 차츰 여러 자릿수의 문제, 여러 단위의 문제, 유형이 다른 문제 등 어려운 문제에 도전합니다.

기계적으로 반복된 연산 훈련은 아이에게 수학에 대한 잘못된 관념을 심어줄 수 있다고 반대하는 입장도 있으나 연산 능력은 다양한 수학 개념을 해결하는 가장 기초적인 능력 중 하나입니다.

또한 수학이 아니더라도 돈 계산, 시간 읽기, 물건 수 세기, 거리 측정 등 일상생활에도 요긴하게 쓰입니다. 가장 기초적인 학습 능력이 해결되면 개념이나 원리를 이해하였을 때 더 좋은 성과를 나타낼 수 있습니다.

주의할 것은 수학 연산 능력을 키우기 위해 타이머를 켜놓고 정해진 문제 수를 풀도록 압박하지 않는 것입니다. 아이가 시간에 쫓겨 속도에만 신경 쓰면 그야말로 기계적인 연습이 됩니다. 또 덤벙대는 성격의 아이라면 실수를 유발할 수도 있습니다. 빠른 풀이 속도가 지필 시험 때도 반복되면 자칫 쉬운 계산 문제도 틀리는 일이 생길 수 있습니다. 여러 유형의 문제로 연산 훈련을 반복하다 보면 풀이 시간은 저절로 빨라지므로 처음부터 풀이 속도에 신경 쓰지 않도록 해야 합니다.

만약 자릿수 받아 올림이나 내림이 있는 문제, 시간 차이 계산이나 도형을 측정하는 특정 연산 문제를 자꾸 틀린다면, 숫자 모형이나 시계 모형 등 실제 도구를 이용하여 눈과 머리로 차근차근 수식의 이해를 도와주도록 합니다. 이 역시 반복적으로 연습하다 보면 아이가 문제를 풀 때 머릿속에 자연스럽게 숫자 모형이나 시계 모형을 떠올리게 될 것입니다. 처음에는 더디더라도 차근차근 정답을 맞추다 보면 아이 스스로 원리를 터득하고 자신감도 얻게 될 것입니다.

Q4 '생존 수영'은 어떤 과목이고 무엇을 배우나요? 선행 학습도 필요한가요?

현재 초등학교 3~6학년은 누구나 학교에서 생존 수영을 배웁니다. 2019년부터 2~6학년으로 대상이 확대되었으며, 2020년부터는 전 학년을 대상으로 생존 수영 교육이 이루어집니다.

생존 수영의 목적은 단순히 수영 실력을 키우는 것이 아니라 생존을 위협받는 긴급한 상황에서 안전하게 대처하는 능력을 키우는 데 있습니다.

생존 '수영' 교육은 물에 대한 두려움을 극복하고 기초적이고 필수적인 수영 기술을 익혀 위급한 상황에서 자신의 생명을 구할 수 있도록 도와줍니다. 배영, 평영 같은 수영 기술을 익히는 것이 아니므로 수영을 하지 못하는 아이라도 어렵지 않게 접근할 수 있고, 수영을 잘하는 아이에게도 유익합니다. 따라서 미리 선행 학습을 할 필요는 없습니다.

우리나라 초등학교에서는 자체 수영 시설을 갖추고 있는 경우가 드뭅니다. 그래서 인근의 외부 수영 시설을 이용하는 경우가 많은 만큼 부모는 생존 수영 교육에 필요한 수영복 갈아입기, 수영복 정리하기, 씻기, 옷 입기, 머리 말리기 등 기본 신변처리에 대해 아이 스스로 할 수 있도록 알려 주도록 합니다. 또 아이가 물에 대한 공포심이 심하거나 생존 수영 수업이 있는 날에 아이의 몸 상태가 좋지 않다면 담임 선생님에게 반드시 이야기하여 미리 대처하도록 합니다. 생존 수영은 물에 들어가지 않더라도 수업 참관을 해야 합니다. 정해진 교육 시간(연간 10시간 이상)을 이수해야 하기 때문입니다.

보통 생존 수영 수업은 체육 시간이나 창의적 체험 활동(창체 활동) 시간에 편성되어 이루어집니다. 물에 빠졌을 때 구조자가 올 때까지 버티는 수영법이 생존 수영의 핵심이며 수업 내용은 다음 표와 같습니다.

생존 수영 수업 내용

학년	1~2학년	3~4학년	5~6학년
주제	물 적응 활동 · 물놀이 교육	생존 · 수영 · 구조 기능의 기초	생존 · 수영 · 구조 기능의 심화
수영 교육의 비중	생존 > 수영 > 구조	생존 ≒ 수영 ≒ 구조	생존 < 수영 < 구조
활동	물의 특성 이해하기 수영 및 입수 준비하기 물과 친해지는 활동하기 안전한 물놀이 구조 요청하기 구명조끼 입기 등	물속에서 숨 참기 · 눈 뜨기 물에서 중심 잡고 누워뜨기 가까운 거리로 탈출하기 기본 배영 · 평영 구조 도구 찾기 구조물 던져주기 등	입수하여 뜨기 다양한 방법으로 뜨기 생존 수영 및 구조 요청하기 영법 익히기 및 숙달하기 CPR 및 AED 사용법 알기 강과 바다에서 구조하기 등

사교육

02
학교 공부와 진로 사이에서
균형 잡기

☑ "수학 선행 학습이 더 빨라졌다고 들었어요."

☑ "방학 중 영어 캠프가 도움이 될까요?"

☑ "지금 피겨스케이팅을 시작하면 늦을까요?"

☑ "예술중학교를 보내고 싶은데 어떻게 준비하나요?"

☑ "코딩 교육, 지금 시작해야 할까요?"

학원, 학습지로 성적을 관리한다?

초등 3~4학년이 되면 지필 시험은 물론 모둠별 또는 개인별 발표, 토론, 실기, 보고서, 포트폴리오 등 다양한 수행 평가를 토대로 종합 평가를 받게 된다.

부모 입장에서 볼 때 여러 평가 방법 중 가장 신경 쓰이는 건 지필 시험이다. 아이가 100점인지 아닌지, 몇 개를 틀렸는지 그 결과가 확실히 드러나기 때문에 부모는 아이가 공부를 잘하는지, 못하는지를 지필 시험 하나로 판단하려고 한다. 또 3학년부터 학업 격차가 벌어지는 아이가 많다는 이야기에 부모는 성적 관리를 위한 보습 학원이나 학습지 등에 관심을 갖기 마련이다.

우선 보습 학원에서는 학교에서 배우는 공부의 보충 학습, 즉 예습과 복습이 가능하다. 학교 지필 시험에서 좋은 성적을 받기 위해서는 평소 학교 수업에 집중하고, 각 단원에서 중요한 내용을 잘 파악하며, 배운 것을 충분히 복습하면 된다. 매우 당연한 공부법이겠지만 이것을 성실히 그리고 자발적으로 실천하는 아이들은 많지 않다. 아직은 다른 사람의 지도가 필요한 시기이기 때문이다.

보습 학원은 아이가 학교에서 배운 것을 복습하고, 예상 문제 또한 많이 풀어 볼 수 있도록 이끌어가는 역할을 한다. 따라서 보습 학원에 다니면, 학원에 다니지 않는 아이에 비해 지필 시험 성적이 올라가기 마련이다. 부모 입장에서는 학원에 보내는 효과가 눈에 보이니 당장은 만족도가 높을 수 있다. 여기에 반복 학습이 필요한 주요 과목, 수학과 영어 학습지 등을 곁들이면 아이 성적 관리만큼은 '당분간' 안심하게 된다.

여기서 잊지 말아야 할 것은 보습 학원과 학습지의 효과가 '당분간'이라는 유효 기한이 있을지 모른다는 점이다. 아이의 학업 성취도는 개인이 가진 지적 능력과 노력 여하에 따라 얼마든지 달라질 수 있다.

3학년의 교과목 난이도는 금세 학업 격차가 벌어질 수 있는 수준이기도 하지만 뒤늦게라도 충분히 따라잡기가 가능한 수준이기도 하다. 누군가는 3학년 때 학업 격차가 벌어지면 자칫 4학년, 5학년, 6학년에 올라갈수록 그 차이가 더 벌어질까 염려하여 일찍이 학원과 학습지 등의 사교육에 의존하려고 한다.

문제는 학원이나 학습지 등이 아이의 동의 혹은 선택이 아니라 부모의 강요나 주도로 이루어지는 경우이다. 가뜩이나 학교 공부도 어려운데 학원이나 학습지까지 시작하면 당장은 성적이 오른 듯 보이지만 아이는 점차 학교 숙제, 학원 과제, 학습지 등으로 지칠 수 있다. 공부에 재미를 붙이고 스스로 공부하는 습관을 길러야 할 때 벌써 공부에 지치게 해서는 안 된다.

3학년이 되어 학원이나 학습지 등을 새로 시작할 때는 다음 몇 가지 사항을 고려한다.

✿ **1학기에는 탐색 시간을 갖는다** 학교 공부가 어려워진다고 3학년이 되자마자 학원이나 학습지를 마구잡이로 등록할 필요는 없다. 일단 아이가 학교 공부를 어려워하는지 아닌지를 살펴봐야 한다. 또 아이에 따라 좋아하는 과목, 싫어하는 과목, 어려워하는 과목 등이 생길 수 있다. 어떤 과목은 학교 수업만으로도 충분하고, 어떤 과목은 공부하는 방법만 알려 주면 혼자 해낼 수도 있다. 일단은 아이 스스로 3학년 교과목에서 배우는 내용과 수업 방식 등을 탐색할 시간을 가져야 한다.

✿ **아이와 무엇을 선택할 것인지 조율한다** 탐색 기간을 거쳤다면 아이와 의견을 나눈다. '공부가 어렵다'는 말에 이것저것 좋다는 것을 모두 선택할 필요는 없다.

다른 과목은 재미있게 혼자 공부해도 충분한데 유독 수학만 어렵다거나 영어는 따로 배웠으면 좋겠다고 한다면 보습 학원보다는 수학 또는 영어를 단독으로 하는 교과목 학원이나 어학원을 선택할 수 있다. 아니면 보습 학원에 다니면서 수학이나 영어 학습지 등을 추가로 선택할 수 있다.

우선 보습 학원에 다니거나 학습지를 하다가 추가적인 학습이 필요할 때 다른 것을 보태는 식으로 선택해도 된다. 학원이나 학습지가 아이에게 스트레스를 주거나 학교생활을 방해하지 않도록 해야 한다.

✿ **학원 메뚜기족이 되지 않도록 한다** 학원을 선택할 때에는 학부모 설명회, 주위 평판, 수업 참관 등의 과정을 거치며 신중하게 고른다. 학원장의 인품, 월 수강료, 공부 시간, 부교재, 모둠 인원수, 통원 거리와 시간, 통원 차량 지도 교사 여부 등도 잘 살펴본다.

나름 세심하게 골랐다면 작은 불만 하나 때문에 학원을 이리저리 옮기지 않도록 한다. '어느 학원이 더 잘 가르친다'라는 말에 솔깃해서 이제 학원 선생님, 친구들, 공부 방법에 적응하려는 아이를 또 다른 학원으로 옮기게 해서는 곤란하다. 학원도 적응해야 할 대상이므로 너무 잦은 이동은 아이에게 스트레스가 될 뿐이다. 아이가 스스로 학원의 불만을 이야기하는 순간에 학원을 옮기는 것을 고려해도 늦지 않다.

❀ **스스로 공부하는 법을 찾아야 한다** 학원이나 학습지가 아이의 성적 향상에 '당분간' 도움이 되겠지만 궁극적으로는 스스로 공부하는 방법을 찾아야 한다. 보습 학원이나 학습지가 좋은 점은 어쨌거나 매일 공부하게 하고, 예·복습이 가능하며, 예상 문제를 많이 접할 수 있어 지필 시험에 익숙해지게 한다는 것이다.

그런데 모든 아이들이 학원, 학습지를 한다면 공부 잘하는 아이에 대한 변별력이 떨어지게 된다. 그리고 판가름은 학습 난이도가 더 올라가는 중·고등학교에서 이루어진다. 남들과 똑같이 학원, 학습지를 하더라도 자신에게 효율적인 공부 방법을 찾아서 스스로 공부할 줄 아는 아이가 성공하는 것이다. 따라서 학원이나 학습지에 지나치게 의존할 필요는 없다.

교과목 학원, 선행 학습의 유혹을 이겨라

교육열이 남다른 학부모들 사이에서는 수학 선행 학습을 몇 학년 때부터 하는지가 화젯거리이다. 얼마 전까지 '초등 5학년부터'가 대세였는데, 이제 '아는 사람 다 아는' 흔한 정보가 되다 보니 어느새

'초등 3학년부터'가 입소문으로 퍼지고 있다. 이른바 수학 '속진' 학원도 있다.

아이가 수학 선행 학습을 하는 가장 이유 중 하나는 영재학교나 과학고에 입학하기 위해서이다. 이것이 '서카포(서울대, 카이스트, 포항공대)'로 가는 정도(正道)라고 여기기 때문이다. 실제로 명문 특목고, 자사고의 서울대 합격률이 10~20 %라면 영재학교나 과학고는 40~50 %에 육박한다. 2019년 자사고 재지정 평가 결과도 그렇고 향후 고교 서열화 해소 방안으로 외고, 자사고 폐지론이 대두되면서 영재학교와 과학고의 인기는 더 높아졌다고 볼 수 있다. 영재학교와 과학고의 경쟁률이 치열해지는 만큼 선행 학습 역시 빨라지는 셈이다.

교육시민단체 '사교육걱정없는세상'이 조사한 자료에 따르면, 2019년 전국 8개 영재고 입학 시험에 출제된 수학 239문항을 분석하였더니 중학교 과정을 벗어난 문항이 55 %였다고 한다. 이 중에는 가우스 함수, 평면기하학, 공간도형, 준정다면체 등의 개념들이 포함되어 있었다. 그러다 보니 정규 과정 이상의 내용을 선행하는 아이들에게 유리할 수밖에 없으며, 이런 상황이 수학 선행 학습을 초등 저학년으로 끌어내리는 기현상을 불러왔다고 밝혔다.

만약 부모가 이런 목적으로 아이의 수학 선행 학습을 시작한다면 속진 학원에 귀가 솔깃할 수 있다. 속진 학원은 1년 동안 중등 과정을 마치는, 그야말로 속도 내 진도를 '빼는' 학원이다. 보통 2개월에 1학기분의 기본과 심화에 대한 진도가 나간다고 볼 수 있다. 수학 속진 학원에 다니면서 초등 6학년 때까지 중등 과정을 마치고 몇 번 더 '돌린다'는 이야기도 있다.

사실 수학을 속진하는 아이들은 소수에 불과하다. 이들은 영재학교, 과학고, 민사고, 하나고 등 전국 단위 자사고 입학을 목표로 공부하는 상위 0.1 % 학생이 되기 위해 첫발을 내디딘 경우이다. 내 아이의 진로가 이공계나 자연계가 아니라면 굳이 수학 선행 학습의 유혹에 휘말릴 필요는 없다. 또한 마지막 목적지가 그들이 그토록 염원하였던 학교라는 보장도 없다.

중학교까지는 어느 정도 선행 학습의 재미를 맛볼 수 있다. 그러다 종합적 사고가 요구되고 개인의 능력 차이가 플러스 요인으로 작용하는 고등학교에서는 한계가 드러날 수 있다. 사교육비도 만만치 않다. 업계에서는 영재학교 입학까지 1억6천~2억 원 정도의 사교육비가 든다고 추정한다. 씁쓸하지만 경제적인 여건도 고려해야 한다.

가장 큰 우려는 과도한 선행 학습이 내 아이에게 어떤 해악을 끼칠지 아직 모른다는 것이다. 수학 선행 학습은 의대나 이공계를 목표로 아이의 꿈이 명확하고, 두뇌가 명석하며, 선행 학습에 대한 동기 부여가 확실하고, 선행 학습의 속도를 견디어 낼 힘이 있다면 도전해 볼 만하다.

물론 원하는 목표를 이룰 것인지 장담하기는 어렵다. 만약 부모의 기대와 욕심 때문에 아이를 선행 학습으로 내몬다면, 학습 스트레스로 아이가 어떻게 피폐해질지 불을 보듯 뻔하다. 수학에 대한 흥미를 잃고, 우울증, 학업 부진, 무기력, 자존감 상실을 겪을 수도 있다. 지금은 부모님 말씀을 성실히 따르고자 애쓰겠지만 곧 사춘기의 징후가 나타나면 부모에 대한 불만이나 반항심이 폭력, 일탈, 게임 중독 등으로 나타날지 모른다.

수학, 영어, 논술(국어) 학원 등 교과목 학원에 다니게 된다면 상급 학교 진학을 고려하고 지나친 선행 학습에 욕심을 부리지 않도록 한다. 아직은 어려운 공부의 보조적 수단이나 공부법을 배우는 도구로 생각하는 것이 좋다. 처음 학원을 선택할 때는 아이의 장래를 위해 모두 필요할 것 같지만 한 번에 모든 교과목 학원에 다닐 수도 없고, 더구나 예체능 학원까지 다니고 있다면 학원 가짓수만으로도 아이를 힘들게 할 수 있다. 아이 진로 계획에 도움이 되는 것, 아이가 가장 어려워하는 것, 아니면 아이가 가장 하고 싶은 것부터 우선순위를 두고 현명하게 선택한다.

❀ **수학 학원** 아이가 수학 개념의 기초를 다지고 수학에 대한 흥미를 놓치지 않는 데 목적을 둔다. 학기 중에는 학교 진도에 충실하되 진도를 앞서 나가더라도 1~2주분이 적당하고, 방학 중에는 앞에서 배운 교과 내용을 총점검하는 기회를 갖도록 한다.
부모는 학원 교재와 진도를 점검하며 아이가 다양한 문제풀이를 통해 연산 능력을 다지고 서술형 문제에 익숙해질 수 있는지 살펴본다.

❀ **영어 학원** 아이의 현재 실력에 맞추어 선택해야 한다. 영어 정규 수업을 시작하는 초등 3학년 아이 중에는 영어 동화책을 읽고 기초 생

활회화도 가능한 아이가 있는가 하면, 이제 막 알파벳을 떼고 영어 교과서 1단원의 첫 문장을 익히는 아이도 있다.

학원에서 영어를 배운다면 아이 수준에 맞추어 아이가 즐겁게 영어 실력을 향상할 수 있는 곳이어야 한다. 욕심을 부린다고 해도 레벨 테스트에 맞추어 한 단계 빠른 정도가 적당하다. 초등 3학년 때 영어를 접하는 아이라면 원어민 수업을 고집하기보다 다양한 문장 패턴을 통해 파닉스와 기초 문법을 배우는 것이 더 효과적이다.

✿ **논술 학원** 한글을 떼고 다양한 독서 읽기가 가능한 초등 3~4학년은 논술 학원을 시작하기에 적합한 시기이다. 특히 국어 공부는 문제집을 많이 푼다고 해결되는 것이 아니라, 글을 읽고 전반적인 내용을 이해하며 주제와 소재를 파악하고 핵심을 요약할 수 있는 능력이 필요하다. 그러려면 꾸준한 독서와 독후 활동이 뒷받침되어야 한다. 글을 읽고 주제를 파악하는 능력을 훈련하는 것이다.

책 읽고 독서록 쓰기, 서로의 생각 나누기 등은 집에서도 충분히 할 수 있지만 사정이 여의치 않다면 논술 학원에 다니는 것도 방법이다. 논술 학원에서는 발표하기나 독서 토론 등의 활동을 통해 말하기 능력도 키울 수 있다.

예체능 학원, 취미와 전공의 갈림길

초등 3~4학년, 학교 공부가 어려워지고 학업 부담이 생기기 시작하면 이제까지 다니던 예체능 학원을 어떻게 해야 할지 고민이 된다. 초등 저학년 때는 그리기, 오리기, 만들기 등 다양한 창작 활동이 필요하므로 많은 아이들이 미술 학원에 다닌다. 또 신체 발달과 재능 발견을 위해 또는 1인 1악기 특화 교육을 위해 스포츠 교실이나 기악 학원도 빠뜨리지 않았다.

이제 학습의 난이도가 올라가고 수업 방식이 달라지면서 사교육이 교과목 학원에 집중되는 양상을 보이게 된다.

만약 예체능 학원을 그만두어야 할 시기가 다가왔다면 다음 두 가지 질문을 던져 보자.

첫째, "아이가 즐기고 좋아하는가?"이다. 미술, 악기, 스포츠 등 지금 배우고 있는 예체능에 대해 아이가 정말 재미있고 신나게 하고 있는지 점검해 본다. 아이 스스로 좋아하는 일을 하며 스트레스를 발산하고 생활의 활력을 얻는다면 이것을 유지하는 것이 학교생활이나 학업에도 도움이 된다. 평생의 취미가 될 수도 있고 훗날 진로, 직업 선택에서 중요한 열쇠가 될 수도 있다. 아이 자신도 예체능 학원을 그만두고 싶어하지 않는다면 계속 다니게 하는 것이 좋다.

둘째, "아이에게 재능이 있는가?"이다. 아이의 선호도는 잘 모르겠지만 누구보다 빠른 기술 습득에 놀랄 만한 성취를 거두고 있다면 부모로서는 재능이 있다고 판단할 수 있다. 여기에 지도 교사가 아이의 타고난 재능을 칭찬하고 전공 가능성에 대해 권유한다면 앞으로의 진로를 고민할 수밖에 없다.

예체능으로 진로를 확정하기에 아직 섣부른 감이 있지만 만약 아이가 그것을 좋아해서 몰입할 줄 알고, 분명하게 재능이 있으며, 직업인이 되기까지 부모의 지원이 가능하다면 전공을 위한 로드맵을 계획한다.

가령 첼로를 전공하기로 하였다면 지금 다니고 있는 학원보다 개인 교습으로 바꾸는 것이 더 좋은지, 개인 교습을 할 때도 강사 수준은 어느 정도여야 하는지 등을 생각해 볼 수 있다. 또 예술중학교 진학을 위해 무엇을 언제부터 준비하고, 만약 해외 유명 음악대학 유학까지 고려하고 있다면 어떤 루트를 거쳐야 하는지 등을 미리 알아본다. 국내외 콩쿠르 참가를 통한 스펙 쌓기도 필요한 만큼 전공자, 나아가 직업인이 되기 위한 단기, 중기, 장기 계획을 단계별로 구체화한다.

물론 지금 시작하기에는 다소 늦은 감이 있는 예체능 부문도 있다. 특정 종목에 적합한 체격과 유연성 등을 고려한다면 피겨스케이팅이나 체조 등은 초등 입학 전후에 시작하는 것이 보통이다. 플루트나 클라리넷처럼 폐활량이 중요한 악기 등은 초등 3~4학년에 시작하는 것이 좋다. 발레는 유아기부터 시작해야 유리하지만 현대무용은 중학교 때 시작해도 늦지 않다고 한다. 참고로 해당 부문의 경쟁자가 많다면 남보다 빨리 시작하는 것이 일정 부분 도움이 될 수 있다.

부문별 전공, 시작 연령 예시

구분	악기	미술	신체
만 5~6세	피아노	일찍 시작한다면 창의력과 정서 발달은 물론 학교 수행 평가에 도움이 된다. 전공 여부를 결정한다면 만 13세 때 본격적으로 시작해도 늦지 않다.	발레, 리듬체조, 피겨스케이팅, 태권도, 수영
만 7~9세	바이올린, 비올라, 첼로, 가야금		축구, 야구
만 10~12세	플루트, 클라리넷, 기타		농구
만 13세 이상			한국무용, 현대무용

부모표 학습, 아직은 할 만하다

조기 교육, 선행 학습, 학원 뺑뺑이 등 지나친 사교육에 반감을 보이는 학부모들도 많다. 이 중에는 "아직은 실컷 뛰어놀 나이야. 때 되면 공부하겠지."라고 하며 아이 성적에 크게 연연해 하지 않는 부모들이 있는가 하면, 독서, 체험 활동 위주로 인문학적 소양과 직접 경험을 늘리면서 부모표 학습으로 학교 성적을 관리하는 부모들도 있다.

3학년부터는 국어, 영어, 수학, 과학, 사회 등 각 과목의 학습량이 많아지고 난이도가 높아져 부모가 직접 관리해 주는 것이 힘들지 않을까 생각할 수 있다. 물론 저학년 때와 비교하면 어려울 수 있다. 하지만 부모표 학습의 장점은 아이가 학교 공부에 흥미를 잃지 않도록 도와준다는 것이다. 그리고 아이의 두뇌 능력이나 공부 습관에 맞춰 1:1 맞춤 학습이 가능하다는 데 있다. 그러므로 부모가 전공자 수준의 지식이 없다고 해도 부담스러워할 필요가 없다. 아이에게 '함께 공부하는' 재미를 심어 주면 된다.

✿ **부모표 학습, 3~4학년까지는 괜찮다** 물론 개인차가 있을 수 있다. 고학년에 올라서면 대다수 아이들이 사춘기의 징후를 보이면서 부모보다는 친구에 대한 의존도가 높아진다. 자연히 부모보다 친구와 어울리는 것을 좋아하고, 부모표 학습 중에 듣게 되는 잔소리나 훈계조의 말투에 반감이 있을 수 있다. 초등 3~4학년까지는 수업에 충실하면서 각 과목의 개념 이해를 확실히 다지는 시기이므로 지나친 선행 학습보다 학교 진도에 맞춘 예습과 복습이 중요하다. 부모표 학습으로 학교에서 배웠던 것을 꼼꼼히 되짚어보면서 공부 습관을 길러 본다.

✿ **아이 수준을 너무 높게 잡지 않는다** 부모표 학습의 장점은 아이 수준에 맞는 진도를 아이가 좋아하는 공부법으로 진행한다는 데 있다. 아이 수준을 너무 높게 잡지 말고, 일단은 기본 단계에 집중하고 아이가 능숙하게 잘 따르면 심화 단계로 접어든다. 아이 수준보다 한 단계 앞서야 아이의 공부 의욕과 성취감을 기르는 데 적당하다.

✿ **과목별 맞춤 학습법을 찾는다** 늘어난 교과목만큼 각 과목의 특성이 분명해지고 공부법도 달라진다. 학기 초에 교과서를 받으면 목차의 단원 제목을 읽어 보고 어떤 것을 배우게 될지 미리 눈여겨본다. 국어는 독서 습관과 글쓰기 중심으로, 수학은 기본 개념의 이해와 연산 훈련으로, 사회와 과학은 지역사회와 주변 현상에 대한 체험 활동을 곁들여서, 영어는 디지털 교과서, 애플리케이션, 유튜브 등 다양한 멀티미디어 매체 등을 활용한다.

❀ **공부 시간표를 잘 지킨다** 부모표 학습으로 규칙적인 공부 습관을 길러 주려면 학습 계획표에 따른 시간, 장소, 공부할 내용 등을 잘 지키도록 한다. 집에서 부모와 함께 하는 공부라도 규칙성이 있어야 아이도 그 시간을 중요하게 인식하고 진지하게 임한다. 부모의 일정에 따라 자꾸 공부 약속을 어긴다면 가르치는 선생님으로서 부모의 권위가 떨어질 수 있다.

❀ **부모가 어려우면 '품앗이' 한다** 부모도 자신 있는 과목이 있고 그렇지 못한 과목이 있다. 국문학을 전공하였다면 독서와 글쓰기를 연계한 논술 공부는 수월하게 접근한다. 반면 수학, 영어, 예체능 활동 등에는 어려움을 느낄 수 있다. 이럴 때는 같은 동네 혹은 아파트 단지 내에 사는 또래 부모들과 품앗이를 할 수 있다. 4~5명의 아이들을 모아 그룹 스터디를 꾸리고 아이 부모들이 돌아가면서 선생님이 되는 것이다. 자신이 잘할 수 있는 과목을 선택하여 서로 품앗이 한다.

❀ **다양한 시청각 자료를 활용한다** 부모표 학습도 '재미'가 있어야 아이가 따라온다. 공부할 때마다 잔소리 듣고, 무조건 외우고, 문제 풀고, 여러 번 받아쓰는 것이 즐거울 리 없다. 부모표 학습이 성공하려면 아이가 흥미로워하는 교구로 놀이처럼 시작하는 것이 좋다. 디지털 기기로 다양한 멀티미디어 매체를 활용하고, 종종 현장 체험 학습도 진행한다.

Q1 영재학교, 영재교육원, 영재학급은 어떤 차이가 있나요?

영재교육 기관에는 영재학교, 영재교육원, 영재학급이 있습니다. 영재교육원은 각 지역 관할 교육청과 전국 25개 대학교에서 운영하고 있으며, 영재학급 역시 관할 교육청의 관리 감독하에 일부 초등학교에서 시행하고 있습니다. 영재학교는 영재 교육의 목적으로 설립된 고등학교 과정의 학교로, 과학과 예술 분야의 영재학교가 대다수입니다. 2020년 기준 전국에 8곳의 영재학교가 있습니다.

구분	학교명(지역)
과학영재학교	KAIST 부설 한국과학영재학교(부산), 서울과학고등학교(서울), 경기과학고등학교(경기), 광주과학고등학교(광주), 대구과학고등학교(대구), 대전과학고등학교(대전)
과학예술영재학교	세종과학예술고등학교(세종), 인천과학예술영재학교(인천)

※ '과학고등학교'가 붙어 있는 학교도 있지만 과학고가 아닌 '영재학교'이다.

초등학생이라면 교육청이나 대학부설의 영재교육원을 시도해 볼 수 있습니다. 교육청 영재교육원은 매년 11월~2월 사이 초등 3학년 이상으로 입학 대상자를 선발하고, 수업은 초등 4학년부터 시작합니다. 학교장 추천이 필요하며 서류 심사, 지필 시험, 심층 면접 등 4단계 과정을 거쳐 심사가 이루어집니다. 보통 주 1회, 각 교육청에서 영재교육 전문 교사들이 수업을 진행합니다.

대학부설 영재교육원은 매년 10월, 초등 4학년 이상을 대상으로 수학, 과학, 예술, 체육 부문에서 초등과정과 중등과정을 선발합니다. 수업은 초등 5학년부터 시작한다고 보면 됩니다. 각 학교에서 상위 5 % 이내의 학생 가운데 학교장 추천을 받아 3단계의 과정을 거쳐 선발합니다. 영재교육원에 비해 학급당 인원수가 적고 대학교수가 직접 지도하기 때문에 인기가 많습니다. 학년별로 교육 과정이 정해져 있는 것이 아니므로 고학년이 상대적으로 유리한 편입니다.

　　영재학급은 방과 후 자신이 다니는 학교에서 영재교육을 받는 시스템입니다. 지역 공동 영재학급도 있는데 인근의 5~10개교에서 선발된 학생들이 한 학교에 모여 영재교육을 받습니다. 영재학급은 자신이 다니는 학교나 인근 학교에서 수업을 듣기 때문에 이동 거리가 짧고 영재교육원과 비교하면 경쟁자가 적다는 것이 장점입니다.

　　교육부에서는 2019년부터 초등 3학년을 대상으로 예비 영재교육을 자율 시행합니다. 보통 초등 4학년부터 영재 수업이 시작되기 때문에 미리 재능을 탐색할 기회를 마련한다는 취지입니다. 예비 영재교육은 방과후학교 연계 운영, 방학 중 캠프 운영 등 학교에 따라 자율적으로 진행됩니다. 영재 예비교육 프로그램이 없는 학교 아동들은 온라인으로 영재교육을 받을 수 있도록 지원하고 있습니다.

3부

초등 3~4학년

사교육

Q2 3~4학년들을 보니 코딩 학원에 다니는데 이것도 선행이 필요한가요?

학교에서 코딩 교육이 시작되면서 초등학생 대상의 코딩 학원이 유행입니다. 하지만 논리적인 사고력과 문제 해결력을 기르는 데 주입식 교육이나 선행 학습은 잘 맞지 않습니다.

코딩(coding) 교육은 다른 말로 소프트웨어(SW, software) 교육이라고도 합니다. 2018년 코딩 교육이 의무화되면서 중학교에서는 정보 과목을 필수 과목으로 지정하여 코딩 교육을 34시간 배정하고 있고, 2019년부터는 초등 5~6학년도 실과 시간에 코딩 교육을 17시간 이상 교육받게 되어 있습니다.

초등학교에서는 컴퓨팅 사고력을 향상시키고, 중학교에서는 컴퓨터 프로그래밍 언어를 배우며, 고등학교에서는 직접 프로그래밍을 해볼 수 있도록 하는 것이 교육부의 코딩 교육 로드맵입니다.

코딩이란 C-언어, 자바(Java), 파이썬(Python) 등과 같은 프로그래밍 언어를 통해 프로그램을 만드는 것입니다. 학교에서의 코딩 교육은 단순히 코딩에만 머무는 것이 아니라 자신이 생각하는 것을 직접 프로그램으로 만들며 그 과정에서 사고력, 표현력, 창의력을 기르는 데 목표를 둡니다.

디지털 시대에 어울리는 창의력 사고, 일명 컴퓨팅 사고력을 기르기 위해서는 우리가 매일 사용하는 컴퓨터, 스마트폰, 인터넷이 운용되는 원리인 알고리즘(Algorithm; 주어진 문제를 논리적으로 해결하는 데 필요한 절차, 방법, 명령어들을 모아놓은 것)을 알아야 합니다. 예를 들어 전기밥솥으로 밥 짓는 방법을 떠올려 봅니다.

① 쌀을 씻는다. / ② 20~30분간 쌀을 불린다. / ③ 밥솥에 쌀을 넣고 쌀 높이의 1.2배가 되도록 물을 붓는다. / ④ 취사를 시작하고 기다린다.

간단하게 이런 방법으로 밥이 완성된다고 할 때, 이 절차를 머릿속에 떠올리고 실행에 옮길 수 있는 것이 바로 코딩 교육의 목적입니다. '절차적·논리적 사고력'을 기르면 아이가 어떤 문제나 난관에 부딪혔을 때 절차에 따른 논리적 사고로 문제 해결 능력을 발휘할 수 있다고 보는 것이지요.

따라서 처음부터 프로그래밍 언어를 배우기 위해 컴퓨터 앞에 앉아 있게 하는 것이 아니라 생활 속에서 절차적 사고력을 기르는 연습부터 해야 합니다.

놀이와 게임, 모둠 과제 등 다양한 언플러그드 활동(컴퓨터 없이 이루어지는 코딩 교육)을 통해 알고리즘 원리를 자연스럽게 이해할 수 있도록 진행합니다. 초등 고학년에서의 코딩 교육은 '입력 → 처리 → 출력'의 과정과 문제 해결을 위한 프로그램 만드는 절차를 이해하는 수준이면 충분합니다.

Q3 해외 영어 캠프, 언제 가는 것이 좋을까요? 효과는 있을까요?

아이의 영어 교육을 위해 방학 때나 학기 중 체험 학습을 신청하고 영어 캠프나 어학연수를 다녀오는 경우가 많습니다. 영어 캠프는 국내, 동남아권, 북미나 유럽 등의 영어 캠프로 나눌 수 있는데 가장 저렴한 국내 영어 캠프도 3~4주 정도의 기간에 200~300만 원 정도의 비용이 소요됩니다. 여기에 항공료를 더하면 필리핀, 말레이시아, 타이 등 동남아권 영어 캠프를 이용할 수 있습니다. 북미나 유럽권의 경우는 비용이 배 이상 듭니다. 항공료나 인건비, 현지 물가 등을 반영하였을 때 비용이 추가로 올라가는 건 어쩔 수 없습니다.

일정 기간 동안 영어 캠프를 다녀온다고 하더라도 아이의 영어 실력이 하루아침에 달라지는 것은 아닙니다. 영어 캠프는 전국 각지에서 영어 실력이 제각각인 아이들이 한곳에 모여 영어로 소통하고 활동하는 활동입니다. 만약 아이의 성격이 소극적인 데다 영어 실력 또한 초급에 불과하다면 캠프 생활을 하는 동안 낯선 아이들과 어울리는 것이 버거울 수 있습니다. 아이가 영어로 말하는 것에 거리낌이 없고 적극적이며 활달한 성격이어서 사교성이 좋다면 참가해 볼 만합니다. 단, 영어 실력 향상보다는 영어에 대한 두려움을 없애고 영어로 의사소통하는 경험을 쌓게 하는 데 목적을 두도록 합니다. 특히 북미나 유럽의 경우 영어 수업보다 체험 활동의 비중이 높을 수 있습니다. 유적지, 박물관, 과학관, 도서관 방문 등 다양한 활동을 통해 해외 문화를 경험하고 영어에 더욱 친숙해지는 것이 목적이기 때문입니다.

영어 캠프의 적기는 따로 있지 않습니다. 아이가 부모와 떨어져 스스로 신변처리를 할 수 있고 영어에 대한 기초 실력이 있으며, 영어로 의사소통하는 것에 관심이 높을 때여야 합니다. 비용 대비 효과는 영어 캠프의 목적을 어디 두느냐에 달려 있습니다. 영어 캠프를 통해 해외 문화를 체험하면서 영어 의사소통에 익숙해지는 계기로 삼고 싶다면 아이가 원할 때 한 번쯤 시도해 볼 만합니다.

해외 영어 캠프 프로그램 예시(2019년 기준)

지역	기간	모집 대상	비용	일정
사이판	4주	초등 2학년~ 중등 2학년	약 500만 원 (항공비 별도)	평일: 현지 학교 정규 수업 참여, 숙소 내 수학 또는 영어 수업 주말: 외부 투어 및 숙소 내 활동
애틀랜타	4주	초등 3학년~ 중등 3학년	약 700만 원 (항공비 별도)	평일: 미국 사립학교 정규 수업 참여, 플로리다주 투어 주말: 방송국, 명문대 탐방
캐나다	4주	초등 3학년~ 중등 3학년	약 600만 원 (항공비 별도)	공립학교 정규 수업 참여, 원어민 가정에서 홈스테이 참여, 미국 시애틀 3박 4일 탐방 등
영국	3주	만 12~17세	약 700만 원 (항공비 별도)	평일: 영어 수업, 옥스퍼드 및 영국 명소 투어, 영어 활동 주말: 런던 투어, 캠퍼스 내 활동

Q4 교내 외에 외부 경시대회에는 어떤 것들이 있고, 어떻게 참가하나요?

대표적인 경시대회로는 한국수학올림피아드(www.kmo.or.k)와 대한수학회에서 진행하는 한국주니어수학올림피아드가 있습니다. 2019년에 8월에 첫 회가 진행되었으며, 초등 전 과정과 중학교 1학년 과정에 준하는 수학 과정이 시험 범위입니다. 2019년 대회에서는 2006년 1월 1일 이후 출생자로 응시 대상을 제한하였습니다. 시험은 주관식, 단답형 25문항이 출제되었으며 100점 만점입니다. 시험 시간이 3시간으로 난이도가 높습니다. 응시료는 6만 원입니다. 접수 기간은 6월에서 7월 중에 이루어지며 원서는 한국수학올림피아드(www.kmo.or.k)를 통해 접수합니다.

한국수학교육학회가 주최하고 한국수학교육평가원에서 주관하는 KMC 한국수학인증시험(www.kmath.co.kr)도 잘 알려져 있습니다. 초등 3학년부터 가능한데 예선을 치른 후 본선 시험을 봅니다. 예선 성적이 학년별 상위 15% 이내여야 본선 참가가 가능합니다. 시험 시간은 2시간으로 주관식, 단답형의 30문항이 주어지며, 계산 능력, 이해 능력, 적용 능력, 문제 해결 능력을 평가합니다. 예선 응시료는 4만 5,000원, 본선은 무료입니다.

글로벌 영재학회가 주관하고 성균관대학교와 동아일보에서 후원하는 전국 영어·수학학력 경시대회(http://test.edusky.co.kr)에서는 수학 외에 영어 경시대회도 진행합니다. 수학은 초등 1학년부터, 영어는 초등 3학년부터 응시가 가능합니다. 초등 부문의 경우 듣기, 어휘, 문법, 독해, 작문 등에서 40문항이 출제되며 모두 5지 선다형의 객관식입니다. 시험 시간은 70분입니다. 응시료는 과목별 4만 5,000원입니다. 시험은 매년 4월, 10월 2회에 걸쳐 치러집니다.

과학 분야의 올림피아드는 물리, 화학, 지구과학 등 분야별로 나눠져 있으며 대개 중등부터 대회가 치러집니다. 개정 교육 과정에 따라 SW 교육이 강화되면서 2020년부터 CSC 컴퓨터과학 경시대회(https://hycsc.hanyang.ac.kr/)도 치러지고 있습니다. 한양대학교가 주최, 주관하는 행사로 컴퓨터 과학에 관심 있는 만 7세부터 지원이 가능합니다. 컴퓨터 과학 및 컴퓨팅 사고력에 관한 필기, 실기 평가가 이루어지며, 1차 평가를 거친 상위 100명이 2차 평가를 치르는 식입니다. 응시료는 6만 5,000원으로, 대상, 금상, 은상, 동상 등을 시상합니다.

그 밖에 전국 창의융합 수학능력 인증시험, 연세대학교 창의수학 경진대회, HME 해법수학 학력평가, MBC아카데미 전국 초중 영어·수학 학력평가 등이 있습니다.

공부 습관

03

스스로 공부!
자기 주도 학습 능력 키우기

☑ "왜 집에서는 책 한 번 펼치지 않을까요?"

☑ "제가 옆에 없으면 공부하지 않아요."

☑ "예습과 복습 중 어떤 것이 공부 효과가 더 좋을까요?"

☑ "공부하는 습관은 어떻게 길러야 하죠?"

☑ "아이가 공부하는 법을 모르겠다고 해요."

하루 일과표대로 실천하는 아이

스스로 공부하는 아이에게는 자신만의 규칙이 있다. 가장 좋은 규칙은 매일, 일정한 시간에, 지정된 장소에서, 정해진 시간만큼 공부하는 것이다. 공부하는 시간이 30분이든, 1시간이든 중요하지 않다. 이 규칙이 몸에 배면 집중력이 좋아지면서 공부 시간도 조금씩 더 늘어나기 마련이다.

평소에는 책을 거들떠보지 않다가 단원 평가 일주일 전부터 매일 저녁 1시간씩 공부를 한다면 이 역시 좋은 징조라고 봐도 된다. 매일 공부하는 것이 몸에 배진 않았지만 아이는 자신의 평소 실력으로 봤을 때 일주일 전부터 공부하면 좋은 성적을 낼 수 있다고 예상하기 때문이다.

이렇듯 스스로 공부하는 아이는 규칙을 잘 지키고 성실한 태도가 몸에 배어 있다. 매일 늦게 일어나 지각하기 일쑤이고, 밥 먹는 시간이 일정하지 않고, 하교하면 학원에 가는지 놀이터에 가는지 알 수 없고, 주말에는 정해진 일과 없이 그때의 기분 따라 움직이는 아이가 매일, 일정한 시간에, 지정된 장소에서, 정해진 시간만큼 공부할 리 만무하기 때문이다. 생활 습관을 지키는 것보다 공부 습관을 지키는 것이 훨씬 어렵다는 말이다.

좋은 공부 습관을 길러 주려면 가장 먼저 아이가 하루 일과표에 맞추어 규칙적으로 생활할 수 있도록 바로잡아 주어야 한다. 정해진 시간에 일어나 등교 준비를 하고, 학교에서 돌아와 정해진 일과를 수행하며, 일정한 시간에 책상 앞에 앉고, 나름의 잠자리 의식을 거친 후 취침하도록 하는 것이다.

우선 학교생활에 맞추어 아이와 함께 하루 일과표를 작성한다. 책상 앞에 붙여 놓고 아이가 계획된 시간에 따라 움직일 수 있도록 도와주어야 한다. 하루 일과표 옆에 시계를 나란히 두는 것도 도움이 된다. 숫자로 표시되는 전자시계보다 시침, 분침이 있는 벽시계나 탁상용 시계가 알맞다. 시간 읽기도 익숙해지면서 해야 할 일과를 확인하는 데에도 효과적이다.

하루 일과표를 너무 빼곡하게 채울 필요는 없다. 처음부터 아이가 실천하기 어려울 만큼 빼곡하게 채우면 규칙은 금세 무너진다. 아이가 여유 있게 일과를 실천할 수 있을 정도로 채우고, 그 사이에 독서 시간과 공부 시간을 채워 넣는다. 책을 읽기 가장 좋은 시간, 공부하기 가장 좋은 시간은 아이와 상의하여 결정한다. 공부하는 시간은 30분~1시간 정도가 적당하다. 학교 수업 1차 시 시간과 비슷한 데다 하나의 과제를 끝내거나 일정한 분량의 학습지를 풀고 답 맞추는 데에도 적당한 시간이다.

아이와 함께 하루 일과표를 작성하였으면 반드시 지켜야 할 규칙에 대해서도 이야기한다. 취침과 기상, 식사처럼 일과에서 가장 중요한 기준점이 되는 시간과 함께 공부 시간을 꼭 지키도록 한다. 만약 몸이 아프다거나 특별한 사정이 있어서 공부가 어렵다면 독서로 대체하자는 규칙도 만들어 본다. 아이가 하루 일과표에 따라 규칙적으로 잘 생활하고 있다면 일과표를 자세히 작성해도 좋다. 요일별 달라지는 일과나 공부해야 할 과목 등 세부적인 계획 등을 세워 실천하도록 한다.

독서와 일기, 공부 습관을 기르는 연습

초등 1~2학년 때는 아이와 책을 읽는 것이 크게 어렵지 않았다. 그림이 많고 문장의 길이가 짧아서 한 권을 끝내기도 쉽고, 아이의 호기심을 붙잡아두는 것도 힘들지 않았다. 금세 돌변하는 아이의 집중력이지만 그림책 한 권을 다 읽는 데에는 충분하였다.

3~4학년은 조금 사정이 다르다. 독서가 습관으로 자리 잡느냐, 흐지부지되느냐 갈림길에 서기 때문이다. 초등 중학년이 되면 아이들의 독서 수준이 한 단계 올라간다. 그림보다는 글자가 많은 데다 책도 조금 두꺼워진다. 어떤 책은 하루 동안 읽기에 부담스러운 양일 수 있다. 논술에 신경 쓰다 보니 독후 활동도 해야 하고 또 교과서와 연계된 도서를 찾다 보니 독서 역시 학교 공부라는 인식이 깔리게 된다.

아이의 관심도 책이 아닌 다른 곳으로 확장된다. 책을 읽더라도 읽고 싶은 책과 읽기 싫은 책 등 호불호가 생긴다. 책보다 학습 만화가 더 재미있을 수도 있다. 각종 디지털 기기를 통해 접할 수 있는 게임, 영상도 아이의 시선을 사로잡는다.

그럼에도 독서 습관을 놓칠 수 없는 이유는 독서를 통해 길러진 문장 이해력 또는 독해력이 공부하는 내용의 이해를 돕고, 긴 지문이나 서술형 문제에도 덜 긴장하게 하기 때문이다. 아이가 스스로 공부하려고 해도 교과서나 문제집의 내용을 제대로 이해하지 못한다면 책상 앞에 앉아 있는 시간이 헛되이 흘러갈 뿐이다. 또 한자리에 앉아 한곳에 집중하는 힘 역시 쉽게 길러지지 않는다. 독서 습관을 통해 독해력과 집중력을 기르는 연습을 하는 것이다.

3~4학년 아이가 책 읽기에 흥미를 잃는 것 같다면 더 늦기 전에 몇 가지 방법을 시도해 보자.

❋ **쉬운 책을 조금 더 읽게 한다** 최근 들어 책을 끝까지 읽지 못하는 경우가 종종 있을 수 있다. 아이가 문장이 많고 쪽수가 많은 책을 힘들어한다면 아직은 1~2학년 수준의 쉬운 책을 읽게 한다. 읽었던 책을 또 읽어도 좋다. 부모가 권하는 책보다 아이가 좋아하는 책이라도 반복하여 읽을 수 있도록 도와준다. 책을 어렵고 지루한 것으로 받아들이게 해서는 안 된다.

❋ **부모가 소리 내어 읽어 준다** 아이가 어려워하는 책을 부모가 읽어 주는 것도 좋다. 아이가 한글을 떼면 어느 순간 부모는 책 읽어 주기에서 해방된다. 하지만 아이가 글을 읽을 줄 알아도 부모와 함께 책 읽기는 정서적 유대감을 높이고 책 읽기의 즐거움을 배가시킨다. 아이와 같은 지면을 보면서 번갈아 소리 내어 읽기도 하고, 어려운 단어의 의미를 묻기도 하면서 함께 책을 읽는 시간을 갖는다.

❋ **읽어야 할 책을 가까이 둔다** 아이가 읽고 있는 책을 쉽게 찾을 수 있

도록 시선이 잘 가는 곳에 책을 둔다. 책을 다 읽기 전에는 꽂아두기 보다 거실 탁자 위, 아이 침대 협탁 위, 책상 위, 식탁 위 등 아이 손이 닿는 곳, 주변 가까이에 두도록 한다. 책가방에 갖고 다니게 해도 좋다.

✤ **스마트폰은 가급적 늦게 장만한다** 요즘 아이들은 대개 초등 3~4학년 이 되면 첫 스마트폰을 갖게 된다. 학원 일정이 늘어나다 보니 수시 로 연락하거나 비상시 위치 추적 용도로 장만하게 된다. 어린이용이 어서 기능이 제한되긴 하겠지만 점차 게임 관련 애플리케이션으로 놀 고, 친구와 밤늦게까지 문자를 주고받는 일도 생길 수 있다. 될 수 있 으면 스마트폰을 늦게 장만하고, 필요하다면 통화, 문자, 알람, 위치 추적 등 제한된 기능만 있는 스마트워치나 키즈폰으로 대신한다.

✤ **마음 편히 책 읽을 시간을 보장한다** 학원 일정을 소화한 후 학원 과 제, 학습지, 학교 숙제로 정신없는 아이에게 책까지 읽어야 한다고 부담을 주면 안 된다. 독서 시간을 여유 있게 배치하거나, 부모님이 식사 준비하는 동안, 목욕 후 잠들기 전 10~20분, 간식을 먹는 동안 등 아이가 편안히 휴식을 취하는 동안 독서를 할 수 있도록 도와준 다. 독서는 해야 할 숙제가 아닌, 마음을 차분히 가라앉히고 편안히 쉬는 시간이어야 한다.

✤ **재미있는 책을 친구들과 돌려본다** 최근 유행하는 인기 도서가 있다면 친구들끼리 돌려보거나 도서관에서 빌려 본다. 한 권의 책을 여럿이 돌려보거나 빌려 읽으면 혼자서 오랜 시간 책을 독점할 수 없으므로 시간을 정해 독서 읽기가 가능해진다. 또 약속을 지키려면 아이는 정 해진 기한에 맞추어 그 책을 읽을 수밖에 없다. 시간에 쫓기는 압박 감을 무시할 수 없으므로 아이에게 자주 시도하기보다는 어쩌다 한두

번 시도해 보는 것이 효과적이다.

✿ 아이가 좋아하는 분야의 책을 선택한다 책을 재미있게 읽으려면 아이가 관심 있어 하는 내용이어야 한다. 문장의 길이, 책 분량 등에 익숙해지게 하려면 평소 아이가 관심 있어 하고 선호하는 분야의 책을 선택해야 좀 더 친숙하게 접근할 수 있다.

독서 외에도 공부하는 연습이 또 있다. 바로 일기를 쓰는 것이다. 일기를 쓰려면 한자리에 앉아 차분히 그날의 일과를 되돌아보아야 한다. 머릿속으로 순차적으로 일과를 나열하고, 가장 기억에 남는 것 또는 가장 중요한 일의 우선순위를 꼽아야 한다. 또 그 일에 대해 무엇을, 어떻게 느꼈는지 차분히 자신의 생각을 정리해야 한다. 이 내용을 글로 표현하기 위해 아이는 어휘를 선택하고 문장으로 서술해야 한다.

책상 앞에 앉아 교과서를 펼쳐 놓고 있다고 해서 스스로 공부하는 아이가 되진 않는다. 스스로 공부하는 아이, 즉 자기 주도하에 공부하는 아이는 무엇을, 어떻게, 얼마나 할 것인지 계획할 수 있고, 계획한 대로 실천에 옮기며, 결과가 나오면 일련의 과정을 평가할 수 있다.

평가를 통해 고쳐야 할 점을 찾았다면 다음번에는 더 좋은 방법을 시도하려고 한다. 일기를 쓰면서 아이는 일과를 계획하고, 실천하고, 평가할 수 있는 훈련을 하는 것이다. 그리고 반성을 하며 다음번에는 어떻게 할 것인지 다짐한다. 이런 과정이 공부하는 연습이며 자기 주도 학습 능력의 밑거름이 된다.

'매일', '조금씩' 시작해야 습관이 된다

말을 물가로 데려갈 수는 있지만 억지로 물을 마시게 할 수는 없다. 아이 공부가 그렇다. 아이를 학원에 데려가고, 학습지를 선택하고, 다양한 교재와 교구를 들이밀어도 이 내용을 아이 머릿속에 주입할 수는 없다. '공부해!'라고 하는 잔소리도 먹히지 않는다. 공부하는 여건은 부모가 만들어 줄 수 있지만 그 성과는 오직 아이에게 달려 있다.

대치동이나 목동의 좋은 학원들을 모두 다녀 봤지만 그중에서도 공부 잘하는 아이가 있고 못하는 아이가 있다. 여건이 같다고 해서 성과가 모두 같은 것은 아니다. 다만, 실패한 부모는 말이 없을 뿐이다. '자기 주도 학습'이 각광받는 이유는 이것이 '진짜 우등생'만이 갖는 능력치이기 때문이다.

최근의 교육 방식은 교사의 일방형 수업보다 교사와 학생의 양방형 수업, 즉 학생들의 참여도가 높아지는 추세이다. 과제 수행에 있어 아이가 스스로 계획하고 실행하고 평가할 수 있는 능력이 요구되며, 그만큼 자기 주도 학습 능력이 높은 아이가 두각을 보인다. 자기 주도 학습은 아이의 학교생활과 학업을 좌우하는 핵심 능력으로, 갈수록 자기 주도성이 요구될 수밖에 없다.

자기 주도 학습은 구체적으로 어떻게 하는 것일까? 자기 주도 학습이란 말 그대로 아이가 학습의 주체가 되어 무엇을, 어떻게, 얼마나 공부할 것인지 계획을 세우고, 그 계획대로 실행에 옮긴 다음 결과가 나오면 평가와 개선점을 찾는 것이다. 그리고 다음에 개선 방안을 적용하여 더 발전된 방향으로 나아가게 된다. 간단한 예시이지만 다음 표를 참조하자.

자기 주도 학습 예시

순서	내용	예시
1단계	공부 계획하기	5일 뒤에 수학 단원평가가 있다. 앞으로 매일 저녁 8~9시, 3일간은 수학, 수학익힘책 교과서를 다시 읽고 문제를 푼다. 2일간은 참고서에 나온 기본 문제와 심화 문제를 푼다.
2단계	실행에 옮기기	3일 분량으로 나눠 수학 교과서를 복습한 후 수학익힘책의 문제를 풀었다. 2일은 참고서에서 기본 문제와 심화 문제를 풀었다. 심화 문제에서 자꾸 자릿수를 헷갈렸다.
3단계	결과 평가하기	문제를 1개 틀렸다. 쉬운 문제였는데 안다고 생각해서 문제를 끝까지 읽지 않았다. 단원 하나를 3일 분량으로 나눴더니 금세 공부가 끝났다. 하루에 30분밖에 공부하지 못했다.
4단계	개선방안 찾기	교과서는 2일에 나눠 공부하고 문제풀이를 더 많이 해야겠다. 그리고 아무리 쉬운 문제라도 차분히 끝까지 읽어야겠다.

초등 3~4학년 아이가 스스로 계획을 세우고, 실행하고, 평가하고, 개선방안을 찾는 일은 만만치 않다. 놀고 싶은 것을 참고 공부를 선택하기 위해서는 만족 지연 능력과 자기 조절력이 필요하지만 아직은 미숙한 단계이다. 일정에 맞추어 공부해야 할 분량을 조절하고 꾸준히 실행에 옮기는 힘, 시간 관리 능력, 성실성도 부족하

다. 그렇기 때문에 처음에는 부모의 도움이 필요하다.

아이에게 스스로 공부하는 습관을 길러 주기 위해서는 '매일', '조금씩'이라는 전제 조건을 부여한다. 아이와 하루 일과표를 함께 짜며 매일, 언제, 무엇을, 어떻게 공부할 것인지 계획해 보자고 이야기한다. 가령 아이가 수학을 어려워한다면 매일 수학 문제집 2장씩을 풀고 정답을 확인한다. 처음에는 간단하게 아이가 부담을 느끼지 않을 분량만큼 시도한다. 이렇게 '매일 수학 문제집 2장'이 익숙해지면 그다음에는 문제집 쪽수를 3장으로 늘리거나, 영어 단어 2개 외우기를 추가하는 식이다.

아이와 공부 계획을 세우고 실천하다 보면, 아이는 어떤 목표나 과제가 생겼을 때 자연스럽게 '계획'과 '실천(실행)'을 떠올리게 된다. 그러면서 서서히 자기 공부에 대해 주도권을 갖고 스스로 계획을 세우고 실행에 옮기게 된다.

아직은 미숙한 단계이지만 지금부터 자기 주도 학습을 연습해 본다. 부모와 아이는 시행착오를 겪으며 하나둘 개선 방안을 찾게 되고, 마침내 5~6학년이 되었을 때 자신에게 맞는 공부법을 찾아낼 것이다.

성취감, 칭찬이 공부를 즐겁게 한다

자기 주도 학습의 핵심은 '스스로'이다. 스스로 공부하게 만드는 힘은 어디에서 오는 것일까? 아이는 게임을 억지로 하지 않는다. 부모가 하라고 해서 마지못해 게임을 하는 아이는 없다. 부모가 혼내도 고집 피워가며 하는 것이 게임이다. 게임은 '재미'가 있기 때문이다. 한번 시작하면 시간 가는 줄 모르고 자꾸자꾸 하고 싶어진다. 마찬가지로 공부가 즐겁고 재미있다면 아이는 부모가 뜯어말려도 공부를 한다.

❈ **좋아하는 과목부터 시작한다** 어려운 과목부터 하라고 하면 금세 지치기 마련이다. 아이가 좋아하는 과목, 자신 있어 하는 단원부터 시작한다. 공부 습관이 자리 잡고 공부에 재미가 붙었다 싶으면 아이와 함께 다음에 공부할 것을 정한다.

❈ **성공의 경험을 선사한다** 어떤 일에 재미를 느끼고 자신감이 붙게 하려면 '성공의 경험'을 많이 쌓아야 한다. 아이의 수준보다 한 단계 낮은 문제부터 시작하여 좋은 점수를 쉽게 얻도록 유도한다. 아이는 공부에 흥이 나고 자신감이 생긴다. 성공을 맛본 아이는 다음의 성공을 위해 더욱 노력한다.

❈ **칭찬과 격려를 아끼지 않는다** 칭찬만큼 좋은 격려는 없다. 성취감을 선사하려는 의도였더라도 아이가 좋은 결과를 얻었다면 아낌없이 칭찬한다. 언제나 그렇듯 칭찬은 구체적으로 하는 것이 좋다. "매일 문제집 2장씩 풀더니, 이번에 소수 나눗셈 문제를 모두 맞혔네. 우리

○○ 대단하다! 정말 잘했어!" 등의 칭찬과 격려는 아이에게 공부 의욕을 붇돋운다.

🌸 **어떻게 동기를 심어 줄지 대비한다** 갑자기 아이가 "공부를 왜 해야 하죠?"라고 질문한다면 말문이 막힐 수 있다. 미국의 대통령이었던 오바마는 학생들에게 '자신이 무엇을 잘하는지 찾기 위해서' 공부를 열심히 해야 한다고 말하였다. TV 예능 프로그램에 출연했던 한 서울대생은 '훗날 자신이 정말 하고 싶은 일이 생겼을 때 공부 때문에 발목이 잡히지 않도록' 열심히 공부했다고 답하였다. 물론 공부를 모두 열심히 하고 잘할 필요는 없다. 하지만 학생의 본분이 공부라면, 자신이 지금 맡은 본분에 성실하게 임하는 것이 바람직한 삶의 태도이다. 공부에 대한 동기 부여를 어떻게 할 것인지 미리 준비해 두자.

🌸 **공부할 분위기를 만든다** 주위 환경도 공부의 재미를 좌우한다. 아이가 공부에 몰두할 수 있는 우리 집만의 공부 환경을 만든다. 요즘 인기를 끌고 있는 것은 '거실 공부방'이다. 벽 한쪽에는 화이트보드, 나머지 벽들은 책장과 책, 시청각 교구로 채우고, 가운데는 커다란 6인용 탁자를 두기도 한다. 가족이 모여 책을 읽기도 하고, 책을 읽다 기발한 아이디어가 떠오르면 화이트보드에 써서 설명하기도 하면서 아이에게 지적 자극을 줄 수 있는 공간으로 변화시킨다. 온 가족이 새롭게 알게 된 것을 공유하면서 지식 탐구가 얼마나 즐겁고 재미있는 것인지 아이에게 알려 준다.

🌸 **다양한 공부법을 시도해 본다** 세상에는 단 하나의 공부법만 있는 것이 아니다. 애플리케이션으로 영어 단어를 익힐 수도 있고, 사회 교과서에 나온 우리 동네 유적지를 답사할 수도 있다. 책상머리에 붙들어

둔다고 해서 아이가 공부하는 것은 아니다. 오히려 지루해하고 따분해 할 수 있다. 아이가 좋아하는 공부법을 찾기 위해 그리고 여러 방법으로 지적 호기심을 채울 수 있도록 다양한 공부법을 시도해 본다.

초등 3~4학년은 공부 습관의 기초를 다지고, 자신에게 맞는 공부법을 찾는 시간이다. 아이의 기질이나 성격에 잘 맞으면서 효율성이 높은 공부법을 찾기까지 무수히 많은 시행착오를 겪을 수 있다. 아이 인생에서 공부는 이제 막 출발선을 벗어난 마라톤 경주이다. 처음부터 욕심을 부리기보다 아이가 자기 페이스대로 안정된 주법을 찾아 달릴 수 있게 도와주어야 한다. 가속이 붙는 건 그다음이다.

Tip 아이의 공부 의욕을 꺾는 말

① "아직 여기까지밖에 못했어?"
② "○○는 이번 영어 100점 받았다던데"
③ "이걸 몇 번이나 설명해야 하니?"
④ "엄마는 수학이 제일 쉬웠는데, 넌 왜 그래?"
⑤ "다음에 또 틀리면 알아서 해!"
⑥ "모르면 그냥 무조건 외워"
⑦ "야, 이 바보야!"
⑧ "넌 아무래도 내 자식이 아닌가 보다"
⑨ "수업 시간에 졸았어? 왜 이걸 몰라?"

MEMO

Q1 공부는 곧잘 하는데 시험에서 꼭 한두 문제씩 실수를 해요.

초등 3~4학년이면 아직 실수가 잦은 시기입니다. 그래도 실수를 줄여나가야 하므로 아이가 어떤 유형의 문제에서 실수가 반복되는지 원인을 파악하는 것이 우선입니다. 문제를 끝까지 읽지 않거나 잘못 이해해서 엉뚱한 답을 고르는 것인지, 단순히 숫자 계산을 잘못해서 틀린 것인지, 개념 이해가 잘못되어서 같은 유형의 문제만 틀리는 것인지, 아니면 기질이나 성격상 덜렁대고 산만해서 그런 것인지 등 아이가 실수하는 이유를 하나씩 짚어 봅니다.

만약 문제를 끝까지 읽지 않거나 잘못 이해하는 것이 원인이라면 아이의 문장 이해력과 독해력을 길러 주어야 합니다. 가끔 긴장된 분위기 속에서 문제를 빨리 읽다 보면 의미 파악을 제대로 못하는 일이 있습니다. 이런 경우 정독속독학원을 많이 찾는데 굳이 그렇게까지 할 필요는 없습니다. 부모가 아이와 같은 책을 읽고 나서 아이에게 내용과 관련된 질문을 하였을 때 아이의 이해력이 낮다면 아이 수준보다 한 단계 낮은 도서를 골라 꾸준히 읽게 하면 좋습니다. 점차 시간이 해결해 줄 것입니다.

자꾸 숫자 계산 문제를 틀린다면 더 늦기 전에 연산 능력을 길러 주어야 합니다. 연산 능력을 키우려면 연산 문제를 많이 풀어 보는 것이 좋습니다. 수식을 알고 있어도 받아 올림 또는 받아 내림에서 실수하거나 자릿수를 헷갈려 쓰면 정답은 날아가게 되어 있습니다. 시중에서 판매하는 연산 문제집으로 기초부터 심화까지 꾸준히 푸는 훈련을 합니다.

개념 이해가 잘못되어 같은 유형의 문제를 틀린다면 해당 단원의 복습부터 시작합니다. 다행히 3~4학년은 이전 단계로 돌아가 개념을 잡아 주는 것이 크게 어렵지 않습니다. 오히려 그대로 내버려두었다가 5~6학년 때 개념 정리를 다시 하게 되면 더 힘들 수 있습니다.

남자아이라면 아직은 주의가 산만하고 집중력이 떨어질 수 있는 시기입니다. 평소 집중력을 길러 주는 직소 퍼즐 또는 보드게임을 즐기거나 10분 안에 분수 곱셈 20문제 풀기 등 시간 제한을 두고 과제를 수행하는 연습을 하면 좋습니다. 시간 안에 실수 없이 정답을 맞히면 아이가 좋아하는 보상을 해 주는 것도 한 방법입니다. 초등 고학년이 되면 이전보다 실수는 줄어들게 되므로 너무 심각한 상황으로 아이를 몰아가지 않는 것이 필요합니다.

Q2 예습과 복습 중 어떤 공부가 아이 성적 향상에 도움이 될까요?

예습과 복습은 각각 장단점이 있으므로 가장 좋은 방법은 예습 복습 모두 균형 있게 하는 것입니다. 예습의 경우 앞으로 어떤 내용을 배울지 미리 살펴보고 중점적인 개념이 무엇인지 짚어 보면 수업 집중력이 좋아지고, 선생님이 하는 수업 내용을 더 잘 이해할 수 있습니다.

단, 예습을 할 때는 너무 많은 내용을 깊이 공부할 필요는 없습니다. 아이가 배워야 할 내용을 모두 아는 상황이라면 오히려 수업에 대한 흥미가 떨어지면서 집중력을 떨어뜨리는 요인이 되기도 합니다. 예습할 때는 단원의 제목과 주요 개념에 대해서만 짚어 보고, 기초 문제를 맛보기로 풀어 보는 정도가 알맞습니다.

복습은 수업 중에 배웠던 내용을 다시 한번 공부하는 것으로 미처 이해하지 못했던 부분을 짚고 넘어가면서 개념 이해를 확실히 할 수 있습니다. 또한 수업 시간에 배웠던 내용에 대한 기억력을 높여 머릿속에 오래 기억할 수 있게 도와줍니다.

수학의 경우 수업 중 개념 이해와 기초 문제를 풀었다면 복습 중에는 심화 문제까지 풀어 봄으로써 실력 향상에 도움이 될 수도 있습니다. 특히 암기가 필요한 과목은 반복 학습만큼 효과적인 것이 없습니다. 영어, 사회 같은 암기가 필요한 과목은 교과서를 반복해서 읽으며 예습과 복습을 모두 하는 것이 좋습니다.

예습과 복습이 모두 좋다고 해도 관건은 아이가 스스로 하는가입니다. 다음 날 수업이 있는 과목을 미리 한 번 읽어 보거나, 그날 배운 내용을 집에 돌아와 다시 읽어 보고 문제집을 푸는 등 자신만의 루틴으로 예습과 복습을 할 수 있어야 합니다. 현실은 보습 학원, 학습지 등으로 선행 학습을 하기 때문에 굳이 예습이 필요 없더라도 복습만큼은 스스로 할 수 있도록 이끌어 주는 것이 좋습니다.

또 하나. 초등 3~4학년은 공부 습관의 틀을 만들어가는 시기이지만 아이는 저마다 공부 스타일이 따로 있습니다. 네다섯 명이 모여 모르는 것을 서로 토론하며 공부하는 것을 좋아하는 스터디형이 있는가 하면, 자신만의 루틴에 따라 꾸준히 규칙적으로 공부하는 성실형이 있습니다. 또 어떤 아이는 자신이 좋아하는 분야만 집중적으로 파고드는 탐구형이 있고, 그때그때 정서나 감정에 따라 공부 스타일이나 성적 등이 달라지는 기분파형도 있습니다. 아이 기질에 맞는 공부법이 최선입니다. 부모 또한 특정 공부 스타일을 강요하기보다 아이에게 맞는 가장 능률적인 공부법을 찾도록 도와주어야 합니다.

학원에 다니지 않고 참고서나 문제집만으로 공부해도 괜찮을까요?

'교과서 위주로 공부하였어요'라는 말은 오래전 부모 세대 혹은 특출 난 몇몇 수재의 이야기입니다. 예전에는 참고서가 있어도 '○○ 전과' 하나에 종합 문제집이면 충분하였습니다. 하지만 우리 아이들이 사용하고 있는 개정 교과서는 부모 세대가 사용하였던 교과서와는 '기능적으로' 다릅니다. 단지 배워야 할 내용만 빼곡하게 채워져 있는 것이 아니라 개념 이해를 돕는 본문은 물론 여러 활동 과제가 함께 나열되어 있습니다.

한 가지 주제를 배운 후에는 그 주제에 맞추어 탐구하기, 조사하기, 글쓰기, 토론하기, 발표하기, 문제풀이 등 통합적 사고와 다양한 연계 활동이 가능하도록 구성되어 있습니다. 〈수학〉과 〈수학익힘책〉 2종 교과서를 쓰는 것도 이런 의도 때문입니다. 여기에 학원에서 사용하는 교재, 부교재가 더해지고, 학습지 회사에서 배포한 교재나 문제지 등이 있을 수 있습니다. 너무 많은 참고서와 문제집은 아이의 공부 유형이나 습관에 따라 보탬이 될 수도 있지만 공부 방식을 산만하게 하는 방해 요소가 될 수도 있습니다. 적당한 때에 필요에 의해서 한 권씩 살 수는 있겠지만 학기 초에 마구잡이식으로 미리 장만할 필요는 없습니다.

참고서와 문제집이 도움되는 아이는 따로 있습니다. 자신에 맞는 공부 습관이 바로잡혀 있는 경우입니다. 주요 과목에 대해 예습과 복습으로 규칙적인 반복 학습을 하고 있다면 참고서, 문제집 등이 도움이 됩니다. 교과서에 따라 충실히 개념을 이해하고, 참고서와 문제집으로 기초 과정, 중급 과정, 심화 과정으로 난이도를 올려가며 공부하면 좋습니다.

같은 문제집을 반복해서 풀어도 좋고, 어려운 문제를 집중적으로 풀고 싶다면 심화 과정의 비중이 높은 문제집을 추가로 풀어도 좋습니다. 문제집을 풀 때 오답 노트를 만들어 공부하는 것도 도움이 됩니다.

참고서나 문제집을 살 때는 아이와 함께 서점에 방문하여 함께 고르도록 합니다. 아이가 보고 이해하기 좋은 구성으로 되어 있는지, 반복 학습해야 할 핵심 포인트가 잘 짚어져 있는지, 문제의 난이도가 단계별로 잘 구성되어 있는지 등을 살펴봅니다.

부모는 참고서나 문제집을 사 주는 것만으로 역할이 끝났다고 생각해서는 안 됩니다. 아이가 문제집을 풀었는지 안 풀었는지 확인만 할 것이 아니라 어떤 문제를 많이 틀렸는지, 도움이 필요한 부분은 무엇인지 함께 살펴보도록 합니다.

04

도덕성과 자존감 발달이 중요한 시기

☑ "외동아이라 그런지 아직 양보할 줄을 몰라요."

☑ "아이가 너무 착해서 늘 손해만 보는 것 같아요."

☑ "이기적인 아이, 배려심을 키우려면 어떻게 하나요?"

☑ "거칠고 공격적인 행동도 도덕성과 관련이 있나요?"

☑ "아이가 너무 욕심이 많아요. 미움 받을까 걱정이에요."

초등 3~4학년, 도덕성의 전환기

초등 3~4학년에 접어든 아이는 다양한 사회생활의 변수를 맞닥뜨리고 대인 관계에서도 여러 갈등 요소를 접하게 된다. 다른 아이보다 선생님의 인정을 받고 학급에서 인기 있는 리더가 되고 싶고, 경쟁자를 질투하거나 따돌리는 등 부정적 감정이 행동으로 옮겨지기도 한다. 이 상황에서 아이에게 필요한 것은 자신의 긍정적, 부정적 감정을 조절하여 바람직하게 표현하는 능력이다. 특히 부정적 감정을 상황에 따라 절제하거나 다른 방법으로 표현하는 방식을 배워야 한다.

더불어 옳고 그름에 대한 가치 판단의 기준을 세워야 한다. 그래야 어떤 상황에 대해 그것이 옳은 일인지 아니면 나쁜 일인지 스스로 판단하고 적절하게 대응할 수 있다. 지금은 아이의 도덕성 발달을 눈여겨보아야 할 때이다.

장 피아제는 아동의 도덕성이 만 10세 전후로 하여 2단계로 나뉘어 발달한다고 보았다. 1단계는 '타율적 단계'라고 하여 규칙을 권위에 의해 부과된 절대적인 것으로 인식하는 것이다. 이후 2단계인 '자율적 단계'로 변하는데 규칙은 사회 구성원의 합의에 따라 타당성을 갖는다고 여기는 것이다.

타율적 단계는 규칙이 절대적이기 때문에 항상 따라야 한다고 여긴다. 가령 위급한 상황에서 구급차가 신호 체계를 무시하고 달리면 구급차가 잘못한 것이라고 여기게 된다. 실수로 접시 10개를 깬

3부

초등 3~4학년 정서 발달

아이가 찬장 안의 무언가를 훔치려다 접시 1개를 깬 아이보다 더 큰 잘못을 하였다고 판단하기도 한다.

자율적 단계는 상황에 따라 규칙이 변할 수 있다고 판단하는 것이다. 위급한 상황에서 구급차가 신호 체계를 무시하고 달리는 것은, 생명을 구하는 일이 무엇보다 시급하므로 사회 구성원들이 구급차가 달릴 수 있게 양해하였다는 것을 아는 것이다.

미국의 발달심리학자 로렌스 콜버그는 '하인츠 딜레마' 이야기를 통해 도덕성 발달을 3수준, 6단계로 나누었다.

하인츠 딜레마(Heinz's dilemma)

하인츠는 암에 걸린 아내를 치료하기 위해 약을 구하러 나섰다. 어느 약사가 만든 약만이 아내를 살릴 수 있지만 약사는 무조건 원가의 10배에 달하는 약값을 요구하였고 외상도 거절하였다. 하인츠는 집과 재산을 파는 등 열심히 노력하였지만 약값을 절반밖에 마련하지 못하였다. 결국 하인츠는 약을 훔쳤다.

콜버그는 이 이야기를 통해 다음과 같은 질문을 던졌다.

'약을 훔친 남편은 벌을 받아야 하는가?'
'약사는 비싼 약값을 요구할 권리가 있는가?'
'약을 먹지 못해 아내가 죽었다면 약사를 비난해도 되는가?'
'비난이 정당하다면 그리고 하인츠의 아내가 사회적으로 중요한

사람이라면 약사에게 더 무거운 처벌을 해야 하는가?'

콜버그는 이 질문에 대한 대답이 연령별로 달라지는 것을 관찰하였고, 그 결과 도덕성의 발달을 6단계로 나누었다.

❀ **1단계_벌의 회피 및 복종** 만 3~7세 아이들은 하인츠가 약을 훔치면 경찰에게 벌을 받기 때문에 잘못된 일이라고 생각한다. 또 반대로 아내가 죽으면 이 역시 하인츠가 벌을 받으므로 약을 훔쳐야 한다고도 생각한다.

❀ **2단계_욕구 충족과 거래가 중요** 만 8~11세 아이들은 하인츠가 자신의 절실한 바람을 충족시키기 위해 약을 훔쳐서라도 아내를 구해야 한다고 판단한다.

❀ **3단계_착한 아이라는 평판이 중요** 만 12~17세 아이들은 하인츠가 약을 훔치는 것은 약사의 당연한 권리를 침해하고 타인에게 해를 끼치는 일이기 때문에 잘못된 일이라고 여긴다.

❀ **4단계_법과 질서를 중시** 만 18~25세 청년들은 법과 질서를 지키는 것이 중요하다고 생각한다. 하인츠의 사정은 딱하지만 법에 저촉된 행동을 하였으므로 법이 정한 처벌을 받아야 한다고 여긴다.

❀ **5단계_사회 계약적 관점을 중시** 만 25세 이상의 경우 하인츠가 약을 훔치는 것은 위법 행위이지만 아내를 살리기 위한 행동이었고, 약값을 마련하려는 노력이 있었으므로 용서 또는 정상참작을 할 수 있다고 판단한다.

❀ **6단계_보편적 윤리 개념을 중시** 법, 관습보다 인간의 생명이 가장 존

엄하므로 하인츠의 행동은 그럴 수밖에 없었다고 이해한다. 자기 반성, 용서를 구함, 봉사, 헌신 등 다양한 형태의 속죄를 인정한다. 소수의 사람들, 종교인들이 이 경우에 속한다.

피아제의 이론에 따르면 초등 3~4학년은 타율적 도덕에서 자율적 도덕으로 전환되는 시기이다. 콜버그의 발달 단계로 보면 이 시기는 자신의 욕구 충족의 단계를 마무리 짓고 타인의 평판을 중요시하고 남에게 해를 끼치는 것이 잘못된 것임을 인식하는 단계로 넘어가게 된다.

즉, 초등 3~4학년 시기에는 자신의 욕구, 감정을 조절할 줄 알게되며 타인을 불편하게 하는 감정이나 행동 역시 참아야 한다고 여기게 된다. 물론 감정 조절과 자제력이 미숙한 아이도 있다. 이들은 대인 관계 속에서 갈등과 갈등 해소를 반복하며 차츰 자신의 욕구와 감정을 다스리는 법에 눈을 뜬다.

도덕성 높은 아이가 공부도 잘한다

정서와 사회성 발달을 이야기할 때 빠지지 않는 연구 결과가 있다. 미국 스탠퍼드 대학의 월터 미셸(Walter Mischell) 교수의 '마시멜로 실험'이다. 이 실험은 자신의 욕구를 참거나 자제하는 힘, 만족 지연 능력이 아이의 사회성, 성취도 등에 어떤 영향을 미치는지에 대한 연구이다.

미셸 교수는 만 4세 유아 600명을 대상으로 아무것도 없는 방에 이들을 앉혀 놓고 마시멜로를 나누어 주었다. 지금 먹어도 되지만 만약 자신이 잠깐 밖에 다녀올 동안 먹지 않고 기다리면 마시멜로를 하나 더 주겠다는 조건을 붙였다. 실험 결과, 약 400여 명의 아이가 미셸 교수가 돌아올 때까지 마시멜로를 먹지 않고 기다렸다. 그리고 15년 후, 마시멜로를 하나 더 얻은 아이들은 SAT(미국 대학 입학 자격시험)에서 600~700점대의 점수를 기록하였다. 마시멜로를 바로 먹은 아이들에 비해 평균 125점이나 높은 점수였다. 월터 미셸 교수는 마시멜로를 먹지 않고 기다렸던 아이들이 학교생활이나 대인 관계에도 성실하고 적극적이며 원만하다는 추적 결과도 제시하였다. 단지 학업 성적뿐만이 아니라 학교생활에서 성실하고, 또래 친구들에게도 인기가 많았다고 한다.

도덕성의 3요소는 정서, 인지, 행동으로 구성되어 있다. 양심, 동정심, 이타심 같은 '정서'와 공정성, 책임감, 분별력, 자기 조절력, 자제력 같은 '인지'가 결합되어 도덕적 '행동'으로 나타나기 때문이다.

만족 지연 능력은 바로 '인지'에 있어서 분별력, 자기 조절력, 자제력 등과 연관되어 있다. 도덕성이 높은 아이는 욕구나 유혹이 옳은지 그른지 판단하고, 잘못된 욕구나 유혹을 참고 충동적인 행동을 자제할 줄 안다. 만족 지연 능력이 뛰어난 아이는 도덕성이 높으며 결국 도덕성이 높은 아이가 학업 성취도 또한 높기 마련이다. 친구들과 놀고 싶다는 욕구, 컴퓨터 게임이나 스마트폰을 하고 싶다는 유혹을 물리치고 일과 계획표에 정해진 대로 책상 앞에 공부할 수 있는 것은 칭찬할 만한 자제력이다. '도덕성이 높은 아이가 공부도 잘한다'는 말이 근거 없는 소리가 아닌 셈이다.

만족 지연 능력이 불러오는 혜택은 또 하나 있다. 바로 성취감이다. 하나의 목표가 있다고 해 보자. 예를 들어 운동선수는 올림픽에서 금메달을 획득하는 것, 악기 연주자는 국제 콩쿠르에서 우승하여 세계적인 연주자가 되는 것이 목표이다. 이 하나의 목표를 위해 운동선수는 고통스러운 훈련 과정을 겪는다. 연주자 역시 밤낮으로 연습에 매진한다. '오늘 하루쯤은 편히 쉬고 싶다', '이 정도면 괜찮겠지'라는 한순간의 방심도 허용하지 않는다. 오직 목표를 달성하기 위해 매진하게 된다.

이 인고의 시간을 견딘 후 마침내 목표를 달성하게 되었을 때 이들이 맛보는 성취감은 우리가 상상하기조차 힘들다. 1등으로 골인하였을 때, 우승자로 호명되었을 때 이들은 극도의 흥분, 쾌감, 만족감, 행복을 맛본다. 이것이 바로 성취감이다. 이 과정을 경험해 본 사람은 이때의 만족감, 행복감을 잊지 못해 또 다른 목표가 생겼을 때 더 열심히 노력한다.

도덕성은 연습과 훈련이 필요하다

앞서 언급하였듯이 아이의 도덕성을 단단히 하려면 유아기부터 양심, 동정심, 이타심 같은 '정서'와 더불어 공정성, 책임감, 분별력, 자기 조절력, 자제력 같은 '인지'를 발달시켜야 한다.

양심, 동정심, 이타심 등은 타인에 대한 공감 능력이다. 정서 지능에 대해 순차적인 발달 과정을 거쳐 왔고, 부모로부터 공감과 격려를 받고 자라온 아이는 타인에 대한 공감 능력이 뛰어나다. 다른 사람의 입장을 이해하고 그 사람의 의견을 존중한다. 또 자신의 입장, 의견과 달랐을 때 합리적인 방법으로 타협점을 찾거나 설득을 시도한다.

인지적 측면의 상당 부분을 차지하는 만족 지연 능력 또한 저절로 얻어지는 것이 아니다. 자신이 어떤 유혹을 참고 기다렸더니 특정한 '보상' 또는 '성공'이 온다는 경험치가 쌓여야 가능하다. 그래서 어려서부터 아이에게 성공의 경험을 많이 만들어 줄 필요가 있는 것이다.

성공의 경험을 쌓겠다고 아이 능력보다 너무 거창하거나 요원한 목표를 들이대서는 안 된다. 이제 막 수영 교실을 다니기 시작한 아이에게 우리나라 수영 국가대표 선수가 되라는 목표는 너무 요원할 따름이다. 오늘 물에 가라앉지 않고 떠 있는 것에 성공한 아이에게는 다음 주에는 10미터 헤엄치기에 성공하는 목표를 주는 것으로도 충분하다. 처음에는 아이가 작은 노력으로 이룰 수 있는 목표를 세우고 이에 성공하면 크게 칭찬한다. 그리고 조금씩 더 많은 노력, 더 큰 목표를 향해 나아갈 수 있도록 격려한다. 아이의 순조로운 도덕성 발달을 위해서는 이러한 '성공의 경험'과 함께 수많은 훈련과 연습이 필요하다는 것을 기억한다.

❋ **공중도덕을 중시한다** 아동기의 도덕성은 사회 구성원이 약속한 법규, 규범, 규칙 등을 지키는 것이 기본이다. 이것을 습관처럼 굳어지게 하려면 유아기부터 교통 법규는 물론 차례 지키기 등과 같은 공중도덕을 중시하고 잘 실천해야 한다.

❋ **사소한 규칙과 약속도 소중히 한다** 자칫 권위 있는 사람, 가령 학교에서는 담임 교사가 정한 규범이나 규칙에 대해서만 중요하게 생각할 수 있다. 구성원, 개인과 약속한 사소한 규칙이나 약속도 소중히 여겨야 한다. 같은 반 친구들이 모두 지키기로 약속한 규칙에 대해 소홀히 여기지 않도록 한다. 특히 시간 약속, 가족끼리의 약속도 잘 지키게 한다.

❋ **때론 결과보다 과정을 칭찬하라** 아이를 칭찬할 때는 설령 결과가 좋지 못하더라도 그 과정에 대해 언급하고 칭찬할 필요가 있다. 언제나 결과 중심으로 아이를 칭찬하면, 한창 주변 사람의 평판에 신경 쓰는 아이가 과정은 무시한 채 결과만 신경 쓸 수 있다. 즉, '결과만 좋으면 어떤 방법도 괜찮다'라는 그릇된 사고를 할 수 있다.

❋ **봉사 활동을 꾸준히 한다** 타인의 입장에 대해 공감하고 배려하는 가장 좋은 방법은 남을 위해 수고하는 것이다. '착한 일을 해야 한다'라는 도덕적 판단을 행동으로 옮기는 데 있어 봉사 활동은 가장 직접적이고 적극적인 실천이다. 공공 시설 쓰레기통 분리수거하기, 노인 복지 시설에서 할머니, 할아버지 어깨 주물러 드리기 등 가족이 함께 할 수 있는 활동을 찾아본다. 청소년 자원봉사 홈페이지(www.youth.go.kr)에 가입하여 봉사자 모집 공고를 보고 지원하면 된다. 이때 봉

사 시간은 누적, 기록된다.

✿ **아이는 부모를 보고 따라 한다** 아이의 도덕성을 좌우하는 것은 이제껏 눈으로 지켜본 부모의 모습이다. 부모가 자신과의 작은 약속도 소중히 하고, 공중도덕이나 교통 법규 등을 잘 지켰으며, 언제나 다른 사람의 입장을 생각하여 배려, 양보 등을 실천해 왔다면 아이 또한 부모의 행동을 따라 한다. 어렸을 때는 단순히 모방이었더라도 이제는 습관이 되고 가치관으로 자리를 잡는다.

훈련과 연습이 중요한 것은 도덕성이 나이에 따라 같은 순서로 발달하지 않고 동일한 혹은 일정한 크기로 자라지 않기 때문이다. 만 40세의 어른이 있을 때 어떤 어른은 모두에게 본보기가 되지만 누군가는 범법자이기도 하다. 성장기에 있는 아이들도 마찬가지이다. 같은 나잇대이지만 어떤 아이는 공부도 잘하고 타의 모범이 되는 반면에 또 다른 아이는 장애가 있는 친구를 괴롭히는 학교 폭력 가해자가 되기도 한다.

어려서부터 꾸준히 도덕성 훈련과 연습을 해야 아이의 도덕적 행동이 습관이 되고 도덕적 판단을 내리는 데 조금 더 수월해진다. 복도에서 1만 원을 주웠을 때 갖고 싶던 축구공을 살 것인지, 주인을 찾아줄지에 대해 아이는 일말의 고민 없이 도덕적 판단을 하게 될 것이다.

도덕성의 결말은 자아 존중감이다

웬만큼의 도덕성을 얻게 되었다고 안심해서는 곤란하다. 도덕성의 진가는 용기가 있을 때 빛을 발한다. 도덕이라고 하면 흔히 부패, 불법, 범죄 등과 연관 지어 생각하면서 '나는 상관없는 사람'이며 '도덕적으로 하자가 없다'라고 생각하게 된다. 하지만 전혀 예상하지 못한 순간 우리의 도덕성은 시험을 받는다.

우리 회사 대표가 비자금을 만든다고 하면서 내 이름으로 계좌를 만들어 10억 원을 보관해 달라고 한다. 그러면서 10 %에 해당하는 1억 원을 수수료로 줄 것이며 다음 인사발령 때 기대해도 좋다는 말을 건넸다. 회사 대표라는 권위와 1억 원이라는 큰돈, 그리고 출세가 보장된 약속. 나는 이 유혹을 뿌리치고 불이익을 감수하고서라도 불법적인 일을 단호하게 거절할 수 있을까?

권위 있는 사람의 지시, 물질적 보상이나 사례가 주어지면 어른들의 도덕성도 함정에 빠진다. 그리고 아이들은 이런 유혹을 더 자주 만나고 더 많이 흔들린다. 담임 선생님의 지시, 복도에서 주운 1만 원. 너무 잘 보이는 짝꿍의 답안지 등 아이에게는 이 모든 것이 유혹이다.

앞서 이야기하였듯이 초등 3~4학년의 도덕성은 전환기를 맞이하였다. 자신의 욕구를 따르는 것에 충실하지만 이제 '착한 아이'라는 평판을 얻기 위해 욕구를 참을 줄도 알게 된다. 권위에 의해 부과된 규범이나 규칙은 반드시 지켜야 한다는 타율적 단계에서 벗어나 자율적 단계를 맞이하는 것이다. 이 시기 아이는 성공의 경험, 훈련과 연습을 통해 다양한 도덕적 가치 판단의 기준을 배운다. 도덕성을 지켜낼 의지와 용기를 얻은 아이는 유혹 앞에서 덜 흔들린다. 스스로 도덕적 판단을 내려 행동으로 옮겼을 때 아이의 도덕성은 더욱 탄탄해진다.

복도에서 주운 1만 원을 선생님께 말씀드려 주인에게 돌려주었다. 스스로 도덕적 판단을 내리고 행동으로 옮긴 아이는 어떻게 되었을까? 자신이 한 행동은 칭찬받을 만한 일이라는 생각과 함께 가슴 깊이 자기 자신에 대한 자랑스러움이 솟아날 것이다. 도덕성을 지키는 것은 의지와 용기가 필요한 일이다. 이 대단한 일을 해낸 아이는 자신의 존재 가치를 소중하게 생각하며 사랑한다. 바로 자존감, 자아 존중감과 연결되는 것이다.

'자아 존중감'은 자기 자신이 가치 있고 소중하며, 유능하고 긍정적인 존재라고 믿는 마음이다. 자신은 사랑받는 존재이며, 그럴 만한 가치가 있다고 여긴다. 자기에 대한 자신감이며 어려움을 만나 실패하더라도 좌절을 극복하고 다시 일어서는 힘이다. 초등 1~2학년들은 자신을 긍정적으로 평가하기 때문에 자기 능력을 과대평가하는 일이 많다. 하지만 부정적인 경험이 많아지면 자신의 가치와 능력을 실제보다 낮게 평가한다. 즉, 업-다운이 쉽게 일어난다.

초등 3~4학년이 되면 자기 능력을 현실적으로 바라보기 시작한다. 자신을 평가할 때 다양한 분야로 나누어 자신이 자각하고 있는 대로 평가한다. 공부에서는 유능하다고 여기지만, 그림 그리기나 노래하기, 달리기 등 예체능 분야에서는 유능하지 않다고 평가하는 식이다. 유능하지 않은 부분이 있다고 해서 이미 형성된 자아 존중감이 낮아지지는 않는다. 현실적으로 자신의 능력치를 세분화하여 평가할 뿐이다.

발달심리학자들의 연구에 따르면 자아 존중감이 높은 아이는 몇 가지 특징을 보인다. 우선 자존감이 높은 아이는 친사회적인 성격을 갖고 있으며 타인과 긍정적인 관계를 맺는 경향이 높다. 자신의 가치를 소중히 하듯 타인의 존재 가치 역시 소중히 한다. 그래서 다른 사람의 의견에 귀 기울일 줄 알며 공감 능력을 발휘한다. 도전적인 상황에서 잘해낼 수 있다는 자신감이 높으며 학업 성취도 또한 높다. 긍정적이고 낙천적이며 이런 성향은 위기 상황에서도 발휘된다. 자신의 생각과 판단에 확신이 있으며 다른 사람에게 이를 표현할 줄 안다. 또 의사 소통 능력이 좋은 리더가 될 수 있다. 어른이 되어서도 자신의 장단점을 인정하지만 그중 장점을 부각시켜 긍정적인 감정을 지속시킨다. 자존감이 높은 아이는 삶의 만족도가 높으므로 자신의 삶에 행복함을 느낀다.

도덕성은 타인에 대한 공감과 배려, 나아가 자기 자신을 소중히 하고 사랑하는 방법이다. 자존감을 높임으로써 아이를 행복한 삶으로 이끈다.

**'착한 아이'라는 평판이 아이를 옭아매기도
한다는데 이럴 땐 어떻게 해야 하나요?**

갈등이 일어나는 상황에서 참거나 양보만 하는 아이가 있습니다. 기질이 순하고 어려서부터 양보에 익숙한 아이라면 그럴 수 있습니다. 하지만 이 시기 아이는 아직 자신의 욕구를 100 % 제어하기 어렵습니다. 정말 자신이 원했던 것을 누군가 빼앗거나 독차지하였을 때 합당한 방법으로 그것을 되돌려 달라고 요구할 수 있어야 합니다.

만약 아이가 지나치게 순응적이라면 우선 부모의 양육 태도가 아이에게 착한 행동을 은연중 강요해 온 건 아닌지 생각해 봅니다. 부모와 안정적인 애착 형성, 정서적인 유대감을 쌓지 못한 아이는 자신이 부모의 기대에 부응하지 못하면 언제든 버림받을 수 있다고 여기게 됩니다. 그래서 부모의 기대나 요구에 따라 항상 착한 아이처럼 행동하려고 합니다. 이렇게 '착한아이증후군'에 시달리는 아이들은 늘 명랑한 표정과 말투로 자신의 감정을 솔직하게 드러내는 것을 피합니다. 작은 것에도 양보하며 자신이 잘못하지 않은 것도 늘 사과하고 규칙을 지키기 위해 지나치게 애쓰지요.

이것은 도덕성과는 거리가 멉니다. 자신의 존재 가치를 있는 그대로 인정하지 못하기 때문에 오히려 자존감이 낮다고 봐야 합니다. 만약 내 아이가 부모의 기대와 요구 때문에 지나치게 '착한 아이' 행세를 한다면 부모부터 달라져야 합니다. 아이를 있는 그대로 인정하고 사랑하는 태도를 일관되게 보여 주어야 합니다. 부모가 "넌 정말 착하구나.", "넌 착한 아이야.", "네가 착해서 참 좋아."하는 표현을 자주 하고 있지는 않은지 되돌아봅니다. 또 타인에게 '거절' 의사를 명확히 함으로써 자신의 욕구를 적절하게 표현할 수 있도록 도와주어야 합니다.

어려서부터 주위의 평판을 지나치게 의식하는 아이도 있습니다. 칭찬을 독점하고 싶고 주위의 인정을 받고 싶다는 욕구가 강하고 시샘도 많습니다. 누군가 동생이 예쁘다고 하면 남몰래 동생을 쥐어박기도 합니다. 이런 아이는 다른 사람의 시선을 의식해 칭찬받을 만한 행동을 하려고 애씁니다. 하지만 '욕구'에 기반을 둔 착한 행동은 자신의 다른 욕구와 만났을 때 갈등을 불러옵니다.

수많은 선택 앞에서 때로는 손해를 보기도 하고 때로는 칭찬의 허무함도 맛보면서 아이는 자신이 진짜 원하는 것이 무엇인지 고민하게 됩니다. 보육원, 노인복지시설, 병원, 무료급식소 등 부모가 아이와 함께 봉사할 곳을 정해 꾸준히 봉사 활동을 하는 등 아이에게 착한 일의 진정한 가치와 보람을 깨닫게 해 줄 필요가 있습니다.

Q2 공부 잘하는 우리 아이, 왜 회장 선거에서는 매번 떨어질까요?

흔히 리더라고 하면 카리스마, 결단력, 통솔, 선도 등의 단어를 떠올리게 됩니다. 하지만 각 조직, 구성원이 원하는 리더의 조건은 다릅니다. 5만 명의 직원을 둔 대기업 회장의 리더십과 폐업 위기에 놓인 영세업자 사장의 리더십은 다를 수밖에 없습니다. 하지만 모든 리더가 공통으로 갖추고 있어야 할 덕목이 있습니다. 바로 구성원의 입장을 이해하고 그들의 요구나 의견에 귀 기울이려는 태도입니다.

도덕성이 높은 아이는 대인 관계 역시 뛰어난데, 여기에는 타인에 대한 공감, 배려, 양보, 이타심 등 대인 관계에 필요한 능력을 포함하고 있습니다. 도덕성이 높은 리더 역시 구성원의 입장을 이해하고, 그들의 의견에 귀 기울이며, 구성원의 요구를 만족시키기 위해 노력합니다. 특히 도덕성이 옳고 그름을 판단할 수 있는 능력이라면, 도덕성이 높은 리더는 조직과 구성원을 위해 올바른 가치를 표방할 수 있어야 합니다.

'서번트 리더십(Servant Leadership)'이라는 말이 있습니다. 이는 리더가 조직원을 '하인처럼' 섬기는 자세로 조직과 구성원의 성장을 돕고 조직의 목표를 이루어가는 리더십을 말합니다. 리더는 조직 구성원과 목표를 공유하고 그들의 성장을 도모하면서 서로 간의 신뢰를 바탕으로 조직의 성과를 이루어 냅니다. 여기서 리더는 존경심을 바탕으로 한 권위를 갖습니다.

초등 3~4학년만 되어도 우리 학급에 어떤 회장이 있으면 좋은지 가치 판단을 할 수 있습니다. 단지 공부 잘하고 운동 잘하고 인물 좋은 회장이 필요한 것이 아니라 우리 학급을 하나로 화합시켜 즐겁고 유쾌하게 한 학기를 잘 지내도록 이끌어갈 사람이 필요함을 알고 있습니다.

'왜 자기를 뽑지 않는지' 의구심이 생긴다면 아직 학급 구성원의 입장과 요구를 잘 파악하지 못한 것일 수 있습니다. 리더의 자질에서 도덕성은 무엇보다 중요한 덕목이므로 평소 도덕성 발달을 위한 훈련과 연습을 꾸준히 하도록 합니다.

Q3 자꾸 다른 사람을 공격하는 것도 도덕성과 관련이 있나요?

만 4~6세 무렵 만족 지연 능력이 뛰어났던 아이는 아동기를 거치며 자기 조절력, 분별력, 통제력이나 자제력 등을 확장해 나갑니다. 물론 이것은 도덕성이 높은 아이의 경우입니다. 도덕성이 낮은 아이는 대체로 집중력이 낮고 참을성이 부족하며 자기 절제가 힘든 편입니다. 자꾸 다른 사람을 공격하는 것도 도덕성이 낮아서일 수 있습니다.

몇 해 전 서울대학교 심리학과 곽금주 교수 팀이 진행한 도덕성 연구가 있습니다. '누군가 내가 싫어하는 행동을 한다면 소리를 지른다', '화가 난다면 그들을 때릴 것이다', '고의로 어떤 아이를 놀이에서 뺀 적이 있다' 등의 질문에 도덕 지수가 높은 그룹과 도덕 지수가 낮은 그룹의 점수를 비교하였더니, 모든 항목에 대해 도덕 지수가 낮은 그룹의 점수가 확연히 높았습니다.

곽금주 교수 팀은 도덕성이 낮은 아이들은 높은 아이들에 비해 자제력과 충동 조절 능력이 부족하며 이로 인해 과잉행동, 공격성, 왕따 가해에 노출될 빈도가 높다고 설명하였습니다. 학동기에 나타나는 과잉행동이나 공격적인 성향에 도덕성도 원인이 될 수 있다는 이야기입니다.

요즘 아이들은 비교적 사춘기를 빨리 겪습니다. 사춘기라고 하면 반항, 일탈, 방황, 충동성 등으로 대표됩니다. 빠르면 초등학교 고학년, 대개는 중학생 때 이 '질풍노도의 시기'를 맞이합니다. 분별력과 자제력, 충동 조절력 등이 갖춰진 아이는 이 시기를 순조롭게 무난히 넘길 수 있습니다. 학생으로서 자신의 역할과 학업에 충실하며, 부모의 보살핌 안에서 안정감을 맛보며 자신의 일상을 영위할 수 있지요. 아이에게 안정적인 사춘기, 청소년기를 선사하려면 더 늦기 전에 도덕성부터 점검해야 합니다.

Q4 외동아이라 이기적인 편이에요. 어떻게 도덕성을 키워야 할까요?

외동아이는 혼자 자랐기 때문에 남들과 잘 어울리지 못하고 이기적이라는 말은 편견에 불과합니다. 외동아이라서 숫기 없고 이기적인 것이 아니라 부모들의 양육 태도가 아이를 자기중심적으로 키운 것일 수 있습니다. 자녀가 하나이다 보니 아이가 원하는 대로 들어주고 경제적으로도 아낌없이 지원하게 됩니다. 결국 자신이 원하는 것을 모두 다 얻어야만 직성이 풀리고 누구에게도 지기 싫어하고 양보하기 싫어하게 됩니다.

이런 성향은 외동아이만의 문제는 아닙니다. 익애형 양육 태도(아이를 너무 사랑한 나머지 지나친 관심과 사랑을 쏟는 유형)나 허용형 양육 태도(지나친 관심과 사랑을 쏟으면서 아이가 원하는 것을 모두 허용하는 유형)를 가진 부모들의 자녀에게도 흔히 나타납니다.

익애형은 부모가 자녀를 늘 보호해야 할 대상자로 여기기 때문에 자녀의 모든 일에 개입하려고 합니다. 결국 아이는 부모의 도움 없이는 스스로 무엇인가를 해본 적이 없어 모든 일에 의존적이게 됩니다.

허용형의 부모는 아이가 원하는 것을 들어주는 데 급급합니다.

결국 아이의 요구에 끌려다니게 되고 아이가 성인이 된 후에도 부모는 자녀의 일을 뒷수습하기에 바쁘게 됩니다.

스스로 해낼 수 있는 것은 없으면서 자신의 요구대로 이루어져야 직성이 풀리는 아이, 이런 아이의 도덕성은 어떻게 길러야 할까요? 우선 나 아닌 다른 사람의 존재에 대해 인식시킬 필요가 있습니다. 가까운 지인으로부터 옷 물려받기, 친척들과 여행 가기, 봉사활동 하기 등이 있지만, 아이가 독립된 환경에서 자신과 비슷한 상황의 또래들과 어울리며 생활할 기회를 주는 것도 효과적입니다.

초등 3~4학년이면 신변처리가 어느 정도 가능하므로 지도교사의 관리 감독하에 캠프에 참여해도 좋습니다. 단체의 규범, 규칙을 지키면서 또래들과 협력하여 생활해야 하는 시간이 아이에게는 색다른 도전이 될 수 있습니다. 또한 협동 생활을 통해 규범, 규칙, 질서를 지키는 것이 중요하다는 사실을 배우며 타인에 대한 공감, 배려 등도 익힐 수 있습니다.

Q5 아이와 꾸준히 봉사 활동을 하고 싶은데 어떻게 하면 될까요?

타인에 대한 공감 능력을 높이고 배려심을 길러 주고 싶다면 봉사 활동이 도움이 됩니다. 아파트 화단이나 놀이터 등의 휴지 줍기를 해도 좋고 무료 급식소 등에서 배식을 돕는 것도 좋습니다. 아이와 함께 특정 복지 기관이나 단체를 방문, 봉사하는 것도 가능합니다.

만약 봉사 활동에 대한 확인이나 인정이 필요하다면, 담임 선생님을 통해 학교에 사전 신청서를 낸 후 추후 봉사 활동 보고서를 제출하면 됩니다. 봉사 활동과 연계된 사이트에 회원 가입 후 소개된 봉사 활동에 참가해도 됩니다. 이 경우 봉사 시간이 누적되어 추후 확인서를 발급받거나, 학교 생활기록부에 봉사 시간이 자동 입력됩니다. 하지만 이 경우 초등학생 대상의 봉사자 모집이 거의 없는 데다, 초등 때의 봉사 시간이 중학교 때까지 누적되는 것은 아니므로 아이의 정서 발달과 봉사 활동 자체에 의미를 두는 것이 좋습니다. 알아두면 좋은 봉사 활동 관련 사이트는 다음과 같습니다.

1365자원봉사포털(www.1365.go.kr)에서는 봉사 지역, 봉사 분야, 봉사 대상, 봉사 기간 등에 따라 검색이 가능, 아이에게 적합한 봉사 활동을 신청할 수 있습니다. 신청 후 봉사를 완료하면 모집 기관에서 봉사 시간을 인증해 주기 때문에 자동적으로 봉사 시간이 누적됩니다.

e-청소년(www.youth.go.kr)에서는 청소년 자원봉사 '두볼(DOVOL)'에 관한 안내를 받을 수 있습니다. 노력 봉사, 교육 봉사, 재능 봉사 등 다양한 봉사 활동을 소개하고 있으며, 봉사 동아리, 정책 참여 활동, 국제 교류 행사 등 청소년 대상의 다양한 프로그램도 안내하고 있습니다.

사회복지자원 봉사인증관리(www.vms.or.kr)에서는 어떤 곳에서 봉사 활동이 가능한지, 지역사회 봉사단에는 어떤 것들이 있는지 알아볼 수 있으며, 각 봉사 실적 조회 및 인증서 발급도 가능합니다.

아직은 초등학생이므로 관련 사이트에서 적합한 봉사 활동을 찾기 힘들 수 있습니다. 중학교에 진학하면 봉사 시간 이수가 필요한 만큼 미리 관련 사이트를 알아보고 참고하는 것이 좋습니다.

건강 관리

05
성장과 학습을 방해하는 건강 문제들

- ☑ "옆집 또래 여자애에 비하면 우리 아들은 아직 아이 같아요."
- ☑ "아침마다 연신 재채기에 콧물을 쏟아요."
- ☑ "아이가 자꾸 잠만 자려고 해요."
- ☑ "아이 키를 키우려면 무엇을 준비해야 할까요?"
- ☑ "아이가 욕설에 폭력적인 행동까지 해요."

여자아이는 남자아이보다 성장 속도가 빠르다

요즘 아이 세대는 부모 세대보다 성장 속도가 더 빠르다. 1987년과 2017년의 만 12세 남자아이, 여자아이의 키와 몸무게를 비교해 보면 키는 5~6센티미터, 몸무게는 5~10킬로그램 정도 증가하였다. 아직 초등학생인데도 여자아이 중에는 벌써 성인 여자와 비슷한 체격을 갖춘 아이도 있고, 또래 여자아이와 남자아이를 비교해 봐도 여자아이가 좀 더 성숙해 보이는 경우도 많다.

일반적으로 여자아이가 남자아이보다 1~2년 정도 먼저 사춘기를 맞이하고 2차 성장 급진기도 빨리 맞이하여 키도 더 빨리 크는 경향이 있기 때문이다. 2017년 남자아이와 여자아이를 비교해 보면 평균 키는 여자아이 쪽이 1센티미터가량 더 크다. 2차 성징도 여자아이가 더 빠른 편이다.

만 12세 남아·여아 평균 키와 몸무게 비교

연도	1987		2017	
	남아	여아	남아	여아
키(cm)	144.90	147.80	151.81	152.67
몸무게(kg)	35.45	38.16	45.48	43.79

출처: 질병관리본부

사춘기의 징후인 2차 성징이 시작될 무렵 우리 몸은 키를 키우기 시작한다. 2차 성장 급진기를 맞이하는 것이다. 여자아이의 경우 초경을 시작하게 되면 향후 1~2년 사이에 키가 최종 키에 도달하게 된다. 즉, 월경을 시작하면 1~2년 사이에 아이의 키는 다 자라서 어른이 되었을 때의 키로 성장을 마무리하게 된다. 보통 여자아이는 만 11~12세, 남자아이는 만 12~13세에 2차 성장 급진기를 맞이한다. 초등 5~6학년 때는 성별에 상관없이 2차 성징을 목전에 두고 키가 대폭 자란다.

문제는 남들보다 2차 성장 급진기와 2차 성징을 빨리 맞이하는 아이들이다. 보통 우리가 성조숙증이라고 하는 것은 여자아이가 만 8세 미만에 가슴멍울이 잡히거나 음모가 나는 경우, 남자아이가 만 9세 미만에 음모가 나거나 음경과 고환이 커지는 경우를 말한다. 유방은 여성 호르몬에 의해 발달하며, 음경·음모·음낭은 남성 호르몬에 의하여 발달하기 때문에 2차 성징의 징후는 여자로서, 남자로서 '성숙'의 시작을 알린다.

Tip **2차 성징의 징후**

남아	여아
고환, 음낭, 음경이 커진다.	가슴에 몽우리가 잡히고 봉긋해진다.
수염이 나고 변성기가 시작된다.	엉덩이가 커지며 몸매에 굴곡이 나타난다.
몽정을 한다.	월경이 시작된다.

공통 변화
피지 분비가 왕성해지면서 여드름이 나기 시작한다.
겨드랑이와 생식기 주변에 털이 난다.
감정적으로 예민해지고 민감해진다.
키가 커지고 몸무게가 늘어난다.

이미 성조숙증의 징후를 보였던 아이들은 초등 1~2학년 때 한차례 폭풍을 맞이하였다. 계속 소아 비만을 조심하면서 2차 성징의 징후를 늦추기 위해, 또 키를 최대한 키우기 위해 성장클리닉의 문을 두드리기도 하였다. 성조숙증까지는 아니어도 초등 3~4학년이 되면 조기 성숙의 기미를 보이는 아이들이 많아진다. 의학적으로 성조숙증 진단을 받는 연령대는 벗어났지만 남들보다 이른 시기에 유방이 발달하고, 초경을 시작하게 되면서 신체적으로나 정신적으로 부담을 안게 된다.

만약 초등 3~4학년 시기에 2차 성징, 특히 초경을 시작한다면 당황하지 말고 아이에게 적절한 위생 습관과 신변 처리에 대해 세심히 알려 주는 것이 필요하다. 성교육은 물론 초경 교육을 함으로써 아이에게 올바른 성 인식과 여성으로서 긍정적으로 신체 변화를 맞이할 수 있도록 도와주어야 한다.

성교육, 초경 교육이 필요한 시기

보통 첫 월경은 만 11세 후반에서 12세 사이에 한다. 초등 5~6학년에서 중학교 1학년 무렵인데 때에 따라 일찍 시작하는 경우도 있으므로 초경을 앞두고 미리 사전 지식을 알려 주는 것이 좋다. 대개 가슴멍울과 같이 2차 성징 징후가 나타나면 1~2년 사이에 초경을 하게 되고, 초경을 하게 되면 향후 1~2년 사이에 키 성장이 마무리 단계에 들어간다.

이 사이클을 잘 기억하면서 아이의 2차 성징, 초경, 키 성장 등의 과정을 세심히 살핀다. 참고로 만 13세가 지나도 2차 성징의 징후가 보이지 않거나 초경이 없다면 소아청소년과 전문의와 상담하는 것이 좋다. 이왕이면 초경을 앞둔 초등 3~4학년에 초경 교육을 미리 해두는 것이 효과적이다.

초경 교육을 하는 데 있어 가장 중요한 것은 월경에 대한 긍정적인 인식을 심어 주는 것이다. '월경'은 배가 아프고 활동하기 불편하며 귀찮은 것, 부끄러운 것이라는 생각보다 이제 어른으로서 한 단계 더 성숙해지는 과정, 내가 건강하다는 신호, 축하받을 일, 건강하다면 당연히 해야 할 것이라는 인식을 심어 주어야 한다. 엄마가 사용하는 속옷과 생리대를 보여 주면서 사용 방법과 주의할 것에 대해 미리 귀띔해 주는 것도 좋다.

아이에게 월경에 대한 사전 정보를 줌으로써 초경에 대해 스트레스를 받지 않도록 하는 것이 중요하다. 최근에는 초경을 시작하면 떠들썩하게 '초경 파티'를 하면서 예쁜 속옷이나 생리대 등을 선물하는 등 축하의 자리를 갖기도 한다.

또 초경을 시작한 후 약 1~2년 동안은 아직 생식기가 완전히 성숙하지 않기 때문에 월경 주기가 불규칙하고 생리통이 심할 수 있다. 다이어리나 월경 주기 앱 등을 활용하여 월경 표시를 함으로써 스스로 월경 주기를 관리하는 방법도 알려 준다.

아이가 갑작스러운 월경에 당황하지 않도록 예쁜 파우치에 비상용 생리대를 지참하게 하며 뒷수습을 어떻게 하는지도 설명해 준다. 만약 너무 당황해서 아무 생각도 나지 않는다면 양호실로 찾아가 보건 선생님에게 말씀드리면 된다고 일러준다. 생리통이 있다면 진통제를 복용하게 하는 것보다 생리통 완화 자세, 배를 따뜻하게 하는 법, 생리통에 좋은 음식이나 차 등 다른 방법을 가르쳐 주는 것이 좋다.

초경을 하게 되면 아이는 신체적·정신적으로 많은 변화를 겪는다. 초경을 앞두고 다음과 같은 몇 가지 신호를 알아두자.

✿ **가슴멍울이 잡히고 봉긋해진다** 여성 호르몬인 에스트로겐이 분비되기 시작하면 살이 오르면서 가슴과 엉덩이가 발달하고 굴곡진 몸매로 변하게 된다. 어린이에서 여성의 몸매로 점차 변화하는 것이다. 가슴멍울이 잡히기 시작하면 1~2년 후에 초경을 시작하는 것이 일반적이다.

✿ **겨드랑이나 생식기 주변에 털이 나기 시작한다** 초경 전에 나타나는 2차 성징의 징후 중에는 음모가 있다. 처음에는 솜털 같은 음모가 보이지만 점차 털이 굵어지고 색 또한 짙어진다.

✿ **심리적으로 예민해진다** 아직은 어린 나이인데 몸은 앞서 발달하기 때문에 감정적으로 예민해지고 짜증 섞인 반응을 하는 일이 많다. 이 시기에는 부모가 화를 내며 혼내기보다 아이의 상황을 이해하고 기다려 주어야 한다.

❋ **초경 전으로 키가 많이 자란다** 2차 성징을 앞두고 1~2년 사이에 갑작스럽게 키가 크기 시작한다. 이전까지 5~7센티미터 자라던 것에서 1년에 8~12센티미터씩 자라기도 한다. 그러다 초경을 시작하고 월경이 안정화되면 거의 성장이 멈추면서 최종 성인 키와 비슷해진다.

❋ **속옷에 분비물이 묻을 때가 있다** 가끔 갈색 분비물이 보이기 시작하면 초경이 임박하였다는 신호이기도 하다. 3~4개월 후에 초경을 시작하는 경우가 많다.

초경은 여성이 임신할 준비를 하는 첫 단계이므로 남자아이 여자아이 할 것 없이 성교육이 본격적으로 이루어져야 한다. 학교에서도 주기적으로 성교육을 시행하겠지만 가정에서도 부모가 아이의 질문에 대해 부끄러워하거나 얼버무리지 말고, 정자, 난자, 음경, 고환, 질, 자궁, 초경, 월경, 몽정 등의 정확한 용어로 솔직하게 알려 주는 것이 좋다. 또, 엄마가 딸에게, 아빠가 아들에게 설명하는 것이 더 효과적일 수 있다.

요즘 아이들은 컴퓨터나 스마트폰 등으로 대중매체에 쉽게 노출되어 있다. 부모 인증을 허술하게 관리하면 소아·청소년들도 쉽게 성인들이 접속 가능한 매체나 영상물 등에 접근할 수 있어 특히 주의해야 한다. 특히 그릇된 성 문화를 접하지 않도록 조심한다. 성관계 또는 섹스는 사랑하는 사이, 부부 사이 등 그 결과에 대해 책임을 질 수 있는 사람들이 서로 동의하에 이루어져야 하는 행위임을 알려 준다.

최근 성교육의 경향은 동성애, 페미니즘, 성 소수자, 성 평등으로까지 확대되어 있으므로, 관련 내용을 부모가 미리 공부해 두는 것도 좋다.

비염, 2차 성징이 오기 전에 치료한다

초등 3~4학년 무렵 가장 조심해야 할 소아질환 중 하나는 비염, 부비동염(축농증)이다. 어렸을 때는 그저 코감기이거나 급성비염이었는데 이제는 제법 성인과 같은 만성 비염의 모양새를 하게 된다.

초등학교 입학 무렵에는 아이의 코점막 기능이나 면역 체계가 성인 70~80 % 수준이므로, 아직 부비동의 크기도 작고 코점막의 기능도 미숙하여 감기만 오면 코로 증상이 오는 경우가 많았다. 그런데 초등학생이 되면서 이전보다 감기 횟수는 줄었지만 비염이나 부비동염(축농증)으로 진단받는 일이 종종 있다.

만성 비염에는 알레르기 비염과 비알레르기 비염이 있는데, 알레르기 비염은 특정 알레르기 항원에 의해 증상이 발현되는 것이고, 비알레르기 비염은 먼지, 찬 공기, 향수 냄새, 담배 연기, 음식 등 일상에서 흔히 접하는 자극들로 증상이 발현되기 때문에 둘 다 완전히 낫게 하는 것이 힘들다. 그런데도 코 건강을 자세히 살피고 비염을 꾸준히 관리해야 하는 것은 비염, 부비동염이 아이의 성장과 학습의 방해 요소가 되기 때문이다.

비염으로 인해 나타나는 후유증은 다음과 같다.

❀ **수업을 방해하고 아이를 산만하게 한다** 비염의 주증상은 콧물, 코 막힘, 재채기이다. 두통, 발열, 후각 장애 등도 부수적으로 따라온다. 콧물과 재채기가 발작적으로 터지면 아이는 연신 코를 풀거나 닦느라 휴지에서 손을 못 뗀다. 만약 수업 시간 중에 비염 증상이 나타나면 아이는 다른 아이들의 수업을 방해하면서 자신 역시 수업에 집중하지 못한다.

❀ **'틱'과 유사한 증세를 보인다** 정서적으로 문제는 없지만 '틱'과 비슷한 증세를 보인다. 코를 자꾸 씰룩거리기도 하고, '큼큼', '킁킁' 대는 소리를 내거나, 콧물이 목으로 넘어가면서 가래 삼키는 소리를 내기도 한다. 이것이 반복적, 습관적으로 이루어지면서 다른 사람에게 피해를 줄 수도 있다.

❀ **아데노이드형 얼굴로 바뀐다** 코 막힘이 심하면 아이는 입으로 숨을 쉬게 된다. 늘 입을 벌리고 있게 되면 어떻게 될까. 위턱은 앞으로 튀어나오고 아래턱은 목 쪽으로 젖혀지며, 치아의 교합이 바뀌고 얼굴형이 변한다. 이른바 '아데노이드형 얼굴'이 된다. 서서히 자신의 외모에 관심을 가질 나이이기 때문에 외모의 변화는 아이에게 적잖은 스트레스가 될 수 있다.

❀ **수면의 질을 저하시켜 성장을 방해한다** 코점막이 붓고 코 막힘이 심해지면서 코골이가 심해진다. 좀 더 심각해지면 수면 무호흡증이 나타날 수 있다. 코골이, 수면 무호흡증은 뇌의 산소 유입을 방해하기 때문에 아이는 잠을 자도 늘 피곤하고 멍하다. 자칫 코가 목 뒤로 넘

어가는 '후비루' 증상이 있게 되면 잠자리에 누워 연신 기침을 하게 되어 수면도 방해를 받는다. 수면의 질이 떨어지면 성장 호르몬 분비에도 악영향을 미치는데, 이것은 아이의 키 성장에 걸림돌이 된다.

❋ **기억력과 집중력을 저하시킨다** 후각 기능은 단기 기억을 담당하는 해마를 자극하는데, 코 막힘이 심하면 해마에 적절한 자극을 주지 못해 기억력이 저하된다. 또 코 막힘은 뇌의 산소 공급을 원활하지 못하게 하여 집중력을 저하시킨다. 이것은 수업 중 아이의 기억력, 집중력을 방해하므로 학습 능률이 떨어지는 요인이 된다.

비염, 부비동염 같은 코 질환을 그대로 내버려두면 삶의 질을 떨어뜨릴 수 있다. 수면을 방해하고, 얼굴과 키 등 외모를 나쁜 쪽으로 변화시키고, 코 막힘, 코골이, 코피, 틱 증세 등 남들 보기에 불편한 버릇을 남긴다. 공부나 업무에 몰두하고 싶어도 기억력과 집중력이 떨어져 능률이 오르지 않는다.

아이가 비염 증상으로 고생하고 있다면 학습과 성장을 위해서라도 지속해서 치료, 관리해 주는 것이 좋다. 이왕이면 2차 성장 급진기 때 자신의 성장 잠재력이 방해받지 않도록 2차 성징이 시작되기 전에 치료를 서둘러야 한다. 증상이 심할 때는 증상을 가라앉히는 치료를 하고, 증상이 수그러진 시기에는 아이의 호흡기 면역력을 높이는 치료를 한다. 그래야 다음 비염의 계절 때 아이가 조금 수월하게 넘길 수 있다.

코 기능에 도움되는 생활 습관도 기억한다. 미세먼지를 포함하여 황사, 생활 먼지, 독한 냄새나 연기 등을 조심하고 코점막을 촉촉하게 유지한다. 따뜻한 국물이나 차를 즐겨 마시고, 콧속을 식염수로 씻는 '코 세수'를 해도 좋다. 급격한 온도 변화에 주의하고 겨울에는 늘 마스크를 착용하여 찬 공기가 콧속으로 유입되지 않게 한다.

학습 스트레스 신호를 눈여겨봐라

학습 부담이 커진 초등 3~4학년, 2차 성징이라는 신체 변화까지 목전에 두고 있다. 가뜩이나 정신적으로 민감한 시기에 부모 주도 하에 이루어지는 과도한 학습량은 아이에게 어떤 영향을 미칠까?

스트레스를 받게 되면 우리 몸에서는 코르티솔이라는 호르몬을 분비하여 우리가 스트레스에 대항하도록 준비 태세를 한다. 맥박과 호흡을 증가시키고 근육을 긴장시키며 감각 기관을 예민하게 해 정신을 맑게 한다.

하지만 스트레스가 금세 해결되지 않고 장기화되거나 더욱 가중되면, 코르티솔의 분비량은 더욱 늘어난다. 혈중 코르티솔 농도가 높아지면서 불안과 초조, 식욕 증가와 그로 인한 체중 축적, 수면 부족 또는 불면증으로 인한 만성 피로, 면역력 저하, 뇌 기능 억제 등을 가져온다. 즉, 학습 스트레스는 아이의 두뇌 발달을 저해하고 면역력을 떨어뜨려 건강에 악영향을 미칠 수 있다.

아이는 자신에게 찾아오는 스트레스를 어떻게 표현하고 해소해야 할지 잘 모른다. 평소와 다른 이상행동으로 자신의 불편함을 해결해 달라고 구조 신호를 보낼 뿐이다.

❇ **감정적인 변화가 있다** 아이도 우울감에 빠질 수 있다. 만사가 귀찮고 내가 왜 이걸 해야 하나 싶고, 나는 엄마 아빠의 소모품인가 싶기도 하다. 말 꺼내기도 귀찮고 하는 일마다 대충이다. 가끔 멍해 보이고 부모나 교사가 지시한 것을 자꾸 잊기도 한다. 힘들다는 말도 없고, 별다른 반항적인 태도를 보이지는 않지만 아이는 자신의 일상에 대해 의욕을 잃은 듯이 보인다.

❇ **현실에서 도피하려는 경향이 있다** 학교에 갈 시간이 되어 아이를 깨워도 자꾸 잠만 자려 든다. 스마트폰이나 컴퓨터 등 게임만 하려고 들거나 자신이 평소 좋아하는 영상만 보려고 한다. 정해진 일정을 잊을 정도로 한 가지 놀이에 푹 빠지기도 한다. 공부를 해야 하는 현실에서 도피하여 자신의 세계에서 벗어나지 않으려고 한다. 나중에 게임 중독에 빠지는 경우가 많다.

❇ **부모에게 공격적인 행동을 한다** 부모를 때리거나 밀치는 등 공격적인 태도로 적극적인 반항을 하는 아이도 있다. 부모가 시키는 일에는 무조건 싫다고 하거나 학원이나 공부할 것을 빠뜨리기도 한다. 부모가 한마디 하면 책이나 물건을 집어 던지기도 한다. 부모 대신 동생에게 화풀이할 수도 있다. 이 상황이 오래 지속되면 사춘기가 되었을 때 일탈, 방황, 폭력 등을 일삼는 비행청소년이 될 우려도 있다.

❇ **대체 욕구를 채우려고 한다** 부모 몰래 딴짓을 하거나 자신만의 즐거

움을 찾으려고 한다. 즉, 대체 욕구를 찾아 채우는 것이다. 몰래 부모의 지갑, 상점의 작은 물건, 친구 학용품 등을 훔치는 도벽이 나타날 수 있고 초콜릿, 콜라, 요구르트, 아이스크림, 빵 등 지나치게 단것만 골라 찾는 등 식탐을 보일 수 있다. 게임에 몰입하는 것도 대체 욕구의 하나이다.

아이에게 평소와 다른 이상행동이 나타나면 그 행동의 표면만 바라볼 것이 아니다. 아이가 왜 이런 행동을 하는지 부모의 양육 태도와 아이가 받는 스트레스의 원인을 되돌아본다. 무엇보다 아이의 말에 경청하고 공감해 주는 부모의 태도 변화가 필요하다.

잊지 말아야 할 것은 아이마다 스트레스를 견디는 내성에 차이가 있다는 것이다. 하루에 학원 5곳을 다녀도 거뜬한 아이가 있는가 하면 2~3곳으로도 힘겨워하는 아이가 있다. 내 아이가 어느 정도의 학습 부담을 견뎌낼지는 아무도 모른다. 그리고 지쳐 떨어질 때까지 시험해서도 안 된다. 아이가 힘들다고 신호를 보낼 때는 이미 너무 많은 징검다리를 건너와 되돌리기까지 무척 많은 노력이 필요할 수 있다.

MEMO

Q1 갈수록 게임 시간이 늘어나는데 게임 중독을 미리 예방할 수는 없나요?

보편적으로 남자아이들이 게임을 좋아하긴 하지만 이들 중 진짜 병적으로 게임에 중독되는 경우는 일부에 불과합니다. 특히 이 시기 남자아이들은 대화 주제에서 게임이 중요한 부분을 차지합니다.

게임을 모르면 아예 대화에 낄 수조차 없어서 어떤 아이들은 부모를 졸라 스마트폰을 장만하기도 하지요. 아마 초등 3~4학년인 지금부터 성인이 된 이후에도 한참 동안 게임은 아이의 교우 관계에서 많은 비중을 차지하게 될 것입니다.

아이가 게임을 하는 것을 무조건 나쁜 것, 해서는 안 되는 것으로 몰아가면 좀 더 커서 아이는 게임을 부모 몰래, 숨어서 하는 방향으로 하게 됩니다. 차라리 게임이라는 놀이 문화를 인정하되 '스마트폰 게임을 연속 5게임 이상은 하지 않는다(20분 이내)', '식탁에는 스마트폰을 가져오지 않는다', '컴퓨터 게임을 한 번에 1시간 이상은 하지 않는다', '게임을 하루 2시간 이상은 하지 않는다' 등의 약속을 정해 아이가 규칙에 따라 게임을 하게끔 유도하도록 합니다. 외부에서 자녀의 컴퓨터 이용 시간을 제어할 수 있는 프로그램을 이용해도 좋습니다.

게임 대신 아이가 즐길 만한 놀거리를 제공하면 스마트폰을 손에서 놓을 수 있습니다. 농구나 축구 하기, 자전거 타기, 부르마블, 젠가 등 시간을 보낼 만한 놀이 문화를 많이 만들어 줍니다. 아이가 최대한 스마트폰에 관심을 두지 않고 게임에서 눈을 뗄 시간이 필요하기 때문입니다.

아이가 어떤 게임을 하는지도 유심히 지켜봐야 합니다. 처음에는 학습용 게임으로 시작하였다가 점차 고난도 게임을 찾다 보면 오락용까지 범위가 넓어집니다. 이왕이면 부모와 아이가 함께할 수 있는 게임도 찾아봅니다. 아이가 게임을 하는 것을 어쩔 수 없다고 인정한다면 일주일에 한 번은 부모와 자녀가 같은 게임을 하고, 게임이 끝나면 게임 이야기를 나누면서 가족 간 소통의 장으로 활용하는 것도 좋습니다.

몰래 자위행위 하는 아들,
모른 척하는 것이 좋을까요?

유아기 때의 자위행위는 자신의 신체에 대한 호기심 차원이므로 이 시기에는 대수롭지 않게 넘기면서 아이가 자신의 성기보다 다른 곳에 관심이 갈 수 있도록 놀이를 많이 유도하는 것이 보편적인 해결책입니다. 하지만 2차 성징이 발현 중이거나 발현을 앞둔 시기라면 아이의 자위행위에 대해 다른 시각이 필요합니다.

유아기의 자위행위는 남자아이보다 여자아이에게 더 많습니다. 여자아이는 자신의 성기를 비비면서 자극을 쉽게 받을 수 있기 때문입니다. 우연한 행동으로 이런 놀이를 발견하였고, 이 놀이로 기분이 좋아지는 경험을 하게 된 것이지요. 성적 쾌감보다는 유아기에 손가락을 빨았을 때 느꼈던 충족감이나 기분 좋음보다 약간 더 크다고 보면 됩니다. 하지만 자위행위를 다른 사람이 많은 곳에서도 한다거나, 다른 아이와 함께 성적 행위를 떠올리게 하는 모습으로 한다거나, 탐닉한다 싶을 만큼 빈도가 잦다면 소아청소년정신과 전문의와의 상담이 필요합니다.

소아·청소년기의 자위행위는 성적 충동, 성적 쾌감으로 바라볼 수 있습니다. 우선 자위행위를 하는 소아·청소년 중 남학생의 비율이 압도적으로 많은데 특히 고등학교 남학생의 76 %가 자위행위를 하는 것으로 알려져 있습니다. 첫 몽정이 있고 난 뒤 3~4년 후에는 고환에서 생산되는 정자의 양이 최고치에 달하며 신체는 이를 사정해야 하는 상황에 놓이게 됩니다. 이로 인해 성적 충동이 생기게 되고 이 충동을 스스로 해결하기 위해 자위행위를 하게 되는 것이지요.

초등 3~4학년에 몽정을 하게 된 남자아이들도 있습니다. 자위행위로 성적 쾌감을 맛본 아이는 부모 몰래 은밀한 행위를 하게 됩니다. 자위행위를 하는 아이를 보았더라도 이것으로 아이에게 수치심을 주지 않도록 합니다. 죄책감을 안겨 주어서도 안 됩니다.

아직 성관계를 책임질 수 없는 나이이므로 스스로 성적 충동이나 성 욕구를 해결하는 것이 한편으로 낫다고 볼 수도 있습니다. 부모 또한 아이가 성에 눈을 뜨면 당연히 그럴 수 있다는 시선을 가져야 합니다. 아이의 프라이버시는 존중하되 아이가 너무 성적 쾌감을 탐닉하지 않도록 관심을 유지합니다. 밤에 잠도 안 자고 음란물을 보고 자위행위를 하면 수면 부족, 개인위생 등에 문제가 생겨 건강에 이상이 올 수 있고, 집중력이 떨어지거나 산만해질 수 있습니다. 자위행위는 자연스러운 일로 넘기되 아이가 넘치는 에너지를 다른 곳으로 발산할 수 있도록 대체 활동을 마련해 주는 것이 좋은 해결책입니다.

Q3 아이들 사이에서 유행하는 슬라임, 유해성 논란 괜찮을까요?

초등학생들 사이에서는 슬라임 인기가 선풍적입니다. 슬라임은 흐물흐물하고 말랑말랑한 감촉으로 '액체 괴물'이라고 불리는데, 다양한 제품이 출시된 데다 슬라임 전문 카페도 유행할 만큼 어린이 놀이문화 중 하나로 자리를 잡았습니다. 다양한 컬러, 특유의 부드러운 촉감과 함께 조물거리며 이런저런 형태를 만들 수 있어서 아이들의 소근육 발달, 감각 발달, 창의력 향상에 도움이 된다고도 알려져 있습니다.

문제는 유해성 논란입니다. 지난 2018년, 산업통상부 국가기술표준원은 방부제와 가소제 성분이 기준치를 넘는 슬라임 제품 90개를 리콜 조치한 바 있습니다.

2019년 말에는 붕소를 안전관리 대상 물질로 추가하면서 집중 조사를 벌였는데, 100개의 슬라임 제품이 또다시 적발되었습니다. 2019년도에 제조된 슬라임 제품 148개를 조사한 결과, 28개 업체에서 만든 100개 제품에서 방부제나 프탈레이트 가소제 등 유해 물질이 기준치 이상으로 검출되었습니다. 또한 87개에서는 기준치 이상의 붕소가 검출되었습니다.

프탈레이트 가소제는 간과 신장 손상을 불러오고, 방부제는 알레르기 피부 반응을 일으킬 수 있습니다. 또 붕소는 눈과 피부에 자극을 주고 과도하게 노출될 경우 생식 기능과 발달을 저해하는 것으로 알려져 있습니다.

다행히 정부에서는 해당 제품에 리콜 명령을 내렸으며 해외 직구 제품 또한 판매를 중단시켰습니다. 전국 유통매장, 온라인 쇼핑몰 등에는 해당 상품을 '위해 상품 판매 차단 시스템'에 등록하게 함으로써 리콜 제품이 시중에서 판매되지 않도록 조치하고 있습니다. 또한 리콜 대상 슬라임 제품을 제품안전정보센터(www.safetykorea.kr)와 행복드림(www.consumer.go.kr) 사이트에 공개 중입니다. 제품 리콜 카테고리에 접속, '슬라임', '액체 괴물' 등의 키워드로 검색하면 관련 내용을 확인할 수 있습니다.

부모는 아이가 갖고 노는 슬라임 제품 중 리콜 대상에 해당하는 것이 있는지 살펴보고 만약 리콜 대상 제품이라면 제조나 수입, 판매업자에게 환불받도록 합니다. 슬라임 제품을 구매한다면 부모가 KC 인증을 받은 제품 중에서 선택하도록 합니다. 슬라임을 갖고 논 다음에는 손으로 다른 신체 부위(얼굴 등)에 접촉을 삼가고 깨끗이 씻도록 합니다.

학습 스트레스가 틱 장애 같은 증세를
불러오기도 하나요?

당연히 그럴 수 있습니다. 아이에게 스트레스를 불러오는 원인은
과도한 학습 외에도 다양한 원인이 있습니다. 부모의 불화, 경제적
곤란, 방임, 학교 폭력, 집단 따돌림, 부모의 강박증 등입니다.

우선 틱 장애(Tic disorder)는 자신의 의도와 상관 없이 갑작스
럽고 빠르게, 반복적으로 움직이거나 소리를 내는 것입니다. 코를
찡긋거리거나 눈을 깜박이거나 얼굴을 찡그리거나 어깨를 으쓱하는
등의 단순 운동 틱부터, 만지기, 냄새 맡기, 발 구르기, 욕설 등 여
러 행동이 뒤섞여 나타나는 복합 틱도 있습니다. 음성 틱은 킁킁거
리기, 코웃음치기, 헛기침하기, 욕설하기, 단순 의성어 내기, 동어
반복하기 등으로 나타납니다.

틱 장애의 원인은 다양합니다. 두뇌의 문제나 도파민의 이상 분
비, 유전이나 환경 등도 있지만 무엇보다 심리적인 것에 민감합니
다. 아이가 정서적으로 불안하면 증상이 악화되기도 합니다. 만약
아이가 틱 장애인 줄 모르고 반복 움직임에 화를 내거나 혼을 내면
증상이 악화될 수 있습니다.

틱 장애를 단순히 아이의 나쁜 버릇으로 넘겨서는 곤란합니다. 틱 장애를 앓는 아동의 50 % 가량이 ADHD(주의력결핍 과잉행동장애)를 동반하고 있다고 합니다. 특히 20 % 이상이 틱 장애와 강박 장애를 동시에 갖고 있으며, 그 밖에도 충동 조절의 어려움, 학습 장애, 우울증, 불안 장애 등 여러 행동 장애를 보입니다. 조기에 발견하여 치료를 시작하는 것이 좋은데, 아이가 한 가지 이상의 운동 틱이나 음성 틱을 적어도 4주 동안 매일, 하루에 몇 차례씩 보인다면 최소 일과성 틱을 염두에 두고 소아청소년정신과를 방문, 전문의의 진료를 받도록 합니다.

틱 장애의 치료는 약물 치료와 행동 치료가 중요합니다. 만약 증상이 심해 아이가 학교에서 놀림을 받고 학업에도 영향을 미친다면 약물 치료를 고려할 수 있습니다. 약물 치료는 틱 증상을 억제하는 데 상당히 효과가 있으며 보통 1년에서 1년 6개월간 투여합니다. 증상이 심하지 않은 일과성 틱 장애라면 약물 없이 이완훈련, 자기 관찰, 습관반전 등의 행동 치료를 합니다. 가족들은 아이의 틱을 모른 척해 주는 것이 좋습니다. 아이가 틱 장애에 영향을 받지 않고 자신감 있게 생활하도록 도와야 합니다. 틱 장애는 만 12~13세 무렵에 증상이 가장 악화될 수 있다는 것도 기억하세요.

적성에 따라
진로 계획하기

5~6학년이 되면 많은 아이들이 사춘기에 진입합니다.

이 시기에는 정서적으로 예민해지고 자기주장도 강해집니다.
학업 부담 또한 이전보다 더 커집니다.

특히 수학만큼은 이 시기에
반드시 잡아야 한다는 조언도 듣습니다.
늘어난 선행 학습으로 아이들은 심리적으로 또 육체적으로
더 힘들 수도 있습니다.

이 시기는 과목에 따라 자신만의 공부 습관을 갖출 때입니다.
또 자신의 적성은 무엇인지 곰곰이 생각해 보고
앞으로의 진로 계획을 세워야 합니다.

아이가 사춘기를 겪는 와중에도 앞으로의 진로를 위해
한 뼘 더 생각을 키울 수 있도록 자녀의 꿈을 응원해 주세요.

이 시기 핵심 교육 포인트

교과 학습 | 과목에 따라 맞춤 공부 방법을 익혀요

수학은 개념 이해와 연산 능력이 중요하고, 사회는 기억력, 암기력이 중요하다. 국어는 다독 습관과 함께 문장 이해력, 어휘력 등 종합적인 사고력을 기르는 것이 필요하다. 각 과목의 특성을 이해하고, 자신에게 맞는 과목별 공부법을 찾는다.

공부 습관 | 학업 격차 심화, 개인의 노력이 중요해요

학업 격차가 더욱 뚜렷해진다. 각 과목의 난이도는 올라가고 개인의 두뇌 능력과 공부 습관에 따라 학업의 우열이 결정된다. 이럴 때 필요한 것은 아이의 성실성이다. 학교 수업에 충실하며 꾸준히 예습, 복습을 해야 한다.

사교육 | 진로 선택에 따라 교육 계획을 조율해요

아이의 장래 희망에 대해 구체적인 계획을 세울 때이다. 방과 후 시간을 활용하여 진로 탐색, 직업 체험을 하도록 이끌고, 진로 선택에 따라 사교육에도 변화를 고민한다.

 **사춘기의 특성을 이해해 주세요**

정서적으로 민감하고 예민하며 변덕이 심하다. 초등 5~6학년 아이들의 상당수는 사춘기에 진입하는 만큼 부모가 사춘기 특성을 이해하고 잠시 기다려 주는 것이 필요하다.

 **2차 성징의 발현, 위생 습관을 길러요**

대부분 초경을 하거나 몽정을 시작한다. 땀, 피지 분비량이 늘어나고 여드름이 나기도 하며, 수염이 거뭇거뭇 자란다. 냄새가 나고 불결해 보일 수도 있으므로 개인 위생 습관을 일러준다.

01

과목별 특성 이해하고
접근하기

- ☑ "사회가 왜 이렇게 어려운 거죠? 전부 외울 것 투성이에요."

- ☑ "수학, 기초부터 다시 시작하기에는 늦은 건가요?"

- ☑ "열심히 공부하는데도 성적이 신통치 않아요."

- ☑ "남들이 선행 학습 어디까지 한다는 말에 자꾸 흔들려요."

- ☑ "좀 더 신경 써야 할 중요 과목은 무엇인가요?"

SW 교육을 포함, '실과'가 추가된다

　초등 5~6학년은 연간 2,179시간의 수업을 이수하게 된다. 초등 3~4학년에 비해 연 207시간이 늘어난 것이다. 주 5일 중 4일은 6교시, 하루만 5교시 수업으로, 주당 29시간이 배정되어 있다. 6교시 수업 후 종례를 마치고 하교하는 시간은 대략 오후 2시 50분~3시이다.

　교과목은 3~4학년과 크게 다르지 않다. 〈국어㉮〉, 〈국어㉯〉, 〈수학〉, 〈수학익힘책〉, 〈사회〉, 〈사회과부도〉, 〈과학〉, 〈실험관찰〉, 〈도덕〉, 〈영어〉, 〈음악〉, 〈체육〉, 〈미술〉에 〈실과〉가 추가된다. 각 교과서는 한 학기 단위이며, 〈실과〉, 〈도덕〉, 〈영어〉, 〈음악〉, 〈미술〉, 〈체육〉은 1년 단위로 사용한다.

　눈여겨볼 것은 〈실과〉 과목이다. 초등 5~6학년은 2015년 개정된 교육 과정에 따라 2019년부터 〈실과〉 수업에서 17시간 이상 소프트웨어(SW) 교육을 의무적으로 받게 되어 있다. 미래 창의융합형 인재를 키운다는 취지에서 바람직한 커리큘럼이지만, 이제 막 시작 단계여서 아직은 미흡한 점이 많다. 개정된 5학년 〈실과〉 교과서에 SW 교육 관련 내용이 반영되어 있지 않아 일선 학교에서는 6학년 〈실과〉 시간에 SW 교육을 시행하고 있다. 6학년 〈실과〉 교과서의 6개 단원 중 1개 단원만이 SW를 다루고 있을 뿐이다. 17시간 역시 6개월 간 주 1시간에 불과한 데다. SW 교사 전문성 부족, 교육 환경 미비 역시 문제점으로 거론되고 있다. 아직은 시행 초반이어서 불안정하지만 교육 여건은 점차 좋아질 것으로 보인다.

SW 교육 외에도 〈실과〉에서는 아이들이 실생활에 유용한 지식을 배운다는 점에서 부모가 한 번쯤 교과서를 들여다보는 것이 필요하다. 5학년 〈실과〉의 주요 내용을 살펴보면 아동기 성(性)의 발달 / 시간 · 용돈 관리 / 정리 정돈과 재활용 / 수송 수단과 안전 관리 / 균형 잡힌 식생활 / 생활 안전사고의 예방 / 일과 직업의 세계 / 식물 가꾸기 · 동물 돌보기 등이다. 이 시기 아동에게 필요한 자기 이해, 성 이해, 교통안전, 식생활, 경제 및 시간 관념, 진로 탐색 등이 골고루 담겨 있다.

초등 5~6학년 아동에게 필요한 가정 교육이 궁금하다면 부모가 먼저 〈실과〉의 내용을 살펴보고 일상과 연계하여 직 · 간접적인 경험을 쌓도록 유도하는 것이 좋다. 가령 용돈 관리에 대해 배운다면 실제로 주급 단위 용돈을 준다거나, 정리 정돈에 대해 배우면 자기 방의 옷장 정리나 책장 정리를 해보게 하는 식이다. 이후 일상에서 자기 스스로 할 수 있는 범위를 점차 늘려가도록 한다.

'수학', 개념 이해와 연산 능력이 중요하다

아이가 갈 수 있는 대학은 수학 성적에 달려 있다고 해도 과언이 아니다. 수학을 잘해야 갈 수 있는 대학이 많고 좋은 대학, 좋은 과에 진학할 수 있다. 모두가 그렇게 말한다. 하지만 수학을 잘하고 못하고는 개인의 두뇌 능력은 물론 수학에 대한 호불호, 집중력, 의지, 끈기 등 모든 노력이 한데 모여 나타난 결과이다. 학교 다니는 내내 수학을 놔버렸다가 입시를 앞두고 1~2년 반짝 신경 쓴다고 좋은 성적을 거두리란 보장은 없다. 초등학교 때 수식만 외워도 성적이 잘 나왔더라도 중·고등학교에서도 그럴 것으로 생각하면 오산이다.

수학을 잘하기 위해서는 개념 이해와 함께 연산 능력이 탄탄해야 한다. 또 단순 계산 실수를 하지 않아야 한다. 서술형 질문을 이해하는 문제 이해력, 수학 독해력도 필요하다. 수학의 특성을 이해하고 나의 약점이 무엇인지 파악한다면, 나만의 공부 스타일을 찾을 수 있다.

✱ **수학 교과서의 목차부터 파악해라** '수포자'의 절반은 수학에 대한 공포, 두려움, 불안감 때문에 비롯된다. 수학을 잘하려면 수학에 대한 두려움부터 떨쳐내야 한다. 매 학년 새 교과서를 받았다면 이전의 교과서와 목차를 비교해 본다. 집합, 분수, 방정식, 도형, 확률과 통계 등 제목이 비슷하다. 즉, 같은 내용을 공부하는데, 그 범위가 좀 더 넓어지고 각 학년의 두뇌 능력에 맞추어 난이도가 조금 올라갔을 뿐이다. 그러므로 초등 저학년부터 각 단원의 개념을 확실히 잡아 주는 것이 필요하다.

✱ **수학 동화책으로 재미있게 접근하라** 수학 동화책으로 수학의 기본 개념을 쉽고 재미있게 이해할 수 있다. 수학이 단순히 공부, 시험을 위한 학문이 아니라 우리의 일상과 밀접해 있는 재미있는 지식임을 깨닫게 한다. 시중에는 〈교과서 으뜸 개념수학탐구〉, 〈한걸음 먼저 수학〉, 〈개념씨 수학나무〉 등과 같은 교과목 내용과 연계된 수학 동화

전집도 있고, 〈수학 탐정스〉, 〈선생님도 놀란 수학 뒤집기〉, 〈수학 귀신〉, 〈수의 모험〉, 〈햄버거보다 맛있는 수학 이야기〉, 〈누구나 수학〉 등 초등 저학년부터 고학년 이상 단계별 수학 동화책들도 많이 찾을 수 있다.

✿ **연산, 단계별 문제로 반복 훈련하라** 계산 실수를 반복하지 않으려면 아이 수준에 맞는 연산 문제집으로 꾸준히 연습하는 것이 좋다. 수학은 같은 나눗셈이라도 자릿수에 따라서, 또 자연수, 소수, 분수 등에 따라서 풀이하는 방법과 난이도가 달라진다.

아이의 현재 실력에 맞는 연산 문제집부터 시작하여 자신감을 길러주고, 차츰 단계별 연산 문제로 난이도를 올려 본다. 연산 훈련 처음부터 타이머를 옆에 두고 압박감을 줄 필요는 없다. 연산 문제에 익숙해지면 풀이 속도는 저절로 빨라진다.

✿ **응용력, 개념 이해부터 다시 시작한다** 단순 계산 문제는 잘 풀지만 조금만 문제를 비틀면 어려워하는 아이가 있다. 이것 역시 개념 이해가 부족하기 때문이다. 수식으로 제시한 문제는 굳이 개념 이해 없이 계산만 하면 되지만, 예시를 들거나 서술형 문제로 접근하면 어떤 수식을 세워야 할지 난감해한다. 이럴 때는 개념 이해부터 차근차근 잡아주어야 한다.

5학년이 되어 어려워하는 단원이 있다면, 3~4학년 때 같은 단원의 개념 이해부터 다시 한번 복습한다. 지금 학년의 내용을 이해하지 못하면 다음 학년 역시 헤매게 된다는 것을 명심하자.

✿ **예습과 복습, 모두 중요하다** 앞서 이야기하였듯이 수학은 개념 이해와 연산 능력 모두 중요하다. 문제 이해력도 필요하다. 개념 이해를

위해서는 수업 전에 예습하는 것이 좋다. 머릿속에 어떤 개념인지 어렴풋하게 자리 잡으면 수학 시간 선생님의 말씀을 더 확실히 이해할 수 있다.

또한 연산 능력은 꾸준한 복습이 필요하다. 간단한 수식 문제부터 서술형 문제까지 난이도에 따라 다양하게 풀어 본다. 더불어 독서와 글쓰기 훈련으로 문제 이해력을 향상시킨다.

사회와 과학, 잡식형 독서로 해결한다

독서는 어느 학년, 어느 과목을 막론하고 가장 효율적인 선행 학습이다. 다양한 분야의 지식을 아이들 수준에 맞는 스토리텔링으로 재미있게 습득할 수 있다. 걸림돌이 하나 있다면, 초등 5~6학년 시기에는 독서 습관에 한 차례 제동이 걸린다는 것이다.

우선 독서에 흥미를 잃는 아이들이 나타난다. 고학년을 위한 도서는 글자부터 빼곡하고 두께도 상당하다. 게다가 책 외에도 재미있는 것들이 너무 많다. 아이들에게는 컴퓨터, 태블릿 피시, 스마트폰 등 디지털 기기로 접할 수 있는 다양한 대중매체가 훨씬 더 흥미롭다. 당연히 책 읽을 시간이 줄어들고, 학업 비중이 높아지다 보니 학교 과제, 학원 수업과 과제, 학습지 등 밤늦게까지 마무리해야 할 학습량이 만만치 않다.

다음으로 독서 습관을 잘 유지하는 아이들도 도서 선택에 있어

4부

초등 5~6학년 교과 학습

'편식'이 생긴다. 즉, 자기가 읽고 싶은 분야의 책만 골라 읽는 것이다. 초등 5~6학년 아이는 자신이 좋아하는 분야로 장래희망을 설정하는 경우가 많다. 그러다 보니 과학에 빠져든 아이는 우주, 천체, 물리, 화학, 생명, 수학, 발명 등 과학 도서만 읽으려고 한다. 신화나 추리에 심취하거나 역사에 심취한 아이도 관련 도서만 찾아 읽는다. 자신이 좋아하는 분야의 도서를 열심히 찾아 읽는 것이 나쁜 것은 아니다. 단지 학교 교과목에 도움이 되려면 어떤 책이든 가리지 않고 읽는 '잡식'형 독서 습관이 좀 더 이로울 뿐이다.

다방면의 도서를 읽는 것은 특히 〈사회〉와 〈과학〉 공부에 효과적이다. 초등학교의 〈사회〉는 역사, 정치, 경제, 사회, 지리, 문화, 환경, 생활 등 총 10여 가지 영역을 아우르는 학문이다. 그야말로 초등 시기에 길러야 할 인문학적 소양을 〈사회〉 과목이 담당하고 있다고 해도 과언이 아니다. 〈과학〉 역시 마찬가지이다. 종(種), 유전, 동물, 식물, 화학, 물리, 지구과학, 지질, 우주, 천체, 기후 등 여러 영역을 망라한다. 다양한 분야의 도서를 골고루 읽는 것이 아이의 인문학적 소양과 상식을 넓혀 학교 공부를 뒷받침한다.

만약 무작위로 도서를 선택하는 것이 힘들다면 교과서의 단원을 살펴본 후 책을 선정하는 것도 좋다. 초등 5~6학년 〈사회〉에서는 한국사의 비중이 높은데, 한국사를 배우는 시기라면 우리나라 역사나 인물에 대한 도서를 읽으면 좋다. 참고로 한국사는 대학 수학능력시험에서 필수 과목이므로 초등 저학년부터 관심을 갖도록 유도

한다. 관련 도서를 꾸준히 읽어왔다면 초등 고학년 때 그 효과를 톡톡히 볼 수 있다.

역사에 관심이 있고 상식도 풍부하다면 초등 5~6학년 때 한국사능력검정시험을 준비하는 것도 좋다. 초등 고학년이라면 초급 단계에 응시하여 교과서나 책에서 배운 내용을 점검해 보고, 하나의 목표에 도전하는 기회로 삼아본다. 초급 단계를 수월하게 통과하였고 역사에 자신이 있다면 중급 단계도 도전해 볼 만하다.

Tip 한국사능력검정시험

한국사 교육의 올바른 방향을 제시하고, 자발적 역사 학습을 통해 고차원적 사고력과 문제 해결 능력을 배양하는 것이 목적이며, 국사편찬위원회 주관으로 연 4~5회 실시한다.
초급(6급, 5급), 중급(4급, 3급), 고급(2급, 1급)으로 나뉘어 있으며 초급의 경우 한국인이라면 웬만큼 알고 있는 기초적인 역사 상식을 평가한다. 초급은 4지 택1형, 중·고급은 5지 택1형으로 총 50문항의 문제가 출제된다. 2020년에는 2월, 5월, 8월, 9월, 10월에 시험이 예정되어 있다. 자세한 내용은 한국사능력검정시험 홈페이지(www.historyexam.go.kr)를 참조한다.

영어와 국어는 비슷한 비중으로 공부한다

초등 저학년까지는 여러 교과목 중 단연 국어와 수학의 비중이 높았다. 국어는 아이의 언어 능력과 직결되어 있어 모든 교과목의 기초이기 때문에 독서와 글쓰기 훈련을 꾸준히 하는 것이 무엇보다 중요하였다. 수학은 기초 수 개념부터 확실히 다져 둠으로써 아이가 수학을 어려워하지 않고 계속 흥미를 갖고 접근할 수 있도록 이끌어 주는 것이 필요하였다. 반면 영어는 초등 3학년부터 정규 수업에 편성되어 이제 적응 과정을 마쳤을 뿐이다.

초등 1~2학년 때에는 학습 중심이 '국어 > 수학 > 영어' 순이었다면, 초등 3~4학년 때는 '국어 = 수학 > 영어'이고, 초등 5~6학년이 되면 '수학 > 국어 = 영어'로 무게 중심이 이동하게 된다. 상급 학교 진학이나 대학 입시와 맞물리면서 수학 선행 학습의 강도가 높아지고 수학의 비중이 올라가게 된 것이다.

국어의 강세 또한 지속적으로 유지되고 있다. 논술 학원에 다니면서까지 독서와 글쓰기 훈련을 꾸준히 하는 경우가 많다. 여기에 영어의 비중 또한 높아지면서 국어와 나란히 하게 되었다.

물론 아이의 진로나 부모의 교육 계획에 따라 '영어 > 수학 > 국어'인 경우도 있고, '국어 > 영어 > 수학'인 경우도 있다. 어떤 과목에 더 비중을 두느냐는 아이의 진학 계획에 따라 조금씩 달라지기 마련이다. 과학고나 영재학교를 준비한다면 수학에 더 열심히 매달릴 것이고 외고나 국제학교를 준비한다면 영어에 더 매진하게 된다. 여기서 놓치지 말아야 할 것은 사교육으로서의 국어, 영어, 수학의 비중이 아닌, 학교 교과목으로서의 국어, 영어, 수학을 어떻게 바라볼 것인가이다.

초등 고학년이 되면 국어, 영어, 수학의 비중을 대등하게 둘 필요가 있다. 그중에서 국어와 영어 실력은 맞물려 상승한다는 것이 초등교육 전문가들의 공통된 이야기이다. 즉, 아이들이 후천적으로 습득할 수 있는 최상의 영어 실력은 자신의 국어 실력과 비슷한 수준이라는 것이다. 국어로 말하기, 읽기, 글쓰기가 안 되는 아이가 아무리 영어 공부에 투자한들 국어 실력보다 출중한 영어 실력을 갖추기 어렵다는 것이다. 반면 국어 실력이 뛰어난 아이는 언어적 감각이 좋기 때문에 영어를 늦게 배우기 시작해도 금세 따라잡을 수 있다고 말한다.

초등 5~6학년 때 영어 실력을 향상시키고 싶다면, 최고의 방법은 국어와 영어를 대등한 비중으로 두고 공부하는 것이다. 영어 실력 향상을 위해 몇 가지 사항을 유념해 두자.

❋ **영어 읽기와 쓰기를 연습한다** 국어를 위해 꾸준한 독서와 글쓰기 훈련을 하고 있다면 이제 영어로도 읽기와 쓰기를 본격화한다. 초등 3~4학년 때 다양한 문장 표현과 단어들을 인풋하며 어휘력과 문법 능력을 향상시켰다면 초등 5~6학년에는 아웃풋을 시도하는 것이다. 짧은 영어 동화책을 읽거나 영어 일기나 영어 편지를 써 본다. 너무 자주 쓰게 하면 부담이 될 수 있으므로 일주일 1~2회 정도가 적당하다. 5학년 때는 3인칭, 4형식, 의문형 등 더 많은 문장 표현을 익히므로 쓰기에 적용하기 좋다.

❋ **많이 듣고 읽은 후에는 말하기를 시도한다** 말하기는 또 다른 아웃풋이다. 교과서에서 배운 내용을 일상에 적용하여 표현하는 것이다. 물론 처음부터 잘될 리 없다. 교과서에 나오는 다양한 영어 표현들이 입에 붙을 정도로 열심히 듣고 읽어야 입으로 소리가 나온다. 될 수 있으면 교과서의 문장 표현을 외우는 것이 좋다. 부모가 교과서를 함

께 들여다보고 일상에서 자주 쓰이는 표현 위주로 함께 대화하는 것도 효과적이다.

❉ **실력과 상관없이 학교 수업에 충실히 임한다** 영어 학원을 따로 다니거나 외국에서 살다 온 경우 누구보다 출중한 영어 실력을 자랑할 수 있다. 이 경우 학교 수업이 지루하고 시시하게 느껴지기 마련이다. 학교 시험은 교과서 내에서, 수업 시간에 배운 내용을 토대로 치르게 되어 있다. 수업을 건성으로 들어도 시험을 잘 치르겠지만, 맞는 답이긴 해도 교과서 외의 표현을 쓰면 자칫 오답 처리가 되거나 수업 태도 문제로 수행 평가에서 좋은 점수를 받지 못할 수 있다. 수업 내용을 성실하게 숙지하며 학교 시험에 익숙해지도록 기출 문제집 등을 풀어 보도록 한다.

MEMO

교과서 위주로 공부하고 싶은데
좋은 방법이 있을까요?

2019년에 개정된 초등 5~6학년 교과서는 개념 이해부터 시작하여 문제 해결에 이르기까지 단계별 수행 과제들이 통합적으로 구성되어 있습니다. 따라서 초등 교육 과정은 교과서 위주로 공부해도 충분히 좋은 성적을 유지할 수 있으며, 그러기 위해서 교과서를 제대로 활용하는 방법을 아는 것이 중요합니다.

첫째, 학기 초에는 각 교과서의 단원을, 새 단원을 배울 때는 학습 목표와 핵심 개념을 명확히 파악합니다. 무엇보다 하나의 교과목이 어떤 흐름으로 전개되는지 파악하는 것이 중요합니다. 그리고 각 단원을 시작할 때 해당 단원에서 어떤 개념을 배우고 무엇을 학습해야 하는지 목표를 분명히 알아야 합니다. 아이가 수업에서 무엇을 배워야 하는지 깨달아야 제대로 된 공부가 시작되기 때문입니다. 이것은 교과 내용과 연계된 책 읽기에도 유리합니다.

둘째, 교과서의 내용을 빠뜨리지 말고 정독해야 합니다. 국어, 영어, 사회, 과학, 도덕, 실과 등은 어쩔 수 없이 머릿속에 저장해야 할 내용이 많습니다. 본문 내용만 읽고 이해해서는 정작 시험을 볼 때 '안 배운 게 나왔다'며 짜증을 내게 됩니다. 등장인물의 말풍선에 나오는 대사, 도표 자료, 사진 설명까지 꼼꼼히 살핍니다.

셋째, 모르는 용어나 이해가 안 되는 부분은 따로 표시합니다. 모르는 용어가 불쑥 튀어나왔을 때 단순히 문장의 맥락으로만 용어의 뜻을 파악해서는 안 됩니다. 모르는 용어는 사전을 찾아보거나 하여 정확한 의미를 알아둡니다. 만약 전반적으로 이해가 안 되는 문장이 있다면 따로 표시해 두었다가 선생님이나 부모님께 여쭈어 봅니다.

넷째, 혼자 힘으로 문제를 풀어 보고 틀린 것은 오답 노트로 정리합니다. 본문의 내용을 모두 파악하였다면 해당 단원의 끝에 나온 과제나 문제 등을 자신의 힘으로 풀어 봅니다. 그리고 부족하거나 틀린 답에 대해서는 오답 노트를 정리하게끔 합니다. 교과서에 나오는 문제만으로 다양한 문제 유형에 대처하기 힘들다면 문제집을 풀어 보는 것도 좋습니다.

다섯째, 체험 학습을 병행합니다. 실험이나 관찰하기, 동식물 키우기, 유적 관람하기 등처럼 교과 내용과 연계된 체험 활동을 해 본다면 아이가 수업에 더 흥미를 갖고 참여할 수 있습니다.

Q2 학교에서 내주는 탐구·조사 활동 과제는 어떻게 도와줘야 하나요?

'아이 숙제 = 부모 숙제'라는 말이 있습니다. 자연히 교과서 연계 활동으로 조사 과제가 나오면 부모 또한 당황하기 마련입니다. 어떤 조사는 직접 발품 팔아 현장을 방문하거나 사람을 대면하기도 하고, 또 어떤 조사는 다양한 이미지 자료를 끌어모아야 하고, 또 다른 조사는 인터넷에서 검색하거나 도서관 자료를 뒤적여야 합니다. 이렇듯 어떤 주제에 대한 탐구나 조사 과제는 아이의 정보 수집 능력을 향상시킬 수 있으며, 모둠 과제일 경우 역할 분배 및 책임 감·협동심 고취에 도움이 됩니다. 정보를 수집한 뒤에는 이것을 취합, 일목요연하게 정리·구성함으로써 체계화하는 능력을 키울 수 있습니다.

만약 집에 탐구나 조사 과제를 가져오면 우선 아이와 함께 해당 과제의 주제에 대해 이야기를 나누는 과정이 있어야 합니다. 즉, 이 조사를 왜 하는가에 대해 명확한 이유를 알아야 합니다.

우리 동네 도로 한 곳의 간판 10개를 조사해 오라는 과제가 있다면, 이 과제를 통해 무엇을 알아야 하는지 먼저 이야기를 나눠야 합니다. ① 조사의 주제를 정확히 파악해야 조사의 방향을 제대로 잡을 수 있기 때문입니다.

그다음에는 ② 어떤 방법으로 조사할 것인지 결정해야 합니다. 우리 동네 간판을 알아보는 일이라면 가장 좋은 방법은 현장 답사를 하는 것입니다. 인터넷 검색이나 도서관 자료 열람으로는 제대로 파악할 수 없습니다. 이어 ③ 조사를 실행에 옮깁니다. 우리 집 인근 도로를 한 바퀴 돌며 간판 10개의 사진을 찍고 수첩에 간판의 이름과 상점 종류, 파는 물건, 오가는 손님(유동 인구)을 메모합니다.

마지막으로 ④ 조사한 자료를 정리합니다. 자료를 정리할 때는 꼭 들어가야 할 것이 있습니다. 조사 제목 / 조사 일시 / 조사한 사람 / 조사한 장소 / 조사 목적 / 조사 방법 / 조사 내용 / 조사 후 느낀 점 등입니다. 사진이나 그림 등 이미지 자료는 뒷면에 별첨해도 좋습니다. 체험 학습 보고서처럼 공책 한 면에, 혹은 A4 한 면에 내용을 체계적으로 구성합니다.

단, 주의할 점이 있습니다. 우선 정리한 보고서의 내용이 너무 어려운 용어로 되어 있지 않은지 등을 살펴봅니다. 인터넷 자료나 도서 자료를 인용한다면 출처를 밝히고, 어려운 용어나 표현은 아이 수준에 맞추어 작성하도록 합니다.

Q3 도서 편식하는 아이, 어떻게 다른 분야의 책을 읽게 할까요?

아이가 한 분야의 책만 읽는다고 해서 나쁘다고 할 수는 없습니다. 아이는 그만큼 자신이 호기심을 가진 분야에 한창 몰입해 있는 중이기 때문입니다. 오히려 탐구심이 높고 집중력 또한 좋다고 할 수 있습니다. 만약 관련 분야로 자신의 장래희망을 염두에 두고 있다면 아이는 남보다 일찍 진로 탐색의 길로 들어선 것일 수 있습니다.

아이는 성장 과정에 따라 호기심이 조금씩 변합니다. 유아기에는 열대어 같은 물고기를 좋아하였다가 공룡을 좋아하고 다시 자동차에 빠졌다가 로봇이나 인형에 열광합니다. 아이가 지금은 추리 소설이나 판타지 소설에 빠져 있다고 하더라도 아이가 성장함에 따라 관심사가 다른 곳으로 옮겨질 수 있습니다. 예전에는 학습 만화에 빠졌다가 역사 이야기로 관심이 옮겨졌고 지금은 판타지 소설에 머물러 있는 것일 수 있습니다. 그런데도 한 분야에 빠져 있는 기간이 2~3년 정도로 너무 길다면 이때부터는 다른 대처가 필요합니다.

가장 바람직한 방법은 아이의 관심사가 좀 더 다른 곳으로 확대될 수 있도록 직접 경험을 쌓게 하는 것입니다. 손에서 책을 놓고 밖으로 나가 다양한 체험을 할 수 있도록 부모가 이끌어야 합니다.

초등 고학년의 남자아이라면 신체를 활발하게 움직일 수 있는 스포츠 활동이나 놀이시설 이용이 적합할 수 있습니다. 아이가 관심을 보일 만한 마술쇼 구경이나 신기한 물건들이 많은 박물관, 기념관을 관람하는 것도 좋습니다. 그리고 왜 판타지 소설에 몰입해 있는지 책의 내용에 대해서도 슬쩍 물어봅니다. 다그치는 것이 아니라 엄마 아빠도 네가 읽는 책에 관심이 있으며, 이 책을 통해 네가 어떤 생각을 하는지 궁금하다는 차원으로 아이와 대화해야 합니다.

만약 과학 분야에 빠져 있다면 우선은 교과서와 연계된 도서들 위주로 추천해 줍니다. 이후에는 다른 교과목과 연계된 도서들을 추천하면 자연스레 학교 수업에 관심을 두게 됩니다. 예를 들면 사회 과목은 사회 교과서에 등장하는 역사적 사건이나 인물에 대한 도서부터 시작합니다.

아이가 만화책에 빠져 있다면 아이의 독서 습관에 대해 점검해 볼 필요가 있습니다. 학습 만화라고 해도 일반 도서의 문장 길이보다는 말풍선의 내용이 빈약하고 가벼울 수밖에 없기 때문입니다. 긴 호흡의 글을 읽는 데 어려움을 느끼기 때문이라면 초등 저학년 수준의 도서부터 다시 독서 습관을 길러 주도록 합니다. 만화책을 읽고 싶다면 일반 도서도 그만큼 읽어야 한다는 규칙을 만들어 실천하게 합니다.

Q4 토플, 텝스 등 영어 공인 시험을 치르며 경험을 쌓게 하는 게 좋을까요?

만약 초등 고학년이 영어 공인시험을 치른다면 토플이나 텝스 쪽이겠지만 준비 기간이 길고 까다로우므로 일부러 서두를 필요는 없습니다. 오히려 아이에게 스트레스만 줄 수 있습니다. 미국 보딩스쿨을 대비하는 것도 대학 입학 준비를 위한 고등학교 과정에 입학하기 위한 것이므로 중학교 때 공부하여 시험을 치르는 것이 일반적입니다. 만일 아이가 시험을 보고 싶어하여 경험을 쌓게 하고 싶다면 시중 영어 학원이나 어학원에서 초등생 대상으로 단체 신청하여 '토플 프라이머리'를 치르는 것을 추천합니다. 잘하는 아이는 '토플 주니어' 시험을 치르기도 합니다.

영어 공인시험인 토익(TOEIC), 토플(TOEIC), 텝스(TEPS) 등에 대해 간단히 설명하겠습니다.

우선 토익(TOEIC)은 국제 무역, 비즈니스에 활용되는 영어 능력을 평가하기 위해 개발된 시험입니다. 주로 공공기관이나 기업에 입사 지원할 때 요구됩니다. 대학생이나 직장인들이 취업, 이직 대비를 위해 많이 준비하지요. 듣기 100문제, 읽기 100문제 총 200문제 출제되며 990점 만점 기준입니다.

토플(TOEFL)은 대학생 수준의 미국식 표준 영어를 이해하고 사용하는 능력을 평가하는 시험입니다. 비영어권 학생들이 영어권 국가의 대학을 지원할 때 필요합니다. 국내에서도 정부 기관이나 자격증, 기업, 장학금 등에 토플 점수를 요구하기도 합니다. 시험 점수의 유효 기간은 2년입니다. 간혹 미국 보딩스쿨(Boarding School; 중·고등학교에 해당하는 미국의 사립 기숙학교. 대학을 준비한다는 의미로 'Preparatory School'를 줄여서 프랩스쿨이라고도 함)에 입학할 때 필요할 수 있습니다. 읽기, 듣기, 말하기, 쓰기 등 4가지 영역을 고루 공부해야 하며, IBT라고 하여 인터넷으로 시험을 치르는 것이 보편적입니다. 읽기 36~56문제, 듣기 34~51문제, 말하기 6문제, 쓰기 2문제 등으로 120점 만점 기준입니다. 다른 공인시험의 응시료는 4~5만 원 정도인 반면 토플 응시료는 무려 23~25만 정도입니다(US 200달러).

텝스(TEPS)는 서울대학교가 개발하여 서울대학교 언어교육원에서 주관하는 영어 공인시험입니다. 일상 영어부터 비즈니스 영어에 이르기까지 범위가 넓고 토익보다 난이도 또한 높은 편입니다. 국내 대학 편입학, 졸업 인증 시험으로 사용되거나 과학고, 외고 입학할 때 영어 성적 평가 기준으로 요구되기도 합니다. 듣기 40문제, 어휘 30문제, 문법 30문제, 독해 35문제 등으로 600점 만점입니다.

Q5 과학자를 꿈꾸는 아이, 좀 더 다양한 경험을 쌓아 주고 싶어요.

2019년부터 서울시교육청에서는 경쟁 위주의 교육 탈피 및 교사의 업무 부담 축소를 위해 학생탐구발표대회와 청소년과학탐구대회의 '초등' 부문을 폐지하는 과감한 결정을 내렸습니다. 그동안 과학탐구보고서 작성이나 과학 발명품 제작 때문에 고민이 많았던 학부모라면 다행이라고 여길 수 있고, 과학자가 장래희망인 자녀를 둔 학부모라면 아쉬움이 많을 수도 있습니다.

과학탐구대회 참가의 기회는 줄었지만, 과학자를 희망하는 아이의 호기심을 충족시키고 창의력과 사고력을 길러 주고 싶다면 독서 활동과 더불어 다양한 과학 분야 사이트에서 체험 활동을 찾아보도록 합니다. 각종 체험전이나 전시회 관람도 좋고, 방학 중에는 과학관, 산업체, 대학교에서 진행하는 과학 캠프 등도 활용하면 좋습니다.

'사이언스올'은 한국과학창의재단 홈페이지에서 소개하고 있는 전문적인 과학 콘텐츠 포털입니다. 과학, 수학, SW 교육 자료를 제공하며, 우수과학도서 목록도 확인할 수 있습니다. 과학캠프, 전시회 등과 같은 과학 행사 일정 등도 소개하여 과학탐구대회나 과학경진대회 참가가 어려운 과학 꿈나무들의 갈증을 채워 줄 수 있습니다.

'사이언스레벨업'은 기초 과학부터 ICT 신기술까지 누구나 알아야 할 과학 콘텐츠를 모아둔 온라인 플랫폼입니다. 과학 비기너부터 마스터에 이르기까지, 게임을 즐기듯 과학 상식을 5단계까지 업그레이드할 수 있습니다.

국립중앙과학관을 비롯하여 각 지역에 있는 국립과학관의 홈페이지에서는 전시 안내는 물론 초등생 대상의 과학교실, 과학캠프 정보를 확인할 수 있습니다. 주간 단위로 이루어지는 과학 교실도 있고, 방학 중에 진행되는 분야별 과학 캠프 등도 많습니다. 선착순 응모가 많으므로 과학관 앱을 설치하여 공지사항을 알람 설정해 두는 것이 좋습니다.

SW 분야에 관심이 많고 컴퓨팅 사고력, 수학적 사고력을 길러 주고 싶다면 '이숲', '칸아카데미', '오일러프로젝트', '소프트웨어야놀자' 등도 들러 봅니다.

'한국청소년활동진흥원'에서는 국립청소년우주센터, 국립청소년농생명센터, 국립청소년해양센터 등 우주, 생명, 해양 등 자연 과학과 관련된 각 센터에서 진행하는 체험 캠프를 안내받을 수 있습니다.

02

엉덩이의 힘!
공부 지구력 키우기

☑ "예습이 중요한가요, 복습이 중요한가요?"

☑ "학원 끝나고 나면 책상에 앉을 짬도 안 나요."

☑ "자기 주도 학습 능력은 어떻게 키워 주나요?"

☑ "머리에 쏙쏙 들어오는 공부법이 따로 있나요?"

☑ "아이가 밤 9시면 자는데 공부 시간을 어떻게 만들죠?"

혼자 공부하는 시간부터 확보하라

초등 고학년들은 바쁘다. 오후 3시경 학교를 마치면 방과후교실로 이동하거나 셔틀버스를 타고 학원으로 이동한다. 학원이 2~3곳이거나 수강해야 할 과목이 2~3개 이상인 아이들은 저녁 먹을 시간이 되어서야 집에 귀가한다.

아이가 비로소 한숨을 돌릴 수 있는 시간은 씻고, 저녁을 먹고 난 다음이다. 이제야 아이가 혼자 공부할 수 있는 시간이 생기는 것이다. 아이는 이 시간 동안 학습지를 풀거나 온라인 학습을 하기도 하고, 학교 과제 또는 학원 과제를 해결하며, 다음 날 수업이 있는 과목을 예습하기도 한다.

나이에 따른 집중력을 고려하였을 때, 아이가 공부하기에 적정한 시간은 다음과 같다. 초등 1~2학년 때는 1교시 수업 시간 기준으로 40분을 1타임 기준으로 삼아 40~60분 정도가 적합하다. 초등 3~4학년 때는 2~3타임 정도, 초등 5~6학년 때는 중학생과 비슷한 집중력을 적용하여 50분을 1타임으로 보고 3~4타임 정도를 공부 시간으로 정해 둔다. 저학년은 학교에서처럼 40분 공부, 10분 휴식을 적용하고, 고학년은 50분 공부, 10분 휴식을 적용하는 것도 좋다. 학년이 올라갈수록 점차 공부 시간을 늘리는 것이다.

하루 일과표에 '스스로 공부 시간'을 적어 두고, 이때만큼은 아이가 적절하게 시간을 안배하여 학교 숙제, 학원 과제, 학습지, 예습과 복습, 부족한 과목 보충 등으로 '스스로 공부 시간'을 운용할 수 있도록 한다.

학년별 적정 자기 주도 학습 시간

구분	초등 1~2학년	초등 3~4학년	초등 5~6학년	중학교
자기 주도 학습 시간	40~60분	90~120분	150~180분	3~4시간

초등 5~6학년의 자기 주도 학습에서 가장 중요한 것은 아이 혼자서 공부하는 시간을 확보하는 일이다. 학원에 다니고 과외를 하고 다음 날 제출해야 할 과제를 하느라 혼자 공부할 틈이 전혀 나질 않는 아이는 스스로 공부하는 법을 배우지 못한다.

아이 스스로 공부 시간을 어떻게 채울 것인지 계획할 기회도 없이 부모가 등 떠미는 대로, 학원 선생님이 하라는 대로 시간에 쫓겨 허덕이며 그날의 일과를 해치우게 된다. 부모가 이끌어주기 어려워서, 아이한테만 맡기기엔 불안해서, 비용이 들지만 그만큼 편한 방법이라서 사교육의 도움을 받게 되는 것이다.

하지만 이렇게 용병의 도움만 받는다면 아이는 스스로 싸우는 법을 배우지 못한다. 하루 3시간 동안 어떤 과목의 몇 단원을 공부할 것인지 계획하고, 교과서를 읽을지 문제집을 풀지 방법을 고민하고, 왜 이 부분은 이해가 안 되는지 이리저리 궁리하는 과정이 공부의 효과를 높인다. 공부 시간에 습득한 지식이 온전히 아이의 것이 되는 것이다. 또 스스로 공부하는 습관이 몸에 밴 아이는 굳이 사교육에 의존할 필요도 없다.

아이가 학교에서 돌아오면 간식을 먹으며 잠깐 휴식을 취하고, 저녁 식사 전(오후 4~6시)까지 '스스로 공부 시간'을 갖도록 한다. 수업을 마친 지 얼마 되지 않았기 때문에 그날 학교에서 배운 것들을 복습하거나 수업 시간에 이해가 가지 않았던 부분을 보충하는 것이 효과적이다. 복습이나 반복 학습은 단기 기억을 장기 기억으로 전환하는 데 도움을 준다. 학습 동영상을 시청해도 좋다.

저녁 식사를 하고 가족들과 단란한 시간을 보낸 다음 밤 9~10시, 잠들기 전 1시간가량 다시 '스스로 공부 시간'을 갖는다. 내일 수업할 내용을 예습하거나 교과서와 연계된 독서를 한다. 영어 동화책을 읽거나 영어 일기를 써도 좋고, 차분하게 수학 문제집 심화 단계를 푸는 것도 좋다.

무엇을 어떻게 공부할지는 아이가 정하는 것이지만 될 수 있으면 디지털 기기를 활용한 동영상 시청은 삼가도록 한다. 잠들기 전의 TV 시청, 컴퓨터 게임, 스마트폰 사용은 아이가 쉽게 잠드는 것을 방해한다. 이렇게 일과를 마치면 아이는 밤 10시 30분~11시에 잠들게 된다.

위 예시 상황처럼 아이가 하루 3~4시간 정도의 시간을 자율적으로 활용할 수 있도록 일과표를 짜고, 만약 학원 때문에 시간을 내기 어렵다면 잠들기 전 1~2시간이라도 아이가 자기 주도 학습을 '연습'할 수 있도록 해야 한다.

자신만의 공부 스타일 완성하기

아이 스스로 공부하는 시간이 마련되었다면 이제 어떻게 공부할 것인지가 남았다. 아이는 시행착오를 겪으며 자신이 가장 재미있게, 효과적으로 공부하는 방법을 찾아야 한다.

부모는 아이의 기질이나 성격, 두뇌 능력, 교과목 특성, 가정 환경, 생활 습관 등 여러 요인을 고려하여 아이가 자신만의 공부 스타일을 찾을 수 있도록 도와준다.

❀ **예습과 복습** 예습형 아이가 있고 복습형 아이가 있다. 예습은 짧은 시간을 투자하여 수업에 대한 흥미도, 집중력, 이해력을 높여 능률 면에서 효과적이다. 복습은 수업 시간에 배웠던 것을 반복 학습함으로써 기억력을 높여 학업 성취도를 올리는 데 도움이 된다.

인지 능력은 좋지만 다소 산만하고 집중력이 떨어지는 아이라면 예습을 하는 것이 좋고, 이해력은 떨어지지만 침착한 성향의 아이라면 복습이 잘 맞는다. 가장 좋은 것은 주어진 시간을 적절히 배분하여 예습과 복습을 하는 것이다.

❀ **아침 공부와 밤 공부** 집안 분위기와 생활 습관에 따라서도 공부 스타일이 달라질 수 있다. 어떤 아이는 아침에 축 늘어져 있다가 밤에 말똥말똥하고, 또 어떤 아이는 초저녁부터 하품을 하지만 아침에는 잠투정 없이 벌떡 잘 일어난다.

부모가 아침형 인간이라면 아이 역시 부모를 닮을 수 있다. 무조건 밤늦게까지 공부하라고 강요하기보다 아이가 더 효율적으로 공부할 수 있는 시간대를 찾아주는 것이 좋다.

✿ **한 권과 여러 권** 한 과목을 공부할 때 교과서 한 권만 대여섯 번씩 밑줄 그어가며 읽는 아이가 있고, 교과서 한 번, 참고서 한 번, 문제집 한 번 등 여러 권을 돌려 가며 공부하는 아이가 있다. 물론 초등학교 교육 과정은 교과서 한 권으로 공부해도 충분하다. 대신 교과서를 읽을 때도 요령이 필요하다(본문 412~413쪽 참조).

평소에는 교과서로 예습과 복습을 하고, 지필 시험을 준비할 때에는 문제집을 마련하여 자신의 실력을 점검하도록 한다. 수업 시간에는 선생님이 설명한 부분 위주로 교과서에 잘 필기하는 것이 중요하다. 여러 권으로 공부한다면 예습할 때 참고서에 나와 있는 의미, 용어 설명, 핵심 주제 등을 교과서에 미리 옮겨 적는다. 만약 수업 중에 선생님이 설명하는 내용과 같은 부분이 있다면 지필 시험을 대비할 때 반드시 숙지하게 한다. 교과서, 참고서, 문제집, 심화 문제집 등 단계별로 공부하고, 교과목 연계 도서도 읽어 보도록 한다.

✿ **눈으로 보기, 읽기, 쓰기** 공부를 한다는 것은 배운 내용을 머릿속에 저장하는 과정이다. 이왕이면 두뇌가 좋아하는 방법으로 공부해야 기억에 오래 남는다.

단순히 눈으로 읽기만 하는 것보다 '쓰기'와 '소리 내 읽기'를 병행하면 좋다. 특히 뇌는 손으로 '쓰는' 것과 입으로 '소리'를 내는 것을 좋아한다. 눈으로 보면서 글을 소리 내어 읽고, 중요한 핵심 용어는 연습장에 옮겨 쓴다. 이렇게 보기, 읽기, 쓰기 3가지 방법을 병행하면 공부한 내용을 기억하는 데 효과적이다.

✿ **이해 위주와 암기 위주** 이해 위주로 공부하는 과목, 암기 위주로 공

부하는 과목이 따로 있을까? 수학은 개념 이해를 기반으로 한 다음 기초부터 심화 단계까지 다양한 유형의 문제를 풀어 보는 식으로 공부해야 한다. 단순히 수식만 외웠다간 다양한 유형의 문제를 해결하기 힘들다. 사회는 사회, 문화 환경, 정치적 관계, 대외 교류 등 사회, 정치, 역사적 배경을 이해해야 현 상황을 파악할 수 있다. 과학 역시 암기 과목인 듯하지만 원리의 이해가 없으면 조금만 문제를 비틀어도 어려워한다. 이해만으로 또는 암기만으로는 어떤 과목도 온전히 잘할 수 없다. 이해를 기반으로 하여 암기할 것은 암기해야 좋은 성적을 유지할 수 있다.

공부를 잘하는 방법과 요령은 너무나 많다. 자신에게 잘 맞고 학습에 효율적인 방법을 찾아내는 것이 중요하다. 아이에게 최적인 공부법을 단번에 찾기는 힘들다. 스스로 이런저런 방법으로 공부해 보고 나름의 시행착오를 겪어야 자기만의 맞춤 공부법을 찾을 수 있다. 초등 5~6학년은 자신의 공부 스타일을 완성할 때이다.

공부 효과 높이는 필기의 기술

초등 저학년 때는 공책의 쓰임새가 크지 않았다. 국어 10칸 노트, 알림장, 일기장, 독서록, 무제 공책 1~2권 정도면 충분하였다. 초등 5~6학년이 되면 과목별 노트에 오답 정리 노트, 연습장 등 용도에 따라 여러 권의 공책이 생기게 된다.

스프링 공책인지 중철 공책인지 등 제작 형태에 따라서도 쓰임새가 달라진다. 공책 활용법이나 필기 요령도 자신의 공부 스타일 중 하나인 만큼 공부 효과를 높이는 필기 요령을 익혀 둔다.

✿ **따라 쓰기에서 요약 정리로 옮겨라** 처음에는 필기를 어떻게 해야 하는지 잘 모른다. 초등 저학년 때는 주로 수업 중 선생님이 판서한 것을 따라 쓰거나, 선생님이 적으라고 지시한 부분을 따라 쓰는 정도에 불과하였다.

초등 고학년이 되면 서서히 노트 필기의 요령을 습득하게 된다. 노트 필기는 배웠던 내용 중 중요한 부분을 요약 정리하는 것에서 출발한다. 교과서 4~5쪽 분량의 내용을 공책 1쪽 정도의 분량으로 정리하는 것이 알맞다.

✿ **문장을 줄이고 핵심 내용과 용어를 뽑아라** 요약 정리의 기본은 문장을 줄이는 것이다. '은/는', '이/가', '부터' 등의 각종 조사, '~입니다', '~이다' 등과 같은 서술형 어미 등을 생략하여 핵심 내용을 간결하게 적는다. 수업 중에 배운 핵심 내용이 무엇인지 알아야 하며, 그중 주요 키워드(용어)를 파악하여 문장에 잘 담아내야 한다.

✿ **이미지화하고 체계화해라** 노트 필기의 효과는 적는 데서 그치지 않고, 후에 핵심 내용을 복습할 때 요긴하게 쓰인다. 그러기 위해서는 한눈에 보기 좋게 정리해야 하며, 내용을 이미지화하고 체계화하는 것이 필요하다. 대괄호, 번호, 다이어그램, 그래프, 도표 등 교과서에서 서술형 문장으로 이루어진 내용은 하나의 도표로 정리하는 등의 기술이 필요하다. 보통 여자아이들은 글씨를 예쁘게 쓰고 색깔을 잘 쓰는 반면, 남자아이들은 체계화, 이미지화에 강한 편이다.

✿ **필기를 하며 머릿속에 저장한다** 교과서에 있는 내용을 굳이 정리할 필요가 있을까라고 생각할 수 있다. 앞서 이야기하였듯이 필기는 배운 내용을 체계적으로 요약 정리하면서 머릿속으로 지식을 복기하며 재구성하는 과정이다. 지식을 자신의 것으로 만드는 방법의 하나이며 복습할 때에도 유용하게 활용할 수 있다. 다시 한번 말하지만 우리의 뇌는 '쓰기'를 좋아한다.

필기는 수업 중에 교사의 지시에 따라 이루어지기도 하지만, 스스로 공부 시간에 교과서의 내용을 복습하며 이루어지기도 한다. 무제 공책에 복습 내용을 필기하고, 그중 정리가 잘된 것은 자신만의 '핵심 노트'나 '비법 노트'에 오려 스크랩해 두는 것도 좋다.

아이가 학교 수업에 잘 참여하고 있는지, 수업 내용을 잘 따라가고 있는지도 노트 한 권에 담겨 있으므로, 가끔 부모가 아이의 노트를 살펴보는 것도 필요하다.

> **Tip 코넬 노트 필기**
>
> 미국 코넬대학교에서 학생들의 학습 능률에 도움을 주고자 개발한 노트 필기 방식이다. 노트의 한 면을 4분할로 나누어 '목차', '핵심 단어', '내용 정리', '요약 정리'로 구성한 것이다. 목차 부분에는 날짜, 과목, 단원, 학습 목표 등을 필기하며, 핵심 단어에는 학습 내용 중 주제나 소재가 되는 주요 키워드를 적는다. 내용 정리는 아이 스스로 배운 것들을 자신의 방법대로 필기한다. 마지막 요약 정리는 배운 것들을 3~4줄로 간략하게 정리하여 기술한다.
>
>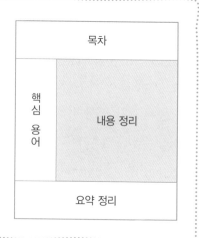

지구력을 키우려면 완급을 조절해야 한다

아이가 100 %의 에너지로 열심히 공부하는 것이 효율적일까, 50 % 의 에너지로 꾸준히 공부하는 것이 효율적일까? 모든 부모는 아이 가 최선의 힘으로 달리기를 원한다. "이게 최선을 다한 결과야?" 때 로는 아이를 매몰차게 다그치기도 한다. 최선이란 100 %의 에너지 인 것이고, 한순간도 지치지 않고 끝까지 전력으로 질주하기란 말 처럼 쉽지 않다.

처음부터 100 % 에너지로 공부하던 아이가 있다. 좋은 성취를 얻 었고 중학교에 진학하게 되었다. 부모는 아이에게 "이제 중학생이 되었으니 더 열심히 해야지."라고 요구한다. 아이는 이미 '최선'을 다하고 있는데 부모는 '더'를 요구하는 것이다. 그제야 아이는 "엄마 아빠는 '최선'이라는 의미를 몰라? 나는 지금이 최선이고, 여기서 더 하라는 건 힘들어."라고 말한다.

공부에서 지구력을 발휘하려면 완급 조절이 있어야 한다. 공부는 장기전이다. 꾸준히 50 %의 에너지로 달리다 결정적 순간에 100 % 의 에너지를 발휘할 수 있도록 수시로 에너지를 비축하고 충전해야 한다. 그러기 위해서는 부모가 해야 할 역할이 있다.

❀ **동기 부여가 있어야 한다** 왜 공부해야 하는가에 대한 동기가 있어야 한다. 부모가 원하니까, 사회 분위기가 그러니까 등의 이유로는 아이 를 일깨우지 못한다. 그저 마지못해 따라가게 할 뿐이다. 그리고 힘

에 부치면 언제든 포기할 수 있는 이유가 될 수도 있다.

공부 지구력을 기르기 위해서는 아이 스스로 공부의 이유를 찾아야 한다. 그리고 부모는 아이가 공부의 이유를 찾도록 도와주어야 한다. 더 넓은 세상을 보여 주고 더 많은 경험을 쌓게 한다. 아이가 자신의 꿈, 목표, 지향점을 찾도록 도와준다.

❋ **아이의 공부 효과를 확인하라** 어떤 부모는 아이의 공부 수준이 어느 정도인지 모르면서 언제나 '열심히 하라'고만 한다. 아이 입장에서는 '더 이상 어떻게 열심히 해?'라고 불만을 느끼거나 그냥 '엄마 아빠가 앵무새처럼 하는 말이려니'라고 생각할 수 있다.

언제나 아이와 공부에 대해 대화해야 한다. 대화가 잔소리로 변하거나 대화의 끝이 꾸중으로 마무리되어서는 안 된다. '대화'는 서로 주고받는 것이며 경청과 공감이 기본이다. 학교에서 무엇을 배웠으며, 어떤 내용이 이해하기 어려웠는지, 어떤 방법으로 해결해 나갈 것인지 등을 이야기하며, 노력한 결과에 대해서도 이야기를 나눈다.

❋ **아이의 성취를 발견하고 칭찬하라** 아이가 노력한 결과나 성취 등을 발견하였을 때는 아낌 없이 칭찬해야 한다. 그리고 칭찬할 때는 구체적으로 아이가 노력한 '과정'을 언급하는 것이 좋다. 결과만 칭찬한다면 아이는 과정의 중요성을 잊을 수도 있고, '결과만 좋으면 다 괜찮다'라고 오해할 수도 있다. "도형 넓이 구하는 것이 어렵다고 하더니 매일 문제집이랑 오답 노트 정리한 게 도움이 되었나 봐. 우리 ○○가 공부 방법도 혼자 찾을 줄 알고. 정말 대단한데?"라는 등 부모의 칭찬과 인정은 아이에게 에너지가 된다.

❀ **스트레스 해소의 기회를 주어라** 부모도 해봐서 알겠지만 공부는 쉽지 않다. 당장 눈앞에 닥친 시험이 없는데도 매일 일정 시간 책상 앞에 앉아 그날의 예습, 복습을 하는 것은 어려운 일이다. 습관이 되고 일상이 되었다고 하더라도, 가끔 게임이나 친구의 유혹이 있을 때는 아이도 흔들릴 수 있다.

공부가 힘든 아이를 위해 스트레스를 해소할 기회는 주어야 한다. 주말에 가족 나들이하기, 친구들을 불러 파자마파티하기, 특별한 날 컴퓨터 1시간 자유 이용권 주기, 축구나 농구, 자전거 타기, 인라인 스케이팅, 수영 등과 같은 신체 활동하기 등 아이가 공부로 인한 스트레스를 해소할 만한 기회를 선사한다.

아이는 보람을 느껴야 계속해서 공부할 수 있다. 공부를 보람되게 만드는 것은 숫자로 나타나는 성적 점수도 있겠지만, 부모의 칭찬과 격려, 적절한 보상, 목표 실현 등과 같은 성취감도 있다. 아이가 공부 지구력을 발휘할 수 있도록 부모가 곁에서 응원하고, 칭찬을 아끼지 않아야 한다.

Q1 공부할 때 딴짓하는 아이, 어떻게 공부 습관을 들여야 할까요?

하루 일과표의 '스스로 공부 시간'을 아이 스스로 만들지 않고 부모가 강압적으로 만든 것은 아닌지 확인합니다. 이 경우 아이는 동의하지 않는데 부모가 다그치고 잔소리하니까 마지못해 책상 앞에 앉아 있는 것일 수도 있습니다.

강제적, 강압적이면서 부모의 권위만 내세우는 양육 태도는 초등 5~6학년 아이에게 반감, 반항심을 가져오게 합니다. 아이는 이제 부모의 울타리에서 벗어나 자신만의 세상을 구축해 가고 있는 중입니다. 이럴 때 부모의 일방적인 지시에 의한 공부는 아이에게 동기부여가 되지 않습니다.

나중에 자녀 문제로 더 큰 고민을 하기 전에 지금은 공부보다 관계 회복에 주력하는 것이 우선입니다. 그리고 하루 일과표를 아이 주도로 다시 작성해 봅니다. 여의치 않다면 아이가 원하는 시간 1개, 부모가 권하는 시간 1개 식으로 서로 절충해 볼 것을 추천합니다.

또 다른 이유로 학업 부진을 꼽을 수 있습니다. 이런 아이는 교과서나 참고서를 들여봐도 어디부터 무엇을 공부해야 할지 까마득합니다. 기초가 탄탄하지 않으니 혼자 무엇을 공부해야 할지 모르는 것이지요. 공부 방법도 모를 수 있으므로, 이 경우에는 아이에게 공부 시간을 일임해서는 안 됩니다.

먼저 아이의 학업 수준을 정확히 판단해야 합니다. 학년 초 진단 평가 결과표를 보면 아이의 학업 성취가 어느 정도인지 파악할 수 있습니다. 그 수준을 참작하여 기초 단계부터 복습합니다. 수학은 초등 3~4학년 과정의 개념 이해부터 시작해도 늦지 않습니다.

부모가 공부 시간을 함께하며 기초 과정을 습득하게 하고 과목별 공부 요령을 알려 줍니다. 무엇보다 부모의 인내심이 필요합니다. 아이의 이해력이 부족하다고 화를 내고 언성을 높이면 아이는 공부를 더 하기 싫은 것으로 받아들이게 됩니다.

자기 주도성이 매우 떨어지는 의존적 아이도 스스로 공부 시간을 버거워할 수 있습니다. 남이 시키는 건 잘하는데 스스로 시간을 활용하는 건 모르기 때문입니다. 이런 경우에는 아이의 자기 주도성을 키우기 위해 일상생활에서 몇 가지 미션을 주는 것이 좋습니다. 자기 방 변신시키기, 내일 입을 옷 결정하기, 방과 후 수업 정하기, 오후 자유 시간 활용하기 등을 시도해 봅니다. 아이의 자기 주도성을 연습시키면서 하루 일과표의 공부 시간을 좀 더 세세하게, 구체화하여 계획해 봅니다. 3시간을 통으로 묶지 않고, 30분 단위로 공부 계획표를 짜는 것도 좋습니다. 30분 단위도 힘들면 15분 단위로 짜도 됩니다.

Q2 아이가 못하는 과목, 어떻게 해야 공부 의욕을 북돋울 수 있나요?

가장 이상적인 해결책은 '잘하는 과목은 더 잘하게, 못하는 과목은 좀 더 잘하게'입니다. 아이가 잘하고 좋아하는 과목은 이미 자신감이 붙었기 때문에 부모가 어떤 방향으로 이끌지 않아도 아이가 자기 주도적으로 공부할 수 있습니다. 반면 못하는 과목, 자신 없는 과목, 공부하기 싫은 과목에 대해서는 부모가 함께 방법을 찾아야 합니다.

아이가 좋아하는 과목은 대개 점수가 잘 나오는 과목, 자신에게 쉽게 여겨지는 과목입니다. 반면 못하고, 어렵게 느껴지고, 노력해도 점수가 안 나오는 과목은 서서히 싫어질 수밖에 없습니다. 아이가 못하는 과목을 조금이라도 더 좋아할 수 있게 하려면 아이에게 '계기(=동기 부여)'를 심어 주어야 합니다.

만약 과학 과목을 싫어했던 아이가 방학 동안 부모와 함께 노력한 과학 탐구 보고서로 큰 상을 받게 되었다면, 아이는 상을 받은 것을 매우 뿌듯하게 여길 것입니다. 또한 '요리＋과학', '마술＋과학', '음악＋과학', '미술＋과학' 등 아이의 관심 분야와 과학이 연계된 체험 학습전에 방문하거나, 초등생 대상의 과학 관련 토크쇼에 함께 참석하는 것도 효과적입니다. 눈앞에 시험 점수를 들이밀고 아이에게 공부하라고 다그치기보다 과학은 재미있는 과목, 공부할수록 신기한 이야기가 많이 나오는 분야라는 생각부터 심어 주어야 합니다.

생각의 변화가 성적 향상으로 이어질 수 있도록 후속 노력도 시도합니다. 시험에 대비하여 부모가 함께 공부 계획을 세워 아이와 같이 공부하는 것입니다. 교과서를 함께 읽고, 핵심 내용을 표시하며, 암기할 것을 번갈아 외우고, 문제집 풀이도 같이 합니다. 서로 퀴즈를 내며 아이가 중요 용어를 외우거나 설명할 수 있도록 돕다 보면, 과목에 대한 호감도를 높일 수 있고 성적 향상으로도 이어질 수 있습니다.

마지막으로 아이가 특정 과목을 못할 때 부모가 가장 편하게 선택할 수 있는 방법이 바로 학원에 보내는 것입니다. 당장 학원에 보내면 시험 기간에 맞춰 시험 범위를 반복 학습하고 기출 문제 등을 풀어 보면서 성적이 향상될 수 있습니다. 성적이 오르면 못하는 과목을 좋아하게 되는 '계기'가 될 수도 있지만 완벽한 관계 호전은 아닙니다.

초등 고학년까지는 사교육의 힘으로 아이의 성적을 어느 정도 관리할 수 있지만 중학교, 고등학교에 올라가게 되면 개인의 기초 실력이나 학습 능력에 따라 성적도 영향을 받기 때문입니다.

아이가 스스로 공부하는 시간은 매우 중요합니다. 정해진 시간 동안 공부 계획을 어떻게 세워야 할지 안다는 것은 기나긴 학업 기간 아이에게 꼭 필요한 학습 능력이 될 수 있습니다. 여기에는 자신에게 부족한 부분은 무엇인지, 자신에게 맞는 효율적인 학습 방법은 무엇인지에 대한 고민이 뒷받침되어야 합니다.

아이는 '스스로 공부' 시간을 통해 공부 계획 세우기, 학습 내용의 중요도 파악하기, 효율적인 학습 방법 찾기, 시간 관리하기, 성적 관리하기 등 다양한 능력을 향상시킬 수 있습니다. 이 능력은 고등학생 때 자기 주도 학습 능력으로 발전합니다.

학원을 네다섯 군데 다니고 있다면 이 중 우선순위가 덜한 교과목의 학원을 중단하고 '스스로 공부'로 대체하는 것을 고려해 봅니다. 시간이 부족하더라도 하루 1~2시간 정도의 공부 시간을 갖게 하는 것이 좋습니다.

단, 학원과 개인 공부 시간이 모두 중요하다고 해서 아이의 적정 수면 시간을 쪼개는 것은 삼가도록 합니다. 학업 일정이 빼곡한 만큼 아이는 학습 스트레스와 피로 해소에 필요한 시간 역시 충분해야 합니다.

대신 주말에 공부 시간을 3시간으로 늘려 보는 것도 한 방법입니다. 주중 1시간과 주말 3시간씩, 아이 스스로 공부 일정을 짜고 자신에게 맞는 학습 방법을 찾아 공부할 수 있도록 도와줍니다.

대학 입시까지 장기적으로 바라보면, 아이가 개인 공부 시간을 확보하고 이 시간을 알차게 활용할 수 있도록 이끌어 주는 것이 가장 바람직한 방법입니다.

03

진로 계획에 맞춰
교육 로드맵 세우기

☑ "전공할 것도 아닌데 아이가 피아노를 포기 못 해요."

☑ "진로 체험, 어디에서, 어떻게 시작하나요?"

☑ "꿈이 없는 아이, 그냥 지켜봐야 하나요?"

☑ "아이의 장래희망을 무조건 밀어주어야 할까요?"

☑ "유튜버가 꿈인 아이, 공부에 도통 관심이 없어요."

부모 세대와 다른 꿈을 찾는 아이들

2019년 12월, 교육부와 한국직업능력개발원이 초·중·고 1,200 교의 학생, 학부모, 교원 총 44,078명을 대상으로 조사한 '2019년 초중등 진로 교육 현황 조사' 발표에 따르면 초등학생의 희망 직업에서 유튜버 등 크리에이터가 3위로 나타났다. 유튜버가 3순위 안에 진입한 것은 2007년 조사를 시작한 이래 처음으로, 2017년까지는 20위권 밖에 있다가 2018년에 5위, 2019년에 3위로 급상승한 것이다. 요즘 세대에서는 유튜버(크리에이터)가 줄곧 인기 직업의 하나였던 의사와 어깨를 나란히 하는 셈이다.

그 밖의 조사 결과도 흥미로웠다. 중고생 희망 직업 1위는 여전히 교사였지만 그 비율은 점차 줄어들고 있었다. 장래희망을 선택할 땐 주로 부모와 대중매체의 영향을 많이 받는 것으로 드러났으며, 자유학년제 시행으로 진로 체험 교육이 확대되었지만 진로 체험 교육을 통해 희망 직업을 알게 되었다는 학생은 초 4.1%, 중 6.3%, 고 7.6%에 불과하였다. 특히 중학생의 경우 흥미와 적성, 희망 직업 등 진로에 관한 대화를 부모와 가장 많이 하는 것으로 나타났다. 부모와 희망 직업을 상의하는 초등학생은 일주일에 2~3회, 중학생은 거의 매일, 고등학생은 1회가 가장 많은 것으로 조사되었다.

아이들이 희망 직업군을 선택할 때 우선으로 고려하는 것이 무엇인지도 눈여겨볼 만하다. 다행인 것은 아이들이 '좋아하고 잘해낼

주요 연도별 초등학생 희망 직업군

순위	2009년	2015년	2019년
1	교사	선생님(교사)	운동선수
2	의사	운동선수	교사
3	요리사	요리사	크리에이터
4	과학자	의사	의사
5	가수	경찰	조리사(요리사)
6	경찰	판사, 검사, 변호사	프로게이머
7	야구선수	가수	경찰관
8	패션디자이너	과학자	법률 전문가
9	축구선수	제빵원, 제과원	가수
10	연예인	아나운서, 방송인	뷰티 디자이너
11	치과의사	프로게이머	만화가(웹툰작가)
12	변호사	생명 자연과학자 및 연구원	제과 제빵사
13	유치원 교사	정보시스템 및 보안 전문가	과학자
14	피아니스트	작가, 평론가	컴퓨터 공학자 소프트웨어 개발자
15	프로게이머	수의사	수의사
16	교수	건축가, 건축 디자이너	작가
17	사육사	동물 사육사	배우, 모델
18	판사	만화가	연주가, 작곡가
19	공무원	기계공학 기술자 및 연구원	군인
20	아나운서	패션디자이너	생명 자연과학자 및 연구원

출처: 교육부(2019)

수 있는 일(초 72.5 %, 중 69.7 %, 고 69.0 %)'을 희망 직업으로 선택한다는 응답이 압도적으로 높았다는 것이다.

부모에 의해 장래희망을 결정하기보다 70 %에 해당하는 대다수 아이들은 자신이 좋아하는 일, 잘할 수 있는 일을 희망 직업군으로

초중고 희망 직업 선택 이유

(단위: %)

선택 이유	초등생	중학생	고등학생
내가 좋아하는 일이라서	55.4	50.3	47.9
내가 잘해낼 수 있을 것 같아서	17.1	19.4	21.1
돈을 많이 벌 수 있을 것 같아서	5.4	7.5	7.5
오래 일할 수 있을 것 같아서	1.9	4.7	4.4
나의 발전 가능성이 클 것 같아서	4.3	3.8	5.0
사회에 봉사할 수 있을 것 같아서	5.0	4.4	4.9
일하는 시간과 방법을 스스로 정할 수 있을 것 같아서	0.7	0.7	0.8
내가 아이디어를 내고 창의적으로 일할 것 같아서	5.1	3.2	3.5
사회적으로 인정을 받을 수 있을 것 같아서	2.4	1.5	1.4

출처: 교육부(2019)

선택하였다. 여기서 짚어 봐야 할 것은 부모 세대와 다른 꿈을 꾸는 아이들을 부모가 믿고 지지해 주는가이다. 아이가 현재 기분대로 진로나 장래희망을 결정해 버리는 건 아닌지 불안해서, 아이가 희망하는 직업군이 고생스럽고, 돈도 안 되고, 허황된 것 같아서, 부모가 생각하는 아이의 적성은 따로 있는 것 같아서, 아이의 희망 직업을 밀어주기엔 경제적인 여유가 없어서 등 부모 입장에서 그럴 만한 이유는 얼마든지 많다.

하지만 한창 꿈을 꾸고 자신의 진로를 모색하는 아이에게 그 길목을 미리 차단해서는 안 된다. "그림도 못 그리는 아이가 무슨 패션디자이너야?", "우리 집은 너 유학 보내 줄 형편이 안 되는구나.", "너 소방관이 얼마나 위험한 직업인 줄 알아? 꿈도 꾸지 마!" 하는 말로 아이의 날개를 미리 꺾을 필요는 없다. 희망 직업의 선택 이유에서 알 수 있듯이 아이는 자신이 좋아하는 일, 잘해낼 수 있는 일을 파악하는 능력이 있으며, 좋아하고 잘하는 일은 부모가 큰 힘을 보태지 않아도 아이 스스로 탐색하고 배우려고 한다. 무엇보다 아이는 장래희망에 있어서도 부모의 영향을 가장 많이 받는다. 따라서 아이가 진로 선택을 할 때 부모가 긍정적인 영향을 끼치는 것이 중요하다.

부모는 아이의 첫 진로 상담자이다

교육부의 '2019년 초중등 진로 교육 현황 조사' 결과에서 눈여겨 볼 것이 하나 더 있다. 초중고 아이들이 희망 직업을 알게 된 경로는 '부모님(초 36.0 %, 중 38.7 %, 고 32.8 %)', '대중매체(초 32.1 %, 중 36.6 %, 고 36.3 %)', '웹사이트(초 27.2 %, 중 35.0 %, 고 33.6 %)' 등의 순으로, 초등학생의 경우 부모의 영향력이 가장 크게 나타났다는 것이다.

이 결과를 토대로 교육부는 학부모 대상의 진로 정보를 지속적으로 제공하는 것과 동시에 학생들이 주로 활용하는 매체에 대한 진로 정보 제공을 확대하는 방안이 필요하다고 언급하였다. 즉, 아이가 진로를 선택하는 데 있어 부모의 영향이 중요하며, 부모가 영향력을 올바르게 사용하기 위해서는 학부모 역시 양질의 진로, 진학 정보를 지속적으로 습득하는 것이 필요하다고 본 것이다. 따라서 부모는 아이의 가장 가까운 진로 상담자로서 아이에게 진로 찾는 방법을 가르쳐 주고 안내해야 한다.

❀ **직업 트렌드를 눈여겨보라** 4차 산업혁명 시대가 오면 지금 새로 뜨는 직업과 사라지는 직업이 있기 마련이다. AI나 로봇 등의 상용화로, 영상 진단 의사, 콜센터 직원, 계산원, 제조업 노동자, 물류창고 노동자 등이 사라질지 모른다. 심지어 향후 20년 이내에 회계사, 의사, 판사, 변호사, 약사, 기자 역시 사라지는 직업군으로 꼽힌다. AI나 로봇이 인간보다 잘할 수 있는 영역이기 때문이다. 반면 사물인터넷, 3D 프린팅, 드론, 정보 보호 관련 종사자들은 새롭게 뜨는 직업군으로 주목받고 있다. 직업 트렌드 역시 이전보다 빨리 변하겠지만, 아이와 함께 직업 트렌드에 관심을 갖고 아이의 적성과 관심을 가지치기하는 것도 필요하다.

❀ **아이의 최근 관심사를 일깨워라** 아이는 자신이 무엇을 좋아하는지, 어떤 일을 할 때 시간 가는 줄 모르는지 잘 모를 수 있다. 이 순간이 부모의 세심한 관찰이 필요할 때이다.

부모는 아이가 현재 무엇에 가장 관심이 있는지 눈여겨보도록 한다. 어떤 관심사는 금세 다른 관심거리로 대체되기도 하고, 다른 관심사는 몇 년째 꾸준히 유지되면서 점차 주변으로 확대되기도 한다. 최근 아이의 관심이 어디에 머무르는지 살펴보면 아이가 좋아하는 것, 재미있어하는 것이 눈에 보인다. 그리고 부모가 알게 된 정보는 아이가 진로를 찾을 때 하나의 열쇠가 된다. 장래희망이나 진로를 찾는 데 갈피를 못 잡는 아이에게 "넌 요즘 어떤 것을 할 때 가장 즐겁고 재미있니?", "넌 요즘 무슨 일에 관심이 있어?"라는 질문을 던져도 좋다. 아이 스스로 진로를 찾는 스위치가 될 수 있다.

❀ **아이의 검색 키워드를 살펴보라** 부모와 아이가 같은 컴퓨터를 사용한다면 아이가 주로 검색하는 키워드가 무엇인지 알 수 있다. 유튜브에

접속해도 알고리즘에 의해 관심 동영상 등이 저절로 상위권에 뜨기도 한다. 아이의 최근 관심사를 좀 더 자세히 파악하기 위한 것으로, 아이가 어떤 검색어로 정보를 찾는지, 어떤 동영상을 즐겨 보는지를 통해 아이가 알고 싶은 것, 배우고 싶은 것을 유추해 볼 수 있다.

🌸 **아이의 롤 모델이 누구인지 알아보라** 인생을 살아가는 데 있어 지표로 삼고 싶은 인물이 롤 모델이다. 그 사람의 가치관, 행동, 사고방식, 취미, 대인 관계, 직업 등 모든 면에서 닮고 싶고 따라 하고 싶어진다. 아이에게 롤 모델이 있다면 그 사람의 생각, 언행, 하는 일 등이 멋져 보여 나도 그런 사람이 되고 싶다는 희망을 갖게 된다.

아이가 장래희망이나 진로를 찾을 때 아이가 닮고 싶은 인물, 되고 싶은 인물, 존경하는 인물이 누구인지 알아보는 것도 하나의 단서가 될 수 있다.

🌸 **진로 체험으로 선택의 범위를 넓혀라** 아이가 꿈, 장래희망, 희망 직업을 찾을 때 부모가 적극적으로 아이의 직업, 진로 체험을 도와준다. 초등 고학년 시기의 선택은 때로 불완전한 것일 수 있으므로 진로 탐색과 다양한 체험은 반드시 있어야 할 과정이다.

아이가 유튜버가 되고 싶어 한다면, 인기 유튜버의 도서를 읽어 보거나 강연에 참여하는 등 희망 직업에 대한 부풀린 허상보다 현실적인 측면까지 파악할 수 있도록 도와주어야 한다. 또 관련 분야이지만 아이가 몰랐던 직업을 체험해 보는 것도 필요하다. 아이는 삶의 경험이 부족하기 때문에 직업의 종류나 유망 직종을 잘 모를 수 있다. 진로 선택의 범위를 넓혀 아이가 자신의 꿈에 더 부합하는 직업을 선택할 수 있도록 도와준다.

진로 교육 및 체험, 어떻게 할까

장래희망과 진로는 얼핏 비슷해 보이지만 곰곰이 생각해 보면 다소 의미의 차이가 있다. 장래희망이 막연한 기대나 꿈과 같다면, 진로는 아이의 미래에 대한 구체적인 계획을 전제로 한다.

아이의 장래희망이 한때의 꿈이었다가 사라질 수도 있지만, 아이의 진로로 뚜렷해져 자세히 탐구하고, 체험하고, 단계별 계획으로 구체화될 수도 있다.

막연한 장래희망이 진로가 되기까지 아이는 그 일이 자신의 적성과 흥미에 맞는 일인지 알아보고, 구체적으로 어떤 일을 하는지 체험해 보고, 현실적인 문제를 멘토에게 듣기도 하며, 다양한 경로를 통해 교육받아야 한다.

이 전 과정을 전적으로 학교가 감당하기에는 인력이나 비용 등 여건상 어려운 점이 많다. 그렇기 때문에 부모 역시 다양한 진로 정보를 토대로 아이의 진로 탐색이나 진로 체험을 적극적으로 이끌어야 한다.

❋ **학부모ON누리 전국학부모지원센터(www.parents.go.kr)** 국가평생교육진흥원에서는 학부모의 교육 참여 활성화와 자녀 교육 역량 강화를 위해 '전국학부모지원센터'를 운영하며, 다양한 형태의 학부모 교육 자료를 개발, 제공한다.

〈학부모 ON누리〉 웹진, 정보 소식지 〈드림레터〉, 영상물 〈드림주니어〉, 팟 캐스트 〈진로레시피〉 등 다양한 진로 교육 콘텐츠는 물론,

국내외 교육 정책 동향, 학부모의 교육 참여 및 자녀 교육 정보 등 최신 교육 뉴스를 제공한다. 또한 자기 주도 학습, 진로, 진학, 창의성, 인성 교육 등 자녀 교육과 관련된 핵심 내용을 주제로 온라인 교육 과정도 운영한다. 전국학부모지원센터에 접속하면, e-도서관 카테고리에서 다양한 진로 교육 자료 등을 만날 수 있다.

❋ **진로 정보망 커리어넷(www.career.go.kr)** 초중고 학생을 위한 진로 탐색 프로그램으로 교육부가 지원하고 한국직업능력개발원에서 운영한다. 진로 · 심리 검사는 물론 진로 상담이 가능하고 다양한 직업 · 학과 정보 소개를 만날 수 있다. 진료 교육 및 진로 지도 자료가 제공되며, 다양한 동영상 콘텐츠를 통해 진로 탐색이 가능하다.
또 직업 · 학과 정보 카테고리를 통해 500여 개의 직업 정보, 초등학생과 중학생의 관심 직업, 진로 · 직업 전문가 인터뷰, 미래 직업과 해외 신직업 등을 만날 수 있다. 아이와 함께 살펴볼 만하다.

❋ **진로 체험망 꿈길(www.ggoomgil.go.kr)** 아이들의 다양한 진로 체험을 지원하기 위해 교육부가 운영하는 서비스 플랫폼이다. 각 지역 사회의 진로 체험처를 검색할 수 있고, 진로 체험 유형이나 지역별 진로 체험 지원 센터 정보를 살펴볼 수 있다. 현장직업 체험형 / 직업 실무 체험형 / 현장 견학형 / 학과 체험형 / 캠프형 / 강연형 / 대화형 등 체험 유형에 따라 선택할 수 있으며, 학교와 체험처의 매칭을 통한 맞춤형 진로 체험 활동을 지원한다. 진로 체험을 하기 전, '안전한 진로 체험 핸드북' 카테고리는 부모와 자녀가 함께 읽어 보면 좋다.

❋ **창의인성 교육넷, 크레존(www.crezone.net)** 창의적 체험 활동 프로그램과 진로 · 직업 체험 프로그램을 안내한다. 공연 · 전시, 봉사,

역사 체험, 과학기술, 인문사회, 예체능, 보건, 녹색, 융합 등 세부 분야로 나뉘어 있으며, 창의체험 수업 모델도 엿볼 수 있다. 학부모를 위한 자녀 창의 교육 팁도 유용하며, 자녀와 함께 창의적 진로 체험 가이드 영상도 살펴볼 수 있다.

❋ **원격 영상 진로 멘토링(mentoring.career.go.kr)** 교육부가 지원하고 한국청년기업가정신재단에서 운영한다. 진로정보망 커리어넷에 통합 회원으로 가입하면 이용할 수 있다. 변호사, 국제구호 활동가, 사물인터넷 전문가, 색채 심리 상담가, 주얼리 디자이너 등 아이들이 흥미로워할 다양한 직업군의 전문가가 멘토가 된다.

회원 가입 후 홈페이지에서 수업 시간표를 보고 멘토의 수업을 신청, 실시간 강의를 들을 수 있다. 학교에서 교사와 아동이 참여하는 방식이며, 사후 활동까지 연계하여 수업이 진행된다. 수업 다시 보기 영상이 업로드되어 있으므로, 아이와 원하는 멘토의 강의를 들으면 좋다.

진로, 진학 정보 사이트를 통해 아이의 흥미와 적성을 알아보고 다양한 직업군을 탐색하며 진로 계획을 세워 본다. 진로 체험은 학교와 체험처가 연계하여 진행하는 곳이 많다. 개인적으로 진로 체험을 진행하려면 각 지역구의 '진로직업체험지원센터'를 살펴보거나, 부모 또는 알음알음 지인의 직장에서 체험해 보도록 한다. 진로 체험을 하러 갈 때는 해당 직업군에 대한 기본 지식, 체험 예절, 안전수칙 등을 미리 숙지하게 한다.

진로 계획에 맞추어 사교육 조율하기

　진로와 공부를 처음부터 연결 지을 필요는 없다. 많은 아이들이 진로를 찾을 때 발목을 잡히는 것이 '공부'와 '성적'이다. 의사나 변호사, 과학자 등이 되고 싶어도 공부가 그만한 실력이 되지 못해서 아예 꿈조차 접는 것이다. 어려서 부모가 심어 준 선입견이 문제일 수도 있다.

　"난 ○○○ 교수 같은 멋진 외상외과 의사가 되고 싶어요!", "그러려면 공부 열심히 해야겠네!" 장래희망을 말하자 대뜸 공부, 성적과 연결 짓는 부모의 말 때문에 아이는 의기소침해진다. 게다가 성적이 자신의 기대만큼 나오지 않게 되자 외상외과 의사라는 장래희망을 은근슬쩍 접어버리게 된다.

　공부를 잘해야 원하는 진로를 찾을 수 있다는 순서보다, 아이에게 맞는 진로를 찾게 되면 그 꿈을 이루기 위해 스스로 공부를 하게 된다는 순서로 접근하는 것이 좋다. 처음부터 진로와 공부를 연결하지 말고, 아이의 적성, 꿈, 하고 싶은 일, 좋아하는 일이 진로가 될 수 있도록 도와주는 것이 바람직하다.

　이렇게 공부를 후순위로 두었음에도 아이가 자신이 정말 원하는 진로를 찾았다면 어떻게 해야 할까? 학부모는 아이의 진로에 따라 교육 계획이나 방법, 즉 교육 로드맵을 수정할 필요가 있다. 큐레이터가 되고 싶은 아이에게 과학고에 진학하라며 수학 속진 학원에 보내는 것은 무리가 있기 때문이다.

만약 예체능 분야를 선택하였다고 하더라도 초등 5~6학년은 아이의 진로 변경을 할 좋은 기회이다. 사교육 조율부터 진학 계획까지 변화를 추스를 만한 시간적 여유가 있기 때문이다. 고등학교에 진학한 후 어쩔 수 없이 혹은 갑작스럽게 진로 변경을 한다면, 그만큼 부족한 시간으로 경쟁자를 따라잡아야 하고, 학부모나 학생 모두에게 부담으로 작용할 수 있다.

아이가 진로를 선택하였다면 부모는 다음과 같은 질문을 던져 보고 자녀 교육 로드맵을 어떻게 완성해야 할지 고민한다.

❋ **사교육은 어떻게 해야 할까?** 아이의 진로 선택 후에는 지금 하는 사교육의 적합 여부를 검토해 본다. 진로 선택에 직접적으로 관련 있는 사교육, 교과목 성적 관리에 필요한 사교육, 아이 취미 활동에 필요한 사교육 등 그 목적을 구분하여 예산 내에서 변화를 고민한다.

❋ **진학 계획은 어떻게 짜야 할까?** 아이의 진로 선택에 부합하는 상급 학교가 있기 마련이다. 특목중을 선택할 수도 있고, 고등학교 진학때 특목고, 특성화고, 마이스터고 등 경우의 수가 많으므로 아이의 진로 선택에 좀 더 유리한 진학 계획은 없는지 검토한다.

❋ **전학이 필요하지는 않을까?** 초등 고학년이지만 지역적으로 유리한 학군이 있다면 전학까지도 고려해 볼 수 있다. 진학 계획에 있어 부수적으로 필요한 고민 중 하나이다.

❋ **예상 교육비는 어느 정도일까?** 진로 선택 후 적절한 교육 로드맵을

따르고 직업을 얻게 되기까지 예상 교육비를 가늠해 본다. 가정의 경제적 상황과 무관하게 이루어지는 교육은 없다. 예상 교육비를 어림잡아 보고, 교육비 마련을 어떻게 할 것인지 대책을 마련한다.

❀ **유학이 필요하지는 않을까?** 만약 우리나라에서 적절한 교육을 받기 어려운 상황이라면 유학이나 연수까지 고려해 볼 수 있다.

❀ **필요한 스펙이나 포트폴리오는 무엇일까?** 진로에 맞추어 대학 입시를 고민한다면 스펙 관리나 학교 성적 역시 중요하다. 진로에 필요한 스펙이나 포트폴리오에는 어떤 것이 있는지 알아보고, 이를 얻기 위해 어떤 과정이 필요한지 조사한다.

❀ **정보, 조언을 줄 만한 사람이 있는가?** 가장 가까운 조언자는 부모이다. 하지만 부모가 자녀 진로에 대해 공부한다고 해도 부모가 모든 방면의 진로, 직업에 해박할 수는 없다. 아이의 진로 선택과 과정에 있어서 정보를 나누고 조언을 들을 만한 지인이나 전문가가 있는지 찾아본다. 아이가 멘토로 삼을 만한 인물 또한 떠올린다.

❀ **관련 직업 체험은 어떻게 할까?** 진로 선택의 가닥이 잡히면 진로 체험을 위한 방법을 알아본다. 아이는 진로와 관련된 직업군을 체험하며 자신이 선택한 것이 정말 좋아하는 일인지, 하고 싶은 일인지, 잘할 수 있는 일인지 등을 점검할 수 있다.

초등 5~6학년 아이의 진로는 아직 밑그림에 불과할 수 있다. 언제든 다시 그릴 수 있고 덧칠할 수 있기 때문에 부담을 버려도 되는 단계이다. 그렇다고 지금 아이의 선택을 너무 가볍게 바라봐서도 안 된다. 아이가 진로의 밑그림을 잘 그릴 수 있도록 도와주는 일, 이 밑그림을 아이가 성공적으로 완성하도록 이끌어 주는 것이 더 중요한 역할임을 잊지 말자.

Q1 아이가 원하는 진로를 그대로 지지해 주어야 할까요?

고학년이지만 아직 초등학생이므로 굳이 벌써 진로를 정해야 할지 궁금할 수 있습니다. 초등학교 고학년의 사고 체계는 불안하고, 중학교 자유학년제를 앞두고 있으며, 고등학교의 선택조차 불확실하고, 대학 입학은 감조차 잡히지 않기 때문입니다. 그래도 진로의 밑그림이 그려져 있다면, 자유학년제 때 자신이 원하는 분야를 좀 더 깊이 탐색해 볼 수 있고, 특목고 또는 특성화고 등을 통해 원하는 직업군에 가까워질 수 있으며, 대학 입학 때 전공학과의 범위가 정리될 수 있습니다. 진로의 밑그림은 아이의 미래를 결정할 때 일종의 가이드라인이 됩니다.

만약 아이의 진로에 의구심이 든다면 아이의 성격 유형 진단을 통해 점검해 볼 수 있습니다. 앞서 소개한 진로정보망 커리어넷(www.career.go.kr)의 심리 검사 카테고리에서 직업 적성 검사, 직업 가치관 검사, 진로 성숙도 검사, 직업 흥미 검사 등을 받아봅니다. 초등생 학부모 사이에서 잘 알려진 '두뇌 유형 검사(MSC)'도 시도해 볼 만합니다(236쪽 참조). 온라인에서 쉽게 접할 수 있는 MBTI(Myers-Briggs Type Indicator) 검사도 있습니다.

MBTI 검사는 정신분석학자 칼 구스타브 융(Carl Gustav Jung)의 심리 유형론을 토대로 캐서린 쿡 브릭스(Katharine C. Briggs)와 그의 딸 이사벨 브릭스 마이어스(Isabel Briggs Myers)가 고안해 낸 성격 유형 검사입니다. 시행이 쉽고 간편하여 학교, 직장, 군대 등에서 인·적성 및 성격을 파악하는 데 널리 쓰이고 있습니다.

MBTI 검사는 정신적 에너지의 방향성을 나타내는 외향성-내향성(E-I), 정보 수집을 포함한 인식의 기능을 나타내는 감각형-직관형(S-N), 수집한 정보를 토대로 합리적으로 판단하고 결정을 내리는 사고형-감정형(T-F), 실생활에 대처하는 방식인 판단형-인식형(J-P) 등 4가지 선호 지표를 조합하여 16가지 성격 유형을 보여 줍니다.

아이의 성향이 파악되면 아이가 고른 진로나 직업군이 잘 부합되는지 대략 판단할 수 있습니다. MBTI 검사는 한국적성교육진흥원(www.kaedi.org)에서 온라인으로 신청 가능하며, 유료로 검사를 받을 수 있습니다.

Q2 자기 진로에 대해 진지하게 고민하게 하려면 어떻게 해야 할까요?

교육부와 한국직업능력개발원의 통계 결과에서도 알 수 있듯이 초등학생 응답자의 72.5 %는 희망 직업의 선택 이유를 '좋아하는 일(55.4 %)', '잘할 수 있는 일(17.1 %)'이라고 답하였습니다. 그리고 중학생, 고등학생이 될수록 '좋아하는 일'이라는 응답자의 비율은 줄어들고, '잘할 수 있는 일'의 비율은 점차 증가하였습니다. 따라서 아이와 진로에 대해 이야기를 나눌 때 좋아하는 일, 잘할 수 있는 일을 파악하는 것이 의미 있다고 할 수 있습니다.

다음은 아이가 진로를 진지하게 고민할 수 있도록 부모가 시도하면 좋은 질문들입니다.

• "너는 무슨 일을 좋아해?", "너는 무엇을 할 때 가장 즐겁니?" 좋아하고 즐길 수 있는 일을 찾아야 진로의 열쇠를 발견할 수 있습니다. 심리학자 미하이 칙센트미하이(Mihaly Csikszentmihalyi)는 '몰입'을 강조하며, 아이가 호기심을 갖고 흥미로워하는 분야에 즐겁게 '몰입'할 수 있다면 자기 일에 창의적인 사람이 될 수 있다고 하였습니다.

• "네가 무엇을 잘한다고 생각해?" 다중지능을 주창한 하워드 가드너(Howard Gardner)는 아이의 재능을 발굴할 때, 진로를 고민할 때 아이의 강점 지능을 파악하는 것이 중요하다고 하였습니다. 더불어 아

이 스스로 자신의 강점, 장점이 무엇인지 아는 것이 중요합니다. 자신이 무엇에 재능이 있으며, 어떤 일을 할 때 잘할 수 있는지 아는 것이 진로 선택의 첫걸음이기 때문입니다.

- "너는 어떤 사람이 되고 싶어?", "지금은 어떤 사람이라고 생각해?", "너는 어른이 되었을 때 어떤 인생을 살고 싶어?" 진로란 단순히 직업을 선택하는 문제가 아니라, 어떤 삶을 영위하는가의 문제입니다. 진로는 학업, 일을 중심으로 개인의 삶 전체를 아우른다고 볼 수 있습니다. 단순히 직업, 직장의 선택이 중요한 것이 아니라, 자신이 무슨 일을 하며 어떻게 행복한 삶을 영위할 것인가 깊이 생각해 볼 수 있습니다.

- "너는 무슨 일을 하고 싶어?", "네가 꼭 해야 할 일이 있니?" 자신이 선택할 수 있는 진로의 범위와 기준을 가늠할 수 있습니다. 또 아이가 어떤 일을 할 때 즐거운지, 어떤 일을 잘할 수 있는지, 어떤 일을 하며 행복하게 살고 싶은지에 대한 결론으로 이끌어갈 수 있습니다.

- "너는 무엇을 위해 공부한다고 생각해?", "너는 무엇을 공부하고(배우고) 싶니?" 간혹 연예인, 운동선수, 크리에이터 등을 희망하는 아이 중에는 공부에 흥미를 느끼지 못하는 아이도 있습니다. 아이가 현재의 학교생활과 미래의 진로 선택에 있어 연관성을 찾지 못하고, 학업을 무의미하게 받아들이진 않는지 점검해 볼 필요가 있습니다. 공부가 어떤 역할을 하는지, 정말 공부가 필요 없는지, 현재 자신이 최선을 다해야 할 일은 무엇인지 생각하게끔 도와줍니다.

Q3 장래희망이 없는 아이, 그냥 지켜봐도 괜찮을까요?

장래희망이 없는 것은 어쩌면 당연할 수 있습니다. 초등학교 5~6학년은 학교에서 공부하고, 세상을 탐색하고, 더 많은 사람과 직업군을 경험하며 자신의 진로를 탐색하는 시기입니다. 이 시기에 왜 꿈이 없냐고 다그치는 것은 부모의 과도한 욕심일 수도 있습니다. 아직은 아이가 더 많은 경험을 할 수 있도록 도와주면서 자신이 호기심을 갖고, 흥미를 느끼고, 즐겁게 할 수 있는 일을 찾을 수 있도록 도와주는 것이 선행되어야 합니다.

어쩌면 부모의 그릇된 기대가 장래희망을 정할 때 부담으로 작용할 수도 있습니다.

"전 유튜버가 되고 싶어요."라고 하는 아이에게 "그것도 직업이야? 다른 걸 찾아봐.", "전 초등학교 선생님이 되고 싶어요.", "사내자식이 왜 이리 배포가 작아?", "시인이 되고 싶어요.", "그 직업으로 먹고살겠어?" 하는 식으로 아이의 꿈을 재단하거나 무시한 경우는 없었는지 반성해 봅니다.

성적, 수입, 사회적 지위 등 현실적인 문제부터 거론하며 아이의 장래희망을 꺾어서는 안 됩니다. 아이가 장래희망이나 꿈을 말할 때 긍정적인 태도로 경청하고 공감하는 것이 필요합니다. 아이는 앞으로도 무수한 경험을 하면서 스스로 진로를 수정하고 변경하고 조율하게 됩니다.

부모가 뭐라고 하지 않아도 아이는 자신의 장래희망을 평가할 줄 압니다. 무대 디자이너가 되고 싶지만 미술 분야에 소질이 없어서, 피겨스케이팅 선수가 되고 싶지만 집 안에 경제적 여유가 없어서, 연주가가 되고 싶은데 지금 배우기엔 남들보다 너무 늦은 것 같아서 등 부모에게 말하지 못한 자신만의 사정이 있을 수 있습니다.

특히 이 시기는 사춘기에 진입한 아이들이 많아 가족에게 말하지 못하고 혼자 속앓이를 하기도 합니다. 이런 경우 아이에게 장래희망을 정하라고 닦달해도 소용이 없습니다. 시간적 여유를 갖고 아이의 자신감과 자존감 회복에 관심을 가져야 합니다. 더불어 아이가 더 많은 직업의 세계를 탐색하면서 자신의 장래희망과 진로를 절충할 수 있도록 도와주어야 합니다.

04

사춘기의 불안한 정서, 지혜롭게 극복하기

☑ "학원에서 돌아오면 짜증 내고 신경질을 부려요."

☑ "하루에도 열두 번 변덕을 부려요."

☑ "요즘 들어 아이와 대화할 시간이 줄어들었어요."

☑ "아이가 멋 부리는 데 관심이 많아요."

☑ "아이가 왕따를 당하고 있는 것 같아요. "

아직 공사 중인 전두엽과 완공된 변연계

앞서 사춘기의 신체적 특성과 변화를 살펴봤다면, 이제 정서적 특성에 주의를 기울여야 한다. 부모 역시 이 시기를 '질풍노도의 시기', '주변인' 등으로 불리던 것을 기억할 것이다. 격동적인 감정 변화를 느끼는 시기, 어린아이도 어른도 아닌 어느 쪽에도 속하지 않는 시기라는 의미이다.

사춘기는 아이에서 어른으로 가는 중간 단계에 있으며 감정 변화역시 시시각각 달라져 이미 어른인 부모에게 당혹감을 준다. 혹자의 말대로 '미운 네 살, 미친 다섯 살, 죽이고 싶은 일곱 살'을 지났더니, 그 어떤 표현으로도 감당 안 되는 사춘기를 마주하게 된 셈이다. 과연 사춘기의 정서적 변화와 특성은 무엇이며, 그리고 이런 변화는 왜 찾아온 것일까?

사람은 다른 영장류와 달리 생각하고, 말할 줄 알며, 문자를 만들어 사용할 수 있다. 이것은 인간의 두뇌, 즉 모든 동물 중 가장 주름이 많은 대뇌피질의 뛰어난 기능 때문이다. 대뇌피질 중에서 전두엽은 창의적인 기능은 물론 종합적 판단과 같은 고도의 사고 기능을 담당하고 있다. 그래서 '인간의 뇌', '이성의 뇌'라고 불린다. 가장 지적인 기능을 맡은 두뇌로, 전두엽이 다치거나 손상되면 상상하기, 계획 세우기, 아이디어 구상하기 등과 같은 사고가 어려울 뿐더러 다양한 생각을 하는 것이 어렵고 복잡한 행동으로 이어지기도 힘들다. 인간을 인간답게 만드는 뇌가 바로 전두엽이다. 주의력결핍 과잉행동장애(ADHD)도 생각, 감정, 행동을 조절하고 통제하는 전두엽 발달이 지연되어 나타난다고 본다.

앞에서도 이야기하였듯이 전두엽은 어려서부터 평생을 거쳐 서서히 발달한다. 유아기인 만 3~4세 때 전두엽다운 기능을 갖추기 시작하여 점차 발달 속도를 내게 된다. 초등 저학년인 만 6~7세 때까지 발달 속도가 빨라지며, 전두엽이 활발히 발달하는 이 시기에 창의성, 사고력 또한 폭발적으로 성장한다. 이때 아이에게 필요한 교육은 옳고 그른 것, 규칙과 질서, 예절과 도덕, 친절과 배려 등과 같은 도덕성, 인성과 관련된 것이다. 인간을 인간답게 하는 뇌, 전두엽이 빠른 속도로 발달할 때 아이의 인성, 정서적 안정을 위한 기초를 다져 두어야 하는 것도 이 때문이다. 전두엽과 관련된 신경회로를 활성화함으로써 앞으로 닥쳐올 사춘기, 청소년기에도 아이는 상대방을 존중하고 배려하고, 자신의 욕구, 충동성을 자제하거나 조절하며, 사회 구성원과의 약속, 규칙, 규범을 지킬 수 있게 된다.

전두엽은 만 12~17세, 즉 사춘기 또는 청소년기에 질적인 변화가 일어난다. 이제까지 양적 변화를 위해 빠른 속도로 발달하였다면, 이 시기에는 그간 쌓아왔던 경험을 토대로 일종의 구조적 변화가 일어난다. 전두엽과 관련된 신경회로 중 더 많이, 더 자주 쓰이는 것은 연결이 더욱 탄탄해지지만, 거의 쓰이지 않는 신경회로는 마치 가지치기를 하듯 정리가 된다. 만약 초등 시기에 과도한 학습에 내몰리고, 컴퓨터나 스마트폰 게임에 몰입하고, 가정불화, 방임, 학대, 폭력 등에 노출된 아이라면, 이 경험이 전두엽의 질적인 변화에 부정적인 영향을 미치게 된다. 이 시기에는 전두엽이 리모델링되면서 감정이나 행동, 생각을 불안정하게 만들 수 있다.

대뇌피질의 전두엽이 이성의 뇌, 인간의 뇌라고 한다면, 그보다 더 안에 있는 해마, 편도체, 시상, 시상하부 등으로 이루어진 변연계는 '감정의 뇌'라고 할 수 있다. 감정을 다스리고, 학습과 기억력을 관장하며 호르몬 분비와 연관되어 있다. 희로애락의 감정을 느끼고 표현하는 것, 식욕이나 성욕 등 욕구에 관여하는 것도 변연계이다. 감정 표현은 포유류에만 나타나기 때문에 변연계를 감정의 뇌 또는 포유류의 뇌라고도 한다.

만 12~17세에 대뇌피질의 전두엽이 리모델링 공사 중이라면, 변연계는 이미 공사를 마친 상태가 된다. 다시 말해 이 시기 아이들은 감각 기관이 받아들인 정보에 대해 감정 표현, 감정적 반응을 보이는 것에 거리낌이 없다. 부모의 사소한 질문 하나에도 흥분하거나 분노하고 이것을 말과 행동으로 바로 표현하는 것도 이 때문이다. 변연계 중 편도체가 분노, 폭력성, 공격성과 관련된 역할을 한다. 이것이 부적절한 감정이라면 자신의 말과 행동을 자제해야 한다는 생각은 바로 전두엽이 맡고 있다. 이성의 뇌가 감정의 뇌를 통제하고 조절해야 하는 것이다.

여기 한 가지 재미있는 실험이 있다. 미국의 한 병원 연구팀에서 10대 청소년과 성인을 대상으로 공포를 느끼는 사람 얼굴 사진을 보여 주고 어떤 감정인지 맞춰 보게 하였다. 그리고 기능적 자기 공명영상장치(fMRI)를 통해 확인해 본 결과, 10대 청소년은 사진 속 얼굴의 감정을 읽을 때 편도체가 활성화된 반면, 성인들은 전두엽이 활성화되었다. 청소년들은 사진을 보고 즉시 감정을 읽어냈지만, 성인들은 좀 더 신중하게 사진을 보면서 '왜 그런지', '어떻게 해야 할지' 등을 고민하였다. 호주의 또 다른 연구팀에서는 부모에게 반항심이 심한 10대 청소년의 편도체가 다른 아이들에 비해 더 크다는 사실을 밝힌 바 있다.

사춘기에는 완공된 변연계와 한창 공사 중인 전두엽이 마찰을 일으킨다. 전두엽은 구조적 변화와 함께 리모델링 중이라 감정이 앞선 변연계가 아이의 생각과 말, 행동을 지배하게 된다. 20대 중반이 지나 전두엽이 안정적으로 완공되면 그제야 아이는 자신의 감정, 생각, 말, 행동 등을 이성의 힘으로 자제하고 조절할 수 있다. 전두엽, 변연계의 불균형한 발달이 사춘기 아이들을 잘 흥분하게 하고, 감정 조절을 못하며, 충동성을 억제하지 못하게 만드는 것이다.

Tip 사춘기의 정서적 특성

① 자기중심적, 자율과 독립을 추구하려고 한다.
② 부모보다 또래 관계에 더 신경 쓴다.
③ 이성에 대한 호기심, 성적 호기심이 늘어난다.
④ 외모에 관심이 늘고 타인의 평가에 민감하다.
⑤ 기성 세대의 불합리함에 반발심을 갖는다.
⑥ 감정 표현이 풍부해지고 감정 기복도 심하다.
⑦ 말이나 행동이 충동적일 때가 있다.
⑧ 분노 표출, 공격적인 성향이 늘어난다. 등

※ 위 특성은 개인에 따라 다를 수 있다.

사춘기 행동, 호르몬도 거들고 있다

사춘기의 정서, 행동 변화에는 호르몬이나 신경 전달 물질 탓도 있다. 호르몬은 우리 몸의 한 부분(시상, 시상하부, 뇌하수체, 부신, 이자, 생식기 등 다양하다)에서 분비되어 혈액을 타고 표적 기관에 이동하는 일종의 화학 물질이다.

사람의 감정은 물론, 성장, 성숙, 수면, 식욕, 스트레스, 생리 작용 등을 치밀하게 조절한다. 남성 호르몬인 테스토스테론과 여성 호르몬인 에스트로겐이 남자다운 혹은 여자다운 신체로 변화시키는 사이, 몇몇 호르몬과 신경 전달 물질은 아이들의 신체, 감정, 행동에 영향을 끼친다.

❀ **테스토스테론은 성적 호기심을 불러온다** 테스토스테론은 고환의 정소에서 분비되는데 2차 성징을 강화하고 성적 행동을 일으킨다. 어깨를 넓히고 목소리를 굵게 하는 등 더 남성적으로 변화시키며 경쟁심, 공격성, 지배욕, 자신감 등을 유발한다. 난소에서도 테스토스테론이 분비되지만 남자의 2 %도 안 된다. 몇몇 연구 결과에 따르면 10대 남자아이는 또래 여자아이보다 자위행위를 많이 한다고 한다. 아름다운 이성이나 이성의 특정 신체 부위를 봤을 때, 음란물을 봤을 때 성적 환상을 갖는 것도 테스토스테론 때문이다.

❀ **도파민은 자칫 게임 중독을 불러온다** 전두엽과 해마에 걸쳐 쾌락, 행복을 느끼게 하는 보상회로가 있다. 도파민은 뇌 신경 세포에 흥분을 전달하는 신경 전달 물질로 보상회로에 보상 정보를 전해 준다. 아이

들이 게임이나 음란물에 쾌감, 흥분을 느끼는 것도 뇌에서 도파민이 분비되기 때문이다. 아이가 게임에 몰입하면 할수록 도파민은 더 많이 분비되고, 이 도파민이 하나의 연료가 되어 대뇌의 보상회로가 활성화된다. 보상회로는 계속 도파민을 더 보내라고 요구하게 되고, 결국 지속해서 쾌락, 흥분을 맛보기 위해 게임 중독에 이른다. 학업, 운동, 봉사, 취미 등 바람직한 행위에 쾌감을 느낀다면 도파민이 긍정적으로 쓰이겠지만, 게임이나 자위행위, 폭력, 비행 등 부정적인 일에 쾌감이 반복된다면 도파민 역시 부정적으로 쓰일 수밖에 없다.

❀ **엔도르핀, 세로토닌으로 비관, 우울 등을 이긴다** 많은 뇌과학자들은 초등 시기의 자신감, 행복감, 긍정적 사고가 신경회로의 형성과 신경 전달 물질의 분비를 원활하게 한다고 말한다. 특히 행복감을 느끼게 하는 세로토닌과 모르핀과 같이 일종의 진통제 역할을 하는 엔도르핀의 분비는 우울함이나 고통, 부정적 사고를 이기게 한다. 세로토닌과 엔도르핀의 분비는 즐겁고, 신나고, 행복한 경험을 통해 이루어진다. 어떤 경험으로 세로토닌과 엔도르핀을 분비하게 하느냐는 부모에게 달려 있다. 도파민과 마찬가지로 바람직한 경험이나 행위를 통해 행복감이나 쾌감을 맛보게 하는 것이 중요하다. 이것을 기억하는 아이의 두뇌는 사춘기 때도 긍정적인 행위를 지속하려고 한다.

❀ **스트레스는 코르티솔 분비를 늘린다** 우울, 고통, 불안감, 불행함, 부정적 사고는 신경 전달 물질의 분비를 방해하는 반면, 스트레스 호르몬인 코르티솔의 분비를 늘린다. 코르티솔은 부신피질 호르몬으로 긴장, 공포, 고통, 감염 등과 같은 스트레스 상황에 맞설 때 분비된다. 코르티솔이 분비되면 스트레스와 싸우기 위해 신체 각 기관으로 더 많은 혈액을 보내게 되고 이로 인해 맥박과 호흡이 증가한다. 감

각 기관은 예민해지고 근육은 긴장된다. 사소한 것에도 짜증이나 신경질을 내게 되고, 어깨 근육이 뭉치거나 목이 뻣뻣해지는 등 피로감을 호소할 수 있다. 수면 부족이나 학습 스트레스가 만성화되면 아이의 신체는 위기 상황으로 감지, 식욕을 늘리고 지방을 축적하여 비만이 될 수 있다.

✿ **사춘기에는 성장 호르몬과 성호르몬이 키를 키운다** 사춘기의 외모 변화 중 하나는 2차 성장 급진기라고 불릴 만큼 키 성장이 활발해지는 것이다. 부모는 아이의 성호르몬이 분비되면 초경이나 몽정을 하게 되고 이후에는 아이 성장이 멈추는 것은 아닌지 고민한다. 너무 일찍 성호르몬이 분비되고 초경을 시작하는 것이 문제일 뿐, 사춘기 아이의 키를 키우는 건 성장 호르몬과 성호르몬 둘 다이다. 사춘기가 되면 왕성하게 분비되는 성호르몬이 성장 호르몬과 함께 작용하여 키 성장을 촉진시킨다. 이전에는 키만 큰 어린이였다면, 사춘기 동안 자란 아이는 체형에서부터 청소년티가 나게 된다.

물론 대개의 호르몬이나 신경 전달 물질이 사춘기에만 분비되는 것은 아니다. 하지만 성호르몬만큼은 2차 성징에서 커다란 변화를 가져오고, 도파민과 같은 신경 전달 물질은 자칫 아이의 대뇌 보상 회로에 오류를 일으켜 중독, 폭력, 일탈, 반항, 성행위 등에 반응하게 만들 수 있어 주의가 필요하다.

테스토스테론으로 성적 호기심이 충만한 남자아이가 직간접 경험으로 쾌감을 반복해서 얻는다면 앞으로 더 자주 탐닉하게 될지 모른다. 어려서부터 아이가 무엇으로 즐거움과 행복을 추구하는지 부모가 관심 있게 지켜볼 일이다.

사춘기 딸, 대화의 기술이 필요하다

보편적으로 초등 5~6학년 여자아이는 또래 남자아이보다 성숙하다. 키 성장도 그렇고, 겉으로 드러난 2차 성징의 징후도 더 확연하다. 초경을 시작한 아이도 상당수이고 대다수의 아이들이 주니어 브래지어 정도는 착용한다.

외양 변화와 함께 정서나 행동 변화도 빠르다. 언제나 부모 추종자였던 딸이 이제는 '무조건 예쁘다'는 부모 말보다 '너 배 나와 보여'라고 하는 친구 말에 더 반응하며 저녁밥을 굶는다. 욕실에 들어가 한참을 씻고, 등교할 때 옷 고르는 데만 30분 걸리고, 어떤 컬러의 틴트가 피부색에 잘 맞을지 고민한다. 2차 성징과 함께 사춘기에 진입한 여자아이의 특성은 무엇인지, 그리고 어떻게 키우면 좋을지 알아두자.

❀ **자신만의 비밀이 생긴다** 부모에게 시시콜콜 이야기하던 것을 더 이상 하지 않는다. 갑작스러운 신체 변화에 부끄러움을 느껴 숨기려고 하고, 좋아하는 이성 역시 대놓고 말하지 않는다. 오히려 단짝 친구에게 "이것 비밀인데 말이야……"라고 하면서 털어놓는 일이 많다. 이젠 부모에게조차 말하기 부끄럽기 때문이기도 하고, 친구와 비밀을 공유하며 친밀감을 다지기 위해서이기도 하다. 친구 사이에 있었던 시시콜콜한 일, 남자친구와 있었던 일도 부모는 듣기 어려워진다.

❀ **'그녀'들의 우정이 복잡해진다** 이전까지는 이웃이거나 학원 동선이 비슷하거나 같은 반 짝꿍이 되면 같이 어울려 다니는 일이 많았다.

이제는 친구 사귀기와 관계 유지에 있어서 상당히 민감해진다. 마음에 들어야 혹은 무언가 통하는 구석이 있어서 친해진다. '파자마파티'도 자주 한다.

비밀 유지 및 공유, 의리 같은 자기들끼리의 집단의식이 생기지만, 늘 붙어 다니면서도 은근한 시샘, 질투하는 마음도 갖는다. 감수성이 예민해지는 시기여서 친구 이야기에 금세 상처를 받기도 한다. 싸우기도 하고 화해하기도 하는 등 갈등과 갈등 해소 등을 반복해 겪는다.

❋ **외모에 신경 쓰고 아름다운 것을 좋아한다** 아름다운 것, 예쁜 것을 보면 좋아하게 된다. 시각 중추가 있는 후두엽의 발달 때문이기도 한데, 사춘기에 접어들면 자신의 외모에 신경 쓰고, 예쁜 옷을 입으려고 하고, 성인 여성의 화장을 따라 하고 싶어한다. 잘생기고 춤 잘 추는 아이돌에게 현혹되는 것도 마찬가지이다. 감수성이 풍부하기 때문에 마음에 드는 것을 어떤 식으로든 표현하기도 한다. 단순히 취미를 넘어 '덕질'을 하기도 한다.

❋ **여러 방식으로 반항적인 태도를 보인다** 자기 중심적인 사고를 하기도 하지만 스스로 '다 컸다'라고 생각한다. 누구보다 존중받고 인정받고 싶어서 무언가 자신의 마음에 들지 않으면 신경질을 내거나 짜증을 부리게 된다.

어쩌다 부모의 부당한 말, 권위적인 지시를 마주하면 자신만의 논리로 반항하기도 한다. 남자아이들은 다소 공격적인 태도를 보이는 반면 여자아이들은 짜증이나 신경질을 부리는 편이다. 말이 통하지 않으면 눈물을 흘리기도 한다.

사춘기 딸과 잘 지내기 위해서는 부모가 든든한 조언자가 되어야 한다. 아이의 비밀을 강압적으로 캐묻는다고 아이가 순순히 말할 리 없으므로, 아이가 친구 관계 속에서 고민을 털어놓고 해결도 하는 일련의 과정을 이해하고 기다려 준다. 때가 되고 아이가 이야기할 만하다고 생각하면 스스로 털어놓게 된다. 부모는 좋은 대화 상대로서 아이의 마음 문을 열 수 있는 대화의 기술을 준비하고 있어야 한다. 사춘기 딸과의 대화를 위해 알아두면 좋은 대화법 두 가지를 소개한다.

사춘기 딸과의 대화법

구분	나 메시지(I Message) 전달법	너 메시지(You Message) 전달법
대화 방법	부모가 '나' 주체가 되어 의사 표현을 전하는 방식이다. '너'를 주어로 하여 부정적인 의사 표현을 하는 것보다 '나'를 주어로 하여 간접적인 의사 전달을 한다.	좀 더 직접적인 의사 표현을 할 때는 '너'를 주어로 할 수 있다. 단, '너' 뒤에 따라오는 내용은 긍정의 메시지여야 한다. '너'를 주어로 하는 긍정의 의사 표현 방식이다.
대화 예시	• "네가 유튜브 영상만 보고 공부를 안 하니까 엄마가(내가) 짜증이 나지!" → "엄마(나)는 네가 공부도 하면서 정해진 시간만큼만 유튜브 영상을 보면 안심이 될 것 같아." • "너 밤새 친구랑 카톡 했지? 엄마가 일찍 자라고 했어, 안 했어?" → "엄마(나)는 네가 밤 12시 전에는 잤으면 좋겠어. 그래야 제시간에 일어나고 등교 준비에 덜 허둥댈 것 같아."	• "네가 예쁜 접시에 담아서 주니 더 맛있는 것 같아." • "(네가) 오답 노트 열심히 작성하더니 수학 성적이 올랐네. 정말 대단해!" • "너는 참 성격이 긍정적이라서 친구들이 좋아하는 것 같아." • "네가 친구들을 배려하는 만큼 친구들도 너의 진심을 알아줄 거야."

사춘기 아들, 신체 활동을 늘려라

2차 성징이 그러하듯이 남자아이의 사춘기는 여자아이보다 1~2년, 많게는 3년 정도 늦을 수 있다. 초등 5~6학년 시기를 무사히 보내고 중학교에 진학해서야 사춘기 정서 변화의 조짐이 드러나기도 한다. '중2병'이란 말 역시 사춘기에 진입한 남자아이들의 성향을 과장하여 표현했다고 할 수 있다. 조금 빠를 수 있지만 사춘기 아들의 특성도 미리 알아두자.

✿ **공격적인 행동이 불쑥 튀어나온다** 반감이 생겼을 때 여자아이들이 짜증과 신경질을 내는 쪽이라면 남자아이는 거칠고 공격적인 행동을 보인다. 큰소리로 화를 내기도 하지만, 문을 소리 나게 꽝 닫거나 책가방 등 물건을 집어 던지기도 한다. 자신의 방에 들어와 게임을 방해하는 부모에게 욕설을 하기도 한다.

평소 얌전하다가도 갑작스럽게 이런 행동이 불쑥 튀어나오기 때문에 처음 경험하는 부모는 놀랄 수 있다. 아이의 행동에 맞서서 혼내거나 다그치기보다 남성 호르몬 테스토스테론 때문임을 기억하자. 아직 충동 조절이나 자제하는 힘이 부족할 수 있다.

✿ **어울려 다니는 '패거리'가 생긴다** 여자아이도 그렇듯 남자아이도 자신과 비슷한 성향이나 취미를 가진 아이들과 어울려 다닌다. 혼자 있을 때는 괜찮은데 같이 어울려 다니면서 '패거리 문화'를 따라 하기도 한다.

평소 욕을 하지 않던 아이가 친구들과 PC방에서 게임을 하거나 카톡을 할 때 부모가 듣도 보도 못한 욕이나 은어를 사용하기도 한다. 이 안에서 아이들은 리더를 두거나 서열을 매기기도 한다. 친구 간의 의리나 신뢰를 소중히 한다.

❋ **허세, 우월감, 경쟁심이 나타난다** 여자아이보다 자신의 감정을 인지하고 표현하는 능력은 부족하다. 슬픔, 억울함, 섭섭함 같은 부정적 감정을 참으려고 하고 그것이 남자답다고 생각할 수 있다. 반면 모험심, 공격성 등과 함께 남자다움을 과시하기 위해 우월감, 허세를 드러낼 수 있다. 무엇이든 할 수 있는 것처럼 큰소리치기도 하고, 어떤 것을 자신만 했다고 부풀려 자랑하기도 한다. 공부, 운동, 게임 등에서 친구에게 경쟁심을 갖기도 하고 성취욕을 맛보기도 한다. 어떤 일을 친구보다 잘하였다면 그 일에 몰입하는 경향도 보인다.

❋ **성적 호기심이 많이 생긴다** 테스토스테론의 기능 중 하나는 성적 호기심, 성 충동을 불러오는 것이다. 이성에 관한 관심이 높은 건 여자아이와 마찬가지이지만, 성적 욕구는 여자아이보다 더 많다. 성적 호기심을 풀기 위해 친구들과 음란물을 함께 보기도 하고 자위행위를 한다.

남자아이의 두뇌는 여자아이와 다르며 남성 호르몬의 영향 탓에 공격성, 반항, 허세, 성적 호기심 등이 두드러진다. 우선 딸의 초경과 달리 아들의 첫 몽정은 모르고 지나는 경우가 꽤 있다. 무심한 부모는 아들이 밤사이 팬티를 갈아입은 것도 대수롭지 않게 여길 수 있다.

이 시기에는 몽정 외에도 아들의 신체 변화를 세심히 살피도록 한다. 아빠와 함께 운동 후 사우나에 들렀다면 슬쩍 고환의 크기나 음모 여부를 확인한다. 목젖이 커지거나 코 아래 수염이 길어지는 등 겉으로 드러나는 신체 변화도 잘 살핀다. 아들의 신체 변화를 알게 되었을 때 놀리듯 장난스럽게 말하지 않도록 한다. 딸과 마찬가지로 아들이 자신의 신체 변화를 수치스럽게 여기게 해서는 안 된다. 딸의 초경을 축하하듯 아들 역시 소년에서 청년이 되어가는 것을 축하하고 격려하는 태도를 보여야 한다. 목소리의 변화와 함께 피지 분비, 여드름 등도 살핀다. 성호르몬 때문에 땀이나 피지 등 분비물이 늘어나고 아들 방에서 냄새가 날 수 있으므로 자주 씻도록 일러준다.

중요한 것은 아들이 무엇에 탐닉하고 쾌감을 느끼는지 예의 주시하고, 게임이나 음란물, 성행위에 중독되지 않도록 아이의 관심사를 분산시켜야 한다. 사춘기 아들 키우기의 핵심은 남성 호르몬에 의한 성 충동, 공격적인 성향, 탐닉 등을 어떻게 조절하는가에 달려 있다. 모험심, 공격성, 폭력성, 경쟁심 등은 아이가 스포츠나 신체 활동을 통해 발산할 수 있도록 도와준다. 스포츠를 즐기며 도파민, 세로토닌, 엔도르핀의 분비로 쾌감, 행복, 성취감 등을 자주 경험하도록 도와준다. 몸을 신나게 부대끼고 즐길 수 있는 체험을 통해 쾌감을 맛봄으로써, 게임, 음란물이 주는 쾌감을 완화하도록 한다.

사춘기 아들과 대화할 때는 언제나 그러하듯 공감이 우선이다. 아들의 행동을 나무라기보다 '왜' 그랬는지를 질문하며 아들을 이해하려는 태도를 보인다. "아빠가 PC방 가지 말라고 했지? 돈은 어디서 났어?"라는 다그침보다 "왜 PC방에 가게 된 거니?"라며 이유를 물어보는 것이 우선이다. 아이는 부모의 질문에 반항심을 드러내기보다 적절한 이유를 설명함으로써 부모의 이해를 구하기 마련이다.

아이의 사춘기는 빨리 올 수도, 늦게 올 수도 있다. 또 딸의 사춘기와 아들의 사춘기는 다르다. 초등 5~6학년은 학업에 대한 부담과 사춘기의 정서 변화가 맞물린 시기이므로, 부모는 아이를 '통제'하는 것이 예전만큼 쉽지 않다고 느낀다. 아이는 부모의 통제 대상이 아니다. 부모의 소유물이라고 착각하여 부모 기대대로 아이를 키우겠다는 욕심은 버려야 한다. 아이는 하나의 인격체로 존중받아야 할 대상이며, 아이 자신도 사춘기를 겪으며 그 사실을 확실히 깨닫게 된다.

MEMO

Q1 지나치게 반항적인 아이, 사춘기란 이유로 그냥 넘어가야 할까요?

'이성의 뇌'인 전두엽과 '감정의 뇌' 변연계(편도체)의 불균형은 사춘기 아이에게 여러 가지 정서 변화를 가져옵니다. 감수성이 예민해지고, 감정 표현이 풍부해지며, 좋거나 나쁜 감정의 기복도 심해집니다. 그동안 부모에게 가졌던 반발심도 반항적인 언어, 폭력적인 행위로 강하게 표출될 수 있습니다. 이전보다 민감해져 사소한 일에도 반항적인 태도를 보이기도 합니다. 부모가 평소 강압적이고 권위적인 양육 태도를 보였으면 사춘기 자녀가 반항하는 빈도가 더 잦을 수도 있습니다.

이 경우 아이의 반항적인 태도를 누르려고 더 강한 권위와 고압적인 자세로 대응한다면 아이 또한 더 공격적인 태도를 취하거나 아예 부모로부터 일탈하려는 모습을 보일 수 있습니다. 반항심을 사춘기의 특성으로 이해하고 아이가 이런 태도를 보이는 데 다른 원인 요소가 있는지 알아보는 것이 좋습니다. 학교 폭력이나 성추행 등 누군가에게 말 못할 괴롭힘을 받는 것은 아닌지, 잠재된 피해 의식이 폭발한 것은 아닌지, 계속 머리를 괴롭히는 고민이 있는 것은 아닌지 유심히 살펴야 합니다.

아이의 반항적인 태도가 빈번하다면 차분한 어조로, "무엇 때문에 화가 났는지 말해 줄 수 있니?", "어떻게 해야 너를 도와줄 수 있을까?"라고 물어봅니다. 부모의 말에도 여전히 화를 낸다면 "네가 좀 차분해지면 다시 올게. 그때 나한테 다시 얘기해도 좋아."라고 하며 아이가 감정을 삭일 때까지 기다립니다.

반항의 정도가 심해 심리 치료가 필요한 때도 있습니다. '반항 장애', '품행 장애' 등처럼 부모는 물론 학교 선생님과 친구들에게도 반항, 공격적, 적대적 태도가 6개월 이상 지속될 때입니다. 반항 장애, 품행 장애는 사춘기에만 나타나는 것은 아닙니다. 품행 장애는 반사회적인 행동이나 공격적인 행동이 문제가 되어 타인에게 피해를 끼칩니다. 반항 장애는 초등학생의 1/10 정도가 해당된다고 알려져 있을 만큼 많습니다.

쉽게 화를 내고 짜증을 내는 아이 / 가까운 어른에게 자꾸 말대꾸하고 대드는 아이 / 친구들을 일부러 괴롭히는 아이 / 자신의 잘못인데도 남탓만 하는 아이 / 누군가에게 원한을 갖고 복수하겠다고 덤비는 아이 / 규칙이나 규범을 무시하고 거부하는 아이 등은 유심히 관찰합니다. 아이의 이런 태도가 지속된다면, 전문가의 상담을 받아 보는 것이 좋습니다.

Q2 이성에 대한 호감과 성 충동 차이를 어떻게 알려 줘야 할까요?

10대에 접어든 초등 5~6학년 남자아이는 남성 호르몬에 의해 부모가 익히 알던 행동을 보이게 될 것입니다. 야한 여자 사진이나 예쁜 여자 연예인을 보면서 성적 환상을 갖기도 하고, 자신의 방에서 몰래 자위행위를 할 수도 있습니다. 이것은 정상적인 성적 발달 과정입니다. 성적 호기심 때문에 친구들끼리 몰래 음란물을 돌려 보기도 하고, 책을 펼친 채로 성적 환상이나 상상으로 시간을 허비하기도 합니다.

이때 부모의 역할은 그 어떤 것도 하지 못하게 아이를 혼내는 것이 아니라 아이가 올바른 성 의식을 갖고, 성 충동을 긍정적인 방법으로 발산할 수 있도록 도와주는 것입니다. 아이의 성적 호기심을 부끄러운 일이나 해서는 안 되는 일로 몰아가면 아이는 자신의 성적 호기심과 성욕을 해결하기 위해 더 은밀하거나 음성적인 방법을 찾을지 모릅니다.

그리고 이성에 대한 애정과 성 충동을 혼동하지 않도록 이끌어야 합니다. 여자아이와 달리 남자아이는 이성에게 특별한 호감을 느끼고 있지 않아도 성 충동을 느낄 수 있습니다. 자신이 잘 알고 좋아하는 여자가 아니라 눈앞을 지나는 커다란 가슴과 날씬한 다리의 여성만 봐도 충동을 느낍니다. 이것은 여자를 사랑해서 생기는 욕구가 아니라 성적 흥분으로 발기되어 정액을 배출해야 하는 욕구입니다. 당장은 자위행위로 욕구를 해결하겠지만 나중에라도 좋아하는 이성이 생겼을 때 불쑥 찾아오는 성 충동을 어떻게 해야 하는지 일러줄 필요가 있습니다.

아이에게 섹스, 즉 성행위는 서로 사랑하는 사람끼리 성적 욕구가 일치하고 성행위에 서로 동의함으로써 이루어져야 함을 분명하게 깨닫게 합니다. 더불어 임신, 출산, 질병 등 성행위로 일어날 수 있는 결과를 책임질 수 있을 때까지는 자제해야 한다고 일러줍니다. 사랑하는 이성에게 성행위로 인한 부담을 안겨주기보다 자신의 성 충동을 자제함으로써 배려하는 모습을 보여 주는 것이 더 용기 있는 행위임을 알려 줍니다.

최근 우리 사회는 남성과 여성의 갈등, 젠더 갈등이 많습니다. 성 차이를 인정하고 서로 배려하기보다 성 차이를 약점으로 공격하며 조롱하는 것이 문제입니다. 사춘기 성교육에서 아이가 그릇된 성 인식을 갖지 않도록 하는 것이 무엇보다 중요합니다.

게임만큼 심각한 스마트폰 중독, 우리 아이도 해당될까요?

게임을 통해 쾌감을 경험한 대뇌 보상회로는 더 많은 도파민, 즉 더 큰 쾌감을 보내달라고 자꾸 신호를 보냅니다. 게임을 못하면 게임을 해야 한다는 욕구에 사로잡혀 안절부절못하게 되고, 게임을 하게 되면 비로소 안정감과 즐거움을 느끼게 됩니다.

스마트폰도 마찬가지입니다. 스마트폰을 늘 손에 쥐고 있으면서 자꾸 화면을 열어보고 게임, 영상, 메신저 등 계속해서 이것저것 사용하게 됩니다. 스마트폰을 잠시라도 사용하지 못하게 되면 심심하고 마땅히 할 일도 없고 불안하기까지 합니다. 그뿐만 아니라 스마트폰을 보다가 달려오는 차량을 보지 못해 사고가 나기도 하고, 수업을 방해하며, 시력 저하, 거북목 증후군, 수면 장애와 같은 건강 이상이 생기기도 합니다. 대한신경정신의학회의 아동, 청소년들의 스마트폰 중독 연구들에 따르면 과도한 스마트폰 사용이 강박이나 우울, 불안, 대인기피증 등에 영향을 미친다고 보고되고 있습니다.

우선 스마트쉼센터(www.iapc.or.kr)에 접속해서 우리 아이의 스마트폰 과의존 척도를 간단히 검사해 볼 수 있습니다. 점수에 따라 고위험 / 잠재적 위험 / 일반 사용자군으로 분류됩니다. 아이의 스마트폰 과의존 척도를 확인하였다면 앞으로 스마트폰에 중독되지 않도록, 건강을 해치지 않는 범위에서 스마트폰을 지혜롭게 사용할 수 있도록 이끌어 주어야 합니다.

먼저 아이가 "잠깐만 할게요!"라고 할 때는 "딱 10분만 하자."라고 구체적인 시간을 정해야 합니다. 부모가 아이의 스마트폰 사용 시간을 관리하면서 아이 역시 자기 스스로 사용 시간을 조절할 수 있도록 해야 합니다.

또 가족끼리 스마트폰 사용 약속을 만듭니다. 가족 식사자리에는 절대 스마트폰을 가져오지 않는다 / 거실에서 TV를 함께 볼 때도 스마트폰을 가져오지 않는다 / 잠들기 1시간 전부터 스마트폰을 부모님 방에 두고 충전한다 / 걸어 다닐 때는 스마트폰을 가방 속에 넣어 둔다 / 도서관, 공연장, 영화관처럼 공공장소에서는 무음이나 진동으로 하거나 될 수 있으면 다른 사람에게 피해가 가지 않도록 스마트폰을 꺼둔다 / 나에게 맞지 않은 부적절한 앱은 정리한다 / 스마트폰을 사용한 후에는 눈 건강 체조와 스트레칭을 한다 등 부모와 자녀가 함께 스마트폰 사용 수칙을 정합니다. 사용 수칙은 온 가족이 지키도록 합니다.

Q4 학교 폭력이나 왕따, 어떻게 대처하는 것이 좋을까요?

2020년 3월부터 학교폭력예방법이 일부 개정되어 각 학교의 학교폭력대책자치위원회(학폭위)가 교육지원청 학교폭력대책심의위원회에 이관되어 운영되고 있습니다.

기존 학폭위는 학교 교감이 위원장을 맡고 교사, 학부모, 변호사, 의사 등을 포함한 5~10명의 위원으로 구성되는 것이 일반적이었습니다. 하지만 일선 학교 학폭위 위원 대다수가 법률적 지식이 부족하거나 피해 또는 가해 학생 측과 이해관계가 얽혀 있는 경우가 많아 처분 결과에 반발하는 경우가 잦았습니다. 결국 2020년부터는 학폭위가 각 교육지원청으로 이관되는 것으로 결정되었습니다.

명칭도 학교폭력대책자치위원회에서 학교폭력대책심의위원회로 변경되었습니다. 구성 위원도 기존에는 학부모 위원이 과반 이상이었으나, 이를 1/3로 축소하고, 학부모 위원 대신 법률적 지식이 풍부한 변호사 등 전문 위원이 자리하고 있습니다. 최종 처분권자 역시 학교장에서 교육지원청의 교육장으로 변경되었습니다.

또한 재심 제도가 폐지되고 처분권자가 교육장으로 변경되면서 피해 학생은 재심 대신 행정 심판 청구가 가능해졌습니다. 피해자 가해자 학생 모두 같은 기관에 행정 심판이 가능하므로 만약 처분에 대해 동시 이의 제기를 하게 되면 병합 심리도 가능합니다.

만약 내 아이가 피해를 보았다면 감정적으로 대응하기보다 차분하게 아이의 피해 사실을 객관화할 수 있는 자료를 모아야 합니다. 아이의 일관적인 진술, 사진, 진단서 등이 포함됩니다. 그리고 담임 선생님과 상담 후 학교 폭력 담당 교사 또는 교무실 접수 대장에 신고합니다. 학교에 접수되면 학교는 교육지원청의 학폭위에 사건을 이관하여 조속히 피해자, 가해자 간의 분쟁이 해결될 수 있도록 진행합니다.

내 아이가 가해자인 상황도 벌어질 수 있습니다. 사춘기 특성을 고려하면 공격성, 폭력 성향이 있으면서 충동 조절, 자제력이 부족한 남자아이들의 경우 의도치 않게 이런 일이 생기기도 합니다. 일단 담임 선생님을 통해 피해 학생 부모의 전화번호를 파악하여 연락을 시도합니다. 피해 학생 측의 이야기를 잘 듣고 공감하며 진심 어린 사과부터 해야 합니다. 그래야 피해 학생 측과 부모의 마음을 위로할 수 있습니다. 치료비, 재물 손괴 등의 피해 역시 보상을 해주어야 합니다. 무리한 액수일 때는 조율이 필요하겠지만 자칫 민사소송으로 갈 우려가 있으니 원만히 합의하는 것도 방법입니다.

건강 습관

05

평생 가는
바른 습관 완성하기

☑ "아들 방문을 열었더니 이상한 냄새가 나요."

☑ "아이가 생리통이 심해서 결석이 잦아요."

☑ "초등학교 여자아이도 산부인과에 가야 하나요?"

☑ "다이어트를 한다고 식사를 자주 걸러요."

☑ "용돈을 받으면 첫날에 다 써 버려요."

초등 고학년, 돌봄 사각지대 해결하기

어른의 손길이 필요한 초등 1~2학년에 비하면 초등 5~6학년은 혼자 라면도 끓여 먹고 자기 방도 청소할 수 있을 만큼 다 자랐다. 맞벌이 부모 역시 아이가 초등 고학년이 되면 일단 한숨 돌린다. 알림장, 과제, 방과후교실, 체험 학습 등 하나하나 신경 썼던 것에 비하면 고학년은 스스로 해낼 수 있는 일들이 많다.

돌봄교실 우선 대상자가 아닌 탓도 있지만, 고학년 아이는 부모가 바쁠 경우 혼자 방임되는 경우가 많다. 부모가 귀가할 때까지 3~4곳의 학원에 다니는 아이는 그나마 좀 나은 편이다. 오후 2~3시에 학교 수업을 마치면 학원 셔틀 버스를 타고 이동하는 아이들과 달리 학교 놀이터나 인근 공원 등을 배회하다 저녁이 되어 집으로 향하는 경우도 있다. 학원 끝나고 오는 친구들을 기다리기도 하지만, 동네 공원이나 PC방, 편의점을 등을 오가다 학교 폭력, 아동 범죄 등에 노출되기도 한다. 어른이 없을 때 집으로 친구들을 데리고 와서 게임을 하기도 한다.

일선 학교에서는 '학부모 폴리스', '폴리스 맘' 등의 봉사단을 조직, 하교 후 학교 인근을 순찰하며 배회하는 아이들을 선도하고 있다. 사춘기에 접어들어 감수성이 예민하고, 감정 기복이 심하며, 자기중심적이며, 독립적인 아이들이 혼자 있는 시간을 어떻게 보낼지는 부모가 깊이 고민해 봐야 할 문제이다. 초등 고학년의 방과 후 돌봄 역시 학원, 아동돌보미, 사설 시터, 조부모, 이웃 등에 의존할 수밖에 없다. 이것조차 비용, 이용 시간 한정, 우선 대상자 여부, 전문성, 인성 등의 문제로 현실적으로는 100 % 의존하기 어렵다.

2019년 서울시에서는 빈틈없이 촘촘한 초등 돌봄을 실현하기 위해 온마을 돌봄 체계인 '우리동네키움센터'를 구축하고 103개소로 확장하여 운영하고 있다. 우리동네키움센터는 초등학교의 정규 교육 이외의 시간 동안 돌봄 서비스를 제공하기 위해 시·도지사 및 시장·군수·구청장이 설치·운영하는 시설이다. 2022년까지 400개소를 확충, 걸어서 10분 거리마다 센터를 설치할 예정이다.

서울시 우리동네키움센터 이용하기

이용 절차	① 이용을 희망하는 가까운 우리동네키움센터에 입소 전화 상담. 또는 방문 상담하기 ② 우리동네키움포털(iseoul.seoul.go.kr/icare)에서 서비스 신청서 및 개인정보 수집 이용 및 제공 동의서 제출하기 ③ 서류 검토 후 입소 우선순위에 따라 신청인에게 이용 결정 통보하기(이메일 또는 유무선 전화) ④ '응급처치 및 귀가 동의서' 제출 및 돌봄서비스 받기
돌봄 방식	① 종일 돌봄: 일정한 기간이 정해진 정기적 돌봄으로 매일 센터 서비스 제공 시간 중 2시간 이상 이용 ② 시간제 돌봄: 일정한 기간이 정해져 있으나 2시간 기준으로 단시간(2시간 이내) 혹은 요일별(2시간 이상) 이용 ③ 일시 돌봄: 학교 휴업 및 공휴일, 이용자의 긴급 사유 발생 등으로 갑자기 발생한 비정기적 이용
운영 시간	① 학기 중: 오후 2시부터 저녁 7시까지 ② 장 단기 방학 중: 오전 9시부터 저녁 6시까지
이용료	자치구에 따라 다를 수 있으나 이용 아동 1인당 월 5만 원 이내 (급식, 간식 제공의 경우 추가 부담)

만 6~12세까지, 초등학생이라면 누구나 원하는 시간에 이용할 수 있는 '놀이와 쉼'이 있는 공간으로, 맞벌이 부모나 한부모 가정, 조손 가정 등의 방과 후, 방학, 휴일 등 틈새 돌봄을 메워 주는 서비스를 제공한다. 집과 학교 가까운 곳에 있어 아이들이 학교, 학원 수업 사이사이 자유롭게 이용할 수 있다. 돌봄 선생님이 상주하여 아이들이 과제를 하거나, 놀이 또는 휴식이 가능하다.

우리동네키움포털(iseoul.seoul.go.kr/icare)에서는 우리동네키움센터를 비롯하여 '공동육아나눔터(만 18세 미만의 자녀나 부모)', '초등 돌봄교실(초등 1~6학년 대상)', '지역아동센터(만 18세 미만)' 등 초등 고학년 아동 돌봄에 대한 내용을 확인할 수 있다.

보건복지부가 주관하는 '다함께돌봄' 사업을 통해서도 '다함께돌봄센터'를 만날 수 있다. 6~12세 아동(초등학생 중심) 대상으로 시행 중이며, 2019년 현재 전국 41개소로 규모가 작은 각 지자체 운영 방식에 따라 우선 대상자가 있을 수 있으므로 가까운 센터를 통해 이용 및 신청 방법을 확인한다.

다함께돌봄 사업

지원 대상	돌봄이 필요한 만 6~12세(초등학생) 아동
선정 기준	지자체 여건에 따라 입소 우선 대상자를 정함 예: 다자녀 가정, 맞벌이 가정, 초등 저학년 가정 등
지원 내용	돌봄이 필요한 아동에게 상시·일시 돌봄, 방과 후 프로그램 연계, 등·하원 지원, 정보 제공 등 다양한 형태의 지역 맞춤형 돌봄 서비스를 제공
이용료	10만 원 이내(운영 사정에 따라 센터별 상이)
이용 안내	다함께돌봄센터 설치·운영 지자체에 방문, 전화

용돈으로 건강한 소비 습관 만들기

친구들과 어울려 다니는 시간이 늘어난 만큼 용돈을 요구하는 아이들도 늘어난다. 부모들도 용돈을 주느냐 마느냐의 문제가 아닌, 얼마를 주느냐로 고민하는 경우가 대다수이다. 부모들이 이용하는 온라인 커뮤니티에서는 종종 '초등 ○학년인데 일주일 용돈 얼마 주느냐?'라는 질문이 올라온다. 답변은 하루 1천 원부터 일주일에 2만 원 등 천차만별이다.

가정교육 원칙, 생활비 규모에 따라 부모가 적정하다고 생각하는 선에서 지급하는 것이 맞다. 하지만 친구들보다 너무 적은 금액 혹은 과도한 금액을 지급할 경우 또래 관계나 소비 습관에 문제가 생길 수 있다. 아예 용돈을 주지 않거나 턱없이 부족하게 준다면 아이는 갖고 싶은 것, 먹고 싶은 것을 다른 방법(훔치거나 갈취하기 등)으로 얻으려고 할 수 있다. 반면 너무 많은 용돈은 학교 폭력, 괴롭힘의 대상으로 만들 수 있으므로 주의한다.

❋ **용돈은 주급 단위가 적정하다** 초등 5학년이 되면 〈실과〉 과목을 통해 용돈 관리에 대해 배우게 된다. 용돈 기입장 작성하는 법은 물론 기본적인 금융, 경제 활동과 합리적인 소비 습관이 담겨 있다.

초등 저학년 때에는 그때그때 받아쓰거나 1일 단위, 3일 단위로 받았다면 초등 고학년에는 1주 단위로 지급하는 것이 적정하다. 돈의 규모와 사용 기한에 맞추어 쓰임새를 요령 있게 분배하기에 알맞다. 1개월 단위는 아이가 1주 단위 용돈을 잘 운용한다는 믿음이 생기고, 바람직한 소비 습관이 몸에 배었을 때 가능하다. 용돈을 받자마자 첫날 다 써 버리는 아이라면 1개월 단위 용돈은 깊이 생각해 봐야 하기 때문이다.

✿ **용돈 기입장을 작성하게 한다** 매일매일의 계획과 지출이 담겨 있어 일종의 경제, 소비 일기장과 같다고 할 수 있다. 받은 용돈(수입)은 얼마인지, 쓴 용돈(지출)은 어디에, 얼마인지 등 매일 항목별로 작성하고 잔액이 얼마 남았는지 적으면 된다. 1주에 한 번 또는 1개월에 한 번씩 결산을 통해 어디에 얼마를 썼는지, 이월된 잔액은 얼마인지 등 부모가 확인하는 것도 좋다. 아이가 어디에 얼마나 쓰는지 등 소비 흐름을 알 수 있으며, 아이들에게 올바른 소비 습관과 경제 관념을 길러 줄 수 있다.

✿ **저금통은 가까운 곳에 둔다** 아이 눈높이에 맞추어 저금통을 놓아둔다. 용돈을 받자마자 일부 떼어내어 넣거나 동전 잔액을 모아두는 용도로 사용하게 한다. 저금통을 가득 채우면 이것을 다시 개인 계좌에 입금하는 습관을 길러 준다. '자전거', '야구 글러브', '친구 선물', '엄마 아빠 결혼기념일' 등 아이가 용돈으로 특별히 장만하거나 하고 싶은 일이 있을 때 저금통을 활용하도록 한다.

✿ **아이 명의 계좌로 금융 기관 이용을 체험한다** 세뱃돈, 친척 용돈 등 명절이면 목돈이 생기기도 한다. 이 목돈을 부모가 관리한다고 가져가기보다 아이 명의로 개설한 계좌에 저축하도록 한다. 이 개인 통장은 대학 등록금이나 해외 어학연수 등 나중에 좀 더 큰 지출을 위한 계획에 사용할 수 있게끔 한다.

계좌를 개설할 때는 아이와 함께 은행에 방문, 금융 기관 이용하는 법을 체험해 보게 한다. 점차 종이 통장 발급이 사라지고 인터넷 뱅킹, 모바일 금융이 보편화되고 있는 추세이다. 은행에 따라 고객이 먼저 종이 통장을 요청할 경우(비용 추가), 만 60세 이상일 경우 발급이 가능하다. 현금 인출기, 스마트폰, 인터넷을 통한 입출금 거래가 간단해진 만큼 아이가 자신의 계좌에서 마음대로 돈을 찾아가는 일이 벌어지지 않도록 조치를 취한다. 아이와 함께, 아이 명의로 계좌를 개설하되 그 밖의 것은 부모가 관리하는 것이 좋다. 입금할 때마다 잔액 확인을 함께 해 보는 선이 적정하다.

❀ **부족한 용돈은 집안일 돕기를 통해 보충한다** 갑작스럽게 친구 생일이나 다른 일이 생겨 용돈이 부족하게 될 때 집안일 돕기, 심부름 등을 통해 보충하게 한다. 용돈을 달라는 대로 주면 올바른 소비 습관을 기를 수 없다. 저녁 식사 설거지, 신발장 정리하기 등 평소 엄마 아빠가 해왔던 일을 대신하며 아이가 그에 상응하는 돈을 받을 수 있도록 한다. 단, 자기 방 청소하기, 책장 정리하기 등 자신이 해야 할 일은 집안일 돕기에 해당하지 않는다.

지금의 청결, 위생 습관이 평생 간다

2차 성징의 발현 이후에는 이전보다 청결, 위생에 신경을 써야 한다. 이 시기에는 특히 호르몬 분비의 변화로 땀샘, 피지선에서 지나치게 분비량이 늘어난다. 이전보다 땀이 많이 나고 냄새도 심해진다.

보통 냄새는 여자아이에 비해 신체 활동량이 많은 남자아이가 더 심한 편이다. 심지어 가족력에 액취증이 있다면 아이 역시 사춘기 이후 액취증이 나타날 수도 있다. 아이 역시 이 점을 인지하고 타인에게 불쾌감을 주지 않도록 이전보다 청결하게 자신을 가꾸는 습관을 길러야 한다. 지금의 습관은 앞으로 아이가 성인이 되어서도 꾸준히 지켜야 할 것들이다.

❀ **잘 씻고 바르는 것이 최선이다** 귀가하였을 때, 또 신체 활동으로 땀을 많이 흘렸을 때는 반드시 샤워하는 습관을 들인다. 땀을 그대로 내버려두거나 말리면 불쾌한 냄새를 유발하는 것은 물론 피부 트러블을 일으킬 수 있다.

속옷도 매일 갈아입고, 피지 분비를 조절하면서 향이 좋은 피부 관리 제품도 바른다. 특히 남자아이의 방은 자주 환기하도록 한다. 문을 닫고 한참 있다 보면 아이의 땀, 피지 냄새가 뒤엉켜 마치 홀아비 냄새가 나기도 한다. 공기청정기, 방향제를 두는 것도 좋다.

❀ **면도는 원하는 시기에 시작한다** 초등 5학년인데도 코밑이 거뭇거뭇한 아이들도 있다. 면도를 하려고 해도 면도할수록 털이 더 굵어지고 진해진다거나 면도를 하기 시작하면 계속해야 한다 등의 이유로 차일피일 미루게 된다. 솔직히 미관상 수염이 깨끗해 보일 리 없다. 아이가 원하면 언제든 면도를 시작해도 괜찮다.

전기 면도기와 날 면도기가 있는데, 피부가 연약한 경우 전기 면도기를 사용하기도 한다. 날 면도기를 사용한다면 우선 건조한 수염을 촉촉하게 해 주어야 한다. 일반 비누 거품을 사용할 수 있지만, 따뜻한 물로 세안 후 면도용 거품이나 젤 등 전용 제품을 사용하는 것이 민감한 피부에 알맞다.

아빠 혹은 엄마가 시범을 보이며 알려 주도록 한다. 면도기는 감염의 위험 때문에 다른 사람과 함께 사용하지 않는 것이 원칙이다. 사용한 면도기는 잘 헹궈 머리가 위쪽으로 오게 하여 건조한 곳에 보관한다.

❀ **올바른 화장법을 일러준다** 초등 고학년 여자아이도 화장을 하는 경우가 있다. 화장품에 포함된 유해 물질이 당연히 연약한 피부에 이로울 리 없으므로, 될 수 있으면 화장은 늦게 시작하도록 한다. 만약 어쩔 수 없이 하게 된다면 올바른 화장법을 알려 주고 특별한 날(생일파티 참석, 남자친구 만남, 결혼식 방문 등)에만 짧은 시간 동안 하는 것으로 아이와 약속한다.

올바른 사용법으로는 ① 화장 전 깨끗하게 손 씻기 ② 변질 우려가 있으므로 화장품 뚜껑을 꼭 닫고 서늘한 곳에 보관하기 ③ 오염 예방을 위해 다른 사람과 함께 사용하지 않기 ④ 화장품 외 화장 도구도 정기적으로 씻고 깨끗하게 보관하기 ⑤ '어린이 전용 제품'으로 유통 기한이 안전한 것 사용하기 ⑥ 화장을 지울 때는 꼼꼼하게 이중 세안하기 등이 있다.

❀ **위생 팬티, 생리대 착용에 주의한다** 생리량이나 생리대 크기에 따라 생리대 교체 시간에 차이가 있을 수 있다. 하지만 생리대 하나를 너무 오래 착용하고 있는 것은 냄새, 샘, 세균 증식 등 위생상 좋지 않다. 생리 중일 때는 위생 팬티를 착용하게 하고, 생리대는 2~3시간 간격으로 교체하는 것이 알맞다.

또 생리대를 교체할 때마다 물티슈나 휴지로 잘 닦아주고, 샤워할 때는 흐르는 물에 잘 씻도록 한다. 속옷은 매일 갈아입도록 한다. 평소 생리대를 보관할 때는 욕실 수납장이 아닌, 습하지 않고 직사광선이 없는 곳이 적당하다. 개봉한 생리대는 밀폐 용기나 지퍼백 등에 보관하면 오염, 변질 가능성이 줄어든다.

사춘기 여드름, 심해지기 전에 치료하기

여드름은 호르몬 분비와 함께 피지선이 발달하면서 모공이 과도한 피지와 노폐물로 막혀 염증이 일어나는 질환이다. 유전적인 영향도 있어 만약 엄마 아빠가 여드름이 심하게 났었다면 자녀 역시 중증 여드름이 발생할 위험이 2~3배 높다.

특히 성인 여드름과 달리 피지선 발달이 진행되는 과정에 따라 여드름 부위가 옮겨지는데, 처음에는 T존 부위라고 하는 이마와 코부터 시작, 그다음에는 볼, 이후에는 입가에 생기는 경우가 많다. 피지선 발달이 과도한 경우 특정 부위 없이 얼굴 전체에 여드름이 나오기도 한다.

보통 수면 부족이나 스트레스, 식습관, 변비, 생리 주기에 따라 여드름이 심해졌다 가라앉았다 반복한다. 사춘기 여드름을 내버려두면 외모에 관심이 많을 때 콤플렉스에 시달리기도 하고, 성인 여드름으로 이어질 수도 있다. 더 심해지기 전에 생활습관 변화와 피부 관리로 여드름 증상을 완화하도록 한다.

❀ **예방을 위해 세안은 꼼꼼하게 한다** 여드름의 직접적인 원인은 피지와 노폐물 때문이다. 모공에 쌓인 피지와 노폐물이 염증을 일으켰기 때문인데, 여드름을 예방하기 위해서는 평소 세안을 꼼꼼하게 하는 것이 중요하다. 만약 아이 피부가 지나치게 번들거리고 이마에 하나둘 뽀루지가 돋기 시작하면 피지 제거에 효과적인 지성 피부용 세안제를 사용하는 것도 방법이다. 연약한 피부에 알맞은 천연 제품 중에서 선택한다. 너무 잦은 세안은 피부 보호막을 파괴하므로 하루 2회 사용이 알맞다.

❀ **여드름을 악화시키는 식품은 따로 있다** 햄버거, 피자, 라면, 초콜릿 등 인스턴트 식품이나 패스트푸드는 혈당을 급격히 올려 여드름을 유발한다고 한다. 과도한 유제품 역시 여드름을 악화시키는 요인으로 알려져 있다. 따라서 여드름을 완화시키기 위해서는 곡물, 채소, 과일을 주로 섭취하게 한다. 이러한 음식물은 여드름을 유발하는 변비 예방에도 효과적이다.

❀ **잠을 충분히 자야 한다** 수면 부족이나 스트레스도 여드름을 심하게 한다. 충분히 수면을 취해야 여드름으로 손상된 염증 조직이 더 빨리 회복된다. 부족한 수면은 염증을 심하게 하고 또 다른 여드름을 불러온다.

❁ **아이가 손으로 직접 짜지 않게 한다** 염증이 볼록 올라오면 미관상 좋지 않아 아이가 직접 짜내는 일이 생긴다. 하지만 불결한 손톱으로 여드름을 압출하면 오히려 세균에 감염되어 염증이 심해지고 손톱에 의해 주변 피부에 상처를 낼 수 있다. 그러므로 그냥 두는 것이 상책이며 절대 손으로 짜내는 일이 없도록 한다. 염증이 노랗게 올라오면 아이가 무의식적으로 짜내지 않도록 패치를 붙여 두는 것도 효과적이다.

❁ **방치하기보다 피부과에서 치료받는다** 한 연구 보고에 따르면 초등학교 6학년 학생 2명 중 1명은 여드름 환자라고 한다. 아동의 여드름 치료는 성인 여드름 치료와 달리 조금 더 세심하게 이루어져야 한다. 호르몬 분비가 왕성한 사춘기에는 여드름을 치료했더라도 다시 재발하는 경우도 많아 공부에 신경 써야 할 아이들이 스트레스를 받기도 한다. 따라서 여드름을 방치하거나 아이가 혼자 잘못 관리했다가 깊은 흉터를 남길 수 있는 만큼 피부과에서 전문적인 치료와 관리를 받는 것이 좋다.

Q1 만 12세에 자궁경부암 예방 접종을 하라고 하는데, 꼭 해야 하나요? 부작용은 없나요?

자궁경부암은 인유두종 바이러스(이하 HPV, human immunodeficiency virus)에 의해 발병될 확률이 높으며 이 바이러스는 성관계를 통해 감염된다고 알려져 있습니다. 그렇다면 성인이 된 이후 접종해도 충분한데, 왜 만 12세에 접종하라고 권하는 것일까요?

자궁경부암은 여성의 자궁 입구인 자궁경부에 발생하는 생식기 암으로, 2016년 우리나라 여성 암 진단 중 7위에 해당할 만큼 발병률이 높습니다. 자궁경부암 환자의 대부분에서 HPV가 발견되었으며, 이것이 암 발생 위험도를 10배 이상 증가시킨다고 합니다. HPV는 성관계를 통해 전파되며, 성생활을 시작하면 대부분 한 번 이상 감염될 수 있다고 합니다. 반드시 자궁경부암을 유발하는 건 아니기 때문에 감염되었더라도 70~80 %는 1~2년 이내에 자연적으로 치유되기도 합니다. 우리나라 성인 여성 10명 중 1~2명, 남성 10명 중 1명이 HPV에 감염되어 있습니다. 이른 나이에 성관계를 시작하였거나 성관계를 맺는 상대가 많을수록 감염될 확률이 높다고 합니다.

우리나라에서는 2016년부터 HPV 백신이 국가 예방 접종으로 도입되었으며 2가·4가 백신, 6개월 간격으로 2회/무료 접종을 시행하고 있습니다. 식품의약품안전처의 허가를 받은 HPV 2가, 4가, 9가 백신의 접종 가능 연령은 만 9~26세이며 3회 접종을 기준으로 합니다. 하지만 만 9~13세(2가 백신은 14세)의 경우 2회 접종과 3회 접종의 효과가 같기 때문에 2회만 접종하고, 만 14세(2가 백신은 15세) 이상은 3회 접종합니다.

자궁경부암 예방을 위해서는 HPV 백신 접종이 필요한데 성 경험 평균 시작 연령, 예방 접종 비용 및 효과, 접종 횟수 등을 고려하면 만 12세 이하 접종이 적합하다고 합니다.

2013년부터 HPV 백신 접종을 시작한 일본에서 접종 후 통증, 경련, 사지 마비 등의 부작용 사례가 보고되어 논란이 되기도 하였지만, 우리나라의 경우 아직 HPV 백신 접종으로 식품의약품안전처에 보고된 부작용 사례는 없습니다. 미국이나 유럽의 많은 국가들이 부작용에도 불구하고 HPV 접종을 시행하는 이유는, 접종하지 않고 질병에 걸리는 것보다 접종으로 질병을 예방하는 것이 사회적 비용 손실을 줄이고, 개인의 건강 유지에 훨씬 도움이 된다고 보기 때문입니다. HPV 백신의 안전성은 2014년 세계보건기구(WHO), 2015년 미국 질병통제국(CDC), 2015년 유럽 식약처, 대한부인종양학회 등에서 공식적으로 발표한 바 있습니다.

사춘기 딸이 다이어트 하겠다고 고집 부려요. 어떻게 해야 할까요?

만약 사춘기 딸이 체중 감량을 하겠다고 한다면 식이 다이어트만큼은 될 수 있으면 말리는 것이 좋습니다. 2차 성장 급진기를 마무리해야 하는 시기인데 충분한 영양 섭취가 따르지 않으면 제 키만큼 다 자라지 못하고 최종 키에 도달할 수 있습니다. 또 부족한 영양은 정상적인 호르몬 분비를 방해하고, 심각할 경우 생리불순, 탈모 등과 같은 문제를 불러옵니다. 절대적으로 섭취량이 부족하면 변비가 생기기 쉽고 이로 인해 여드름도 악화될 수 있습니다.

이 시기에는 아이의 정상적인 성장 발달을 위해 '체중은 유지'하되 '키가 잘 자라게' 하는 것이 중요합니다. 체중은 그대로이면서 키가 크면 한층 더 날씬해 보이는 효과를 얻을 수 있습니다. 그러려면 식단의 열량은 낮추고 성장에 필요한 영양소는 골고루 섭취하게 합니다.

식단 구성은 저열량, 저탄수화물, 저지방, 고단백이 원칙입니다. 조리법은 튀김이나 지지는 요리보다 찜이나 데친 요리가 더 적절합니다. 밥의 양은 줄이고, 당근, 오이, 방울토마토 등 부식으로 부족한 밥의 양을 대체하는 것도 좋습니다.

또 패스트푸드와 인스턴트 식품을 줄이고 야식 먹는 습관이나 빨리 먹는 습관 등도 고치도록 합니다. 청량음료는 인 함량이 높아 뼈에서 칼슘을 빠져나가게 하므로 될 수 있으면 삼가도록 합니다. 단백질 외에도 칼슘, 아이오딘, 비타민 D, 비타민 K 등의 영양소는 근골격 성장에 도움이 됩니다. 푸른 잎 채소, 해조류, 뼈째 먹는 생선, 우유 등을 섭취하고 비타민 D 생성을 위해 하루 30분 이상 햇볕을 쬐도록 합니다.

일상에서 운동량을 늘리는 노력도 필요합니다. 엘리베이터 3개 층 먼저 내려 계단 오르기, 걸어서 학원 다니기 등 좀 더 많이 걷는 생활 습관을 기릅니다. 1주일에 3회, 1회에 30~40분은 땀이 날 정도로 운동하는 것도 필요합니다. 줄넘기는 아이의 성장판을 자극하여 키를 키우는 데 도움이 되는 운동이므로 매일 규칙적으로 줄넘기를 하거나 가까운 둘레길을 빠른 걸음으로 걷는 것도 효과적입니다. 배가 나왔거나 하체가 유독 비만한 경우라면 지속적인 스트레칭이나 마사지를 통해 꾸준히 관리하도록 합니다. 충분한 수면과 규칙적인 생활 습관도 체중 감량에 도움이 됩니다.

식습관의 변화와 꾸준한 운동 습관은 아이 혼자만의 노력으로는 어렵습니다. 부모가 아이의 의지를 칭찬하며 올바른 방법으로 체중 감량을 할 수 있도록 협조해 주는 것이 더욱 중요합니다.

Q3 여기저기 아프다는 아이, 혹시 스트레스 때문일까요?

　스트레스는 두통, 복통, 요통 등 여러 통증을 불러올 수 있습니다. 신경성 복통, 긴장성 복통이라는 명칭이 있을 만큼 통증은 심리적인 상황과 많이 연관되어 있습니다.

　무엇인가 회피하고 싶은 순간에도 통증의 신호가 찾아옵니다. 아이는 자신이 하기 싫은 일, 벗어나고 싶은 일이 있을 때 '배 아파', '머리 아파'라는 식으로 그 위기를 모면하려고 듭니다. 아이가 유독 공부해야 할 순간에 이런 징후를 보인다면 무조건 참으라고 하거나 혼내기보다 혹시 과도한 학습이 스트레스의 원인은 아닌지 확인해야 합니다.

　알아야 할 것은 신경성 복통, 긴장성 복통이 실제로 아프고 아이를 더 아프게 할 수 있다는 사실입니다. 하나도 안 아픈데 거짓말로 꾀병을 부리는 것은 아닙니다. 아이는 진짜로 머리가 쿡쿡 쑤시고 배가 아픕니다. 실제로 위장은 스트레스나 감정 변화에 매우 민감한 장기이며, 위산 분비, 연동 운동 등이 영향을 많이 받습니다. 스트레스가 해소되지 않고 반복되면 고질적인 위장 장애가 생길 수도 있습니다.

먼저 아이가 여기저기 아프다고 하는 순간의 공통점을 찾아봅니다. 그리고 공통적인 문제점을 찾아 해결해 줄 필요가 있습니다. 먼저 아이가 긴장을 풀고 좀 더 많은 시간을 여유 있고 편안하게 보낼 수 있도록 배려합니다. 아이의 불안감, 스트레스 등을 해결해 주면 시간이 지나면서 저절로 낫게 됩니다. 이런 노력에도 불구하고 상황이 좋아지지 않는다면 소아청소년정신과 전문의의 상담을 받아 보는 것도 좋습니다.

부록

1. 한눈에 보는 우리 아이 성장도표

2. 한눈에 보는 우리 아이 복지정보

3. 한눈에 보는 우리 아이 의료상식

1. 한눈에 보는 우리 아이 성장도표

● 남자

(신장: cm, 체중: kg)

나이(만)		\multicolumn{9}{c	}{백분위수}
		3	5	10	25	50	75	90	95	97
3	신장	89.7	90.5	91.8	93.9	96.5	99.2	101.8	103.4	104.4
	체중	12.3	12.6	13.0	13.8	14.7	15.7	16.7	17.3	17.7
4	신장	95.6	96.5	97.9	100.3	103.1	105.9	108.5	110.1	111.2
	체중	13.8	14.2	14.7	15.6	16.8	18.1	19.5	20.4	20.9
5	신장	101.6	102.5	104.1	106.7	109.6	112.6	115.3	116.9	118.0
	체중	15.4	15.8	16.4	17.5	19.0	20.6	22.4	23.5	24.3
6	신장	107.4	108.4	110.1	112.8	115.9	119.1	122.0	123.8	125.0
	체중	17.1	17.5	18.3	19.6	21.3	23.4	25.7	27.2	28.3
7	신장	113.1	114.2	115.9	118.8	122.1	125.4	128.6	130.5	131.7
	체중	18.9	19.5	20.4	22.0	24.2	26.9	29.7	31.7	33.2
8	신장	118.5	119.6	121.4	124.4	127.9	131.4	134.7	136.6	137.9
	체중	20.9	21.6	22.7	24.8	27.5	30.8	34.4	36.9	38.7
9	신장	123.6	124.8	126.6	129.8	133.4	137.1	140.5	142.5	143.9
	체중	23.0	23.8	25.3	27.9	31.3	35.4	39.7	42.6	44.7
10	신장	128.4	129.7	131.6	135.0	138.8	142.8	146.5	148.7	150.2
	체중	25.2	26.3	28.1	31.3	35.5	40.4	45.5	48.8	51.2
11	신장	133.2	134.6	136.8	140.5	144.7	149.0	153.0	155.5	157.1
	체중	27.7	29.1	31.2	35.2	40.2	45.9	51.7	55.5	58.1
12	신장	138.2	139.9	142.4	146.7	151.4	156.2	160.5	163.0	164.7
	체중	30.8	32.4	35.0	39.6	45.4	51.9	58.4	62.6	65.4

• 여자

(신장: cm, 체중: kg)

나이(만)		백분위수								
		3	5	10	25	50	75	90	95	97
3	신장	88.1	89.0	90.4	92.8	95.4	98.1	100.5	102.0	103.0
	체중	11.7	12.0	12.4	13.3	14.2	15.2	16.1	16.6	17.0
4	신장	94.5	95.4	93.8	99.2	101.9	104.7	107.3	108.8	109.8
	체중	13.3	13.6	14.1	15.1	16.3	17.6	18.9	19.7	20.3
5	신장	100.7	101.7	103.1	105.6	108.4	111.3	114.0	115.6	116.7
	체중	14.9	15.3	15.9	17.0	18.4	20.0	21.7	22.9	23.7
6	신장	106.6	107.6	109.1	111.8	114.7	117.8	120.5	122.2	123.3
	체중	16.5	16.9	17.6	18.9	20.7	22.7	24.9	26.5	27.6
7	신장	112.2	113.2	114.8	117.6	120.8	124.1	127.1	128.9	130.2
	체중	18.2	18.7	19.6	21.2	23.4	26.0	28.8	30.9	32.3
8	신장	117.5	118.6	120.3	123.2	126.7	130.2	133.6	135.7	137.1
	체중	20.1	20.7	21.8	23.9	26.6	29.8	33.4	35.8	37.6
9	신장	122.8	124.0	125.8	129.0	132.6	136.5	140.2	142.5	144.1
	체중	22.3	23.1	24.4	26.9	30.2	34.1	38.4	41.4	43.5
10	신장	128.2	129.5	131.6	135.1	139.1	143.3	147.2	149.6	151.2
	체중	24.8	25.8	27.4	30.4	34.4	39.1	44.1	47.5	49.9
11	신장	133.8	135.3	137.6	141.5	145.8	150.0	153.9	156.1	157.6
	체중	27.7	28.9	30.8	34.5	39.1	44.4	50.0	53.7	56.2
12	신장	139.5	141.1	143.5	147.5	151.7	155.7	159.2	161.3	162.6
	체중	31.1	32.5	34.7	38.7	43.7	49.5	55.3	59.1	61.7

※ 출처: 질병관리본부, 대한소아학회(2017)

2. 한눈에 보는 우리 아이 복지정보

● 초등 입학 전

만 3~5세 누리과정 지원

내용	• 국·공·사립 유치원 및 어린이집에 다니는 만 3~5세의 모든 유아에게 유아학비와 보육료를 지원 • 아동의 유아학비(유치원), 보육료(어린이집), 양육수당(가정양육)은 중복으로 지원되지 않음. • '아이돌봄서비스', '만 0~5세 보육료 지원사업', '장애아 보육료 지원', '방과후 보육료 지원', '가정양육수당 지원'과 중복해서 받을 수 없음.
신청 방법	• 해당 읍/면/동 주민센터에 직접 방문 신청 • 복지로 홈페이지에서 온라인 신청

가정양육수당 지원

내용	• 소득 수준과 관계없이 보육료, 유아학비, 종일제 아이돌봄서비스 지원을 받지 않고, 가정에서 영유아(최대 86개월 미만)를 돌보는 경우에 지원 – 12개월 미만: 20만 원 지원 – 12~24개월 미만: 15만 원 지원 – 24~68개월 미만: 12만 원 지원
신청 방법	• 해당 읍/면/동 주민센터에 직접 방문 신청 • 복지로 홈페이지에서 온라인 신청

시간연장형 보육료 지원

내용	• 만 0~2세 종일반 보육료, 만 3~5세 누리과정 보육료를 지원 받는 아동에게 지원 • 야간 보육료, 24시간 보육료는 24시간 지정 어린이집을 이용하는 경우에만 해당 • '아이돌봄서비스', '가정양육수당 지원'과 중복해서 받을 수 없음.
신청 방법	• 어린이집을 통해 신청

※ 복지로 사이트에서 자세한 복지정보를 확인할 수 있습니다.
(2020년 1월 기준)

지역아동센터 지원

내용	• 방과후 돌봄이 필요한 지역사회 아동의 건전 육성을 위해 종합적인 복지 서비스를 제공 • 소득이 가구원수별 기준 중위 소득 100 % 이하인 경우 지원 • 생계·의료·주거·교육 급여 수급자, 차상위 계층, 다문화 가족, 장애인이 있는 가족, 조손 가족, 한부모 가족, 3명 이상 다자녀 가족, 맞벌이 가정에 해당하면 지원
신청 방법	• 읍/면/동 주민센터 또는 지역 지역아동센터에 신청

건강가정지원센터 운영

내용	• 해당 서비스를 신청한 대한민국 국민을 지원 • 가정 내에서 발생하는 가족 간의 갈등 및 문제 해결을 위한 가족 상담 서비스를 지원 • 생애 주기별 부모 교육이나 아버지 교육 등 건강한 가정을 위한 가족 교육을 지원
신청 방법	• 건강가정지원센터에 직접 방문하거나 전화, 인터넷으로 신청

시간연장형 보육료 지원

내용	• 생계급여 수급자 또는 의료급여 수급자이면서 주민등록표상의 가구원 중 노인, 영유아, 장애인, 임산부 등에 해당하는 가구원이 1인 이상 있으면 지원 • 동절기(11~5월)에 전기, 가스, 연탄, 등유 등을 구입할 수 있는 통합형 전자바우처를 지급 • 가구 수에 따라 약 12만 원가량 차등 지급
신청 방법	• 관할 거주지 읍/면/동 주민센터에 방문하여 신청

어린이 국가예방접종 지원 사업

내용	• 만 12세 이하 어린이에게 지원 • 주소지와 상관없이 보건소 및 지정 의료기관에서 받은 국가예방접종 비용(백신비 및 예방접종 시행 비용) 전액을 무료로 지원
신청 방법	• 보건소 또는 위탁 의료기관에 방문하여 신청

취학전 아동 실명예방

내용	• 저소득 계층(중위 소득 80 % 미만) 가정의 취학 전 아동에게 시력검진과 눈 건강 관리 교육을 실시하여 저시력 및 안질환을 조기에 발견하고, 아동시각 장애를 예방 • 안과 사전 검사 및 수술비 본인부담금을 지원
신청 방법	• 한국실명예방재단에 방문하여 신청

인플루엔자 국가예방접종 지원 사업

내용	• 인플루엔자 예방접종을 통해 인플루엔자 유행을 방지하고 질병부담을 감소시키며 겨울철 국민건강을 보호 • 생후 6개월~12세 어린이에게 인플루엔자 예방접종 1회 지원
신청 방법	• 보건소 및 위탁 의료기관을 방문하여 신청

의료급여(의료급여건강생활유지비)

내용	• 의료급여 수급권자에게 의료비(건강생활 유지비)를 지원하여 저소득층 국민보건 향상과 사회복지 증진에 기여 • 1종 수급권자(18세 미만인 자 등) 전체(본인부담 면제자는 제외)에게 본인부담금을 지원
신청 방법	• 시/군/구 또는 읍/면/동 주민센터에 방문하여 신청

의료급여수급권자 영유아건강검진비 지원

내용	• 영·유아의 건강증진을 도모하고 나이에 적합한 건강검진 프로그램을 도입하여 성장과 발달 사항을 추적 관리하고, 보호자에게 적절한 교육 프로그램을 제공 • 의료급여 수급권자 중 만 6세 미만의 모든 영유아를 대상으로 제공
신청 방법	• 국민건강보험공단에서 대상자를 선정

아동통합서비스 지원(드림스타트 사업)

내용	• 취약 계층 아동에게 맞춤형 통합 서비스를 제공 • 0세(임산부)~만 12세(초등학생 이하) 아동 및 가족을 대상으로 지원 • 사업 지역에 거주하는 해당 연령 아동과 그 가족, 임산부(0세)를 대상으로 아동의 양육 환경 및 발달 상태에 대한 사정을 통해 개입이 필요한 아동을 서비스 대상 아동으로 선정
신청 방법	• 시/군/구청에 방문하거나 전화 또는 우편 및 인터넷 등으로 신청

초등 입학 후

한부모 가족 아동양육비 지원	

내용	• 소득 인정액을 기준으로 기준 중위 소득 52 % 이하의 한부모 가족 및 조손 가족을 지원
	  – 아동양육비: 자녀 1인당 아동양육비 월 20만 원
	  – 추가 아동양육비: 자녀 1인당 월 5만 원
	  – 학용품비: 자녀 1인당 연 54,100원
	  – 생활보조금: 가구당 월 5만 원

신청 방법	• 해당 읍/면/동 주민센터에 직접 방문 신청 • 복지로 홈페이지에서 온라인 신청

학교 밖 청소년 지원	
내용	• 만 9~24세의 학교 밖 청소년의 개인적 수요와 특성을 고려한 상담·교육·직업 체험 및 취업, 자립지원 프로그램을 제공하여 건강한 사회구성원으로 성장하도록 지원 • 전국 200개소 학교 밖 청소년지원센터에서 상담, 교육, 직업 체험 및 취업 지원, 자립 지원, 건강검진 등의 서비스 제공
신청 방법	• 학교 밖 청소년지원센터를 방문하거나 전화나 인터넷으로 신청

교육급여(맞춤형 급여)	

내용	• 수급자에게 적정한 교육기회를 제공하여 자립할 수 있는 능력을 배양하고, 가난의 대물림을 차단함
	• 학교 또는 시설에 입학 또는 재학하는 생계·의료·주거·교육급여 수급자와 의사상자의 자녀에게 교육급여를 지원
	  – 부교재비: 1인당 134,000원(연 1회) (초등학생 기준)
	  – 학용품비: 1인당 72,000원(연 1회) (초등학생 기준)

신청 방법	• 읍/면/동 주민센터에 방문 또는 인터넷을 통해 신청

초·중·고 학생 교육정보화 지원

내용	• 초등학생, 중학생, 고등학생에게 PC와 인터넷 통신비를 지원하여 정보 소외 계층의 교육 격차를 해소하고 균등한 교육기회를 제공 • 생계·의료·주거·교육급여 수급자, 한부모 가족 보호 대상자, 차상위 계층 등의 초등학생, 중학생, 고등학생을 지원 • PC 지원은 가구당 1대, 인터넷 통신비는 가구당 매월 1만 7,600원 상당의 1회선을 무료로 사용하도록 지원
신청 방법	• 주민센터를 방문 또는 인터넷 신청(교육비 원클릭 신청 시스템, 복지로)

방과후학교 자유수강권

내용	• 방과후학교 수업을 통해 저소득층 자녀의 교육 기회를 확대하고 공교육 활성화 및 저소득층의 교육 격차 해소를 도모 • 우선 지원 대상자, 소득에 따른 지원, 학교장의 추천을 받은 자, 기타의 순으로 지원 • 방과후학교 프로그램 등을 수강한 경우, 1인당 연간 60만 원 내외로 지원
신청 방법	• 교육비 원클릭 신청 시스템 또는 복지로 온라인 신청으로 신청 • 관할 읍/면/동 주민센터를 방문하여 신청

초등돌봄교실

내용	• 돌봄이 꼭 필요한 맞벌이, 저소득층, 한부모 가정 등의 초등학생을 대상으로 돌봄서비스를 제공 • 학교 여건에 따라 대상자를 선정
신청 방법	• 초등돌봄교실을 운영하는 초등학교의 재학생이 신청

지역사회청소년통합지원체계(CYS-Net)

내용	• 청소년의 올바른 성장을 위해 청소년을 상담하고, 학업을 중단한 청소년의 학업 복귀와 자립 등을 통합적으로 지원 • 전화(지역번호 + 1388), 휴대전화 문자 상담(# 1388), 사이버 채팅 상담(www.cyber1388.kr)을 통해 유·무선 상담을 지원 • 만 9~24세의 청소년에게 지원
신청 방법	• 청소년상담복지센터를 직접 방문하거나 전화, 인터넷으로 신청

청소년성문화센터 설치·운영

내용	• 아동·청소년이 다양한 도구와 매체를 활용하여 자기 주도적으로 학습할 수 있는 상설 성교육 공간을 구축하여 운영함으로써 건강한 성 가치관 정립을 지원하고, 성범죄 피해로부터 예방을 도모 • 유치원, 초 / 중 / 고등학생 및 교사, 학부모 등이 대상, 대상별, 연령별로 찾아가는 전문 성교육을 지원
신청 방법	• 청소년성문화센터에 상담 및 서비스를 신청

정신건강복지센터 운영(아동청소년정신건강증진사업 포함)

내용	• 일반인은 물론 아동·청소년에게 발생할 수 있는 정신건강(정신질환 등) 문제를 예방하고 조기에 발견하여 상담과 재활을 통해 치료받을 수 있도록 지원 • 중증 정신질환자를 비롯한 아동·청소년 및 정신건강 관계자는 해당 지역 정신건강복지센터를 방문하여 상담과 사례 관리 등의 정신건강 서비스를 지원받을 수 있음.
신청 방법	• 시/도 및 시/군/구의 정신건강복지센터에 방문하여 신청

언어발달 지원 사업

내용	• 부모 또는 조손 가정의 조부모 중 어느 한쪽 (조)부모가 시각, 청각, 언어, 지적, 자폐성, 뇌병변 등록 장애인일 경우, 만 12세 미만의 비장애 자녀의 언어 발달을 지원 • 전국 가구 월평균 소득의 100 % 이하인 가구를 선정하여 언어 발달 진단, 언어·듣기 능력 재활 등 언어 재활 서비스, 독서 지도, 수화 지도의 서비스를 제공
신청 방법	• 시/군/구청이나 읍/면/동 주민센터를 방문하여 신청

국립특수학교 및 국립부설학교 특수학급 지원

내용	• 국립특수학교(급)의 특수교육보조원, 종일반 운영 및 특수교육대상자의 방과후학교 경비를 지원하여 장애학생의 학습권을 보장 • 특수교육 대상 학생에게 교내 교수-학습 활동 및 이동 보조, 방과후교육 등을 지원
신청 방법	• 국립특수학교 및 국립대학 부설학교에 신청

WEE 클래스 상담 지원

내용	• 학습 부진, 학교 폭력, 대인 관계 미숙 등으로 인한 학교 부적응 학생 및 위기 학생, 일반 학생을 대상으로 해당 학생에게 필요한 진단, 상담, 치유 프로그램을 제공
신청 방법	• 초등학교, 중학교, 고등학교의 학교 상담실로 방문하여 서비스를 신청

스포츠 강좌 이용권

내용	• 저소득층 청소년에게 지속적인 스포츠 활동 기회를 보장하여 체력 향상과 건전한 여가활동을 지원 • 생계, 의료, 주거, 교육 급여 수급 가구 및 차상위 계층 가구를 대상으로 지원하고, 학교 · 가정 · 성폭력 등 범죄 피해 가정 중에서 경찰청이 추천한 가정을 지원 • 매월 최대 8만 원 한도 내에서 스포츠 활동 강좌비를 지급
신청 방법	• 지방자치단체(주민센터)에 방문 신청 • 국민체육진흥공단 스포츠 강좌 이용권 사이트에서 신청

온라인 정보화 교육

내용	• 평생교육사이트인 '배움나라(estudy)'에서 국민의 정보화 역량을 강화하고 취약 계층 정보화 교육을 위한 교육 콘텐츠를 개발하여 보급 • 전 국민을 대상으로 평생교육사이트 '배움나라'에서 컴퓨터 기초, 인터넷 활용, 웹디자인 등 83개 정보화 교육과정을 제공
신청 방법	• 한국정보화진흥원 배움나라 홈페이지에서 신청

통합문화 이용권

내용	• 경제적 여건 등으로 문화생활이 어려운 사람들에게 문화 향유, 여행, 스포츠 관람 등을 이용할 수 있는 문화누리카드를 발급하여 문화활동을 지원 • 기초생활수급자 및 차상위 계층 중 6세 이상에게 지원 • 통합문화 이용권(문화누리카드)을 통해 개인당 연간 8만 원 지원
신청 방법	• 지방자치단체(주민센터)에 방문 또는 전화 신청 • 문화누리카드 홈페이지(www.mnuri.kr)에서 온라인 신청

매체 활용 능력 증진 및 역기능 해소

내용	• 인터넷과 스마트폰에 중독된 청소년을 치료하고 중독 위기에 놓인 청소년이 중독되는 것을 예방 • 인터넷·스마트폰 이용 습관 진단 전수 조사 결과 고위험군으로 진단받은 만 19세 미만 청소년에게 지원 • 인터넷·스마트폰 중독 예방 및 상담·치료, 고위험군 청소년의 치료비를 지원(최대 30만 원~50만 원까지 지원)
신청 방법	• 17개 시/도 청소년상담지원센터에 신청

청소년치료재활센터 운영

내용	• 정서나 행동에 어려움을 겪는 청소년이 건강하게 성장하도록 종합적이고 전문적 서비스를 제공 • 만 9세~만 18세로 정서와 행동 영역에서 우울, 불안, 주의력결핍 과잉행동장애(ADHD) 등의 문제로 학교생활이나 대인 관계에서 어려움을 겪는 청소년과 부모를 지원 • 서류 심사, 심층 면접, 심리 검사를 통해 입교나 퇴교를 판정
신청 방법	• 국립중앙청소년디딤센터에서 인터넷 신청 • 학교 및 청소년 시설 등에서 신청

청소년전화 1388 및 모바일 문자 상담 운영

내용	• 청소년전화 1388 전화 상담과 모바일 문자 상담, 카카오톡 상담 등을 운영하여 청소년의 일상적인 고민 상담부터 위기 상황에 대한 상담 등을 지원 • 만 9~24세 청소년 지원
신청 방법	• 청소년상담복지센터에 방문하거나 1388로 전화 신청 • 청소년상담 1388 홈페이지를 접속하여 온라인 신청

3. 한눈에 보는 우리 아이 의료상식

● 예방접종 일정표 　　　　　　　　　　　(아이 생일: 　　　　　)

감염명	백신 종류(횟수)		접종 시기
결핵	BCG(피내용)	1	출생 1개월 이내
B형간염	Hep B	3	출생 1개월 이내, 1개월, 6개월
디프테리아 파상풍 백일해	DTap	5	2개월, 4개월, 6개월, 15～18개월, 만 4～6세
	Tdqp	1	만 11～12세
폴리오	IPV	4	2개월, 4개월, 6～18개월, 만 4～6세
b형 헤모필루스 인플루엔자	Hib	4	2개월, 4개월, 6개월, 12～15개월
폐렴구균	PCV	4	2개월, 4개월, 6개월, 12～15개월
	PPSV	–	24～35개월(고위험군에 한하여 접종)
홍역 유행성이하선염 풍진	MMR	2	12～15개월, 만 4～6세
수두	VAR	1	12～15개월
A형간염	Hep A	2	12～23개월(1차, 2차)
일본뇌염	IJEV(사백신)	5	12～23개월(1차, 2차), 24～35개월, 만 6세, 만 12세
	LJEV(생백신)	2	12～23개월, 24～35개월
사람유두종 바이러스 감염증	HPV	2	만 12세(1차, 2차)
인플루엔자	IIV	–	6개월～만 12세(매년 접종)

출처: 질병관리본부, 예방접종도우미

※ 어린이 국가예방접종 비용은 만 12세 이하 어린이에게 전액 지원됩니다.
　예방접종도우미 사이트에서 자세한 정보를 찾아볼 수 있습니다.(2020년 1월 기준)

• 치과기록표

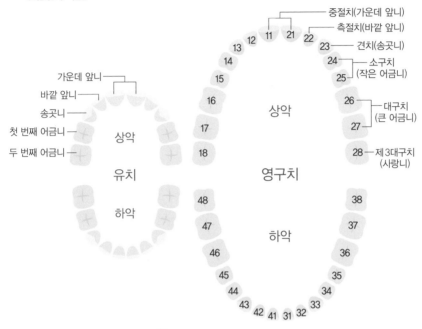

- 중절치(가운데 앞니) — 11 21
- 측절치(바깥 앞니) — 22
- 견치(송곳니) — 23
- 소구치 (작은 어금니) — 24 25
- 대구치 (큰 어금니) — 26 27
- 제3대구치 (사랑니) — 28

13 12
14
15
16
17
18

상악

영구치

가운데 앞니
바깥 앞니
송곳니
첫 번째 어금니
두 번째 어금니

상악

유치

하악

48
47
46
45
44
43 42 41 31 32 33
34
35
36
37
38

하악

※ 치아 번호(치식)는 가장 많이 사용되는 FDI system 표기법입니다.

• 유치(젖니) 빠지는 시기

가운데 앞니	바깥 앞니	송곳니	첫 번째 어금니	두 번째 어금니
6~7세	7~8세	10~12세	9~11세	10~12세

참고문헌

- 가르치고 싶은 엄마, 놀고 싶은 아이(오은영 지음, 웅진리빙하우스)
- 강점지능 살리면 뜯어말려도 공부한다(다중지능연구소 지음, 아울북)
- 굿바이 영어 사교육(어도선·서유헌·이병민·김승현·이찬승 지음, 시사인북)
- 기억력의 비밀(EBS 〈기억력의 비밀〉 제작진 지음, 북폴리오)
- 남자아이 여자아이(레너드 삭스 지음, 아침이슬)
- 문재인 시대의 입시 전략(김은실 지음, 황금열쇠)
- 불안한 엄마, 무관심한 아빠(오은영 지음, 웅진리빙하우스)
- 빨라지는 사춘기(김영훈 지음, 시드페이퍼)
- 세 살 감기, 열 살 비염(신동길·장선영·조백건 지음, 지식너머)
- 아이의 미래를 바꾸는 힘 다중지능(정효경 지음, 이지북)
- 아이의 사생활(정지은·김민태·오정요·원윤선 지음, 지식채널)
- 아이의 스트레스(오은영 지음, 웅진리빙하우스)
- 아이의 식생활(EBS 〈아이의 밥상〉 제작팀 지음, 지식채널)
- 아이의 인생은 초등학교에 달려 있다(신의진 지음, 걷는나무)
- 아이의 자존감(정지은·김민태 지음, 지식채널)
- 아이의 정서지능(EBS 〈엄마도 모르는 우리 아이의 정서지능〉 제작팀 지음, 지식채널)
- 아이 1학년, 엄마 1학년(이호분·남정희 지음, 길벗)
- 우리 아이 건강 기초, 6세 전에 세워라(김덕희 지음, 다산에듀)
- 우리 아이 괜찮아요(서천석 지음, 예담프렌드)
- 우리 아이 진로 공부(이주연 지음, 황소북스)
- 언어발달의 수수께끼(EBS 〈언어발달의 수수께끼 제작팀 지음, 지식너머)
- 엄마가 진짜진짜 모르는 미운 일곱 살의 심리(박은진·박형진·최해훈 지음, 푸른육아)
- 영유아 발달(곽노의·김경철·김유미·박대근 지음, 양서원)
- 인지발달(성현란·이현진·김혜리·박영신·박선미·유연옥·손영숙 지음, 학지사)

- 입시의 정도(강현주 지음, 지식너머)
- 왜 아이들은 낯선 사람들을 따라갈까?(EBS 〈아동범죄 미스터리의 과학〉 제작팀 지음, 지식채널)
- 잠수네 아이들의 소문난 교육 로드맵(이신애 지음, 알에이치코리아)
- 초등 자존감의 힘(김선호 · 박우란 지음, 길벗)
- 초등 학습 처방전(이서윤 지음, 21세기북스)
- 초등 1학년 공부, 책읽기가 전부다(송재환 지음, 예담프렌드)
- 초등 6년이 아이의 인생을 결정한다(이은경 · 도준형 · 황희진 외 지음, 가나출판사)
- 초등 6년이 자녀교육의 전부다(전위성 지음, 오리진하우스)
- 취학전 완성하는 첫 사교육(황윤정 지음, 이미지박스)
- 학교란 무엇인가1, 2(EBS 〈학교란 무엇인가〉 제작진 지음, 중앙북스)
- 한 권으로 끝내는 초등학교 입학 준비(김수현 지음, 청림라이프)
- 행복한 놀이 대화(상진아 지음, 랜덤하우스)
- 행복한 성장의 조건(문용린 지음, 리더스북)
- ADHD는 병이 아니다 (데이비드 B 스테인 지음, 전나무숲)
- Playing a musical instrument makes you brainier(The Telegraph. 2009)
- Eight Habits That Improve Cognitive Function(Psychology Today. 2014)
- 악기 배우면 자녀 집중력 향상에 도움된다(인사이트. 2014)
- 교육부(www.moe.go.kr)
- 보건복지부(www.mohw.go.kr)
- 복지로(www.bokjiro.go.kr)
- 서울특별시교육청(www.sen.go.kr)
- 아이돌봄서비스(www.idolbom.go.kr)
- 우리월경해'우월해'(ourperiod.co.kr) 외

※ 표지 및 본문 삽화의 출처는 다음과 같습니다.
– 표지 삽화: applero / Shutterstock
– 본문 삽화: whitemomo / Shutterstock

초등 입학 전부터 초등 6년까지
교육 로드맵을 완성하라!

우리 아이 초등 교육 대백과

1판 1쇄 펴냄 | 2020년 2월 20일
1판 2쇄 펴냄 | 2020년 4월 10일

지은이 | 남정희
발행인 | 김병준
편　집 | 윤현숙 · 이호정 · 김경찬
마케팅 | 정현우
삽　화 | 신이나
표지디자인 | 여현미
본문디자인 | 종이비행기
발행처 | 상상아카데미

등록 | 2010. 3. 11. 제313-2010-77호
주소 | 경기도 파주시 회동길 37-42 파주출판도시
전화 | 031-955-1337(편집), 031-955-1321(영업)
팩스 | 031-955-1322
전자우편 | main@sangsangaca.com
홈페이지 | http://sangsangaca.com

ISBN 979-11-85402-30-7 03590